Leitfäden der angewandten Informatik

H. Bunke

Modellgesteuerte Bildanalyse

Leitfäden der angewandten Informatik

Herausgegeben von

Prof. Dr. L. Richter, Zürich
Prof. Dr. W. Stucky, Karlsruhe

Die Bände dieser Reihe sind allen Methoden und Ergebnissen der Informatik gewidmet, die für die praktische Anwendung von Bedeutung sind. Besonderer Wert wird dabei auf die Darstellung dieser Methoden und Ergebnisse in einer allgemein verständlichen, dennoch exakten und präzisen Form gelegt. Die Reihe soll einerseits dem Fachmann eines anderen Gebietes, der sich mit Problemen der Datenverarbeitung beschäftigen muß, selbst aber keine Fachinformatik-Ausbildung besitzt, das für seine Praxis relevante Informatikwissen vermitteln; andererseits soll dem Informatiker, der auf einem dieser Anwendungsgebiete tätig werden will, ein Überblick über die Anwendungen der Informatikmethoden in diesem Gebiet gegeben werden. Für Praktiker, wie Programmierer, Systemanalytiker, Organisatoren und andere, stellen die Bände Hilfsmittel zur Lösung von Problemen der täglichen Praxis bereit; darüber hinaus sind die Veröffentlichungen zur Weiterbildung gedacht.

Modellgesteuerte Bildanalyse

Dargestellt anhand eines Systems
zur automatischen Auswertung von
Sequenzszintigrammen des menschlichen Herzens

Von Dr.-Ing. Horst Bunke
Professor an der Universität Bern

Mit zahlreichen Abbildungen

B. G. Teubner Stuttgart 1985

Prof. Dr.-Ing. Horst Bunke

Geboren 1949 in Langenzenn (Bayern). Von 1968 bis 1974 Studium der Informatik an der Universität Erlangen-Nürnberg und dort wissenschaftliche Tätigkeit von 1974 bis 1984. 1980/81 Forschungsaufenthalt an der Purdue University, West-Lafayette, USA. 1983 Vertretung einer Professur an der Universität Hamburg. Seit 1984 Professor für Informatik an der Universität Bern.

CIP-Kurztitelaufnahme der Deutschen Bibliothek

Bunke, Horst:
Modellgesteuerte Bildanalyse : dargest. anhand e. Systems zur automat. Auswertung von Sequenzszintigrammen d. menschl. Herzens von Horst Bunke.
Stuttgart : Teubner, 1985.
(Leitfäden der angewandten Informatik)
ISBN 978-3-519-02481-1 ISBN 978-3-322-93008-8 (eBook)
DOI 10.1007/978-3-322-93008-8

Softcover reprint of the hardcover 1st edition 1985

Gesamtherstellung: Zechnersche Buchdruckerei GmbH, Speyer
Umschlaggestaltung: M. Koch, Reutlingen

Vorwort

Wissensbasierte Verarbeitung von Daten, ein Teilgebiet der künstlichen Intelligenz innerhalb der Informatik, gewinnt zunehmend an Bedeutung. Die Anfänge wissensbasierter Systeme und künstlicher Intelligenz reichen bis in die 50er Jahre zurück und somit hat dieses Gebiet - gemessen an der Geschichte der Informatik - eine lange Tradition. Seit etwa 1980 ist jedoch eine starke Zunahme des Interesses an Fragen zu wissensbasierten Systemen festzustellen. Diese Entwicklung ist u.a. begründet durch zahlreiche Forschungsprogramme, die weltweit ins Leben gerufen wurden.

Systeme zur modellgesteuerten Verarbeitung und Analyse von Bildern stellen eine interessante und wichtige Teilklasse allgemeiner wissensbasierter Systeme dar. Derartige Systeme stehen im Mittelpunkt der vorliegenden Publikation. Das Buch gliedert sich in zwei Teile. Der erste Teil behandelt die wissensbasierte Bildanalyse unter allgemeinen Gesichtspunkten in breitem Rahmen. Hierbei wird auch auf Methoden zur Extraktion elementarer Bildbestandteile eingegangen, d.h. auf Vorverarbeitung und Segmentierung. Im zweiten Teil erfolgt die detaillierte Beschreibung eines unter der Leitung des Autors an der Universität Erlangen-Nürnberg entwickelten wissensbasierten Systems zur Bildanalyse. Der Anwendungsbereich dieses Systems liegt in der Medizin, genauer gesagt in der Herzdiagnostik. Die verwendeten Methoden sind jedoch zum überwiegenden Teil so allgemein, dass das vorgestellte System als eine prototypische Realisierung eines allgemeinen, wissensbasierten Bildanalysesystems verstanden werden kann.

Das Buch wendet sich an Informatiker mit Schwerpunkt Bildverarbeitung, Künstliche Intelligenz oder medizinische Informatik sowie an Studenten entsprechender Fachrichtungen, welche einen Einstieg in das Gebiet suchen oder bereits vorhandene Kenntnisse vertiefen wollen. Dem Neuling wird ein Eindringen in das Gebiet über den ersten Teil des Buches ermöglicht. Hier erfolgt eine Erläuterung der wichtigsten grundlegenden Konzepte der wissensbasierten Bildanalyse, wobei vor allem auch die weiterführende Literatur zitiert wird. Der zweite Teil des Buches kann als Ergänzung und Vertiefung von Teil 1 angesehen werden. Es wird hier gezeigt, wie sich die im ersten Teil beschriebenen Methoden zur Lösung einer komplexen Aufgabenstellung konkret anwenden und kombinieren lassen.

Der grösste Teil der vorliegenden Arbeit entstand während der Tätigkeit des Autors am Lehrstuhl für Informatik 5 (Mustererkennung) an der Universität Erlangen-Nürnberg. Herrn Prof. Dr. H. Niemann, dem Lehrstuhlinhaber, sei sehr herzlich gedankt für die grosszügige Unterstützung und die zahlreichen Anregungen, die er mir während meiner langjährigen Mitarbeit in seiner Gruppe zukommen liess.

Das im zweiten Teil des Buches beschriebene wissensbasierte Bildanalysesystem entstand als Forschungsprojekt unter Mitwirkung zahlreicher Personen, denen ich meinen herzlichen Dank aussprechen möchte, insbesondere G. Sagerer, I. Hofmann, F. Wolf, H. Feistel, D.P. Pretschner. Ohne auf einzelne Namen einzugehen möchte ich mich bei allen am Projekt beteiligten studentischen Mitarbeitern bedanken. Mein Dank gebührt schliesslich W. Obermayer, J. Fischer, U. Müller, B. Bachmann und M. Schär für die Unterstützung bei der Gestaltung des Manuskripts. Die Deutsche Forschungsgemeinschaft (DFG) gewährte in grösserem Umfang Sachbeihilfen zur Durchführung des Projekts.

Bern, Januar 1985

H. Bunke

Inhalt

Teil 1: Modellgesteuerte Bildanalyse

1.1. EINLEITUNG

Die vorliegende Arbeit befasst sich mit der automatischen Analyse von Bildern und Bildfolgen mittels eines Digitalrechners. Hierunter wird die Aufgabe verstanden, aus einem vorgegebenen Bild bzw. einer Bildfolge eine Beschreibung abzuleiten. Typische Anwendungsgebiete der Bildanalyse sind Medizin, Biologie, Robotik, Erdfernerkundung, Dokumentenanalyse oder die Analyse von Szenen der Umgebung, z.B. zur Steuerung autonomer Fahrzeuge. Die Art der gewünschten Beschreibung hängt i.a. stark vom betrachteten Problemkreis ab. Während bei der automatischen Qualitätskontrolle die zu ermittelnde Beschreibung eines Bildes möglicherweise lediglich durch eine Klassenbezeichnung "fehlerfrei" oder "fehlerhaft" gegeben ist, kann bei der Analyse von Dokumenten das Ergebnis eine komplexe Datenstruktur sein, die - beispielsweise im Fall von Konstruktionsunterlagen - als Eingangsgrösse zur Steuerung sich anschliessender Fertigungsprozesse verwendet wird. Als weiteres Beispiel sei hier auf die an späterer Stelle der Arbeit noch genauer beschriebene Aufgabenstellung verwiesen, aus einer Bildfolge, die einen Zyklus, d.h. einen Schlag, des menschlichen Herzens repräsentiert, eine diagnostische Beschreibung des Bewegungsverhaltens zu gewinnen.

Die Ableitung einer Beschreibung im oben erläuterten Sinn ist auch unter den Begriffen "Bildinterpretation" oder "Bildverstehen" bekannt. In der englischsprachigen Literatur sind die Bezeichnungen "image analysis", "image understanding", "scene analysis" sowie "computer vision" gebräuchlich, wobei die letzteren beiden Begriffe allerdings fast ausschliesslich im Zusammenhang mit der Analyse von 3D-Szenen verwendet werden. Der Terminus "Bildverstehen" bzw. "image understanding" rührt daher, dass die Ableitung einer Beschreibung eines komplexen Bildes meist ein "Verstehen" des Bildinhalts bis zu einem gewissen Grad voraussetzt. Das bedeutet, dass bestimmten Bestandteilen eines Bildes bzw. einer Bildfolge eine Bedeutung aus dem zugrundeliegenden Problemkreis zugeordnet wird. Im Falle der Analyse elektrischer Schaltpläne kann man z.B. verschiedenen Geradenstücken, welche in einer bestimmten räumlichen Anordnung zueinander im Bild auftreten, die Bedeutung "Widerstand" zuordnen; ähnlich lässt sich in aufeinanderfolgenden Bildern einer Sequenz die Abnahme der dem menschlichen Herzen entsprechenden Fläche als "Kontraktion" verstehen. Bildverstehen heisst also, dass eine Korrespondenz aufgestellt wird zwischen Grössen, die mehr oder weniger direkt auf einem Bild beobachtet werden können und Objekten, Ereignissen etc. aus dem zugrundeliegenden Problemkreis. Kenntnis über die Menge dieser Objekte und Ereignisse, ihre gegenseitigen Relationen örtlicher, zeitlicher u.a. Natur sowie ihre Erscheinungsform auf den Bildern wird i.a. als "Wissen" über den betrachteten Problemkreis bezeichnet. Von wissensbasierter Bildanalyse spricht man dann, wenn dieses Wissen als separater Modul verfügbar ist und deutlich vom Rest des betrachteten Systems getrennt ist. Ein solcher Modul zur Darstellung des problemspezifischen Wissens wird auch als Wissensbasis oder Modell (des Problemkreises) für die Bildanalyse bezeichnet.

Eine typische Systemstruktur für die wissensbasierte Bildanalyse ist in Abb. 1.1.1 gezeigt (vgl. auch Kap. 1.4 in [NIEMANN 1981]). Es liegt eine klare Trennung vor zwischen Methoden zur Extraktion elementarer Bildbestandteile, der Wissensbasis und einem Modul, dem die Aufgabe der Wissensnutzung zukommt. Letzterer wird häufig auch als Kontrolle bezeichnet.

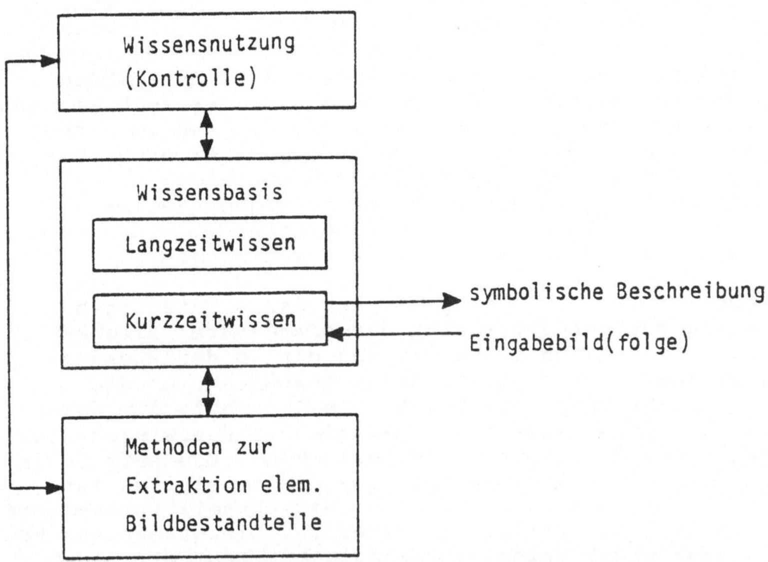

Abb. 1.1.1 : Struktur eines wissensbasierten Bildanalysesystems

Die Wissensbasis in Abb. 1.1.1 gliedert sich in zwei Teile, nämlich Langzeit- und Kurzzeitwissen. Beim Langzeitwissen handelt es sich um allgemeingültiges Wissen, welches generell auf den betrachteten Problemkreis zutrifft und unabhängig von einem konkreten zu analysierenden Bild ist. Dieses Langzeitwissen kann - in Abhängigkeit von der speziellen Anwendung - in deklarativer, prozeduraler oder in gemischter Form vorliegen. Im Gegensatz zum Langzeitwissen bezieht sich das Kurzzeitwissen auf die jeweils aktuellen Eingabedaten. Langzeitwissen ist statischer Natur, während das Kurzzeitwissen dynamische Züge trägt und sich i.a. sowohl von einem Eingabebild zu einem anderen als auch im Laufe der Analyse ein und desselben Eingabebildes ändert. Sowohl die Eingabe-, als auch die Ausgabedaten des Systems, d.h. die zu analysierenden Bilder und deren zu ermittelnde Beschreibung, kann konzeptionell als Teil dieser Datenbasis angesehen werden.

Charakteristisch für ein wissensbasiertes System aus dem Bereich der Bildanalyse ist die Existenz eines Moduls, der Methoden zur Extraktion elementarer Bildbestandteile beinhaltet. Bei derartigen grundlegenden Bestandteilen handelt es sich typischerweise um Kanten, Regionen, elementare Bewegungen etc. Die Eingabebilder liegen meist als 2D-Felder von Abtastwerten vor, die von einem Sensor geliefert werden. Somit tragen Methoden zur Extraktion elementarer Bestandteile stark numerische Züge und schliessen häufig auch Klassifikationsverfahren, wie z.B. in [NIEMANN 1983] beschrieben, ein. Die Extraktion elementarer Bildbestandteile wird häufig auch als Bildsegmentierung bezeichnet. Es handelt sich hier um einen Prozess, der ein Bild oder eine Bildfolge von seiner Darstellungsform als 2D-Feld oder Folge von 2D-Feldern in eine komplexere Datenstruktur transformiert, auf welche im weiteren Analyseprozess zugegriffen wird und welche eventuelle Transformationen durch nachfolgende Verarbeitungsschritte erfährt. Bei der Bildsegmentierung sind Ansätze bekannt, die von problemspezifischem Wissen Gebrauch machen. Daneben gibt es eine grosse Klasse von Verfahren, die ohne derartiges Wissen arbeiten. Man kennt sowohl Bildanalysesysteme, bei denen die Aufgaben Bildsegmentierung und weiterführende Interpretation in streng sequentieller Reihenfolge gelöst werden, als auch Ansätze, wo ein mehrfacher Wechsel zwischen beiden Phasen stattfindet.

Die Aufgabe der Wissensnutzung besteht darin, die Ergebnisse, welche bei der Extraktion der elementaren Bildbestandteile anfallen, unter Verwendung der in der Wissensbasis gespeicherten Fakten weiterzuverarbeiten, um die gewünschte Beschreibung abzuleiten. Im Gegensatz zum numerischen Charakter von Segmentierungsverfahren überwiegen hier die symbolischen Aspekte bei der Berechnung. Die Aufgabe ist generell dadurch charakterisiert, dass festzustellen ist, welche Teile des Langzeitwissens auf das aktuell vorliegende Eingabebild bzw. die Bildfolge zutreffen. Dieser Prozess besteht i.a. aus einer Reihe von Einzelschritten, die stark von Mehrdeutigkeiten geprägt sind. Ein wesentlicher Grund liegt darin, dass die Ergebnisse, die bei der Extraktion der elementaren Bildbestandteile gewonnen wurden, oft bis zu einem gewissen Grad inkonsistent oder inkorrekt sind, unabhängig davon, ob bei der Segmentierung bereits problemspezifisches Wissen zum Einsatz kam oder nicht. Somit besteht eine wesentliche Aufgabe bei der Wissensnutzung darin, diese Mehrdeutigkeiten aufzulösen, wobei Effizienzfragen bezüglich Rechenzeit und Speicherbedarf i.a. nicht vernachlässigt werden dürfen.

Der Vorteil, den eine Architektur wie in Abb. 1.1.1 bietet, liegt klar auf der Hand. Es ist die Modularität des Systems, die es gestattet, einzelne Moduln auszutauschen, ohne dass dies auf den Rest des Systems fatale Auswirkungen hat. So kann etwa die Austauschbarkeit des Langzeitwissens für viele Anwendungen von grosser Bedeutung sein. Ein Beispiel ist etwa der Bereich der automatischen Montage, wo häufig der Fall vorliegt, dass ein Bildanalysesystem an einen neuen Problemkreis (d.h.an andere Werkstücke) angepasst werden muss. Die Trennung von Wissensbasis, Wissensnutzung und Methoden zur Extraktion elementarer Bestandteile trägt ferner zur Transparenz eines Systems bei, sowohl aus der Sicht des Benutzers als auch des Entwicklers. Den meisten Systemen, die in den letzten Jahren zur Analyse komplexer Bilder entwickelt wurden, liegt eine Struktur ähnlich der in Abb. 1.1.1 gezeigten zugrunde. Dies steht im Gegensatz zu verschiedenen früheren Ansätzen, wo eine untrennbare Vermischung, insbesondere von Wissensbasis und Kontrolle, vorlag, was der Aenderbarkeit bzw. Erweiterbarkeit eines Systems starke Grenzen setzt.

Unter Vernachlässigung des Moduls "Methoden zur Extraktion elementarer Bildbestandteile" kann Abb. 1.1.1 als Kern eines beliebigen anderen wissensbasierten Systems aus der künstlichen Intelligenz, insbesonders auch als Struktur für ein Expertensystem angesehen werden. Allerdings herrscht heute Uebereinstimmung darüber, dass ein Expertensystem neben seinem Kern, der die Wissensbasis und den Modul zur Wissensnutzung umfasst, über weitere Komponenten verfügen muss, welche der automatischen oder interaktiven Wissensakquisition, der Erklärung der abgeleiteten Ergebnisse sowie der Unterstützung von im Umgang mit dem System ungeübten Benutzern dienen. Diese Eigenschaften wünscht man sich insbesondere auch für ein wissensbasiertes Bildanalysesystem, jedoch existiert bei den heute realisierten Systemen im wesentlichen nur der Kern nach Abb. 1.1.1.

Die vorliegende Arbeit gliedert sich in zwei Teile. Im ersten Teil werden in Anlehnung an die in Abb. 1.1.1 gezeigte Systemstruktur die Aufgaben der Extraktion elementarer Bildbestandteile, Wissensdarstellung und Wissensnutzung unter allgemeinen Gesichtspunkten erläutert, wobei auch eine kurze Vorstellung einiger realisierter oder weitgehend realisierter Systeme erfolgt. Der zweite Teil der Arbeit beschäftigt sich mit einem speziellen wissensbasierten Bildanalysesystem, das an der Universität Erlangen-Nürnberg entwickelt wurde. Die Aufgabenstellung besteht hierbei in der diagnostischen Interpretation von nuklearmedizinisch gewonnenen Bildfolgen des menschlichen Herzens.

1.2. EXTRAKTION ELEMENTARER BILDBESTANDTEILE

Das Ziel bei der wissensbasierten Bildauswertung besteht darin, aus einem vorgegebenen Bild oder einer Bildfolge eine symbolische Beschreibung abzuleiten, die eine bestimmte Aussage über die abgebildeten Objekte oder Ereignisse beinhaltet. Gemäss der in Abb. 1.1.1 gezeigten Struktur eines wissensbasierten Systems wird zur Erreichung dieses Ziels unter der Regie eines geeigneten Kontrollalgorithmus, gesteuert durch die Wissensbasis, eine Folge von Verarbeitungsoperationen ausgeführt, welche die Eingabedaten in die gewünschte Beschreibung transformieren.

Die im folgenden in Kap. 1.2.1 - 1.2.7 dargestellten Methoden sind durch die Aufgabe charakterisiert, elementare Bestandteile wie Kanten, homogene Regionen, 3D-Koordinaten oder Bewegungstrajektorien von Objekten aus Bildern oder Bildfolgen zu extrahieren. Der Begriff "elementar" ist hierbei nicht scharf definiert und muss relativ zu einem bestimmten Problemkreis, der in der Wissensbasis repräsentiert ist, gesehen werden. D.h., dass die extrahierten elementaren Bestandteile als Zwischenergebnisse fungieren, die unter Nutzung der Fakten der Wissensbasis in nachfolgenden Schritten als komplexere Einheiten, z.B. Objekte oder Ereignisse, zu interpretieren sind. Ein typisches Kennzeichen der in Kap. 1.2.1 - 1.2.7 erläuterten Verfahren besteht darin, dass sie - von Ausnahmen abgesehen, auf die jeweils noch speziell verwiesen wird - nur von wenigen, allgemeinen Voraussetzungen über die zu analysierenden Bilder ausgehen und kein problemspezifisches Wissen aus der Wissensbasis nutzen, da dies - wie erwähnt - erst in nachfolgenden Schritten zum Einsatz kommt. In diesem Sinne spricht man auch häufig von "low level"-Verarbeitungsroutinen.

Den in Kap. 1.2.1 - 1.2.7 diskutierten Methoden ist gemeinsam, dass sie als Eingabedaten Bilder oder Bildfolgen verwenden. In Kap. 1.2.1 werden Verfahren zur Bildvorverarbeitung und -verbesserung erläutert. Kantenorientierte und regionenorientierte Segmentierung - zwei Konzepte, die sich bei vielen Anwendungen sinnvoll ergänzen - sind Thema von Kap. 1.2.2 und 1.2.3. In Kap. 1.2.4 folgen Ansätze zur quantitativen Charakterisierung von Textur. Während es sich bei Kap. 1.2.1 - 1.2.4 um "klassische" Aufgabenstellungen der Bildanalyse handelt, sind die Fragestellungen in Kap. 1.2.5 und 1.2.6, nämlich die Ableitung von 3D-Information sowie die Analyse von Bildfolgen, erst in den letzten Jahren zum Thema intensiver Forschung geworden. In Kap. 1.2.7 werden schliesslich Konzepte vorgestellt zur Repräsentation der Ergebnisse von Verarbeitungsmoduln, die auf den in Kap. 1.2.1 - 1.2.6 vorgestellten Verfahren beruhen.

Ist im folgenden von einem Bild die Rede, so soll darunter ein endliches, rechteckiges 2D-Feld $f(i,j)$ von Abtastwerten, die ein Sensor liefert, verstanden werden. Wie in Abb. 1.2.1 dargestellt, soll i bzw. j den Zeilen- bzw. Spaltenindex bezeichnen.

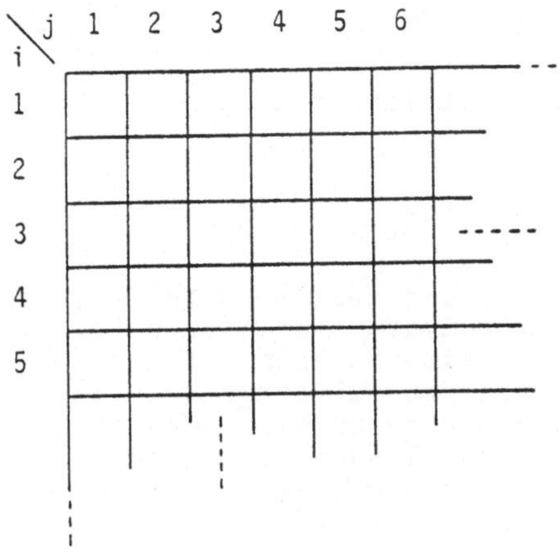

Abb. 1.2.1 : Illustration zu Zeilen-/Spaltenindex bei Bildern

1.2.1 BILDVORVERARBEITUNG UND -VERBESSERUNG

In diesem Kapitel sollen Verfahren betrachtet werden, die ein vorgegebenes Bild f in ein anderes Bild h überführen, wobei h eine verbesserte Version von f darstellt. Um den Grad der Verbesserung zu beurteilen, wird häufig auf die rein subjektiv-visuelle Begutachtung zurückgegriffen, vielfach erfolgt jedoch auch eine Beurteilung im Hinblick auf sich anschliessende Verarbeitungsoperationen.

Eine spezielle Klasse von Bildverbesserungsoperationen basiert auf einer mathematischen Charakterisierung eines Störprozesses, der den idealen, ungestörten Bildern überlagert ist. Das Anliegen der Bildverbesserung ist es, diese Störungen rückgängig zu machen. Aus dem Störprozess lässt sich oft sowohl ein qualitatives Gütemass als auch die Operation zur Bildverbesserung selbst ableiten. Verfahren dieser Art, sog. Restaurationsverfahren, wie z.B. inverse Filterung, Wiener Filterung oder algebraische Restaurationstechniken, wurden in grosser Anzahl veröffentlicht und sollen hier nicht weiter behandelt werden. Eine Uebersicht findet sich in verschiedenen Büchern, z.B. [ROSENFELD/KAK 1976, ANDREWS/HUNT 1977, GONZALES/WINTZ 1977, PRATT 1978]. Im folgenden werden nur solche Verfahren erläutert, welche ohne Verwendung von spezifischem Vorwissen über den Störprozess arbeiten.

Eine zentrale Rolle bei der Bildverbesserung spielt die lineare Filterung. Hierbei wird ein gegebenes Bild f mittels einer Transformation T überführt in

$$h = T\{f\} \qquad (1.2.1.1)$$

Die Eigenschaft der Linearität ist erfüllt, genau dann wenn gilt

$$T\{a_1f_1 + a_2f_2\} = a_1T\{f_1\} + a_2T\{f_2\} \qquad (1.2.1.2)$$

für beliebige Bilder f_1, f_2 und reelle Zahlen a_1, a_2. Eine wichtige Teilklasse linearer Systeme stellen ortsinvariante lineare Systeme dar. Diese zeichnen sich dadurch aus, dass die lokale Vorschrift, mit deren Hilfe das gefilterte Bild h aus f berechnet wird, über das ganze Bild konstant ist. Ortsinvariante lineare Systeme lassen sich einfach realisieren, wobei zwei Möglichkeiten bestehen, nämlich Realisierung im Ortsbereich oder im Frequenzbereich. Für den ersten Fall gilt:

$$h(i,j) = \sum_{\mu=-\infty}^{\infty} \sum_{\nu=-\infty}^{\infty} f(i-\mu, j-\nu)\; g(\mu,\nu) \qquad (1.2.1.3)$$

Bei der Funktion g in Gleichung (1.2.1.3) handelt es sich um die sog. Impulsantwort des Systems. Die Gleichung gilt für den Fall diskreter Muster, die über der gesamten Ebene definiert sind. Bei praktischen Anwendungen hat man es immer mit Bildern und Impulsantworten endlicher Ausdehnung zu tun. Entsprechend schränken sich die Summationsgrenzen in Gleichung (1.2.1.3) ein. Weitere Einzelheiten finden sich in [NIEMANN 1981, 1983].

Bei der Realisierung ortsinvarianter linearer Systeme im Frequenzbereich geht man aus von der Beziehung

$$H(\xi,\eta) = F(\xi,\eta) \cdot G(\xi,\eta). \qquad (1.2.1.4)$$

Hierbei bezeichnen H, F und G die Fouriertransformierten der Funktionen h, f und g. Durch Rücktransformation ergibt sich die gewünschte Funktion h aus H. Auch hier sei bezüglich einer ausführlichen Behandlung auf [NIEMANN 1981, 1983] verwiesen. Unter Verwendung der schnellen Fouriertransformation kann die Realisierung eines linearen Systems im Frequenzbereich vor allem dann Vorteile bezüglich der Rechengeschwindigkeit bringen, wenn die Funktion g in Gleichung (1.2.1.3) an vielen Stellen von Null verschieden ist.

Zwei wichtige Spezialfälle linearer Systeme in der Bildverarbeitung sind Tiefpass- und Hochpassoperationen. Das Ziel einer Tiefpassfilterung ist eine Bildglättung. Hierbei sollen Intensitätsschwankungen in benachbarten Bildpunkten, die aus verschiedenen Störungen resultieren können, egalisiert werden. Eine typische Tiefpassoperation ist die Mittelwertbildung innerhalb eines Fensters der Grösse (2n+1) (2n+1) gemäss

$$h(i,j) = \frac{1}{(2n+1)^2} \sum_{\mu=-n}^{n} \sum_{\nu=-n}^{n} f(i+\nu, j+\mu). \qquad (1.2.1.5)$$

Während die Mittelwertbildung nach Gleichung (1.2.1.5) eine Integration beinhaltet, handelt es sich bei einer Hochpassfilterung um eine differenzierende Operation, welche die Betonung von Kanten zum Ziel hat, vgl. auch Kap. 1.2.2. Neben Tiefpass- und Hochpassoperationen sei noch auf die Bandpassfilterung hingewiesen, wodurch sich bestimmte Spektralbereiche im Bild betonen lassen. Eine Verallgemeinerung linearer Systeme stellen sog. homomorphe Systeme dar, die z.B. in [NIEMANN 1974, 1981] ausführlich diskutiert werden.

Nichtlineare Verfahren zur Bildverbesserung sind generell dadurch charakterisiert, dass eine Anzahl von Intensitätswerten im Bild f auf nichtlineare Weise verknüpft wird, um einen Wert des gefilterten Bildes h zu erhalten. Eine wichtige Operation ist hier die Medianfilterung, die zur Bildglättung verwendet wird. Ein Wert h(x,y) des gefilterten Bildes ergibt sich als Median der Intensitäten, die in einer Nachbarschaft um die Stelle (x,y) im Ausgangsbild f auftreten. Die Medianfilterung hat den Vorteil, dass die in f auftretenden Kanten nicht verwischt werden, was z.B. bei der Mitttelwertfilterung nach Gleichung (1.2.1.5) i.a. auftritt. Als Nachteil ist jedoch eine gegenüber einer linearen Operation erhöhte Rechenzeit in Kauf zu nehmen, die aus der für die Medianbildung nötigen Sortierungsoperation resultiert. Eine schnelle Version der Medianfilterung findet sich in [HUANG/YANG/TANG 1979]. Die Kombination der Medianfilterung mit einer anderen nichtlinearen Operation, dem sog. "extremum-sharpening", wurde in [LESTER/BRENNER/SELLERS 1980] vorgeschlagen. Hierdurch ergibt sich neben der durch die Medianfilterung erzielten Bildglättung eine Kontrastverbesserung. Ein weiteres nichtlineares Verfahren zur Bildglättung ist die kantenerhaltende Glättung ("edge preserved smoothing") nach [NAGAO/MATSUYAMA 1980]. Hierbei wird eine rechteckförmige Maske um einen Punkt (x,y) rotiert und h(x,y) ist definiert als mittlerer Grauwert innerhalb derjenigen Maske, welche die minimale Grauwertvarianz aufweist. Für praktische Anwendungen wird ein iteratives Anwenden der Operation empfohlen.

Die bisher erläuterten Bildverbesserungsoperationen sind dadurch charakterisiert, dass der Wert des gefilterten Bildes an der Stelle (x,y) von den Werten des Ausgangsbildes innerhalb einer Nachbarschaft um den Punkt (x,y) abhängt. Einer anderen Klasse von Operationen zur Bildverbesserung liegt lediglich eine Transformation des Grauwertbereiches zugrunde. Eine wichtige Teilklasse unter diesen Operationen bilden Histogrammtransformationen. Die Idee besteht hier darin, eine Transformation der Grauwerte so durchzuführen, dass das resultierende Grauwerthistogramm des Bildes h bestimmte Eigenschaften aufweist, z.B. Gleichverteilung. Beispiele und weitere Einzelheiten finden sich z.B. in [HUMMEL 1975, ROSENFELD/KAK 1976, PRATT 1978].

Verschiedene Verfahren der Bildverbesserung beziehen sich auf Binärbilder, z.B. das Auffüllen von Fehlstellen innerhalb von Objekten oder das Beseitigen überflüssiger Punkte. Eine ausführliche Behandlung wird z.B. in [ROSENFELD/KAK 1976] gegeben. In engem Zusammenhang mit derartigen Methoden stehen auch Operationen wie die Extraktion von markanten Linienpunkten, die Skelettierung oder andere Transformationen auf der Basis von Abstandfunktionen. Hierzu siehe z.B. [PAVLIDIS 1982].

Die bisher verwendeten Operationen sind prinzipiell auch auf Farbbilder anwendbar. Ein Farbbild ist charakterisiert durch drei Intensitätsbilder in den Spektralbereichen Rot, Grün und Blau. Im Rahmen verschiedener Untersuchungen wurde vorgeschlagen, Merkmalsbilder zu verwenden, die sich aus den ursprünglich gegebenen Intensitätsbildern durch lineare oder nichtlineare Verknüpfung ableiten lassen. Beispiele zu derartigen Bildverarbeitungsoperationen finden sich in [NEVATIA 1976, OHLANDER/PRICE/REDDY 1978, OHTA 1980].

1.2.2 KANTENORIENTIERTE SEGMENTIERUNG

Während in Kapitel 1.2.1 Verfahren betrachtet wurden, die ein gegebenes Bild f in ein anderes Bild h transformieren, geht es im vorliegenden Kapitel um Operationen, welche bestimmte Merkmale, nämlich Kanten von Objekten, aus Bildern extrahieren. Dabei geht man von der Vorstellung aus, dass sich die interessierenden Objekte von ihrer Umgebung in der Intensität unterscheiden. (Schwieriger ist das Problem, wenn der Unterschied in der Textur liegt; hierauf wird noch gesondert eingegangen.) Somit muss an der Grenze zwischen Objekt und Umgebung, der sog. Konturlinie, eine Aenderung in der Intensität auftreten. Auf dem Auffinden derartiger Intensitätsschwankungen beruhen die bekannten Operationen zur Kantendetektion.

Die Extraktion von Konturlinien gliedert sich üblicherweise in verschiedene Schritte, die hintereinander ausgeführt werden, nämlich Detektion möglicher Konturlinienpunkte, iterative Verbesserung, Verdünnung, Gruppierung von Einzelpunkten zu Linienstücken, Segmentation und Approximation. Einzelne Operationen können im speziellen Fall auch entfallen. Eine Uebersicht über die kantenorientierte Bildsegmentierung findet man sowohl in Büchern wie [ROSENFELD/KAK 1976, PRATT 1978, BALLARD/BROWN 1982] als auch in Uebersichtsartikeln wie [DAVIS 1975, RISEMAN/ARBIB 1977, FU/MUI 1981].

Einer der ersten aus der Literatur bekannten Ansätze zur Detektion möglicher Konturlinienpunkte in Bildern ist der sog. Roberts-Kreuz Operator, der wie folgt definiert ist [ROBERTS 1965]:

$$h(i,j) = (h_x^2 + h_y^2)^{1/2} \qquad (1.2.2.1)$$

$$h_x = f(i,j)-f(i+1,j+1), \quad h_y = f(i,j+1)-f(i+1,j) \qquad (1.2.2.2)$$

Hierbei bezeichnet h(i,j) das Ergebnisbild, in dem mögliche Konturlinienpunkte durch grosse Werte ausgezeichnet sind. Ein Nachteil dieses Operators ist seine Anfälligkeit gegen Störungen. Deshalb wurde eine Reihe weiterer Operatoren in der Literatur vorgeschlagen, die meistens mehrere Bildpunkte im Ausgangsbild f in die Berechnung des Ergebnisbildes h einbeziehen. Beispiele sind SOBEL- oder KIRSCH-Operator, vgl. z.B. [PRATT 1978]. Für den SOBEL-Operator gilt

$$h(i,j) = (h_x^2 + h_y^2)^{1/2} \qquad (1.2.2.3)$$

$$h_x = [f(i-1,j-1)+2f(i-1,j)+f(i-1,j+1)] - [f(i+1,j-1)+2f(i+1,j)+f(i+1,j+1)]$$

$$h_y = [f(i-1,j-1)+2f(i,j-1)+f(i+1,j-1)] - [f(i-1,j+1)+2f(i,j+1)+f(i+1,j+1)]$$

(1.2.2.4)

vgl. Abb. 1.2.2.1. Diese Operatoren beruhen auf der Bildung des Gradienten und liefern n verschiedene Bilder $h_1, \ldots, h_n$ für jeweils eine Kantenrichtung, die man für n=2 zu einem Ergebnisbild nach Gleichung (1.2.2.3) verknüpfen kann. Für $n \geqslant 2$ lässt sich z.B.

$$h(i,j) = \max(|h_1(x,y)|, \ldots, |h_n(x,y)|) \qquad (1.2.2.5)$$

für die Verknüpfung verwenden. Die Richtung eines Konturlinienpunktes ergibt sich bei Gleichung (1.2.2.5) aus dem Bild h_v, bei dem das Maximum auftritt. Werden nur zwei Richtungsbilder h_x und h_y für horizontale und vertikale Linien verwendet, so kann die Richtung eines Konturlinienpunktes auch mit Hilfe der Arcustangens-Funktion bestimmt werden. Eine ausführlichere Diskussion über die Verwendung von Masken wie in Abb. 1.2.2.1 bei der Kantendetektion findet sich auch in [ROBINSON 1977].

1	2	1		1	0	-1
0	0	0		2	0	-2
-1	-2	-1		1	0	-1
	a)				b)	

Abb. 1.2.2.1: Gewichte des SOBEL-Operators, für a) horizontale Linien, b) vertikale Linien. Der Punkt (i,j) in Gleichung (1.2.2.3) entspricht dem Mittelpunkt der Masken a), b)

Alle bisher betrachteten Methoden beruhen auf der Differenziation der Intensitätsfunktion. Eine Kante zeichnet sich durch ein lokales Extremum in der 1. Ableitung aus. In äquivalenter Weise lässt sich auch mit der 2. Ableitung arbeiten, wobei sich hier eine Kante durch einen Nulldurchgang ausdrückt, vgl. Abb. 1.2.2.2. Je ausgeprägter eine Kante im Originalbild ist, desto stärker wird das Extremum in der 1. Ableitung ausfallen und desto steiler wird der Nulldurchgang in der 2. Ableitung verlaufen. Aufgrund dieser Ueberlegungen wurden Verfahren zur Detektion von Kanten auf der Basis der 2. Ableitung der Intensitätsfunktion vorgeschlagen. Der bekannteste Ansatz findet sich in [MARR 1982]. Hierbei wird die 2. Ableitung mit einer Glättung kombiniert. Die resultierende Operation lässt sich mittels einer Maske analog zu Abb. 1.2.2.1 mit Gewichten in Form eines "Mexikanerhutes" realisieren. Der Operator hat die Eigenschaft der Isotropie, d.h. Richtungsunabhängigkeit. Er ist jedoch sensibel bezüglich der Abstimmung der Grösse der Maske bzw. der Gewichte auf die Form der zu detektierenden Kanten. [MARR 1982] enthält eine ausführliche Diskussion von Analogien zwischen dem vorgeschlagenen Operator und Verarbeitungsprozessen im visuellen System lebender Organismen. Ein ähnlicher Ansatz wie in [MARR 1982] wird in [SHANMUGAN/DICKEY/GREEN 1979] verfolgt. In [NOETH 1983] erfolgt ein theoretischer Vergleich beider Methoden.

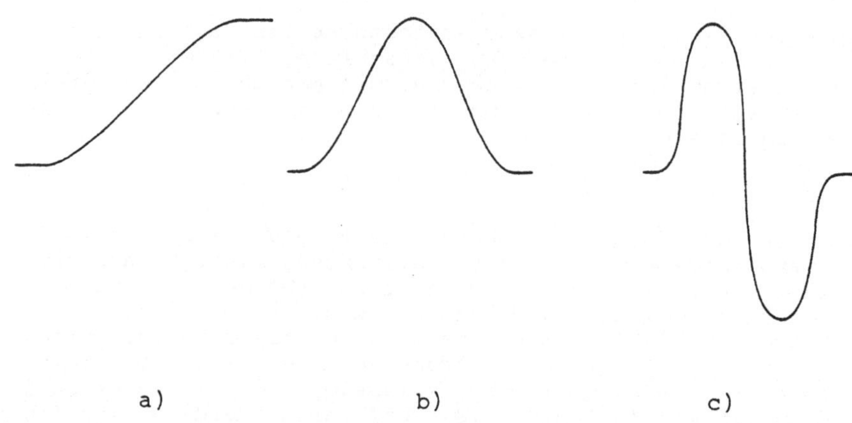

a) b) c)

Abb. 1.2.2.2: Schematische Darstellung zur Kantendetektion. a) Intensitätsfunktion, b) erste Ableitung, c) zweite Ableitung.

Neben den bisher zitierten Ansätzen, die als lineare Filterungsoperationen angesehen werden können, existieren verschiedene nichtlineare Verfahren zur Detektion möglicher Konturlinienpunkte. Ein bekanntes Beispiel ist der HUECKEL-Operator [HUECKEL 1971, 1973]. Hierbei wird von einem mathematischen Modell einer idealen Kante ausgegangen, durch welches die Intensitätsfunktion approximiert wird. Eine vereinfachte Version des HUECKEL-Operators ist der MERO-VASSY-Operator, der sich durch höhere Verarbeitungsgeschwindigkeit auszeichnet [MERO/VASSY 1975]. In [HOLDERMANN/KAZMIERCZAK 1972] wird ein weiterer Ansatz zur Konturlinienpunktdetektion beschrieben. Die Intensitätsfunktion in einem lokalen Ausschnitt des Bildes wird hier durch eine Ebene approximiert. Aus der Neigung und dem Drehwinkel dieser Ebene lassen sich Schlüsse auf mögliche Konturlinien ziehen. Die gleiche Idee findet sich in [HARALICK 1980] wieder. Weitere nichtlineare Methoden zur Detektion von Kantenpunkten sind eine Kombination der Operationen Dilatation und Erosion [HERP/NIEMANN/PROBST 1980] sowie das in [ROSENFELD 1970] beschriebene Verfahren, bei dem eine multiplikative Verknüpfung der Ergebnisse linearer Operatoren verschiedener Grösse erfolgt.

Die Kantendetektion bei texturierten Objekten ist i.a. schwieriger als im homogenen Fall, da hier Intensitätsschwankungen sowohl an den Objektgrenzen als auch durch die

Textur bedingt auftreten. Im wesentlichen kennt man zwei Klassen von Verfahren. Zum einen finden verschiedene Typen von Gradientenoperatoren Anwendung, die direkt auf den texturierten Bildern arbeiten; es werden hier verschiedene Maskengrössen bzw. Auflösungsstufen miteinander kombiniert [ROSENFELD/THURSTON 1971, DAVIS/MITICHE 1980, GRINAKER 1980]. Zum anderen wurden Verfahren vorgeschlagen, bei denen zunächst verschiedene Texturmerkmalsbilder aus dem Originalbild berechnet werden. Die Kantendetektion erfolgt dann nicht im Originalbild, sondern mittels anderweitig bekannter Verfahren in den Merkmalsbildern [GRANLUND 1980, TRIENDL/HENDERSON 1980]. Eine weitergehende Behandlung des Themas "Textur" folgt in Kap. 1.2.4.

Beiträge zur dreidimensionalen Konturliniendetektion, die z.B. bei Tomogrammen angewendet werden kann, finden sich in [LIU 1977, HERMAN/LIU 1978]. Operationen für Abstandsbilder werden in [INOKUCHI et al. 1982] vorgeschlagen. [YAKIMOVSKY 1976] ist ein Beispiel für einen statistischen Kantendetektor. Ein Vergleich verschiedener Kantendetektoren findet sich in [FRAM/DEUTSCH 1975, BULLOCK 1976].

Mit Hilfe der bisher erläuterten Methoden ist es möglich, die Stärke und Richtung von potentiellen Konturlinienpunkten an jeder Stelle im Bild zu bestimmen. Hierzu wird ausschliesslich lokale Information verwendet. Deshalb kann es leicht zu Unstimmigkeiten zwischen benachbarten Punkten bezüglich Stärke und Richtung von möglichen Konturlinien kommen. Zur Beseitigung derartiger Unstimmigkeiten wurden in [ZUCKER/HUMMEL/ROSENFELD 1977, PRAGER 1980] Relaxationsverfahren vorgeschlagen. Auf der Basis der Ergebnisse lokaler Kantendetektoren werden initiale Wahrscheinlichkeiten für das Vorliegen eines Kantenelementes einer bestimmten Richtung berechnet. Durch Berücksichtigung von benachbarten Elementen im Bild wird die Wahrscheinlichkeit eines jeden Kantenelementes iterativ geändert mit dem Ziel, eine konsistente und korrekte Belegung mit Kantenelementen zu erzielen. Weitere Einzelheiten zur Relaxation werden in Kap. 1.4.4 in Zusammenhang mit der Bildinterpretation behandelt.

Bei der Anwendung lokaler Operatoren, die auf der 1. Ableitung beruhen, entstehen im Ergebnisbild typischerweise Kanten einer Dicke von mehreren Bildpunkten. Da man sich meist eine möglichst scharfe Lokalisierung der Kontur eines Objekts wünscht, wird eine Verdünnung der Kanten durchgeführt, z.B. mittels der Methode der "Non-Maximum Unterdrükkung" [ROSENFELD/KAK 1976, NEVATIA/BABU 1980, PALER/KITTLER 1983]. Hierzu werden in der Richtung, die senkrecht zu einer Konturlinie verläuft, alle diejenigen Punkte im Kantenbild gelöscht, die nicht betragsmässig lokales Maximum sind. Ueblicherweise wird eine derartige Verdünnung mit einer Schwellwertoperation kombiniert; d.h., dass ein Punkt - unabhängig davon ob er lokales Extremum ist oder nicht - gelöscht wird, falls sein Betrag eine bestimmte Schwelle unterschreitet.

Die bisher diskutierten Verarbeitungsschritte liefern Bilder, in denen bestimmte Punkte als potentielle Elemente einer Konturlinie gekennzeichnet sind. Endziel bei der Liniendetektion ist es jedoch, eine Konturlinie durch analytische Parameter oder als Folge von Koordinatenwerten $((x_1,y_1),\ldots,(x_n,y_n))$ zu bestimmen. Somit bleibt das Problem, geeignete Punkte zu einer Konturlinie zu gruppieren. Hierzu finden sich verschiedene Vorschläge in der Literatur. Allen Ansätzen ist gemeinsam, Folgen von benachbarten Bildpunkten zu bestimmen, die aufgrund lokaler Kantendetektion als besonders vielversprechende Kandidaten für Konturlinienpunkte eingestuft werden können. Ein effizientes Verfahren zum Verbinden von Linienpunkten nach Anwendung einer Non-Maximum Unterdrückung wird in [CHENG/HUANG 1980] beschrieben. Dieses Verfahren weist Aehnlichkeiten mit [NEVATIA/BABU 1980] auf. Ein trichterförmiger Erwartungsbereich für Nachfolger eines Linienpunktes bildet die Basis des Verfahrens nach [HOLDERMANN/KAZMIERCZAK 1972]. Eine weitere wichtige Klasse von Methoden zur Verbindung einzelner Konturlinienpunkte ergibt sich aus dem Einsatz optimaler Suchtechniken wie Graphsuche und dynamische Programmierung [MONTANARI 1971, MARTELLI 1972, 1976, RAMER 1975, BALLARD 1976, ASHKAR/MODESTINO 1978]. Hierbei wird von der Vorstellung ausgegangen, dass sich eine Konturlinie in einem Gradientenbild darstellt als kontinuierlicher Pfad entlang maximaler oder minimaler Werte. Die Detektion eines derartigen Pfades wird durch ein optimales Suchverfahren geleistet. Eine genauere Beschreibung von Graphsuche und dynamischer Programmierung erfolgt in Abschnitt 1.4.1 im Zusammenhang mit der Darstellung von Verfahren zur Wissensnutzung.

Als Alternative zu den erwähnten Methoden zur Gruppierung von Konturlinienpunkten ist die Hough-Transformation bekannt [DUDA/HART 1972a, WECHSLER/SKLANSKY 1977]. Hier werden die Koordinaten und u.U. auch die Richtung potentieller Konturlinienpunkte mittels geeigneter Gleichungen mit den Variablen eines sog. Akkumulatorfeldes verknüpft. Jeder potentielle Konturlinienpunkt trägt auf diese Weise zur Erhöhung der Werte in bestimmten Positionen dieses Feldes bei. Ein Häufungsgebiet im Akkumulatorfeld definiert eine Konturlinie. Das ursprüngliche Problem ist somit reduziert auf die Bestimmung von Häufungsgebieten im Akkumulatorfeld. Die Hough-Transformation ist geeignet bei Linien mit Versetzungen und längeren Unterbrechungen, etwa im Gegensatz zu den Verfahren nach [CHENG/HUANG 1980, NEVATIA/BABU 1980]. Eine Verallgemeinerung der Hough-Transformation auf die Lokalisierung zweidimensionaler planarer Objekte ist in [BALLARD 1981] beschrieben.

Das endgültige Ziel bei der Kantendetektion besteht häufig darin, die im Bild vorhandenen Linien analytisch durch Parameter von Kurven eines bestimmten Typs zu beschreiben. Die in den letzten beiden Abschnitten beschriebenen Techniken zur Gruppierung bilden hierfür eine wichtige Voraussetzung. Häufig ist es nötig, vor der Approximation, welche die gewünschten Parameter liefert, einen Segmentierungsschritt auszuführen, bei dem eine längere Linie in geeignete Unterabschnitte aufgespalten wird. Ein Beispiel für die Approximation durch Geraden ist in Abb. 1.2.2.3 gezeigt. Ein iteratives Verfahren für die Approximation durch Geraden ist in [DUDA/HART 1972] beschrieben. Weitere Verfahren sind [RAMER 1972, PAVLIDIS 1973, PAVLIDIS/HOROWITZ 1974]. Sind geeignete Segmentierungspunkte gefunden, so kann man die Konturlinie zwischen diesen Segmentierungspunkten linear oder durch Kurven höherer Ordnung approximieren. Eine ausführliche Behandlung verschiedener Approximationsverfahren auf der Basis von Polynomen und Spline-Funktionen findet sich in [BALLARD/BROWN 1982, PAVLIDIS 1982].

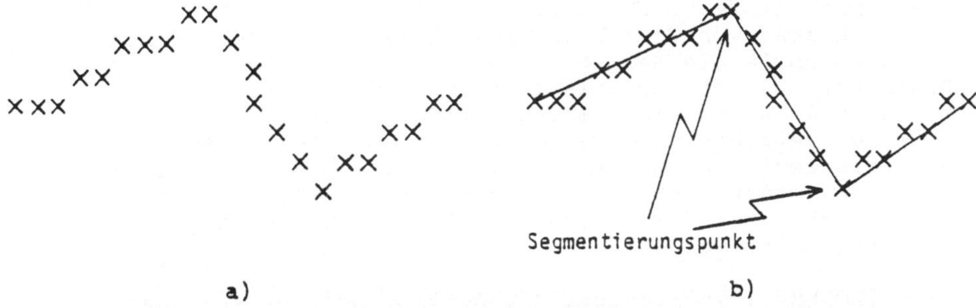

Abb. 1.2.2.3: Beispiel zur Liniensegmentierung und Approximation. a) verdünnte Linie, b) Segmentierungspunkte und Approximation.

Ein Aspekt bei der Konturliniendetektion, der bisher noch nicht diskutiert wurde, ist die Verwendung von a priori Wissen über die auftretenden Objekte. Derartiges Wissen kann z.B. erfolgreich eingesetzt werden bei der Auswertung von Bildfolgen, wo Konturen von Objekten, die in Bild n (z.B. durch interaktive Eingabe) bestimmt wurden, verwendet werden, um Konturen in den Bildern n+1,..., n+m zu ermitteln, z.B. durch Einschränkung des Suchbereiches bei der Gruppierung [TASTO 1973]. Auf einer ähnlichen Idee beruht die Kantendetektion mittels "Planung" nach [KELLY 1971]. Der in [SHIRAI 1975] vorgestellte Kantendetektor macht ebenfalls von a priori Wissen über die Gestalt von Objekten Gebrauch. Der Problemkreis besteht in diesem Fall aus einfachen dreidimensionalen Gegenständen wie Quadern, Würfeln oder Pyramiden.

1.2.3 REGIONENORIENTIERTE SEGMENTIERUNG

Die in Kapitel 1.2.2 diskutierten Verfahren der Kantendetektion beruhen darauf, Unterschiede in der Intensität oder Textur zwischen benachbarten Bereichen eines Bildes festzustellen. Im Gegensatz dazu geht es bei der regionenorientierten Segmentierung darum, Gruppen von benachbarten Bildpunkten zu finden, die homogen bezüglich eines bestimmten Kriteriums sind. Die heuristische Motivation hierfür ist, dass derartige Regionen typischerweise einem Objekt oder einem charakteristischen Teil eines Objekts entsprechen.

Aus formaler Sicht ist die Repräsentation eines Objekts durch die Region, die es im Bild einnimmt (z.B. unter Angabe der Koordinaten der entsprechenden Bildpunkte), äquivalent zur Angabe seiner geschlossenen Kontur. Somit ist auf den ersten Blick die Suche nach Konturlinien äquivalent zur Bestimmung homogener Regionen und man könnte annehmen, beide Klassen von Verfahren sind gleichwertig, falls es darum geht, Objekte zu detektieren. Bei praktischen Anwendungen werden jedoch sowohl die konturlinien- als auch die regionenorientierten Segmentierungsverfahren nur teilweise perfekte Ergebnisse liefern. Charakteristische Schwächen bei der ersten Klasse von Verfahren sind Lücken in geschlossenen Konturen sowie die Registration von nicht vorhandenen Konturen. Bei regionenorientierten Verfahren kann es typischerweise zu einer Zerstückelung einzelner Objekte oder zu einer Verschmelzung verschiedener Objekte kommen. Deshalb sind die regionen- und kantenorientierte Segmentierung nicht als miteinander konkurrierend anzusehen; vielmehr können diese Methoden bei komplexen Bildern in gegenseitiger Ergänzung verwendet werden.

Nach [ZUCKER 1976] besteht die Aufgabe bei der regionenorientierten Segmentierung darin, eine Partition der Menge X der Punkte eines Bildes in disjunkte Regionen, d.h. Teilmengen $X_1,...,X_n$ so zu finden, dass gilt:

a) $\bigcup_{i=1}^{n} X_i = X.$

b) X_i ist zusammenhängend; $i = 1,..., n.$ (1.2.3.1)

c) $P(X_i) = \text{TRUE};\ i = 1,..., n.$

d) $P(X_i \cup X_j) = \text{FALSE},$ falls X_i und X_j benachbart; $i,j = 1,..., n;\ i \neq j.$

Die Bedingung a) besagt, dass die Segmentierung vollständig ist, d.h. dass jeder Bildpunkt zu (genau) einer Region gehört. Mittels Bedingung b) wird gefordert, dass jeder Punkt einer Region von jedem anderen aus über einen Pfad benachbarter Punkte erreichbar ist. (Zum Begriff des Zusammenhangs bzw. der Nachbarschaft siehe z.B. [ROSENFELD/KAK 1976]). Das Prädikat P in Bedingung c) hängt von der jeweiligen Anwendung ab und stellt das oben erwähnte Homogenitätskriterium dar. Die Bedingung d) drückt schliesslich die Eigenschaft der Maximalität der Segmentierung aus; d.h., dass benachbarte Regionen X_i und X_j immer verschmolzen werden zu $X_k = X_i \cup X_j$, falls $P(X_i \cup X_j) = \text{TRUE}$.

Ebenso wie beim kantenorientierten Fall gibt es für das Gebiet der regionenorientierten Segmentierung eine grosse Anzahl von publizierten Verfahren in der Literatur. Uebersichtsdarstellungen finden sich in den Artikeln [ZUCKER 1976; RISEMAN/ARBIB 1977; KANADE 1980; FU/MUI 1981] sowie in den Büchern [NIEMANN 1981; BALLARD/BROWN 1982].

Eine wichtige Klasse von regionenorientierten Segmentierungsverfahren stellen Schwellwertoperationen dar. Diese dienen dazu, ein vorgegebenes Grauwertbild f in ein Binärbild g überzuführen mittels:

$$g(x,y)= \begin{cases} 1, \text{ falls } f(x,y) \geq S \\ 0, \text{ sonst} \end{cases} \quad (1.2.3.2)$$

Das Anliegen hierbei ist, die Schwelle S so zu wählen, dass die mit dem Wert 1 markierten Punkte in g genau die interessierenden Objekte in f kennzeichnen. Das setzt voraus, dass diese Objekte höhere oder niedrigere Intensitätswerte als ihre Umgebung aufweisen. Eine Verallgemeinerung kann dadurch erzielt werden, dass mit Hilfe von m Schwellen S1,...,Sm ein Bild g mit m+1 verschiedenen Werten erzeugt wird, wobei jeder dieser Werte einen charakteristischen Bereich im Bild f kennzeichnet.

Das Hauptproblem bei Schwellwertoperationen ist die Auswahl der Schwelle S. Die Wahl eines festen Wertes ist nur in einfachen Spezialfällen möglich. Im allgemeinen muss die Schwelle S an das aktuell vorliegende Bild angepasst werden. Eine Uebersicht zum Thema Schwellwertberechnung findet sich in [WESZKA 1978]. Generell unterscheidet man drei Typen, nämlich globale, lokale und dynamische Schwellwertoperationen. Bei Verfahren des ersten Typs erfolgt die Berechnung eines globalen Schwellwerts, der für das gesamte Bild Gültigkeit besitzt. Beim zweiten Typ werden für verschiedene Teilbereiche des Bildes separate Schwellen berechnet. Dynamische Verfahren schliesslich zeichnen sich dadurch aus, dass für jeden einzelnen Bildpunkt getrennt eine Schwelle bestimmt wird. Die im folgenden zitierten Ansätze eignen sich prinzipiell für alle drei Arten der Anwendung.

Bei verschiedenen Methoden wird der gesuchte Schwellwert auf der Basis des Grauwerthistogramms eines Bildes bestimmt. Die ersten bekannten Ansätze beruhen darauf, signifikante Minima im Histogramm zu bestimmen und als Schwelle zu verwenden, vgl. z.B. [ROSENFELD/KAK 1976]. Diesem Vorgehen liegt die Vorstellung zugrunde, dass Objekte und Hintergrund im Bild zu zwei verschiedenen Verteilungen im Histogramm beitragen, deren Maxima durch ein ausgeprägtes Minimum getrennt sind. Auf dieser Annahme beruht auch das Verfahren nach [CHOW/KANEKO 1972, NAKAGAWA/ROSENFELD 1979], bei dem das Histogramm durch zwei sich überlagernde Normalverteilungen approximiert wird. Der Schnittpunkt beider Verteilungen fungiert als Schwellwert. Das Kriterium für die Bestimmung der Schwelle bei dem Verfahren nach [OTSU 1978] ist die optimale Approximation der gegebenen Grauwerte durch eine zweiwertige Funktion. In [PUN 1980] wird die Entropie als Kriterium zur Auswahl einer Schwelle vorgeschlagen. Ueber ein iteratives Verfahren, bei dem sukzessive Minima im Histogramm eliminiert werden, bis schliesslich eine vorgegebene Anzahl von Schwellen erreicht ist, wird in [HAUSSMANN/MADSEN 1981] berichtet.

Häufig ist die im Histogramm enthaltene Information unzureichend, um einen Schwellwert für eine adäquate Segmentierung abzuleiten. Deshalb wurde in verschiedenen Arbeiten vorgeschlagen, auch Information über die örtliche Verteilung der Grauwerte zu berücksichtigen. Auf diese Weise kann eine Modifikation des Histogramms erzielt werden, z.B. eine Verbesserung der Bimodalität, was die Anwendung eines der oben zitierten Verfahren erleichtert. Zwei Ansätze zur Histogrammodifikation sind in [WESZKA/NAGEL/ROSENFELD 1974, WESZKA/ROSENFELD 1979] beschrieben. Bei diesen Verfahren werden nur Werte mit hoher bzw. niedriger Ableitung der Grauwertfunktion in das Histogramm aufgenommen, wodurch nur Kantenbereiche bzw. homogene Bildausschnitte im Histogramm berücksichtigt werden. Eine Verallgemeinerung dieser Idee zur iterativen Bestimmung mehrerer Schwellen findet sich in [WANG/HARALICK 1984]. Eine weitere iterative Operation unter Verwendung eines eindimensionalen Kantenoperators zur Detektion mehrerer Schwellwerte ist in [BARRETT 1981] angegeben. Die Verwendung zweidimensionaler Histogramme der Grauwert-Gradientenhäufigkeit wurde in [PANDA/ROSENFELD 1978] vorgeschlagen. Zur Bestimmung eines Schwellwerts ist hier eine Analyse der Häufungsgebiete vorzunehmen. Die Schwellwertbestimmung mit Hilfe eines Koinzidenzmasses zwischen der Kontur eines Objekts im Schwellwertbild und dem Ergebnis einer Kantendetektion nach Kap. 1.2.2 ist in [MILGRAM 1981] beschrieben.

Die bisher zitierten Methoden beziehen sich ausschliesslich auf Bilder aus einem Spektralkanal. Eine interessante Verallgemeinerung ist die Schwellwertdetektion in Farbbildern. Hierbei liegen entweder Bilder in den einzelnen Farbkanälen Rot, Grün und Blau vor oder man hat es mit daraus abgeleiteten Farbmerkmalsbildern zu tun. [OHLANDER/PRICE/REDDY 1978] stellt einen grundlegenden Ansatz zur Segmentierung von Farbbildern mit Hilfe von Schwellwertoperationen dar. Hierbei erfolgt ein iteratives Aufspalten des Farbbildes unter Verwendung von Histogrammen. In einem Schritt werden jeweils die Histogramme einer bestimmten Region in den verschiedenen Farbkanälen betrachtet und es wird dasjenige Histogramm ausgewählt, das sich für eine Aufspaltung am besten eignet. Die Aufspaltung der betrachteten Region erfolgt mit Hilfe der Detektion lokaler Minima im ausgewählten Histogramm. Dieser Ansatz wurde auch in [OHTA 1980] verwendet. In [HANSON/RISEMAN 1978b] ist ein anderer Ansatz zur Segmentierung von Farbbildern mittels Schwellwerten beschrieben. Hier werden zweidimensionale Histogramme verwendet, in denen nach Häufungsgebieten gesucht wird. Die Zuordnung einzelner Bildpunkte zu diesen Häufungsgebieten erfolgt iterativ mit Hilfe von Relaxation. (Zur Relaxation siehe auch Kap. 1.4.4.)

Die bisher betrachteten Schwellwertoperationen können als spezieller Ansatz zum Aufspalten von Regionen angesehen werden. Ausgangsbasis ist hierbei das gesamte Bild. Nach Bestimmung einer geeigneten Schwelle S wird das Bild gemäss Gleichung (1.2.3.2) in m disjunkte Regionen zerlegt. Durch sukzessives hierarchisches Spalten, wie z.B. in [OHLANDER/PRICE/REDDY 1978], lässt sich im Prinzip eine beliebig feine Aufteilung erzielen. Der diesem Regionenspalten konträre Ansatz beruht auf dem sukzessiven Verschmelzen benachbarter Regionen. Hierbei geht man von einer initialen Zerlegung des Bildes aus (z.B. Blöcke fester Grösse von nxn Bildpunkten, im Extremfall mit n=1) und führt eine Verschmelzung benachbarter Blöcke X_i und X_j zu einer Region $X_k=X_i \cup X_j$ durch, falls bestimmte Bedingungen erfüllt sind.

[MUERLE/ALLEN 1968] ist die erste Arbeit, bei der von der Idee des Verschmelzens Gebrauch gemacht wurde. Das Kriterium für das Verschmelzen von benachbarten Regionen ist hier die Aehnlichkeit von statistischen Eigenschaften ihrer Grauwerte. In [BRICE/ FENNEMA 1970] werden komplexe Kriterien verwendet, welche den Kontrast zwischen zwei Regionen, aber auch ihre Form sowie die Form der aus der Verschmelzung resultierenden Region in Betracht ziehen. Die initiale Segmentierung besteht in [BRICE/FENNEMA 1970] aus zusammenhängenden Regionen mit konstantem Grauwert. Ein weiterer Ansatz zum Regionenbilden auf der Basis von Verschmelzungsoperationen findet sich in [PAVLIDIS 1972]. Hier betrachtet man zunächst die einzelnen Zeilen eines Bildes und approximiert stückweise den eindimensionalen Verlauf der Grauwertfunktion durch geeignet gewählte Funktionen in m Segmenten. Anschliessend werden überlappende Segmente zusammengefasst, falls sie genügend ähnlich sind. Die Idee der Approximation der Grauwertfunktion durch Ebenen aus [HOLDERMANN/ KAZMIERCZAK 1972] wurde in [PONG et al. 1984] zum Verschmelzen von Regionen aufgegriffen. Nach einer initialen Segmentierung erfolgt hier die Beschreibung einer jeden Region durch einen Merkmalsvektor, der Angaben enthält über die Parameter der Approximationsebene sowie über die Grösse der Region, minimalen und maximalen Grauwert etc. Benachbarte Regionen werden in einem iterativen Prozess verschmolzen, wenn sie bezüglich ihrer Merkmalsvektoren ähnlich sind. Eine ähnliche Idee wurde auch in [RADIG 1981] im Zusammenhang mit der Analyse bewegter Objekte in Bildfolgen publiziert.

Es ist naheliegend, die bisher zitierten Operationen des Spaltens und Verschmelzens von Regionen eines Bildes zu kombinieren. [HOROWITZ/PAVLIDIS 1976] ist der erste derartige "split-and-merge"-Algorithmus. Die grundlegende Idee in [HOROWITZ/PAVLIDIS 1976] besteht in der sukzessiven Aufteilung einer quadratischen Region in vier Teilquadrate. Auf der obersten Ebene steht hierbei das gesamte Bild, während auf der untersten Ebene die einzelnen Bildpunkte anzutreffen sind. Auf diese Weise erhält man eine baumförmige Repräsentation des Bildes. Ausgehend von einer initialen Zerlegung des Bildes werden zunächst benachbarte Regionen verschmolzen, falls sie ein Homogenitätskriterium erfüllen und einen gemeinsamen Vorgänger im Baum besitzen. Anschliessend erfolgt ein sukzessives Spalten inhomogener Regionen. In der letzten Phase werden Regionen unterschiedlicher Grösse, die auf verschiedenen Ebenen im Baum stehen, verschmolzen. Eine Verallgemeinerung dieses Ansatzes auf texturierte Bilder findet sich in [CHEN/PAVLIDIS 1979]. In [BROWNING/TANIMOTO 1982] ist eine Modifikation des "split-and-merge"-Algorithmus beschrieben, der sich durch geringen Speicherbedarf auszeichnet. [PIETIKAEINEN/ROSENFELD/WALTER 1982] enthält eine weitere Modifikation von [HOROWITZ/PAVLIDIS 1976]. Dort wird eine Datenstruktur für eine Aufspaltung mit überlappenden Regionen vorgeschlagen. Ein schneller Algorithmus zum Spalten und Schmelzen von Regionen, welcher mit einem Durchlauf durch das Bild auskommt, ist in [SUK/CHUNG 1983] beschrieben.

Im Bereich der kantenorientierten Segmentierung sind Verfahren bekannt, die von semantischer Information Gebrauch machen, vgl. Kap. 1.2.2. Derartige Ansätze existieren auch für die regionenorientierte Segmentierung. [TENENBAUM/BARROW 1976] enthält eine

Methode zur Integration von regionenorientierter Segmentierung und Interpretation. Das Verfahren beruht auf der iterativen Verschmelzung von Regionen, wobei in jeder Phase des Verschmelzungsprozesses eine Interpretation der vorliegenden Regionen auf der Basis von Kontextbedingungen erfolgt. Diese semantische Interpretation wird bei den nachfolgenden Verschmelzungsoperationen berücksichtigt, d.h. benachbarte Regionen werden nur dann zusammengefasst, wenn sie sowohl in den primären Merkmalen als auch in der semantischen Interpretation verträglich sind. Ein weiterer Ansatz zur Integration von semantischem Wissen bei der regionenorientierten Segmentierung findet sich in [FELDMAN/YAKIMOSKY 1974]. Das Verschmelzen erfolgt hier unter der Zielsetzung, die Wahrscheinlichkeit für eine korrekte Segmentierung zu maximieren. Die verwendete semantische Information drückt sich in Wahrscheinlichkeiten aus und bezieht sich auf Merkmale von Regionen sowie Eigenschaften der Grenzen benachbarter Regionen.

1.2.4. TEXTUR

Textur ist ein wichtiges Phänomen bei der Segmentierung von Bildern. Intuitiv ausgedrückt ist die Textur eine charakteristische Eigenschaft der Oberflächen der abgebildeteten Objekte. Aus formaler Sicht lässt sich Textur charakterisieren durch Texturgrundelemente sowie deren örtliche Relationen und deren Wiederholung. Zahlreiche Abbildungen verschiedener Texturen finden sich in [BRODATZ 1966]. Ueber Experimente zur menschlichen Wahrnehmung von Textur siehe [JULEZ 1975].

In der Bildanalyse interessieren im Zusammenhang mit Textur vor allem drei Aufgabenstellungen [DAVIS 1982]:

a) Es sind Texturmerkmale zu finden, die es gestatten, Texturen quantitativ zu charakterisieren.

b) Auf der Basis der Texturmerkmale unter a) sind kanten- und regionenorientierte Segmentationsverfahren zu entwickeln, welche es erlauben, ein Bild entsprechend seiner verschieden texturierten Bereiche zu unterteilen.

c) Mit Hilfe von Texturmerkmalen soll es möglich sein, Hinweise auf die Oberflächen der im Bild gezeigten Objekte zu gewinnen und 3D-Information abzuleiten.

Punkt b) in obiger Aufstellung wurde bereits in den Kapiteln 1.2.2 und 1.2.3 angesprochen. Prinzipiell lassen sich die meisten der dort zitierten Verfahren für texturierte Bilder verwenden, wenn sie nicht auf das Originalbild, sondern auf Texturmerkmal-Bilder angewendet werden. Die Gewinnung von 3D-Information aus Textur unter c) wird in Kapitel 1.2.5 noch genauer diskutiert. Im vorliegenden Kapitel wird ausschliesslich auf die unter a) genannte Aufgabenstellung eingegangen. Eine Uebersicht zum Thema "Textur" findet sich im Artikel [HARALICK 1979] sowie in den Büchern [PRATT 1978, NIEMANN 1981, BALLARD/BROWN 1982].

In der Literatur finden sich zahlreiche Vorschläge für Texturmerkmale. Weite Verbreitung haben sog. "cooccurrence"-Matrizen gefunden [DEUTSCH/BELKNAP 1972, HARALICK/SHANMUGAM/DINSTEN 1973]. Hierbei wird die relative Häufigkeit festgehalten, mit der Grauwert i zusammen mit Grauwert j bezüglich einer Entfernung d und einem Winkel α auftritt. Um zu einer quantitativen Charakterisierung der Textur zu kommen, werden aus allen Matrizen verschiedene Merkmale abgeleitet. Ein Teil dieser Merkmale lässt sich anschaulich interpretieren, z.B. als Homogenität oder Kontrast der Textur. Abwandlungen, welche sich durch Invarianz bezüglich Richtung und linearer Grauwerttransformation auszeichnen, wurden in [SUN/WEE 1983] vorgeschlagen.

Texturmerkmale auf der Basis von Lauflängencodierung finden sich in [GALLOWAY 1975]. Auch hier erhält man eine Matrix, aus der sich Merkmale extrahieren lassen. In [WESZKA/DYER/ROSENFELD 1976] findet man eine vergleichende Studie, die auf Texturmerkmalen aus der "cooccurrence"-Matrix und der Lauflängencodierung basiert. Zusätzlich werden Merkmale verwendet, die auf Grauwertdifferenzen sowie auf der Fouriertransformation beruhen. Im letzteren Fall geht man von der Beobachtung aus, dass Texturen oft eine regelmässige periodische Wiederholung von Grundelementen aufweisen, was im Spektrum durch signifikante Maxima zum Ausdruck kommt. Betrag und Phase derartiger Maxima werden auch in [MATSUYAMA/MIURA/NAGAO 1983] als Texturmerkmale vorgeschlagen. Ein Beitrag zur effektiven Berechnung von Fourier-Merkmalen in überlappenden Teilbereichen von Bildern findet sich in [TANIMOTO 1978].

Koeffizienten einer linearen Schätzfunktion zur Texturbeschreibung wurden in [DEGUCHI/MORISHITA 1978] verwendet. Ein weiterer Ansatz ist, Extrema der Grauwertfunktion als Merkmale zu verwenden [MITCHELL/MYERS/BOYNE 1977]. Von einer ähnlichen Idee wurde in [EHRIG/FOITH 1978] im Rahmen eines allgemeinen Ansatzes zur Bildsegmentierung unter Verwendung sog. Relationalbäume ausgegangen. Hier wird, separat für jede Bildzeile, ein Baum konstruiert, der die Struktur der Maxima der Grauwertfunktion widerspiegelt. Aus diesem Baum lassen sich - neben anderen Grössen - Texturmerkmale ableiten. Die Verwendung von Baumgrammatiken zur Texturbeschreibung wurde in [LU/FU 1978a, 1979] vorgeschlagen. Dieser Ansatz erlaubt sowohl die Synthese als auch die Erkennung von Texturen eines bestimmten Typs.

1.2.5. BESTIMMUNG VON 3D-INFORMATION

Der Inhalt eines Bildes kann für bestimmte Problemkreise von 2D-Natur sein. Beispiele hierfür sind Gewebeschnitte aus der Medizin, technische Zeichnungen (wie etwa elektrische Schaltpläne) oder Luftbilder aus grosser Höhe. Häufig ist der Inhalt eines Bildes aber auch die Projektion einer 3D-Szene auf die Bildebene, etwa bei Luftaufnahmen aus geringer Höhe oder bei Szenen aus dem Bereich der industriellen Fertigung. Im letzteren Fall besteht eine wichtige und interessante Fragestellung darin, zu überprüfen, unter welchen Voraussetzungen und mittels welcher Methoden 3D-Information aus einem oder mehreren Bildern einer Szene rekonstruiert werden kann. Praktische Anwendungen liegen z.B. in der Bereitstellung von Tiefeninformation für die Steuerung von Industrierobotern oder autonomen Fahrzeugen.

Einer der ältesten Ansätze zur Gewinnung von 3D-Information ist die Tiefenbestimmung mit Hilfe von Stereobildern. Eine Uebersicht hierzu wird in [NEUMANN 1981] gegeben. Bei dieser Methode geht man aus von zwei Bildern der gleichen Szene, die unter verschiedenen Blickwinkeln gewonnen wurden. Die Ableitung der Tiefeninformation beinhaltet drei Teilaufgaben, nämlich:

1) Bestimmung der Kameraparameter
2) Auffinden korrespondierender Paare von Bildpunkten
3) Berechnung der 3D-Koordinaten.

Der letzte Schritt erfolgt mit Hilfe von Triangulation gemäss

$$\underline{v} = \underline{c}_1 + s_1\underline{e}_1 = \underline{c}_2 + s_2\underline{e}_2 \qquad (1.2.5.1)$$

vgl. Abb. 1.2.5.1. Hierbei geben $\underline{c}_1$ und $\underline{c}_2$ die Positionen der beiden Kameras in einem globalen Koordinatensystem an. Ein Punkt P, dessen Ortsvektor $\underline{v}$ zu bestimmen ist, erscheint in den Kamerabildern auf Abbildungsstrahlen, die den Einheitsvektoren $\underline{e}_1$ und $\underline{e}_2$ entsprechen. Im Idealfall schneiden sich die Abbildungsstrahlen und gemäss Gleichung (1.2.5.1) lassen sich die Faktoren s_1 und s_2 ermitteln, welche die Position von P bestimmen. Da in Gleichung (1.2.5.1) jeweils 3D-Vektoren auftreten, ist das System überbestimmt. Dies bedeutet, dass sich die beiden Strahlen in Abb. 1.2.5.1 i.a. nicht schneiden. Wie in [DUDA/HART 1972] erläutert wird, kann man als Lösung in diesem Fall den Punkt bestimmen, der in der Mitte derjenigen Punkte liegt, wo die beiden Strahlen den geringsten Abstand haben. Eine Erweiterung auf mehr als zwei Aufnahmen der gleichen Szene zur Erhöhung der Zuverlässigkeit der abgeleiteten Tiefeninformation findet sich in [NEVATIA 1976b, MORAVEC 1981].

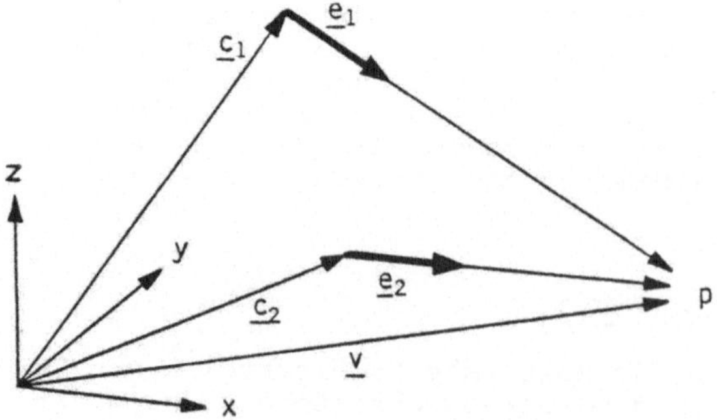

Abb. 1.2.5.1: Prinzip der Triangulation

Zur Bestimmung der Kameraparameter werden meist bekannte Gegenstände in wohldefinierten Positionen aufgenommen. Beiträge zu diesem Problem sind in [YAKIMOVSKY/CUNNINGHAM 1978, SOBEL 1974] enthalten. Ein schwieriges Problem ist i.a. die Bestimmung von korrespondierenden Paaren von Punkten in beiden Bildern. Eine

Uebersicht zu diesem Problem findet sich in [DRESCHLER 1981]. Die übliche Vorgehensweise ist die Bestimmung von markanten Punkten im Bild mit einer anschliessenden Korrelationsoperation zum Aufstellen der Korrespondenzen. Weitere Vorschläge umfassen die hierarchische Korrelation [MORAVEC 1981] sowie Relaxation [BARNARD/THOMPSON 1980, DRESCHLER 1981]. Ein anderer Ansatz zur Lösung des Korrespondenzproblems ist in [MARR 1982, MARR/POGGIO 1976] enthalten. Betrachtet werden dort zufällig erzeugte Binärbilder, wobei ein Ausschnitt des einen Bildes gegenüber dem zweiten Bild um einen bestimmten Betrag verschoben ist. Zur Lösung des Korrespondenzproblems wird ein Netzwerk verwendet, das alle möglichen Zuordnungen zweier Punkte repräsentiert. Mit Hilfe von Verträglichkeits- und Unververträglichkeitsrelationen wird die optimale Zuordnung in einem iterativen Prozess bestimmt. Eine Behandlung des Stereorekonstruktionsproblems auf der Basis von Objektkanten findet sich in [SHAPIRA 1974, BAKER 1982]. Kanten, welche Nulldurchgängen der 2. Ableitung der Intensitätsfunktion bei verschiedenen Auflösungen entsprechen, werden auch in [MARR 1982, MARR/POGGIO 1976] verwendet.

Die bisher betrachteten Ansätze zur Rekonstruktion von 3D-Information gehen von $n \geq 2$ Bildern einer Szene aus. Die Gewinnung von 3D-Information aus einer Aufnahme bereitet prinzipiell Schwierigkeiten, da - unabhängig davon, ob eine perspektivische oder orthographische Projektion vorliegt - ein Punkt in einem Bild einer Geraden im 3D-Raum entspricht und somit die unendlich vielen verschiedenen Punkte auf dieser Geraden auf die gleiche Stelle im Bild projiziert werden können.

Unter bestimmten Voraussetzungen gelingt es dennoch, 3D-Information aus Einzelbildern abzuleiten. Der erste Ansatz hierzu findet sich in [HORN 1975]. Es wird ausgegangen von einer orthographischen Projektion [BALLARD/BROWN 1982, S. 19-22]. Die Aufgabenstellung besteht darin, die 3D-Orientierung eines Oberflächenelements aufgrund der gemessenen Intensität zu bestimmen. Die Repräsentation der Orientierung erfolgt durch Angabe des Vektors, der senkrecht auf dem betrachteten Oberflächenelement steht. Dieser Vektor ist definiert durch zwei Parameter p und q, welche eine Ebene, die sog. Gradientenebene, aufspannen. (Die Bezeichnung "Gradient" wird hier in anderer Bedeutung als in Kap. 1.2.2 verwendet und darf nicht mit dem dort eingeführten Begriff verwechselt werden!) Jeder Punkt der Gradientenebene definiert eine Tangentialebene einer bestimmten Neigung an einen Körper im 3D-Raum. Die Verwendung der Gradientenebene wurde auch in [MACKWORTH 1973, HUFFMAN 1977] vorgeschlagen. Eine wichtige Voraussetzung zur Bestimmung der gewünschten 3D-Information ist die sog. Reflektanzkarte ("reflectance map"). Sie stellt eine Beziehung her zwischen der Richtung des Oberflächennormalenvektors in einem Punkt eines Objekts und der zugehörigen Intensität im Bild. Zur Bestimmung der Reflektanzkarte unter verschiedenen Bedingungen siehe [HORN 1977]. Bei gegebenem Bild und gegebener Reflektanzkarte besteht die Schwierigkeit darin, dass die in einem Bildpunkt gemessene Intensität i.a. zu verschiedenen Oberflächennormalenvektoren gehören kann. Der Zusammenhang zwischen Intensität und 3D-Orientierung eines Oberflächenelements ist durch eine nichtlineare partielle Differentialgleichung 1. Ordnung gegeben. Diese lässt sich überführen in fünf gewöhnliche Differentialgleichungen, für die sich eine Lösung entlang sog. charakteristischer Linien finden lässt. Voraussetzung ist hierbei, dass die Lösung am Anfang dieser Linien bekannt ist. Sei die Orientierung des Oberflächennormalenvektors, der zum Bildpunkt (x_n, y_n) korrespondiert, durch (p_n, q_n) gegeben, so ergibt sich der nächste Punkt (x_{n+1}, y_{n+1}) auf der charakteristischen Linie mit Hilfe der partiellen Ableitungen der Reflektanzkarte nach p und q im Punkt (p_n, q_n). Aehnlich erhält man (p_{n+1}, q_{n+1}) aus der partiellen Ableitung der Intensität des Bildes nach x und y an der Stelle (x_n, y_n). [HORN 1975] enthält verschiedene Ueberlegungen zur Bestimmung des Anfangspunktes einer charakteristischen Linie.

Ausgehend von der Beobachtung, dass bei der Methode nach [HORN 1975, 1977] die Bestimmung von Startwerten u.U. mit Schwierigkeiten verbunden ist, wurde in [IKEUCHI/HORN 1981] ein anderer Ansatz zur Bestimmung von 3D-Information aus einem Bild vorgeschlagen. Eine zentrale Rolle spielen hierbei Objektgrenzen, die als Kanten im Bild auftreten und die sich z.B. mittels der in Kap. 1.2.2 diskutierten Methoden bestimmen lassen. Die entscheidende Beobachtung ist, dass an Objektgrenzen der Oberflächennormalenvektor eindeutig bestimmt ist. Er verläuft nämlich senkrecht zur Konturlinie und parallel zur Bildebene. Somit stehen an Objektgrenzen geeignete Startwerte zur Verfügung. Ein Problem entsteht allerdings daraus, dass die ursprünglich in [HORN 1975, 1977] verwendeten Parameter p und q zur Darstellung des Normalenvektors an den Objektgrenzen undefiniert sind. Dieses Problem wurde in [IKEUCHI/HORN 1981] dadurch gelöst, dass anstelle von p und q andere Parameter verwendet werden, die ebenfalls die Oberflächenorientierung eindeutig bestimmen, die jedoch auch an den Objektgrenzen definiert sind. Ein weiteres Motiv für den Ansatz nach [IKEUCHI/HORN 1981] ist die Beobachtung, dass nach der Methode von [HORN 1975, 1977] die Oberflächenorientierung nur entlang charakteristischer Linien im Bild bestimmt werden kann und dass z.B. nichts bekannt ist über die Richtung des Normalenvektors an Punkten senkrecht zur eingeschlagenen Richtung. Diese Einschränkung wird durch das Verfahren nach [IKEUCHI/HORN 1981] überwunden. Unter der Annahme einer glatten Oberfläche lässt sich bei gegebenem Bild und bekannter Reflektanzkarte die Bestimmung des Oberflächennormalenvektors für jeden Bildpunkt zurückführen auf die Lösung eines linearen Gleichungssystems der Ordnung $2N^2$, wobei N die Bildgrösse bezeichnet. In [IKEUCHI/HORN 1981] wird eine iterative Lösung dieses Gleichungssystems vorgeschlagen. Die analytische Behandlung der Konvergenzkriterien ist hierbei schwierig, jedoch konnte an verschiedenen Beispielen die Konvergenz experimentell gezeigt werden.

Auf der Basis der Arbeiten [HORN 1975, 1977] wurde in [WOODHAM 1981] das sog. photometrische Stereo vorgestellt. Während bei der "traditionellen" Auswertung von Stereobildern zwei Aufnahmen unter verschiedenen Blickwinkeln angefertigt werden, erfolgt hier die Aufnahme mehrerer Bilder bei gleicher Kameraposition aber unterschiedlicher Positionierung der Lichtquelle. Somit tritt ein Punkt eines 3D-Objekts in verschiedenen Bildern jeweils an der gleichen Stelle im Bild auf, i.a. jedoch mit verschiedenen Helligkeitswerten. Für jede Position der Lichtquelle ist bei dem Verfahren eine separate Reflektanzkarte zu bestimmen. Wie in [WOODHAM 1981] ausgeführt wird, kann in Abhängigkeit von Materialeigenschaften der Oberfläche die gewünschte 3D-Information aus zwei oder drei Aufnahmen abgeleitet werden. [WOODHAM 1981] enthält eine Diskussion der Vor- und Nachteile von photometrischem Stereo im Vergleich zur Verwendung herkömmlicher Stereobilder. Ein wesentlicher Vorteil des photometrischen Stereoverfahrens liegt in der Konstanz der Kameraposition, wodurch die Problematik der Bestimmung korrespondierender Bildpunkte entfällt.

In verschiedenen anderen Arbeiten bilden die in einem Bild auftretenden Konturen die Ausgangsbasis zur Ableitung von 3D-Information. Hierbei kann man unterscheiden zwischen Konturen, die auf einer glatten, ein Objekt begrenzenden Oberfläche auftreten, sog. Oberflächenkonturen, und Konturen, welche Objektgrenzen charakterisieren. Erster Typ entsteht z.B. durch Schattenwurf. In [STEVENS 1981] findet sich eine Diskussion, unter welchen Voraussetzungen aus Oberflächenkonturen Aussagen über die 3D-Gestalt eines abgebildeten Objekts gewonnen werden können. Die hierbei betrachteten 3D-Eigenschaften beziehen sich auf die Oberflächenkrümmung und -neigung relativ zur Kamera. Die Verwendung von durch Objektgrenzen hervorgerufenen Konturen zur Berechnung von Oberflächen wird in [BARROW/TENENBAUM 1981] vorgeschlagen. Die betrachteten Konturen werden dabei nochmals in zwei Typen unterteilt. Erster Typ entspricht den in [IKEUCHI/HORN 1981] verwendeten Kanten. Sie korrespondieren mit solchen Stellen in der 3D-Szene, wo sich die Orientierung der abgebildeten Oberfläche stetig ändert. Der zweite betrachtete Typ von Kanten entspricht dagegen abrupten, unstetigen Aenderungen der Objektoberfläche. Als Beispiel hierfür werden in [BARROW/TENENBAUM 1981] die Ränder der Blätter von Pflanzen angeführt. [BARROW/TENENBAUM 1981] stellt einen Ansatz vor zur Berechnung der Oberflächenorientierung entlang solcher Ränder. Es schliesst sich ein Interpolationsverfahren an zur Bestimmung der Oberflächenorientierung im Innern der durch die betrachteten Kanten begrenzten Regionen.

Eine weitere Informationsquelle zur Bestimmung der 3D-Orientierung von Objektoberflächen ist die Textur, vgl. Kap. 1.2.4. Die grundlegende Beobachtung besteht hier darin, dass auf einer Ebene E, die gleichmässig mit Texturgrundelementen wie z.B. Linien, Punkten oder Flecken bedeckt ist, diese Elemente dann gleichförmig verteilt im Bild erscheinen, wenn die 3D-Orientierung von E parallel zur Bildebene ist. Ist jedoch E gegenüber der Bildebene geneigt, so kommt es im Bild zu einer Verdichtung der Texturgrundelemente, die umso stärker ausfällt, je weiter die abgebildete Stelle von der Kamera entfernt ist. [WITKIN 1981] stellt ein statistisches Verfahren zur Bestimmung der Orientierung texturierter Flächen vor, das durch obige Ueberlegungen motiviert ist. Ein weiterer Ansatz findet sich in [KENDER 1980].

Unter bestimmten Voraussetzungen kann 3D-Oberflächeninformation auch aus Bildfolgen, die bewegte Objekte zeigen, gewonnen werden. Auf diese Thematik wird in Kap. 1.2.6 noch gesondert eingegangen.

1.2.6. ANALYSE VON BILDFOLGEN

Die in Kap. 1.2.5 aufgeführten Konzepte zur Gewinnung von Tiefeninformation aus Stereobildpaaren können als Spezialfälle von

Verfahren zur Analyse von Bildfolgen für die Länge n=2 angesehen werden. I.a. gilt für Bildfolgen jedoch n>2. Die durch eine Bildfolge dargestellte Information kann spektraler Natur sein (z.B. Farb- oder Multispektralbilder), örtliche Zusammenhänge ausdrücken (z.B. bei Mehrfachbildern wie in Kap. 1.2.5 oder bei Computer-Tomogrammen) oder zeitliche Ereignisse widerspiegeln. Die folgenden Ueberlegungen beziehen sich primär auf den letzteren Fall, sind jedoch teilweise auch auf andere Typen von Bildfolgen anwendbar. Ebenso wie bei der Verarbeitung von Einzelbildern kann bei Bildfolgen unterschieden werden zwischen Operationen, die keinen Gebrauch von Vorwissen über den speziellen Problemkreis machen, und Verarbeitungsschritten, welche dies tun. Im folgenden wird ausschliesslich die Rede sein von Verfahren des ersteren Typs. Der Einsatz von problemspezifischem Wissen in der Bildanalyse wird in Kap. 1.3 und 1.4 behandelt und ist - ohne dass dort nochmals getrennt auf Bildfolgen eingegangen wird - gleichermassen auf Einzelbilder und Bildfolgen anwendbar.

Die Bilder f_i einer Bildfolge werden zu diskreten Zeitpunkten t_i, i=1,...,n aufgenommen. Hierbei geht man davon aus, dass in Analogie zum Abtasttheorem für den Objektbereich [NIEMANN 1983] die zeitliche Auflösung bezüglich der relevanten Ereignisse hinreichend gut ist. Das Ziel bei der Analyse einer Bildfolge ist die Ableitung von Information, die sich nicht direkt aus den einzelnen Bildern der Folge, sondern erst durch ihre zeitliche Kombination ergibt. Daraus folgt, dass die in Kap. 1.2.1 - 1.2.5 erläuterten Methoden zur Verarbeitung und Segmentierung von Einzelbildern auch auf Bildfolgen anwendbar sind, dass aber neben diese Methoden noch weitere Verfahren treten müssen zur Extraktion der in der zeitlichen Abfolge der Einzelbilder enthaltenen Information. Die Aktivitäten und einschlägigen Veröffentlichungen zum Thema "Bildfolgenanalyse" sind in den letzten Jahren sprunghaft angestiegen. Ein im Jahr 1981 publizierter Uebersichtsartikel [NAGEL 1981] umfasst bereits über 500 Literaturzitate. Deshalb kann im Rahmen des vorliegenden Kapitels dieses Thema auch nicht annähernd erschöpfend behandelt werden. Vielmehr soll nur auf die wichtigsten Aspekte übersichtsartig eingegangen werden. Bezüglich Details und weiterführender Literatur sei auf [NAGEL 1981] verwiesen. Dort findet sich auch eine Auflistung von Anwendungsgebieten der Bildfolgenanalyse. Neben [NAGEL 1981] existiert eine Reihe weiterer Veröffentlichungen mit übersichtartigem Charakter [MARTIN/AGGARWAL 1978, NAGEL 1978, RADIG/NAGEL 1980, AGGARWAL/BADLER 1980, SNYDER 1981, NAGEL 1981a, AGGARWAL/MARTIN 1983, NAGEL 1983].

Eine wichtige Aufgabe bei der Analyse von Bildfolgen ist die Bestimmung von Bewegungen, welchen die abgebildeten Objekte unterworfen sind. Hierzu ist es nötig, die einzelnen Bilder untereinander zu vergleichen, um bestehende Relationen aufzudecken. In [NAGEL 1978, RADIG/NAGEL 1980] erfolgt eine Klassifikation der verschiedenen hierzu verwendeten Techniken. Die generelle Idee, die hinter allen Vergleichsverfahren steht, ist die Bestimmung geeigneter Deskriptoren, z.B. markante Punkte oder Linien, kombiniert mit einem Vergleichsverfahren zur Ermittlung von Unterschieden oder Aehnlichkeiten. Erfolgt der Vergleich auf Bildpunktebene, so kann die Bestimmung von Deskriptoren entfallen. Die folgende Aufzählung wurde aus [NAGEL 1978, RADIG/NAGEL 1980] übernommen. Weitere Uebersichten zur gleichen Thematik finden sich in [AGGARWAL/DAVIS/MARTIN 1981, HUANG/TSAI 1981].

Eine erste Klasse von Verfahren zur Analyse von Bildfolgen zeichnet sich dadurch aus, dass kein direkter Vergleich zwischen den einzelnen Bildern oder daraus abgeleiteten Deskriptoren erfolgt. Vielmehr werden mit Hilfe spezieller Techniken komplexe Merkmale getrennt für die einzelnen Bilder einer Sequenz extrahiert. Diese Merkmale werden dann von einem menschlichen Operateur oder mit Hilfe spezieller, problemspezifischer Methoden weiterverarbeitet. Bei einer weiteren Klasse von Verfahren findet ein indirekter Vergleich zwischen den Einzelaufnahmen einer Folge statt. Ein Beispiel ist die Eingrenzung des Suchbereiches für ein Objekt zum Zeitpunkt t aufgrund der zum Zeitpunkt t-1 ermittelten Kontur [TASTO 1973]. Ein ähnliches Vorgehen wie in [TASTO 1973] erfolgt auch bei der Detektion der linken Herzkammer bei dem im zweiten Teil dieser Arbeit beschriebenen System zur automatischen Analyse nuklearmedizinisch gewonnener Bildfolgen des menschlichen Herzens. Eine dritte Klasse von Verfahren beruht auf der Differenz der Intensitäten in einzelnen Bildpunkten ("dissimilarity grading" nach [NAGEL 1978]). Hierbei wird vorausgesetzt, dass die zu vergleichenden Bilder hinsichtlich ihrer Ortskoordinaten deckungsgleich sind. Nach [NAGEL 1978] lassen sich die aus der Literatur bekannten Ansätze nach ihrer Ordnung unterscheiden. Von Ordnung 1 sind solche Verfahren, bei denen der Intensitätsunterschied zwischen Bildern punktweise bestimmt wird. Von höherer Ordnung sind Methoden, bei denen der Vergleich auf Intensitäten innerhalb von Masken, die mehr als einen Bildpunkt umfassen, beruht.

Die weiteren Ansätze zum Vergleich von Bildern beruhen auf der Suche nach ähnlichen Teilstrukturen ("similarity search" nach [NAGEL 1978]). Hierbei werden bestimmte Strukturen, z.B. Teilbereiche eines Bildes ausgewählt und in örtlich versetzter Position in einem anderen Bild gesucht. Durch Kombination mit der Bestimmung von Intensitätsdifferenzen ergeben sich verschiedene Möglichkeiten. Eine Klasse von Verfahren beruht darauf, in einem ersten Schritt eine Suche nach ähnlichen Strukturen vorzunehmen, z.B. durch Korrelation. Hierdurch wird diejenige Stelle im Bild f' festgestellt, an der die grösste Aehnlichkeit zu Bild f bezüglich einer bestimmten Teilstruktur auftritt. Anschliessend kann dann durch Berechnung der Intensitätsdifferenzen der korrespondierenden Teilstrukturen ein genauerer Vergleich erfolgen. Bei einer anderen Klasse von Methoden erfolgt die Suche nach Aehnlichkeiten und die Feststellung von Intensitätsdifferenzen in umgekehrter Reihenfolge. Hier wird zunächst durch Bestimmung von Intensitätsunterschieden das Bild in stationäre und nichtstationäre Bereiche zerlegt. Anschliessend erfolgt durch Suche nach Aehnlichkeiten die Zuordnung der nichtstationären Komponenten zwischen verschiedenen Bildern. Die letzte Klasse der in [NAGEL 1978, RADIG/NAGEL 1980] diskutierten Ansätze beruht ausschliesslich auf einer Suche nach Aehnlichkeiten. Dazu werden mit Hilfe spezieller Techniken Deskriptoren bzw. Merkmale aus den Einzelbildern extrahiert, auf welche sich die Suche bezieht. Es existieren bei diesem Vorgehen enge Bezüge sowohl zu dem in Kap. 1.2.5 erwähnten Korrespondenzproblem bei der Analyse von Stereobildern als auch zu bestimmten, in Kap. 1.4.2 genauer erläuterten Methoden der Wissensnutzung.

Unter den Verfahren, die auf der Bestimmung von Intensitätsunterschieden beruhen, soll im folgenden eine wichtige Teilklasse genauer erläutert werden. Es handelt sich hierbei um Methoden zur Berechnung von Verschiebungsvektorfeldern, auch optischer Fluss genannt. Die Aufgabe besteht darin, für jeden Bildpunkt einer Folge den Betrag und die Richtung seiner Geschwindigkeit zu bestimmen. Der optische Fluss kann praktische Anwendung finden bei der Bildübertragung, bei der automatischen Segmentierung oder bei problemspezifischen Interpretationsaufgaben. Die grundsätzliche Idee hinter allen Ansätzen zur Berechnung des optischen Flusses besteht darin, eine Beziehung herzustellen zwischen der zeitlichen Aenderung der Intensität eines Punktes p innerhalb einer Folge und der örtlichen Variation der Intensitäten in einer Nachbarschaft von p. Hieraus lassen sich dann Aussagen über die Geschwindigkeit von p ableiten.

Den Ausgangspunkt der Arbeiten zur Berechnung des optischen Flusses bildet [LIMB/MURPHY 1975]. Die x- und y-Richtung der Geschwindigkeit eines Objekts werden unabhängig voneinander betrachtet. Die Geschwindigkeit in x-Richtung ergibt sich bei bekanntem Zeitintervall zwischen zwei Aufnahmen aus der Formel

$$\Delta x = -\frac{\Delta I}{G_x} \tag{1.2.6.1}$$

Hierbei bezeichnet Δx die Verschiebung eines Punktes entlang der x-Koordinate, ΔI den zugehörigen Intensitätsunterschied und G_x den Wert der 1. Ableitung nach x, vgl. Abb. 1.2.6.1.

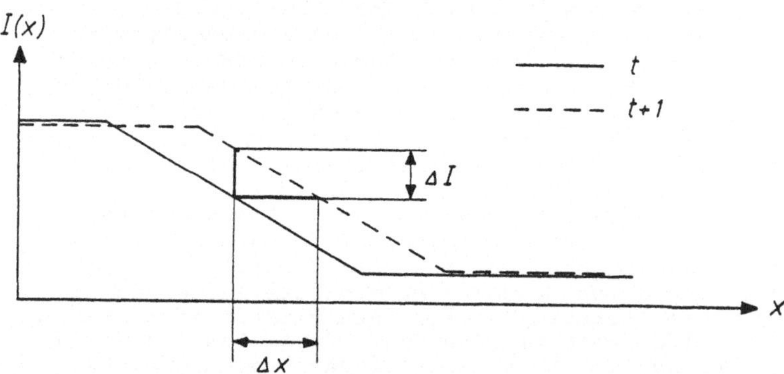

Abb. 1.2.6.1: Illustration von Gleichung (1.2.6.1)

Eine Erweiterung gegenüber [LIMB/MURPHY 1975] stellt der Ansatz nach [FENNEMA/THOMPSON 1979] dar. Hier kann die Einschränkung von [LIMB/MURPHY 1975] auf nur ein bewegtes Objekt in der Bildfolge wegfallen. Voraussetzung in [FENNEMA/THOMPSON 1979] sind jedoch starre Körper; die Bewegungen sind auf Translationen beschränkt. In [FENNEMA/THOMPSON 1979] wird die folgende Gleichung abgeleitet, welche der Bestimmung der Geschwindigkeit von Bildpunkten dient.

$$|v| = \frac{\Delta I}{|G| \cos(\vartheta_G - \vartheta_V)} \qquad (1.2.6.2)$$

Die Geschwindigkeit $\underline{v}$ ist hier als Vektor mit Betrag $|v|$ und Richtung ϑ_V dargestellt. Entsprechendes gilt für den Gradienten $\underline{G}$ der Intensitätsfunktion. ΔI bezeichnet den Intentsitätsunterschied im aktuell betrachteten Punkt zwischen zwei Bildern. Gleichung (1.2.6.2) gilt für jeden Bildpunkt. Die Grössen ΔI, $|G|$ und ϑ_G lassen sich aus gegebenen Bildern unmittelbar durch Subtraktion und Anwendung eines Gradientenoperators (vgl. Kap. 1.2.2) bestimmen, während $|v|$ und ϑ_V die Unbekannten darstellen. Offensichtlich lässt sich die gesuchte Geschwindigkeit nicht eindeutig für jeden einzelnen Punkt bestimmen. Die in [FENNEMA/THOMPSON 1979] vorgeschlagene Lösung beruht auf einer Hough-Transformation (vgl. Kap. 1.2.2). Hierbei wird der $(|v|, \vartheta_V)$-Raum diskretisiert. Für jeden Bildpunkt ergibt sich nach Gleichung (1.2.6.2) eine Kurve in diesem Raum. Häufungsgebiete im $(|v|, \vartheta_V)$-Raum entsprechen Punkten im Bild mit gleicher Geschwindigkeit. Verschiedene Objekte mit unterschiedlichen Geschwindigkeiten manifestieren sich in verschiedenen Häufungsgebieten im $(|v|, \vartheta_V)$-Raum.

Eine wesentliche Erweiterung des Ansatzes nach [FENNEMA/THOMPSON 1979] wird in [HORN/SCHUNCK 1981] vorgestellt. Hier können auch Bewegungen elastisch verformbarer Körper, einschliesslich Rotation, erfasst werden. Anstelle einer Hough-Transformation zur Ueberwindung der Unterbestimmtheit von Gleichung (1.2.6.2) wird hier ein Glattheitskriterium eingeführt, welches besagt, dass sich die Geschwindigkeit in x- und y-Richtung zwischen benachbarten Bildpunkten nur geringfügig ändern soll. Formal lässt sich dieses Kriterium durch die Minimierung der Ableitungen der Geschwindigkeitsvektoren nach x und y ausdrücken. Die Kombination des Glattheitskriteriums mit einer Beziehung, welche der Gleichung (1.2.6.2) entspricht, führt auf ein lineares Gleichungssystem mit $2N^2$ Gleichungen für $2N^2$ Unbekannte. N bezeichnet hierbei die Bildgrosse. Als Unbekannte fungieren jeweils die x- und y-Komponenten des Geschwindigkeitsvektors in jedem Bildpunkt. Zur Lösung des Gleichungssystems wird in [HORN/SCHUNCK 1981] ein iteratives Vorgehen vorgeschlagen.

Es ist zu erwarten, dass das Glattheitskriterium nach [HORN/SCHUNCK 1981] an den Rändern sich überlappender Objekte nicht erfüllt ist. Ein Ansatz zur potentiellen Ueberwindung dieser Einschränkung findet sich in [NAGEL 1983a]. Es handelt sich hierbei um einen allgemeinen Ansatz, welcher [HORN/SCHUNCK 1983] als Spezialfall einschliesst. Diese Methode beruht auf einer Taylor-Entwicklung der Intensitätsfunktion von 2. Ordnung. In seiner allgemeinen Form führt dieser Ansatz auf ein System von zwei gekoppelten nichtlinearen Gleichungen zur Bestimmung der Geschwindigkeit in einem Punkt. Unter bestimmten Voraussetzungen an die partiellen Ableitungen, die an charakteristischen Ecken der Intensitätsfunktion zutreffen, reduziert sich dieses System auf zwei Gleichungen, die direkt lösbar sind. In [NAGEL 1983] wird vorgeschlagen, die so erhaltenen Werte iterativ in die Nachbarschaft auszubreiten.

Während sich die ersten Ansätze bei der Analyse bewegter Objekte in Bildfolgen vorwiegend mit 2D-Aspekten beschäftigten (z.B.

[AGGARWAL/DUDA 1975]), erfolgte in den letzten Jahren eine starke Konzentration auf 3D-Probleme mit der Aufgabenstellung, 3D-Information über die Gestalt bewegter Objekte in Bildfolgen abzuleiten. Einen wichtigen Ausgangspunkt hierfür bildet das sog. "structure from motion"-Theorem in [ULLMAN 1979]. Es besagt, dass aus drei verschiedenen Ansichten von vier nicht-koplanaren Punkten eines starren Körpers unter orthographischer Projektion die relative 3D-Position dieser Punkte bestimmt werden kann. Eine ähnliche Aussage für perspektivische Projektion findet sich in [ROACH/AGGARWAL 1980]. Die Verwendung korrespondierender Kanten anstelle von Punkten wird in [NEUMANN 1979] vorgeschlagen. Normalerweise wird davon ausgegangen, dass es sich bei den abgebildeten Objekten um starre Körper handelt, so dass sich als mögliche Bewegungen Translationen und Rotationen ergeben. Als Beispiel sei hier auf das MORIO-System (moving rigid object description) verwiesen [DRESCHLER-FISCHER/ENKELMANN/NAGEL 1983, DRESCHLER 1981, NAGEL 1981a, DRESCHLER/NAGEL 1982]. In verschiedenen Schritten erfolgt hier die Auswahl markanter Punkte, die Zuordnung derselben sowie die Bestimmung ihrer 3D-Koordinaten. Als endgültiges Ergebnis der Analyse wird schliesslich ein 3D-Modell des bewegten Objekts unter Verwendung der konvexen Hülle konstruiert, wobei die markanten Punkte als Eckpunkte fungieren. Bezüglich weiterer Ansätze zur Bestimmung der 3D-Struktur bewegter Objekte sei auf die Uebersichten in [NEUMANN 1981, NAGEL 1981, NAGEL 1983, AGGARWAL/MARTIN 1983] verwiesen.

1.2.7 STRUKTURELLE REPRAESENTATION

Ziel des vorliegenden Kapitels ist es, eine Verbindung herzustellen zwischen den in Kap. 1.2.1 - 1.2.6 diskutierten Verfahren und Methoden der Wissensrepräsentation und -nutzung wie sie in Kap. 1.3 und 1.4 erläutert werden. Die in Kap. 1.2.1 - 1.2.6 dargestellten Methoden sind dadurch gekennzeichnet, dass sie von allgemeinen Voraussetzungen ausgehen und im wesentlichen nicht an einem speziellen Problemkreis orientiert sind. Demgegenüber steht im Mittelpunkt von Kap. 1.3 und 1.4 die Repräsentation und Nutzung von speziellem, problemabhängigem Wissen, welches für die Interpretation von Bildern auf höherer Ebene eine unverzichtbare Voraussetzung darstellt. Diejenigen Strukturen und die Form ihrer Repräsentation, die typischerweise an der Schnittstelle zwischen problemabhängigen und problemunabhängigen Verarbeitungsschritten auftreten - sie stellen quasi die höchste Stufe der problemunabhängigen und die niedrigste Stufe der problemspezifischen Operationen dar - sollen im folgenden übersichtsartig skizziert werden.

Eine weitverbreitete Repräsentationsform für Konturlinien basiert auf dem Kettencode. Hierbei wird insbesondere eine effektive Speicherung erzielt. Wie in [FREEMAN 1974, NIEMANN 1974] dargestellt, lassen sich auf der Basis des Kettencodes aber auch einfache Kenngrössen von Linien bzw. der von ihnen umschlossenen Regionen berechnen. Bei der Darstellung von Regionen interessiert häufig weniger der exakte Verlauf der umschliessenden Kontur, sondern vielmehr daraus abgeleitete abstrakte Merkmale. Als einfache Merkmale lassen sich z.B. Fläche, Umfang oder Schwerpunkt verwenden. Komplexere Merkmale sind Momente oder Fourier-Deskriptoren [NIEMANN 1974, 1981, ROSENFELD/KAK 1976, BALLARD/BROWN 1982]. Als weitere Möglichkeiten bieten sich topologische Merkmale sowie Mittelachsentransformierte bzw. Skelette an [PAVLIDIS 1982].

Ein weitverbreiteter Ansatz zur Darstellung von Bildern und Zwischenergebnissen bei der Bildanalyse ist durch die sog. Pyramidenstrukturen oder Quadtrees gegeben [ROSENFELD 1980, TANIMOTO/PAVLIDIS 1975]. Es handelt sich hierbei um eine hierarchische Repräsentation eines Bildes der Dimension $2^m x 2^m$ in m+1 verschiedenen Auflösungsebenen. Auf der obersten Ebene findet sich ein Knoten, die Wurzel des Baumes, welcher das gesamte Bild repräsentiert. Vier gleichgrosse quadratische Teilbilder, die sich durch eine Zerlegung des Bildes ergeben, werden auf der nächst tieferen Ebene des Baumes repräsentiert. Dieser Prozess der Zerlegung lässt sich rekursiv fortsetzen, bis nach m Zerlegungsschritten die Ebene der Bildpunkte erreicht ist. Die einzelnen Bildpunkte werden durch die Knoten auf der untersten Ebene des Baumes repräsentiert. Das Schema ist in Abb. 1.2.7.1 gezeigt. Eine Verallgemeinerung auf den 3D-Fall findet sich in [JACKINS/TANIMOTO 1980]. Eine Datenstruktur wie in Abb. 1.2.7.1 kann verschiedene Operationen bei der Bildanalyse unterstützen, z.B. Glättung, Schwellwertbestimmung, Kantendetektion oder Markierung zusammenhängender Gebiete sowie die Effektivität der Berechnung von Merkmalen erhöhen. Einzelheiten hierzu werden in [ROSENFELD 1980, SAMET/ROSENFELD 1980] gegeben. Die Verwendung einer Pyramidenstruktur bei der regionenorientierten Bildsegmentation nach [HOROWITZ/PAVLIDIS 1976] wurde bereits in Kap. 1.2.3 diskutiert. Die Idee, ein Bild in eine Darstellung zu bringen, die bestimmte Operationen unterstützt, findet sich auch an anderen Stellen. Beispiele sind die in [PAVLIDIS 1982] beschriebenen Nachbarschaftsgraphen für Linien oder Regionen.

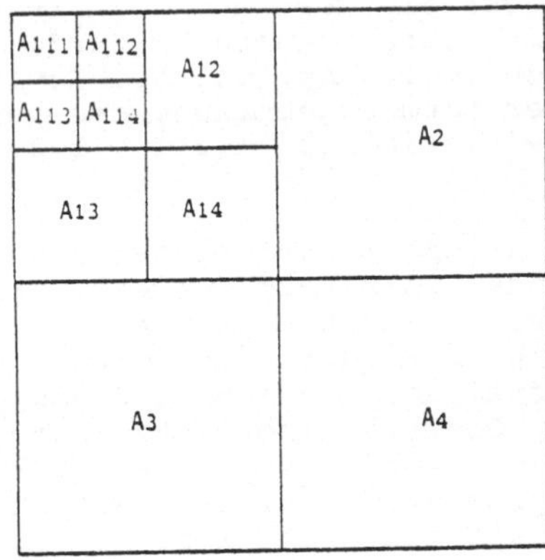

a)

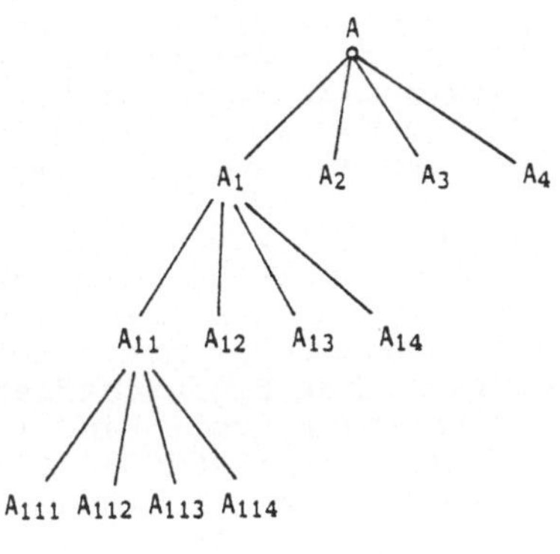

b)

Abb. 1.2.7.1: Prinzip der Pyramidenstruktur. a) Aufteilung der Bildebene, b) zugehörige Baumdarstellung.

In Kap. 1.2.5 wurden verschiedene Techniken erläutert zur Ableitung von 3D-Information aus einer oder mehreren Aufnahmen einer Szene. Dies macht deutlich, dass ein Bedarf besteht an Strukturen zur 3D-Repräsentation von Objekten. Generell lassen sich 3D-Objekte darstellen durch ihre begrenzenden Kanten, durch ihre begrenzenden Flächen, durch eine Aggregation von 3D-Volumenprimitiven oder durch eine Kombination verschiedener dieser Möglichkeiten unter Verwendung geeigneter Datenstrukturen. Ein häufig verwendeter Typ von Volumenprimitiven sind sog. verallgemeinerte Zylinder [NEVATIA/BINFORD 1977]. Ein verallgemeinerter Zylinder ist definiert durch eine ebene Figur und eine Raumkurve und ergibt sich in seiner 3D-Ausprägung dadurch, dass die Figur entlang der Kurve im 3D-Raum bewegt wird. Eine übliche Forderung ist, dass die Figur senkrecht zur Kurve steht. Die verwendeten Figuren sind parametrisch definiert, z.B. als Kreise oder Ellipsen, und können entlang der Achse variieren. Eine ausführliche Diskussion und weitere Literatur findet sich in [BALLARD/BROWN 1982]. Eine Uebersicht zur generellen Thematik der Modellierung von 3D-Objekten wird in [WOO 1977, REQUICHA 1980] gegeben.

Die bisher in diesem Kapitel diskutierten Darstellungsmöglichkeiten, insbesondere diejenigen zur Repräsentation von 3D-Objekten, können unterschiedlich interpretiert werden, zum einen als Repräsentationsform für Zwischenergebnisse von Operatoren, die ohne Verwendung von problembezogenem Wissen arbeiten, zum anderen als Schnittstelle und somit unterste Ebene einer Wissensbasis, die spezifische Annahmen über einen speziellen Problemkreis enthält. Als derartige Schnittstelle können auch die in [MARR 1978, 1982] eingeführten Skizzen verstanden werden. Es wird unterschieden zwischen einer Primärskizze ("primal sketch") und einer 2½D-Skizze ("2½D sketch"). Erstere gewinnt man in zwei Schritten, die vom Ausgangsbild über eine grobe Primärskizze ("row primal sketch") führen. Die Primärskizze enthält Informationen über die Kanten eines Bildes (Stärke, Richtung, Beginn und Ende) sowie deren örtliche Relationen. Die 2½D-Skizze ist schliesslich eine Repräsentation, in der die Form und Gestalt der abgebildeten Oberflächen explizit zum Ausdruck gebracht wird, z.B. durch Oberflächennormalenvektoren (vgl. Kap. 1.2.5). Somit enthält die 2½D-Skizze in integrierter Form Ergebnisse, die von verschiedenen Verarbeitungsmoduln wie sie in Kap. 1.2.1 - 1.2.6 diskutiert wurden, geliefert werden.

Eine ähnliche Idee wie die der Primärskizze steckt hinter den in [BARROW/TENENBAUM 1978] vorgeschlagenen "intrinsic images". Hier handelt es sich um das Originalbild einer Szene zusammen mit einer Reihe weiterer, daraus abgeleiteter Bilder, die Werte charakteristischer Eigenschaften darstellen, z.B. Abstand von der Kamera, Reflektanz (vgl. Kap. 1.2.5), Oberflächenorientierung etc. In [TENENBAUM/FISCHLER/BARROW 1980] werden verschiedene Prozesse vorgeschlagen, die - ohne von problemspezifischem Wissen Gebrauch zu machen - teilweise innerhalb eines charakteristischen Bildes, teilweise unter Einbeziehung verschiedener charakteristischer Bilder Konsistenzprüfungen vornehmen, um die Zuverlässigkeit der Darstellung zu erhöhen. Damit können "intrinsic images" nach [BARROW/TENENBAUM 1978] auch als Schnittstelle zwischen problemunabhängigen und problemspezifischen Verarbeitungsschritten im oben diskutierten Sinn verstanden werden.

1.3 METHODEN DER WISSENSREPRAESENTATION

In der Sytemstruktur nach Abb. 1.1.1 existiert ein separater Modul, in welchem das für die Analyse der Bilder eines bestimmten Problemkreises nötige Wissen dargestellt ist. Hier stellt sich die Frage nach Methoden, die eine formale, rechnerintern verwendbare Darstellung von Wissen erlauben. Das vorliegende Kapitel gibt eine Uebersicht über die für die Bildanalyse relevanten Ansätze. An Literatur mit übersichtsartigem Charakter sei erwähnt [NIEMANN 1981, BALLARD/BROWN 1982, TSOTSOS 1982]. Eine Uebersicht zum Thema Wissensrepräsentation aus dem allgemeinen Blickwinkel der künstlichen Intelligenz findet sich in [BARR/FEIGENBAUM 1981].

1.3.1 GRAPHEN, RELATIONALSTRUKTUREN, SEMANTISCHE NETZE UND FRAMES

In diesem Abschnitt sollen Graphen, Relationalstrukturen, semantische Netze und Frames als Formalismen zur Wissensrepräsentation behandelt werden. Allen vier Ansätzen ist gemeinsam, dass mit ihrer Hilfe rechnerintern ein Bild- oder Szenenmodell gespeichert wird. Dieses Modell wird verwendet, um die Analyse eines aktuellen Eingabebildes geeignet zu steuern. Das Ziel bei der Analyse besteht darin, eine Interpretation zu erhalten, die auf einer Zuordnung zwischem dem Modell und dem Eingabebild beruht. Dabei wird vorausgesetzt, dass die Ergebnisse von Vorverarbeitungs- und Segmentierungsschritten in geeigneten Datenstrukturen, wie sie z.B. in Kap. 1.2.7 diskutiert wurden, symbolisch repräsentiert sind. Die gewünschte Zuordnung erfolgt dann nicht zwischem dem Modell und dem Eingabebild direkt, sondern zwischen dem Modell und der symbolischen Darstellung. Der Abstraktionsgrad dieser symbolischen Darstellung, die Repräsentation des zu erwartenden Bildinhaltes durch das Modell sowie die Form der zu treffenden Zuordnung können dabei stark variieren in Abhängigkeit vom speziellen Problem. Auf Fragen, welche die Zuordnung zwischen Modell und symbolischer Darstellung betreffen, wird in Kap. 1.4 eingegangen, während der vorliegende Abschnitt ausschliesslich die Darstellung von Wissen über den zu erwartenden Bildinhalt auf der Basis von Graphen, Relationalstrukturen, semantischen Netzen und Frames behandelt.

Ein gerichteter Graph ist formal definiert als geordnetes Paar

$$G = (N,E). \qquad (1.3.1.1)$$

Hierbei ist N eine endliche Menge, die sog. Träger- oder Knotenmenge, und $E \subseteq N \times N$ eine zweistellige Relation. Ein Paar $(n,n') \in E$ wird als gerichtete Kante vom Knoten n zum Knoten n' interpretiert. Graphen werden üblicherweise zweidimensional repräsentiert, indem man Knoten durch Kreise, Punkte, Rechtecke etc. und Kanten durch Pfeile darstellt. Ein ungerichteter Graph liegt vor, wenn die Reihenfolge der Knoten n und n' innerhalb eines jeden Paares $(n,n') \in E$ irrelevant ist bzw. wenn man fordert, dass für jede gerichtete Kante $(n,n') \in E$ eine Kante $(n',n) \in E$ in Gegenrichtung existiert.

Die im obigen Sinn definierten Graphen erlauben es noch nicht, strukturelle Zusammenhänge, die üblicherweise bei Bildanalyseproblemen relevant sind, adäquat zu behandeln. Sie bilden jedoch die Grundlage für die Definition komplexerer Strukturen, welche dem Problem eher gerecht werden. Ein wesentlicher Punkt bei der Repräsentation von Wissen durch Graphen ist die Verwendung von Knoten- und Kantenmarkierungen. Im folgenden wird von einem Alphabet $V=\{v_1,...,v_n\}$ von Knotenmarkierungen und einem Alphabet $W=\{w_1,...,w_m\}$ von Kantenmarkierungen ausgegangen.

Ein gerichteter markierter Graph ist definiert als 3-Tupel

$$G = (N,E,L), \qquad (1.3.1.2)$$

wobei N wiederum die Knotenmenge darstellt, während die Komponente E hier ein m-Tupel $E= (E_{w_1},...,E_{w_m})$ von binären Relationen bezeichnet mit $E_w \subseteq N \times N, w \in W$. $L:N \to V$ ist die Knotenmarkierungsfunktion. Man interpretiert ein Paar $(n,n') \in E_w$ als eine mit $w \in W$ markierte Kante von Knoten n zum Knoten n'. Gilt $L(n)= v$, so besitzt der Knoten $n \in N$ die Markierung $v \in V$. Wie man unmittelbar sieht, liegt bei obiger Definition eine Asymmetrie bezüglich der Knoten- und Kantenmarkierungen vor. Während die Markierung von Knoten explizit über die Funktion L festgelegt wird, sind Kantenmarkierungen w implizit durch die Relationen E_w definiert. (Eine alternative Form der Definition, welche diese Asymmetrie aufhebt, ist möglich, bringt jedoch keine Vereinfachung in der Notation.) Obige Definition impliziert, dass für jede Markierung $w \in W$ höchstens eine Kante zwischen zwei Knoten in der gleichen Richtung verlaufen kann. Dies bedeutet jedoch i.a. keine Einschränkung für praktische Anwendungen in der Bildanalyse. Jeder unmarkierte Graph kann als Spezialfall eines markierten Graphen mit einem einelementigen Knoten- und Kantenmarkierungsalphabet aufgefasst werden. Der Uebergang von einem gerichteten markierten Graph zu einem ungerichteten markierten Graph kann analog zum unmarkierten Fall vollzogen werden. Ist im folgenden von Graphen die Rede, so sind damit stets gerichtete und markierte Graphen gemeint, falls keine expliziten Einschränkungen getroffen werden.

Ein Graph G' ist Untergraph eines Graphen G, $G' \subseteq G$, falls alle Knoten von G' auch zu G gehören und die zwischen diesen Knoten existierenden Kanten in G und G' übereinstimmen. Auf die Einführung weiterer Begriffe aus dem Gebiet der Graphentheorie kann im Rahmen des vorliegenden Abschnitts verzichtet werden. Der interessierte Leser sei diesbezüglich auf Lehrbücher wie z.B. [BERGE 1973, DEO 1974] verwiesen.

Bei der Wissensrepräsentation durch Graphen geht es darum, ein Modell des zu erwartenden Bildinhalts rechnerintern als Graph zu speichern. Ueblicherweise erfolgt dabei die Modellierung von Objekten und Teilobjekten durch Knoten, während Relationen zwischen Objekten und Teilobjekten mittels Kanten repräsentiert werden. Ein Beispiel ist in Abb. 1.3.1.1 und Abb. 1.3.1.2 gezeigt. Der Graph in Abb. 1.3.1.2 kann als Modell der Szene in Abb. 1.3.1.1 aufgefasst werden. Elementare Objekte des Bildes sind als Knoten dargestellt, während Relationen, die zwischen diesen Objekten existieren, durch Kanten repräsentiert werden. Die Wahl derjenigen Objekte oder Teilobjekte im Bild, die im Graphen durch einen Knoten repräsentiert werden, d.h. das Abstraktionsniveau von Knoten im Modell, ist weitgehend

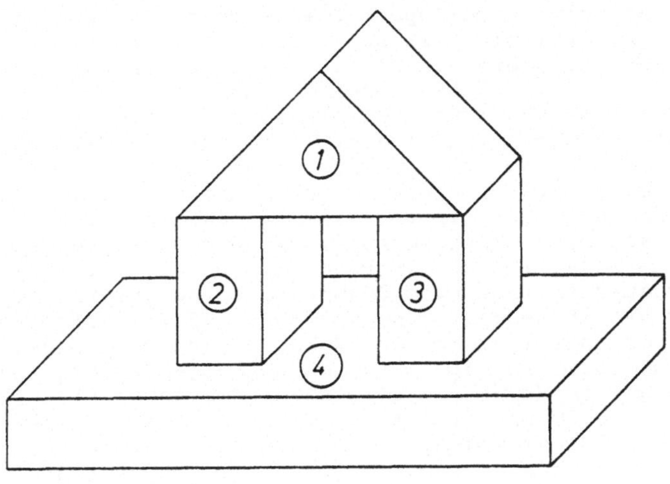

Abb. 1.3.1.1 : Szene

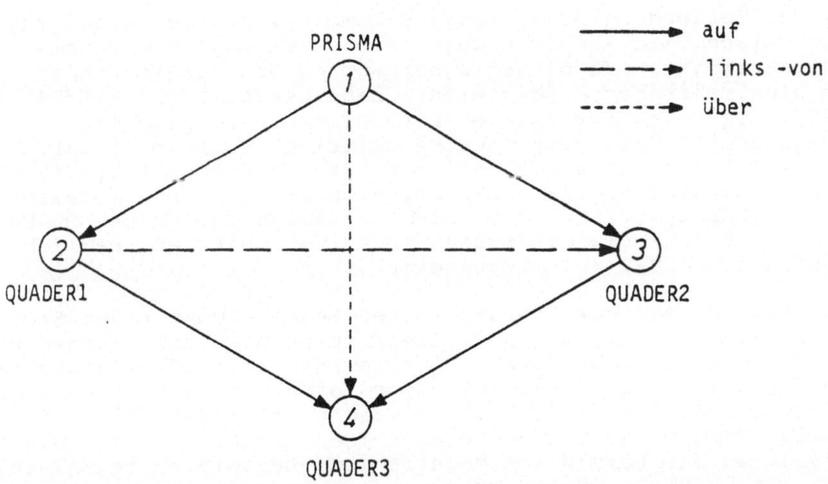

Abb. 1.3.1.2 : Darstellung von Abb. 1.3.1.1 als Graph

willkürlich und muss an der speziellen Problemstellung orientiert werden. Als Beispiel sei auf Abb. 1.3.1.2 verwiesen. Während die dort auftretenden Knoten Teilobjekten der Szene entsprechen, wäre auch die Beschreibung auf einem niedrigeren Abstraktionsgrad denkbar, wo z.B. elementare Regionen oder Kanten durch Knoten modelliert werden. Nicht nur die Festlegung des Abstraktionsniveaus der Knoten, sondern auch die Darstellung des Sachverhaltes, der durch das Modell zum Ausdruck gebracht werden soll, bietet oft einen grossen Spielraum und muss aus der konkreten Aufgabenstellung abgeleitet werden. Es wäre etwa eine Modellierung der Szene in Abb. 1.3.1.1 auf der Basis elementarer Regionen von 2D-Natur. Im Gegensatz dazu kann Abb. 1.3.1.2 als 3D-Beschreibung von Abb. 1.3.1.1 aufgefasst werden. Bei der Modellierung von 3D-Szenen ist es generell sinnvoll, 3D-Relationen, die zwischen den Objekten der realen Welt existieren, im Modell zu verwenden. Die tatsächlich im Bild auftretenden 2D-Relationen zwischen Regionen, Kanten etc. können dann als 2D-Ausprägungen von 3D-Modellrelationen angesehen werden. Von dieser Idee wurde z.B. Gebrauch gemacht in ACRONYM [BROOKS/GREINER/BINFORD 1977, BINFORD/BROOKS/LOWE 1980, BROOKS 1981]. Hier wird als Modell ein Graph verwendet, welcher 3D-Information über die zu analysierenden Eingabebilder enthält. Durch ein spezielles Zuordnungsverfahren werden Korrespondenzen hergestellt zwischen 3D-Modell und einer aus dem Eingabebild abgeleiteten symbolischen 2D-Darstellung, was einer Interpretation des Eingabebildes als 3D-Szene entspricht. Genauere Erläuterungen hierzu folgen in Kap. 1.5.6.

Bei der Verwendung eines Modells kommt es häufig darauf an, zu beschreiben, wie komplexe Objekte aus Teilobjekten zusammengesetzt sind. Zu diesem Zweck werden Graphen verwendet, die den hierarchischen Aufbau einer Szene beschreiben [BRAYER 1975]. Als Charakteristikum tritt hierbei die Relation "Bestandteil" (bzw. die inverse Relation "Teil-von") auf. Abb. 1.3.1.3 zeigt ein Modell der Szene von Abb. 1.3.1.1, welches zusätzlich die Information enthält, dass die Teilobjekte QUADER1, QUADER2 und PRISMA zusammen das Objekt BOGEN bilden und dass die Gesamtszene aus zwei Objekten, nämlich BOGEN und QUADER3 zusammengesetzt ist.

Das Prinzip, das der hierarchischen Beschreibung einer Szene wie in Abb. 1.3.1.3 zugrunde liegt, besteht darin, Knoten und Kanten, welche nicht direkt mit elementaren Bildbestandteilen wie Regionen oder Kanten korrespondieren, sondern etwas über die Bedeutung des Bildinhalts aussagen, in das Modell aufzunehmen. Eine Weiterführung dieser Idee findet sich in [WINSTON 1975a], wo das Lernen von Modellen aus Beispielen behandelt wird. In [WINSTON 1975a] treten neben Ortsrelationen "über", "rechts" etc., die sich auf elementare Bildbestandteile beziehen, und der Relation "Bestandteil", die im gleichen Sinn wie in Abb. 1.3.1.3 verwendet wird, auch Relationen wie "Modifikation von" oder "gegenteilige Bedeutung" auf, die Information über die Bedeutung der elementaren Modellbestandteile beinhalten. Eine wesentliche Idee bei [WINSTON 1975a] ist ferner, Relationen nicht nur durch Kanten eines Graphen, sondern u.U. auch durch Knoten zu repräsentieren, wobei dann die zu diesen Knoten gehörigen Kanten auf die an einer Relation beteiligten Elemente der Trägermenge verweisen.

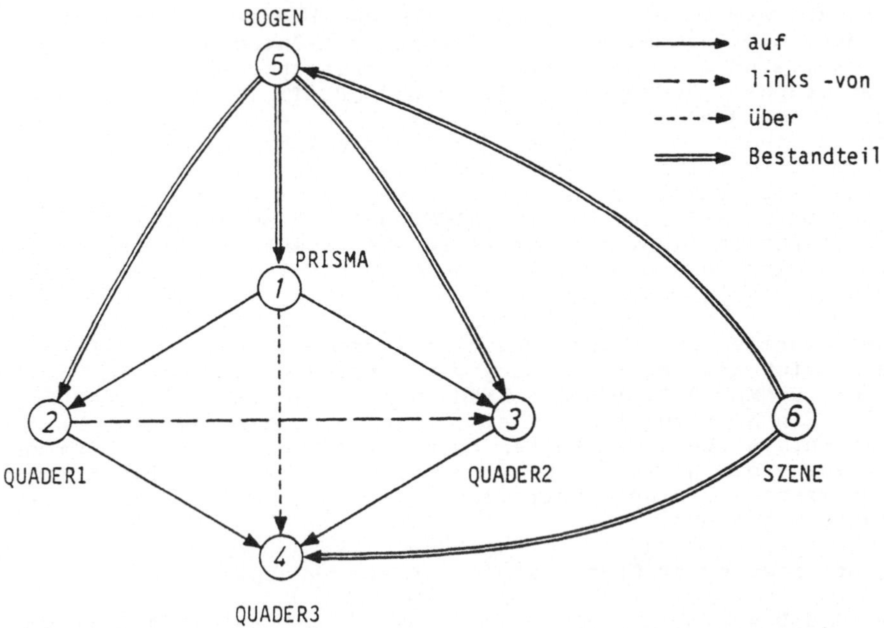

Abb. 1.3.1.3 : Hierarchische Darstellung von Abb. 1.3.1.1

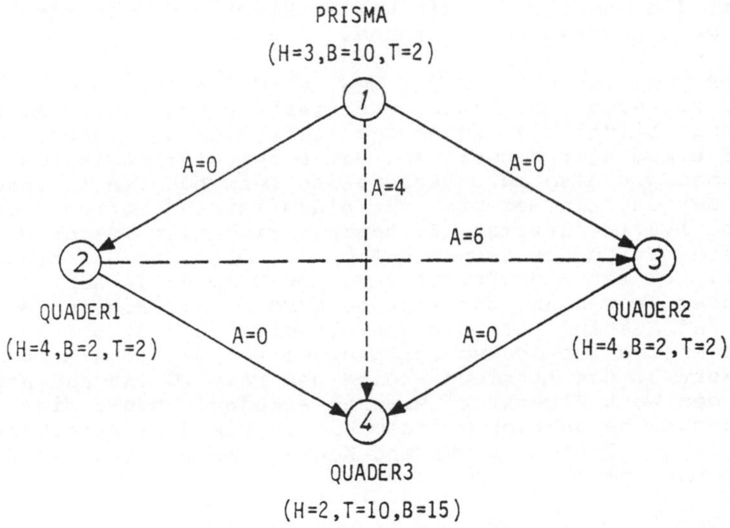

Abb. 1.3.1.4 : Darstellung von Abb. 1.3.1.1 als attributierter Graph

Nicht zu verwechseln mit Graphen, welche hierarchische Zusammenhänge mittels der Relation "Bestandteil" zum Ausdruck bringen, sind die in [NIEMANN 1980] vorgeschlagenen hierarchischen Graphen (H-Graphen), welche auf [PRATT 1969] zurückgehen. Anschaulich gesprochen handelt es sich bei einem H-Graphen um einen Graphen, dessen Knoten jeweils ein Inhalt zugeordnet ist. Ein derartiger Inhalt kann entweder eine Markierung sein - in diesem Fall handelt es sich um einen primitiven Knoten - oder wiederum ein H-Graph. Wie in [NIEMANN 1980] ausgeführt wird, sind H-Graphen nicht nur zur Wissensrepräsentation, sondern auch zur abstrakten Modellierung von Kontrollstrukturen geeignet.

Eine mächtige Erweiterung der bisher beschriebenen Formalismen ergibt sich aus der Verwendung von Attributen für Knoten und Kanten [BUNKE 1982, BUNKE/ALLERMANN 1983, YOU/FU 1979, RADIG 1981]. Ein Attribut kann dabei formal aufgefasst werden als Funktion, welche einem Knoten oder einer Kante einen bestimmten Wert aus einem Wertbereich zuordnet. Wir gehen im folgenden von einer Menge A von Knotenattributen und einer Menge B von Kantenattributen aus.

Ein attributierter Graph ist formal ein 5-Tupel

$$G = (N,E,L,\alpha,\beta) \qquad (1.3.1.3)$$

Die Komponenten N,E und L besitzen die gleiche Bedeutung wie bisher. Bei $\alpha: N \longrightarrow 2^A$ handelt es sich um eine Funktion, welche jedem Knoten eine Menge von Attributen zuordnet, während $\beta = (\beta_{w1},\ldots,\beta_{wm})$ ein m-Tupel von Funktionen $\beta_w : E_w \longrightarrow 2^B$ bezeichnet, die jeweils den mit $w \in W$ markierten Kanten eine Menge von Kantenattributen zuordnen.

Mittels der Funktionen α und β_w, $w \in W$, wird die Zuordnung von Attributen zu Knoten und Kanten definiert. Jedes dieser Attribute wiederum bildet die zugehörige Kante oder den zugehörigen Knoten auf einem Attributwert ab. Bei einem attributierten Graphen haben wir also zu unterscheiden zwischen den Attributen und ihren Werten. Ein Beispiel für einen attributierten Graphen ist in Abb. 1.3.1.4 gezeigt. Es handelt sich hier wieder um eine Repräsentation der Szene in Abb. 1.3.1.1. Die Darstellung in Abb. 1.3.1.4 ist eine Erweiterung des Graphen in Abb. 1.3.1.2 unter Verwendung der Attribute Höhe (H), Breite (B), Tiefe (T) und Abstand (A). Die Schreibweise (H = 3, B = 10, T = 2) bei Knoten 1 bedeutet beispielsweise, dass das Attribut Höhe den Wert 3, das Attribut Breite den Wert 10 und das Attribut Tiefe den Wert 2 besitzt. Wie man erkennt, ordnet die Attributzuordnungsfunktion α jedem Knoten die drei Attribute Höhe, Breite und Tiefe zu, während Kanten das Attribut Abstand zugeordnet bekommen.

Attribute werden typischerweise verwendet, um quantitative Grössen zum Ausdruck zu bringen, während Knoten und Kanten einschliesslich ihrer Markierungen eher strukturell - qualitative Aspekte repräsentieren. Mittels Abb. 1.3.1.4 wird klar, dass die in den Attributwerten enthaltene Information nicht oder nur sehr umständlich unter ausschliesslicher Verwendung von

Markierungen dargestellt werden kann. Aus rein theoretischer Sicht könnten zwar Attributwerte mit Hilfe von Knoten- oder Kantenmarkierungen codiert werden, solange der Wertbereich der Attribute endlich ist, jedoch entbehrt eine solche Repräsentation jeglicher Adäquatheit und erlaubt nicht, Operationen wie arithmetische Verknüpfungen oder Vergleiche geeignet darzustellen.

Die Knoten und Kanten eines Graphen, einschliesslich ihrer Markierungen, werden häufig als "syntaktische" oder "strukturelle" Komponente des Modells bezeichnet, während für die Attribute die Bezeichnung "semantische" Komponente gebräuchlich ist [TANG 1978, 1979, FU 1982]. Knotenattribute können aufgefasst werden als Grössen, welche die Eigenschaften eines Objektes, das einer bestimmten durch seine zugehörige Markierung definierten Klasse angehört, genauer festlegen. Kantenattribute sind in der gleiche Weise interpretierbar. In diesem Sinne besteht eine Analogie zwischen den in einem Graphen auftretenden Attributen und Merkmalvektoren, wie sie in der numerischen Musterklassifikation [NIEMANN 1974, 1983] verwendet werden.

Mit Hilfe von Graphen können nur binäre Relationen, nicht jedoch beliebige n-stellige Relationen direkt dargestellt werden. Dies ist keine Einschränkung der Allgemeinheit aus theoretischer Sicht, da zu jeder n-stelligen Relation $R_n \subseteq N^n$ n-1 binäre Relationen $R_1,\ldots,R_{n-1}$ konstruiert werden können, die den gleichen Sachverhalt widerspiegeln. Sei z.B. $z = (x_1,\ldots,x_n) \in R_n \subseteq N^n$, so ist eine äquivalente Darstellung etwa gegeben durch $y_1 = (x_1,x_2) \in R_1$, $y_2 = (y_1,x_3) \in R_2,\ldots,$ $y_{n-1} = (y_{n-2}, x_n) \in R_{n-1}$, d.h. $y_{n-1} = ((\ldots((x_1,x_2),x_3),\ldots,$ $x_{n-1}),x_n)$. Eine graphische Veranschaulichung ist in Abb. 1.3.1.5 gezeigt. Da die Dekomposition einer n-stelligen Relation in n-1 binäre Relationen jedoch i.a. zusätzlichen Aufwand in der Darstellung und bei der Auswertung mit sich bringt, wurden von verschiedenen Autoren anstelle von Graphen Relationalstrukturen zur Modelldarstellung verwendet [RADIG 1982].

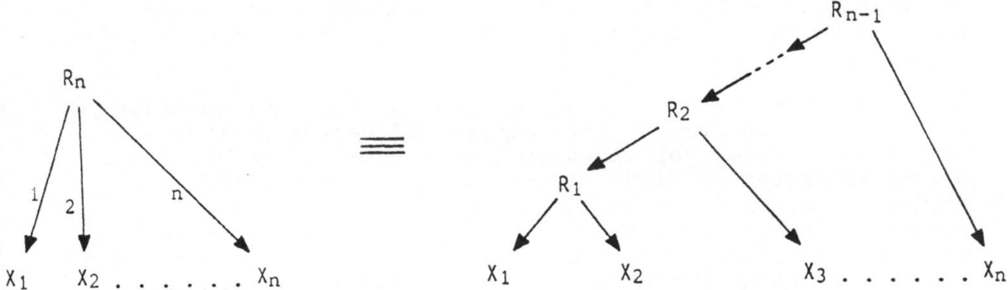

Abb. 1.3.1.5: Dekomposition einer n-stelligen Relation

Eine Relationalstruktur kann formal aufgefasst werden als Paar

$$RS = (N,R) \qquad (1.3.1.4)$$

N ist wiederum eine endliche Trägermenge und $R = (R_1,...,R_m)$ ein m-Tupel von Relationen. Bei R_i, $1 \leq i \leq m$, handelt es sich um eine k_i-stellige Relation, $k_i \geq 1$. Es ist offensichtlich, dass aus der Einschränkung $k_i = 2$ aus obiger Definition ein Graph resultiert. Die Erweiterung einer Relationalstruktur um Knotenmarkierungen und Attribute kann analog zu Graphen geschehen.

Während es sich bei Graphen und Relationalstrukturen um wohldefinierte Begriffe handelt, gilt dies nicht uneingeschränkt für semantische Netze. In seiner allgemeinen Form bezeichnet ein semantisches Netz eine Struktur, in welcher Objekte, die aus irgendeinem Problemkreis stammen, durch Knoten und Relationen zwischen diesen Objekten durch Kanten bzw. n-stellige Relationen im Sinne von Relationalstrukturen modelliert werden. Somit ist die Abgrenzung zu den Begriffen "Graph" und "Relationalstruktur" nicht scharf. Die Bezeichnung "semantisches Netz" rührt daher, dass dieser Ansatz ursprünglich im Zusammenhang mit der formalen Darstellung der Semantik natürlicher Sprachen entwickelt wurde [QUILLIAN 1968]. Anstelle von "semantisches Netz" ist auch die Bezeichnung "assoziatives Netz" gebräuchlich [FINDLER 1979], womit zum Ausdruck gebracht werden soll, dass die bezüglich eines Objekts O relevante Information über Kantenzüge der Länge $n \geq 1$ mit O assoziiert bzw. von O aus erreichbar ist. Die Knoten eines semantischen Netzes werden üblicherweise als "Konzept" bezeichnet. Dieser Begriff leitet sich aus der ursprünglichen Anwendung von semantischen Netzen bei der formalen Darstellung natürlicher Sprache ab, wo "Konzept" als Oberbegriff für bestimmte syntaktische oder semantische Kategorien verwendet wird. Semantische Netze werden nach wie vor bei der Erkennung natürlicher Sprache [BRIETZMANN 1984] sowie in anderen Teilgebieten der künstlichen Intelligenz verwendet, z.B. beim rechnergestützten Lernen [CARBONELL 1970] oder in Expertensystemen [DUDA/GASCHNIG/HART 1979]. Die folgenden Ausführungen beziehen sich jedoch ausschliesslich auf semantische Netze als Medium zur Wissensrepräsentation bei der Bildanalyse.

Da aus formaler Sicht kein Unterschied besteht zwischen der Definition eines semantischen Netzes und der Definition eines Graphen oder einer Relationalstruktur, erhebt sich die Frage, welche Kriterien es sind, die den Gebrauch des Begriffes "semantisches Netz" im Gegensatz zu "Graph" oder "Relationalstruktur" implizieren. Hier zeigt sich, dass es hauptsächlich der Bedeutungsinhalt ist, der durch die Knoten und Kanten zum Ausdruck gebracht werden soll. Das Grundgerüst eines semantischen Netzes, wie es üblicherweise in der Bildanalyse verwendet wird, beruht auf zwei Standardtypen von Kanten, welche die Relationen "Bestandteil" (bzw. das Inverse, nämlich die Relation "Teil-von") und "Generalisierung" (bzw. die inverse Relation, nämlich "Spezialisierung") repräsentieren. Die erste dieser beiden Relationen spielt in semantischen Netzen die gleiche Rolle wie in Graphen oder Relationalstrukturen und spiegelt Zusammenhänge wider, die i.a. eine direkte Entsprechung im Eingabebild haben, nämlich den Aufbau komplexer Objekte aus einfacheren Objekten. Die zweite der Standardrelationen, nämlich "Generalisierung" ist in ihrer Bedeutung abstrakter und hat i.a. keine direkte Entsprechung im Eingabebild. Statt dessen drückt sie die Abhängigkeit von Knoten unter dem sog. Vererbungsprinzip aus. Das Vererbungsprinzip lautet, dass ein Knoten seine Teile, Attribute sowie eventuell vorhandene sonstige Komponenten auf seine Spezialisierungen vererbt. Dies bedeutet, dass für eine Spezialisierung nur diejenigen Komponenten explizit anzugeben sind, welche zusätzlich zu den von der Generalisierung geerbten vorhanden sind. Durch spezielle Angaben können die von einer Generalisierung geerbten Teile, Attribute oder Bedingungen in der Spezialisierung modifiziert werden.

Das Vererbungsprinzip dient in erster Linie dazu, eine kompakte Form der Repräsentation zu gewährleisten. Ein Beispiel ist in Abb. 1.3.1.6. gezeigt. Dort wird ein Konzept LINIE definiert mit Teilen ANFANG und ENDE und dem Attribut "Länge". Die Länge ist durch die Funktion f_1 gegeben. Bei den Konzepten GERADE und KREISBOGEN handelt es sich um Spezialisierungen von LINIE. Beide Konzepte erben die Teile ANFANG und ENDE. Ferner erbt GERADE das Attribut "Länge", welches für Geraden wiederum durch die Funktion f_1 definiert ist. Im Konzept KREISBOGEN ist das Attribut "Länge" dagegen modifiziert. Es wird zu seiner Berechnung die Funktion f_2 verwendet. Ferner tritt bei KREISBOGEN ein zusätzliches Attribut auf, nämlich die Krümmung, zu deren Berechnung die Funktion f_3 verwendet wird. (Die Funktionen f_1, f_2, f_3 sollen im Rahmen dieses Beispiels nicht weiter spezifiziert werden.)

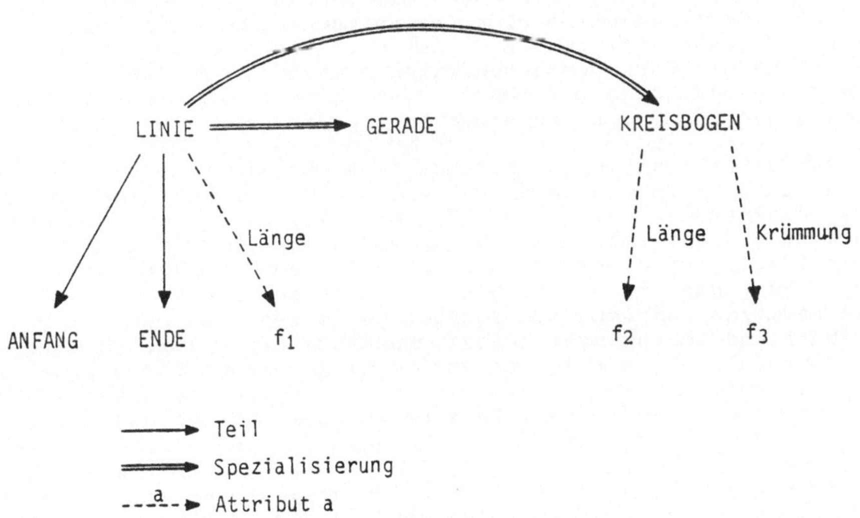

Abb. 1.3.1.6: Semantisches Netz (Beispiel zum Vererbungsprinzip)

Auf der Basis der beiden Standardrelationen ergeben sich zwei orthogonale Sichtweisen im Netz, einmal entlang der "Bestandteil"-Hierarchie und einmal entlang der "Generalisierungs"-Kanten. Das Vererbungsprinzip, welches für letztere Kanten gilt, hat insbesondere auch Auswirkungen auf die Nutzung des im Netz repräsentierten Wissens. Neben den binären Standardrelationen "Bestandteil" und "Generalisierung", die unabhängig vom zu modellierenden Problemkreis ein semantisches Netz aufspannen, finden wir i.a. auch andere, n-stellige Relationen ($n \geq 1$) zwischen den Knoten, die problemspezifisch sind und z.B. örtliche, kausale oder temporale Zusammenhänge widerspiegeln.

Ein Knoten eines unmarkierten, unattributierten Graphen kann als atomare Einheit angesehen werden. Reichert man jedoch einen derartigen Knoten an mit einem Namen, d.h. einer Markierung, und Attributen, so kann er als komplexe Einheit aufgefasst werden, die eine Feinstruktur, eben den Namen und Attribute, besitzt. In semantischen Netzen treten neben Namen und Attributen häufig auch Bedingungen über Attributen auf, die manchmal auch als "Strukturen" bezeichnet werden. Formal können Bedingungen als Prädikate über dem n-fachen karthesischen Produkt von Attribut-Wertebereichen aufgefasst werden. Im einfachsten Fall bezieht sich eine Bedingung ausschliesslich auf Attribute des gleichen Konzepts. Bedingungen werden häufig dazu verwendet, den Wertebereich von Attributen einzuschränken, was insbesondere bei der Spezialisierung von Konzepten wichtig ist. Liegt z.B. ein Konzept MENSCH vor mit dem Attribut ALTER, so kann ERWACHSENER als Spezialisierung von Mensch angesehen werden, wobei ERWACHSENER das Attribut ALTER erbt und eine zusätzliche Bedingung gegenüber der Generalisierung MENSCH besitzt, nämlich "ALTER ≥ 18 Jahre". Bei der Formulierung von Bedingungen werden nicht nur Prädikate mit den Wahrheitswerten WAHR und FALSCH, sondern auch teilweise unscharfe Prädikate im Sinne von [ZADEH 1965] verwendet. Die Repräsentation von Attributen oder Bedingungen in einem semantischen Netz kann auf verschiedene Art erfolgen, z.B. durch die Angabe einer Prozedur, welche den Wert des zugehörigen Attributs oder der zugehörigen Bedingung berechnet, oder in parametrisierter bzw. symbolischer Form, die von einem Interpreter ausgewertet wird.

Von zentraler Bedeutung im Zusammenhang mit semantischen Netzen ist der Begriff der Instanz. Während ein Konzept im generischen Sinne zu verstehen ist und als Prototyp für die Elemente einer Klasse aufgefasst werden kann, repräsentiert eine Instanz ein spezielles Objekt dieser Klasse. So zeichnen sich Instanzen dadurch aus, dass ihre Attribute und ihre Bedingungen konkrete Werte besitzen, während das zugehörige Konzept nur durch die Attribute und Bedingungen selbst charakterisiert ist, ohne dass eine Belegung mit Werten vorliegt. In diesem Sinne sind z.B. die Knoten in Abb. 1.3.1.4 nicht als Konzepte, sondern als Instanzen zu verstehen. Da eine Instanz und das zugehörige Konzept bezüglich der Attribute und Bedingungen gleiche Struktur aufweisen, liegt der Gedanke nahe, Instanzen in das Modell zu integrieren. Dies macht die Einführung von speziellen Kanten notwendig, die von einem Konzept auf die zugehörige Instanz bzw. von der Instanz auf das Konzept verweisen. Dabei können zu einem Konzept durchaus mehrere Instanzen existieren. Im

Rahmen der Bildanalyse kommt einer symbolischen Repräsentation im Sinne von Kap. 1.2.7 sowie daraus abgeleiteten Fakten über ein konkretes Eingabebild die Rolle von Instanzen zu, während die Konzepte und Relationen des Modells generische Wissensträger sind.

Eine Uebersicht über die historische Entwicklung semantischer Netze findet sich in [BRACHMANN 1979]. Von verschiedenen Autoren wurde auf Probleme im Umgang mit semantischen Netzen hingewiesen. In [BRACHMANN 1983] werden beispielsweise die verschiedenen Bedeutungen angeführt, welche die Standardrelationen "Generalisierung/Spezialisierung" in diversen Anwendungen tragen können. Noch allgemeiner wird in [WOODS 1975] herausgearbeitet, dass die Semantik eines semantischen Netzes für komplexe Problembereiche i.a. nicht wohldefiniert ist. Diese Betrachtung war einer der Gründe, die zur Entwicklung von PSN (Procedural Semantic Networks) geführt haben [LEVESQUE/MYLOPOULOS 1979]. Bei PSN handelt es sich um Netze mit Konzepten und Relationen, ähnlich wie in den vorhergehenden Abschnitten beschrieben. Zusätzlich zu diesen statischen Komponenten kommen Standardoperationen, durch welche die Semantik des Netzes definiert ist. D.h., dass sich die Semantik von Konzepten und Relationen aus deren Verhalten unter den Standardoperationen ergibt. Verschiedene Autoren haben Erweiterungen von herkömmlichen semantischen Netzen diskutiert. [HENDRIX 1979] schlägt vor, ein Netz durch Gruppierung von Konzepten zu partitionieren. Zwischen den so entstehenden Gruppen können ähnliche Beziehungen bestehen wie zwischen den Konzepten selbst. Ein Ansatz zur Integration von Methoden der formalen Logik in semantische Netze wird in [SCHUBERT 1976] vorgestellt.

Der PSN-Ansatz wurde in modifizierter Form im Bereich der Bildanalyse im System ALVEN verwendet [TSOTSOS 1980, TSOTSOS et al. 1980]. Hierbei geht es um die wissensbasierte Auswertung von Röntgenbildfolgen des menschlichen Herzens mit dem Ziel, die Beweglichkeit der linken Herzkammer diagnostisch zu beurteilen. Eine genauere Erläuterung folgt in Kap. 2.1.1. Im VISIONS-System [HANSON/RISEMAN 1978a] wird ein semantisches Netz zur Wissensrepräsentation für die Analyse von Szenen der natürlichen Umgebung verwendet. Das Netz gliedert sich in verschiedene Abstraktionsebenen, deren Konzepte Linien, Kreuzungspunkte von Linien, Regionen, Oberflächen, Körper oder Gegenstände der realen Welt repräsentieren. Auf allen Ebenen treten Attribute in prozeduraler Form auf. Der in [HANSON/RISEMAN 1978a] diskutierte Ansatz zur Wissensnutzung sieht sowohl eine top-down als auch bottom-up Verarbeitungsrichtung im Netz vor. In Kap. 1.5.4 erfolgt eine ausführlichere Diskussion des VISIONS-Systems. Ein semantisches Netz zur Wissensdarstellung wird auch in [BALLARD/BROWN/FELDMAN 1978] verwendet. Konzepte und Relationen repräsentieren, wie üblich, Objekte und mögliche Beziehungen, wobei die Beziehungen im einschränkenden Sinn verstanden werden. D.h., dass bestehende Relationen die möglichen Interpretationen der zugehörigen Objekte einschränken. Ziel bei der Bildanalyse nach [BALLARD/BROWN/FELDMAN 1978] ist die Konstruktion einer Datenstruktur, der sog. "Sketchmap", welche eine Zuordnung herstellt zwischen Eingabebilddaten und einem

Teil des Modells. Hierbei wird davon ausgegangen, dass bei einer aktuellen Aufgabenstellung jeweils nur ein Teil des Modells relevant ist, welcher gerade durch die "Sketchmap" ausgeblendet wird. Der Ansatz wurde auf zwei verschiedene Problemkreise angewendet, nämlich die Lokalisierung von Schiffen an Docks in Luftaufnahmen und das Finden von Rippen in Röntgenbildern. Die Strukturierung prozeduralen Wissens mittels eines Netzes ist in [FREUDER 1977] beschrieben, wobei als Problemkreis die Erkennung einfacher Werkstücke vorliegt. Das Problem der Synthese einfacher Linienzeichnungen auf der Basis semantischer Netze wird in [GIUSTINI/LEVINE/MALOWANY 1978] behandelt.

Das an der Universität Erlangen-Nürnberg entwickelte System zur Auswertung von nuklearmedizinisch gewonnenen Bildfolgen vom menschlichen Herzen benutzt ebenfalls ein semantisches Netz als Medium zur Wissensrepräsentation. Dieses System wird in Teil 2 dieser Arbeit ausführlich behandelt.

Aus den bisherigen Ausführungen über semantische Netze ergibt sich, dass man sowohl Konzepte als auch Relationen als Datenstrukturen auffassen kann. Ein Beispiel ist in Abb. 1.3.1.7 gezeigt (aus einer Anwendung im Bereich der medizinischen Bildanalyse in Anlehnung an Teil 2 dieser Arbeit). Hier wird das Konzept "Zyklus" als Datenstruktur repräsentiert. Ein "Zyklus" ist eine spezielle Bewegung mit den Teilen "Kontraktion", "Stagnation" und "Expansion". Bei den Teilen handelt es sich wiederum um Konzepte. Eine Spezialisierung von "Zyklus" ist das Konzept "Zyklus der linken Herzkammer". Wie man sieht, ist die Definition der Umgebung eines Konzepts bezüglich der Standardrelationen "Teil/Teil-von" und "Generalisierung/Spezialisierung" hier in das Konzept integriert. Ein "Zyklus" besitzt die Attribute "Anfangszeit" und "Dauer", deren Wert jeweils vom Typ REAL ist, auf das Intervall [0.0, 1.0] beschränkt ist und mittels der angegebenen Prozedur "102" bzw. "103" berechnet wird. Es sind prinzipiell Defaultwerte für Attribute vorgesehen, die in dem in Abb. 1.3.1.7 gezeigten Konzept jedoch nicht gesetzt sind.

Anhand von Abb. 1.3.1.7 kommt der enge Zusammenhang zwischen semantischen Netzen und sog. "Frames" zum Ausdruck. Der Frame-Ansatz für die Wissensrepräsentation geht zurück auf [MINSKY 1975]. Ein Frame ist eine Datenstruktur zur Repräsentation eines Prototyps, z.B. für ein Objekt oder ein Ereignis. Die Komponenten eines Frame, die sog. "slots", dienen der genaueren Charakterisierung des dargestellten Prototyps und entsprechen weitgehend den im Zusammenhang mit semantischen Netzen diskutierten Teilen, Generalisierungen/Spezialisierungen, Attributen und Bedingungen. Typischerweise treten in Frames auch Default-Werte sowie Information über Ausnahmesituationen auf. Die Art, in der prozedurales Wissen in Frames verwendet wird, unterscheidet sich bei verschiedenen Ansätzen. Expliziter oder datengetriebener Aufruf ebenso wie der Aufruf von Prozeduren als Folge anderer Aktionen sind übliche Mechanismen [WINOGRAD 1975]. Verschiedene Probleme, die bei der Verwendung von Frames bezüglich Vererbungsprinzip und Konsistenz der Wissensbasis auftreten können, werden in [FAHLMANN 1975] diskutiert.

```
KONZEPT : Zyklus
    GENERALISIERUNG : Bewegung
    SPEZIALISIERUNG : Zyklus der linken Herzkammer
    TEIL VON : NIL
    TEIL : Kontraktion
           DEF. BEREICH : Kontraktion
    TEIL : Stagnation
           DEF. BEREICH : Stagnation
    TEIL : Expansion
           DEF. BEREICH : Expansion
    ATTRIBUT : Anfangszeit
               DEF. BEREICH : REAL, 0.0, 1.0
               BERECHNUNG : 102
               DEFAULT : NIL
    ATTRIBUT : Dauer
               DEF. BEREICH : REAL, 0.0, 1.0
               BERECHNUNG : 103
               DEFAULT : NIL
```

Abb. 1.3.1.7: Darstellung des Konzepts "Zyklus"

Frames bilden die Basis verschiedener Sprachen zur Wissensrepräsentation, z.B. KRL [BOBROW/WINOGRAD 1977, 1979], NETL [FAHLMANN 1979], KL-ONE [BRACHMANN 1979], OWL II [MARTIN 1979] oder KRYPTON [BRACHMANN/FIKES/LEVESQUE 1983]. Die Wissensdarstellung sowohl in ALVEN [TSOTSOS 1980, TSOTSOS et al. 1980] als auch bei dem in Teil 2 dieser Arbeit beschriebenen System beruht auf einem semantischen Netz, dessen Konzepte durch Datenstrukturen dargestellt werden, die als Frames im Sinne von [MINSKY 1975] verstanden werden können. Die Anwendung einer Frame-basierten Wissensrepräsentation auf das Analysieren einfacher, idealisierter Szenen aus der Blockswelt wird in [KUIPERS 1975] beschrieben. Weitere Frame-Anwendungen findet man bei der automatischen EKG-Auswertung [BONAMINI et al. 1982], der automatischen Diagnose-Erstellung [PAUKER/GORRY/KASSIRER 1976], der rechnergestützten Terminplanung [GOLDSTEIN/ROBERTS 1977] sowie bei natürlichsprachigen Systemen [SCHANK/ABELSON 1977, BOBROW et al. 1977].

1.3.2. PRODUKTIONENSYSTEME

Produktionensysteme, auch Regelsysteme genannt, gehen zurück auf POST [POST 1943], der diesen Formalismus im Zusammenhang mit Untersuchungen zum Begriff der Berechenbarkeit einführte. In späterer Zeit wurden Produktionensysteme in verschiedenen Modifikationen auch häufig zur Modellierung kognitiver Prozesse in der Psychologie sowie zur Wissensdarstellung bei Expertensystemen und bei der Bildanalyse verwendet.

Ein Produktionensystem ist durch drei Komponenten charakterisiert, nämlich eine Menge von Produktionen oder Regeln, eine Datenbasis sowie einen Interpreter für die Regeln. Eine Regel besteht aus zwei Teilen, die linke und rechte Seite, die in ihrer einfachsten Form Zeichenketten über einem Alphabet sind. Die Datenbasis ist im einfachsten Fall ebenfalls durch eine Zeichenkette gegeben. Der Interpreter kann als ein Programm aufgefasst werden, welches die Regeln auf die Datenbasis anwendet. D.h. er prüft, ob die durch die linke Seite einer Regel gegebene Zeichenkette als Teilkette in der Datenbasis vorhanden ist und ersetzt sie gegebenenfalls durch die rechte Seite der Regel.

Im Rahmen heutiger Anwendungen, z.B. in der Bildanalyse, wird obiges Schema für Produktionensysteme meistens wesentlich verallgemeinert. So besteht die Datenbasis typischerweise nicht aus einer Zeichenkette, sondern enthält komplexe Datenstrukturen, welche - bezogen auf den aktuellen Problemkreis - beobachtete Tatsachen und daraus abgeleitete Schlüsse widerspiegeln. Eine Regel wird meist in der Form

IF A THEN B (1.3.2.1)

dargestellt, wobei A für eine beliebige Bedingung und B für eine beliebige Aktion steht. Der Interpreter überprüft die Datenbasis, ob die Bedingung A erfüllt ist und initiiert gegebenenfalls die Ausführung von Aktion B. Durch die Ausführung von B ändert sich i.a. der Zustand der Datenbasis; es ist hier das Hinzufügen, Löschen oder Aendern von Einträgen möglich.

Im allgemeinen läuft der Interpretationsprozess zyklisch ab solange, bis ein Terminierungskriterium erfüllt ist. Jeder Zyklus setzt sich aus den folgenden Phasen zusammen:

1) Bestimmung der anwendbaren Regeln
2) Konfliktauflösung
3) Aktionsausführung

In Phase 1) werden die Bedingungen aller Regeln anhand des Zustandes der Datenbasis geprüft. I.a. werden hier die Bedingungen mehrerer Regeln zutreffen, so dass potentiell zu einem Zeitpunkt verschiedene Regeln anwendbar sind. Sie bilden die sog. Konfliktmenge. In Phase 2) gilt es, eine aktuelle Regel aus der Konfliktmenge auszuwählen, deren Aktion dann in Phase 3) ausgeführt wird. Durch die Ausführung der Aktion kommt es i.a. zu einer Aenderung des Zustandes der Datenbasis. In [BARR/FEIGENBAUM 1981, DAVIS/KING 1977, McDERMOTT/FORGY 1978] werden verschiedene mögliche Strategien zur Konfliktauflösung in Phase 2) erläutert, z.B.

a) zufällige Auswahl einer Regel
b) Ordnen der Regeln nach Prioritäten und Auswahl der Regel mit höchster Priorität in der Konfliktmenge
c) Auswahl der Regel, deren Bedingung die meisten Restriktionen enthält ("most specific"); dies setzt ähnlich wie b) eine Ordnung der Regeln voraus, hier jedoch bezüglich der Stärke von Restriktionen in den Bedingungen

d) Auswahl der Regel, deren Bedingung die wenigsten Restriktionen enthält ("most general")
e) Auswahl der Regel, die unter den Regeln der Konfliktmenge zuletzt angewendet wurde
f) Auswahl einer Regel, die noch nicht angewendet wurde
g) Auswahl einer solchen Regel, die "neue" Daten in der Datenbasis hinterlegt (wobei der Begriff "neu" genauer zu spezifizieren ist)
h) Ordnen der Daten in der Datenbasis nach Prioritäten und Auswahl der Regel, deren Bedingung durch die Daten höchster Priorität erfüllt ist
i) Paralleles Verfolgen aller Regeln in der Konfliktmenge. Dies macht es nötig, verschiedene Versionen der Datenbasis zu halten. Ueblicherweise wird dieses Vorgehen kombiniert mit heuristischen Funktionen zur Beurteilung der einzelnen Versionen der Datenbasis und einem Suchverfahren, durch welches nur die am besten bewerteten Alternativen weiterverarbeitet werden. Hierdurch soll eine kombinatorische Explosion vermieden werden, vgl. z.B. [NAGAO/MATSUYAMA 1980].

Die Beurteilung obiger Alternativen und die aktuelle Auswahl einer Strategie zur Konfliktauflösung kann sinnvollerweise nur anhand einer konkreten Aufgabenstellung erfolgen.

Bisher wurde implizit davon ausgegangen, dass die Einträge in der Datenbasis Fakten oder Schlüsse darstellen, die mit Hilfe der Regeln aus einer initialen Menge von Fakten abgeleitet wurden. Nun liegt es nahe, auch die umgekehrte Richtung bei der Ableitung zu betrachten. Hierbei werden für eine vorgegebene "Behauptung" nach und nach mit Hilfe der Regeln die notwendigen initialen Bedingungen abgeleitet. Diese Form der Interpretation nennt man "Rückwärtsableitung" (backward-chaining) oder zielgesteuerte (top-down) Verarbeitung, im Gegensatz zur Vorwärtsableitung (forward-chaining) oder datengetriebenen (bottom-up) Verarbeitung wie anfangs erläutert. Treten die logischen Konnektoren UND und ODER in den Bedingungen der Produktionen auf, so kann man die Regeln eines Produktionensystems mit Hilfe von UND/ODER-Graphen [NILSSON 1980] repräsentieren. Hierdurch wird der Einsatz von Suchverfahren möglich, mit deren Hilfe die Aufmerksamkeit bei der Interpretation auf solche Regeln konzentriert werden kann, die bezüglich eines bestimmten Zieles am vielversprechendsten sind. Eine Steigerung der Effizienz ergibt sich vor allem bei der Rückwärtsableitung. Eine genauere Erläuterung möglicher Suchverfahren folgt in Kap. 1.4.1.

Nachfolgend sind drei Beispiele für Regeln eines Produktionensystems aus dem Bereich der Bildanalyse gegeben (nach [BALLARD/BROWN 1982]).

1) IF (Green (Region X)) THEN (Grass (Region X))
2) IF ((Green (Region X)) AND(Green (Region Y)) AND(Adjacent (Region X), (Region Y))) THEN ((Green (Region Z)) AND (Region Z) : = (Union (Region X, Region Y)))
3) IF (Top (Region X) (Greater than 200)) THEN (Sky (Region X))

Es besagt z.B. Regel 1), dass grüne Regionen als Gras zu interpretieren sind. Regel 2 beschreibt die Verschmelzung von zwei benachbarten grünen Regionen, während Regel 3 angibt, dass eine Region, deren Obergrenze eine y-Koordinate grösser als 200 besitzt, als Himmel zu interpretieren ist. Die Grössen X und Y sind Variablen in den Regeln, die bei der Anwendung an spezifische Regionen in der Datenbasis gebunden werden müssen.

Aus der Literatur sind zahlreiche Beispiele für die Verwendung von Produktionensystemen zur Wissensdarstellung im Bereich der Bildanalyse bekannt. Einer der ersten Ansätze findet sich in [BAJCSY/JOSHI 1978]. Der Problemkreis ist hier die Analyse von Szenen der Umwelt, wobei Regeln verwendet werden, die - in vereinfachter Form - analog zu obigen Regeln sind. Eine ähnliche Aufgabenstellung wird in [SLOAN 1977, SLOAN/BAJCSY 1979] behandelt. Ebenfalls um die Analyse von Szenen der natürlichen Umgebung geht es im System von OHTA [OHTA/KANADE/SAKAI 1979, OHTA 1980]. Es werden hier verschiedene Typen von Regeln verwendet, mit deren Hilfe nicht nur die Interpretation von Regionen, sondern auch Verschmelzungsoperationen dargestellt werden. Eine genauere Beschreibung dieses Systems findet sich in Kap. 1.5.2. Ein System zur Analyse von Luftbildern wird in [NAGAO/MATSUYAMA 1980] vorgestellt. Das System basiert auf einem Produktionensystem, welches als Datenbasis eine komplexe Datenstruktur, die sog. "Blackboard", verwendet (vgl. auch [LESSER/ERMAN 1977]). Die Regeln sind durch Programme realisiert, welche Bildregionen aufgrund verschiedener Eigenschaften interpretieren. Auch dieses System ist in Kap. 1.5.1 genauer beschrieben. Ein anderer Ansatz zur Analyse von Luftbildern wird in [ROSENTHAL 1981] behandelt. Die hier verwendeten Regeln dienen dem Verschmelzen und Klassifizieren von Regionen. Ueber ein Produktionensystem auf der Basis von Konturlinien zur Erkennung von Werkstücken wird in [MASSONE 1983] berichtet. In den Regeln kommen verschiedene Aspekte des Wissens aus dem Problemkreis zum Ausdruck, nämlich strukturelles Wissen, welches sich auf die Zusammensetzung von Objekten aus Teilen bezieht, ferner semantisches Wissen über Bedingungen zwischen Teilen sowie Wissen über die Umgebung, in der ein bestimmtes Teil erwartet wird. Um Mehrdeutigkeiten in den Griff zu bekommen, existiert für alle in der Datenbasis enthaltenen Fakten eine Bewertung, die angibt, mit welcher Sicherheit die entsprechende Folgerung aus den Eingabedaten mit Hilfe der Regeln des Systems getroffen werden konnte (vgl. auch [SHORTLIFFE 1976]). Ein Regelsystem zum Erkennen von Knoten- und Kantenkonfigurationen in Linienzeichnungen wird in [BLEY 1982] vorgestellt. Das vorgeschlagene Verfahren ist ein Teil eines Segmentierungsmoduls im Rahmen eines grösseren Systems für die Analyse elektrischer Schaltpläne [BLEY/BUNKE 1980]. Die Produktionen sind hinsichtlich der Reihenfolge ihrer Anwendung so geordnet, dass leicht erkennbare Konfigurationen von Knoten und Kanten in der Linienzeichnung zuerst behandelt werden, während schwierig zu identifizierende Bildbestandteile später, im Kontext bereits erkannter Komponenten analysiert werden. Bei den bisher zitierten Anwendungen beziehen sich die Regeln auf die oberen Ebenen der Wissenshierarchie in einem System. Im Gegensatz dazu wird in [LEVINE/NAZIF 1982, NAZIF/LEVINE 1983] ein

Produktionensystem zur Bildverarbeitung und -segmentierung beschrieben. Die Regeln des Systems repräsentieren sowohl linien- als auch regionenorientierte Operationen. Das Spalten einer Region wird beispielsweise beschrieben durch:

```
IF :    (1) The REGION SIZE is HIGH
        (2) The REGION HISTOGRAM BIMODALITY is HIGH
THEN :  (1) SPLIT the REGION according to the HISTOGRAM
```

In ähnlicher Weise steuert die folgende Regel das Verschmelzen zweier Linien:

```
IF :    (1) The LINE END POINT is OPEN
        (2) The DISTANCE to the LINE IN FRONT is NOT HIGH
        (3) The LINES have EQUAL AVERAGE DIRECTION
THEN :  (1) JOIN the LINES by FORWARD EXPANSION
```

Neben Regeln dieser Art existieren Kontrollregeln zur Fokussierung des Systems auf bestimmte Teile der Datenbasis oder bestimmte Untermengen der Regeln. Ein weiteres regelbasiertes System, welches zur Klassifikation einzelner Bildelemente in Luftaufnahmen verwendet wird, ist in [GOLDBERG/KARAM/ALVO 1983] beschrieben.

In dem im 2. Teil dieser Arbeit dargestellten System zur Analyse nuklearmedizinisch gewonnener Bilder und Bildfolgen des menschlichen Herzens ist das Wissen auf der Basis eines semantischen Netzes organisiert. Innerhalb dieses Netzes existieren jedoch verschiedene Prozeduren zur Berechnung der Werte von Attributen, die als Produktionensystem aufgefasst werden können. Die Datenbasis, über der diese Prozeduren operieren, ist ein Teil der zu den verschiedenen Konzepten des Netzes gehörigen Instanzen (vgl. Kap. 1.3.1). Zum Aufruf der Produktionen, einschliesslich der Konfliktauflösung, existiert jedoch kein Interpreter im oben erläuterten Sinn; statt dessen wird die Ausführung der Berechnung von Attributen durch den Kontrollmodul des Systems angestossen. Eine genauere Erläuterung folgt in Kap. 2.3 und Kap. 2.4.

In verschiedenen Uebersichtsartikeln werden Vor- und Nachteile von Regelsystemen erläutert [BALLARD/BROWN 1982, DAVIS/KING 1977]. Fasst man die verschiedenen Diskussionspunkte zusammen, so ergibt sich folgendes Bild: Produktionensysteme bieten eine Reihe von Vorteilen. An erster Stelle steht hierbei die Modularität, die sich aus der Verteilung des Wissens auf die einzelnen Regeln ergibt. Jede Produktion ist in sich abgeschlossen und lässt keine direkten Interaktionen mit anderen Regeln zu. Der einzige Weg der Kommunikation zwischen Produktionen führt über die globale Datenbasis. Dies ist ein gravierender Unterschied zu semantischen Netzen, wo direkte Verweise zwischen den einzelnen Wissensblöcken, den Konzepten, existieren. Die Modularität resultiert in einer leichten Aenderbarkeit und Erweiterbarkeit der Wissensbasis, was insbesondere bei grossen Systemen positiv zu Buche schlägt. Der Vorteil ist hier, dass Regeln gelöscht, eingefügt oder modifiziert werden können, ohne dass an anderen Stellen der Wissensbasis formale Auswirkungen zu befürchten sind. Eine weitere positive Eigenschaft von Produktionensystemen ist die "Natürlichkeit" der Darstellung. Die Formalisierung von Wissen in der Art "Was ist zu tun (THEN-

Teil) in welcher Situation (IF-Teil)?" kommt der menschlichen Denkweise entgegen. Der strenge syntaktische Aufbau der Form "IF A THEN B" hat weiterhin den Vorteil, dass die Regeln selbst leicht maschinell verarbeitet werden können, wodurch es z.B. möglich wird, Konsistenz- oder Vollständigkeitsbedingungen in grossen Systemen automatisch zu prüfen oder vorhandene Regeln in einer Lernphase zu modifizieren. Weiterhin ist hier zu erwähnen, dass ein Produktionensystem einschliesslich der Datenbasis und des Interpreters i.a. relativ einfach zu implementieren ist [WINSTON 1977].

Diesen Vorteilen steht eine Reihe von Nachteilen gegenüber. Zunächst ist zu bemerken, dass die Arbeitsweise des Interpreters mit den drei Phasen Bestimmung von anwendbaren Regeln, Konfliktauflösung und Aktionsausführung eine gewisse Inflexibilität in sich birgt. So ist es nicht möglich, in bestimmten Situationen mehrere Aktionen, die auf verschiedene Regeln aufgeteilt sind, in unmittelbarer Folge auszuführen. Diese Eigenschaft ist eng verknüpft mit der generellen Schwäche von Produktionensystemen, algorithmisches Wissen adäquat darzustellen. Die einzige Kontrollstruktur, die explizit zur Verfügung steht, ist IF-THEN. Andere Kontrollmechanismen, wie z.B. auch der Aufruf von Funktionen oder Unterprogrammen, müssen umständlich unter Einbeziehung der globalen Datenbasis simuliert werden. Dadurch verliert der Kontrollfluss an Transparenz, insbesondere bei komplexen Systemen. Ein weiteres Problem entsteht bei einer grossen Datenbasis oder bei vielen Produktionen. Hier kann durch den Interpreter ein enormer Effizienzverlust verursacht werden, wenn nämlich die Bestimmung der anwendbaren Regeln und die Konfliktauflösung ein Vielfaches der Ausführungszeit der eigentlichen Aktion beträgt. Die Gefahr hierzu besteht insbesondere dann, wenn bei der Auswahl von anwendbaren Regeln nicht restriktiv verfahren wird, wenn also z.B. bereits die Erfüllung eines Teiles der Bedingung einer Regel ausreicht, um sie in die Konfliktmenge aufzunehmen, vgl. z.B. [BAJCSY/JOSHI 1978].

Aus der Aufzählung dieser Vor- und Nachteile kristallisiert sich eine Reihe von Kriterien heraus, anhand derer die Adäquatheit von Produktionensystemen geprüft werden kann. Einige Kriterien, durch die sich geeignete Problemkreise auszeichnen, sind (nach [DAVIS/KING 1977, BARR/FEIGENBAUM 1981]):

a) Das verfügbare Wissen ist diffuser Natur und setzt sich aus vielen Einzelfakten zusammen (z.B. in der Medizin). Im Gegensatz dazu sind Problemkreise zu sehen, wo sich das Wissen einheitlich auf der Basis eines einzigen Formalismus oder einer Theorie darstellen lässt.
b) Zu modellierende Prozesse bestehen aus einer Reihe von Einzelprozessen, zwischen denen kaum Interaktionen stattfinden, im Gegensatz zu Prozessen mit Unterprozessen.
c) Die Bereiche "Wissen" und "Kontrolle" lassen sich klar trennen.

Der Grad der Bekanntheit von Produktionensystemen als Medium zur Wissensrepräsentation wurde in erster Linie bestimmt durch ihre Verwendung im Rahmen von Expertensystemen. Aus der Vielzahl der bekannten Systeme seien hier nur exemplarisch einige genannt, nämlich MYCIN [SHORTLIFFE 1976], ein Expertensystem zur Diagnostizierung von Infektionskrankheiten, DENDRAL [LINDSAY et al. 1980], ein System zur spektroskopischen Analyse von Molekülen sowie MED 1 [PUPPE/PUPPE 1983] und ESDAT [HORN 1983], neuere Entwicklungen im medizinischen Sektor. Als weiteres wichtiges Anwendungsgebiet sei die Psychologie erwähnt, wo Produktionensysteme zur Modellierung kognitiver Prozesse im Menschen verwendet werden [NEWELL/SIMON 1972, NEWELL 1973]. Ein Ueberblick über Produktionensysteme und die wichtigsten Anwendungen wird in [BARR/FEIGENBAUM 1981, BARR/FEIGENBAUM 1982] gegeben. Weitere Uebersichtsartikel sind [DAVIS/KING 1977, WATERMAN/HAYES/ROTH 1978a]. Eine Literaturzusammenstellung zum Thema "Expertensysteme und Medizin" mit mehr als 150 Zitaten findet sich in [NGUYEN HUU/ROTHEMUND/TERNIG 1983]. Bezüglich der Anwendung von Produktionensystemen im Bereich der Analyse natürlicher, gesprochener Sprache sei auf [NIEMANN 1981] verwiesen.

In einer Reihe von Arbeiten wurden Erweiterungen herkömmlicher Produktionensysteme vorgeschlagen. Formale Sprachen als Kontrollmengen, welche explizit die Reihenfolge definieren, in der Regeln anzuwenden sind, wurden in [GEORGEFF 1982] eingeführt. Der gleiche Mechanismus zur Steuerung der Produktionen einer formalen Grammatik findet sich bereits in [GINSBURG/SPANIER 1968] und es existiert hier eine Aehnlichkeit zu Kontrolldiagrammen nach [BUNKE 1978, BUNKE 1983], welche in Kap. 1.3.3 noch genauer diskutiert werden. Petri-Netze [MILLER 1973] als formales Hilfsmittel zur Koordinierung verschiedener Regeln eines Produktionensystems wurden in [ZISMAN 1978] vorgeschlagen. Im Zusammenhang mit Arbeiten an MYCIN [SHORTLIFFE 1976] wurden Metaregeln für Produktionensysteme eingeführt [DAVIS 1980]. Diese enthalten Informationen darüber, wie unter bestimmten Voraussetzungen, d.h. beim Vorliegen bestimmter Einträge in der Datenbasis, andere Regeln anzuwenden sind. Ziel beim Einsatz von Metaregeln ist eine Steigerung der Effizienz des Systems. Metaregeln können als spezieller Kontrollmechanismus angesehen werden, der mittels des gleichen Formalismus wie die Fakten der Wissensbasis repräsentiert ist. Verschiedene Möglichkeiten zur Modifikation der Architektur von Produktionensystemen werden in [LENAT/McDERMOTT 1977] diskutiert, nämlich die Partitionierung der Datenbasis und der Produktionen sowie eine Interpretationsstrategie, die von einer gewissen Klasse von Regeln (ähnlich Metaregeln) explizit modifiziert werden kann. Ein Teil dieser Vorschläge, z.B. die Partitionierung von Regeln, wurde bereits in [BAJCSY/JOSHI 1978] berücksichtigt. In [ZUCKER 1978] werden Relaxationsverfahren nach [ROSENFELD/HUMMEL/ZUCKER 1976] interpretiert als Produktionensysteme mit einer speziellen Strategie zur Konfliktauflösung. Es werden hier alle Regeln der Konfliktmenge parallel angewendet; mit Hilfe mehrerer Iterationen erfolgt schrittweise eine Aufhebung der Konflikte. Die Einbettung der Regeln eines Produktionensystems in ein semantisches Netz wurde im Rahmen des PROSPECTOR-Systems, eines Expertensystems aus dem Bereich der Mineralogie, vorgenommen [DUDA et al. 1978, DUDA/GASCHNIG/HART 1979]. Die IF- und THEN-Teile von Regeln fungieren als Knoten im Netz. Abhängigkeiten zwischen diesen Knoten werden durch Kanten dargestellt. In [RYCHENER/NEWELL 1978] schliesslich wird die Wissensakquisition bei Produktionensystemen behandelt.

1.3.3 FORMALE GRAMMATIKEN

Formale Grammatiken wurden ursprünglich verwendet im Rahmen theoretischer Untersuchungen zur Berechenbarkeit sowie als Hilfsmittel zur Darstellung der Syntax von Programmiersprachen. Im Bereich der Mustererkennung spielen formale Grammatiken gegenwärtig eine wichtige Rolle bei der Bildanalyse und bei der Ekennung natürlicher Sprache. Die Verwendung von Grammatiken wird bei der Bildanalyse mit dem Begriff "syntaktische Verfahren" assoziiert. Eine Einführung in das Gebiet findet sich in den Lehrbüchern [FU 1974, GONZALES/THOMASON 1978, FU 1982]. Eine Uebersicht über Anwendungsgebiete syntaktischer Mustererkennungsmethoden enthält [FU 1977].

Ist im folgenden von einem Alphabet die Rede, so ist damit stets eine endliche Menge gemeint. Eine formale Grammatik G ist durch vier Komponenten bestimmt,

$$G = (N,T,P,S) \qquad (1.3.3.1)$$

hierbei bezeichnet N das Alphabet der nichtterminalen Symbole, T das Alphabet der terminalen Symbole, P die Menge der Regeln oder Produktionen und $S \in N$ das Startsymbol. Eine Produktion $p \in P$ ist ein Paar, $p = (x,y)$, wobei $x \in (N \cup T)^+$ und $y \in (N \cup T)^*$ zwei Zeichenketten sind, linke und rechte Seite der Produktion p genannt. Eine formale Sprache ist eine endliche oder unendliche Menge von Zeichenketten über einem Alphabet. Die von einer Grammatik G erzeugte Sprache L(G) ist eine formale Sprache über dem terminalen Alphabet T und enthält genau diejenigen Zeichenketten, die sich aus dem Startsymbol ableiten lassen. Eine Zeichenkette b lässt sich aus einer Zeichenkette a mittels einer Produktion p ableiten, wenn die linke Seite von p als Teilzeichenkette in a auftritt und b aus a hervorgeht, indem man die linke Seite durch die rechte Seite ersetzt.

Grammatiken der bisher betrachteten Art werden auch als allgemeine oder Typ-0 Grammatiken bezeichnet. Durch zunehmende Einschränkungen bezüglich der Form der linken und rechten Seiten von Regeln erhält man kontextsensitive (Typ-1), kontextfreie (Typ-2) und reguläre (Typ-3) Grammatiken. Formale Definitionen dieser Begriffe finden sich in einschlägigen Lehrbüchern, z.B. [HOPCROFT/ULLMAN 1979, MAURER 1969]. Die von den verschiedenen Typen erzeugten Sprachen bilden eine Hierarchie, d.h. $L(G_0) \supset L(G_1) \supset L(G_2) \supset L(G_3)$, wobei $L(G_i)$ die Klasse der von einer Grammatik des Typs i, $0 \leq i \leq 3$, erzeugten Sprache bezeichnet. Grammatiken von Typ $i \geq 1$ sind entscheidbar, d.h. es existiert ein Verfahren, das für eine beliebige

Grammatik G und eine Zeichenkette $x \in T^*$ nach endlicher Zeit terminiert und angibt, ob $x \in L(G)$ oder $x \notin L(G)$. Aus Effizienzgründen bei der Syntaxanalyse (siehe Kap. 1.4.3) finden im Rahmen der Bildanalyse vor allem Grammatiken des Typs 2 oder 3 Anwendung.

Grundlage für den Einsatz von Grammatiken zur Wissensrepräsentation in der Bildanalyse ist die Tatsache, dass Objekte sowie gesamte Szenen aus Teilen aufgebaut sind, zwischen denen bestimmte Relationen bestehen. Die Intention ist nun, den Aufbau komplexer Bildbestandteile aus einfacheren Komponenten mittels Produktionen zu beschreiben. Eine Regel der Form

$$(A, X_1 \ldots X_n) \text{ bzw. } A \longrightarrow X_1 \ldots X_n \qquad (1.3.3.2)$$

spiegelt die Tatsache wieder, dass sich ein Objekt oder eine Szene A aus den Bestandteilen $X_1, \ldots, X_n$ zusammensetzt. Die terminalen Symbole der Grammatik repräsentieren i.a. primitive Komponenten des Bildes, die sich nicht weiter zerlegen lassen und die normalerweise direkt aus den Eingabedaten mittels geeigneter Verarbeitungs- und Segmentierungsverfahren extrahierbar sind. Im Gegensatz dazu bezeichnen nichtterminale Symbole komplexere Bestandteile auf einer höheren begrifflichen Ebene, die aus mehreren primitiven Elementen aufgebaut sind.

Formale Grammatiken lassen sich als Medium zur Wissensrepräsentation in der Bildanalyse verwenden. Die Rolle der Wissensnutzung wird üblicherweise von einem Syntaxanalyseverfahren übernommen. Aufgabe bei der Syntaxanalyse ist es, zu prüfen, ob eine ein Muster beschreibende Zeichenkette von einer gegebenen Grammatik erzeugt wird und gegebenenfalls zu rekonstruieren, wie die Produktionen dabei anzuwenden sind. Da die in den Produktionen auftretenden terminalen und nichtterminalen Symbole Objekte, Teilobjekte und Relationen repräsentieren, kann das Ergebnis einer Syntaxanalyse als strukturelle Beschreibung des Eingabebildes verstanden werden. Eine genauere Erläuterung von Syntaxanalyseverfahren folgt in Kap. 1.4.3.

Eine der ersten Anwendungen von syntaktischen Methoden in der Bildanalyse wird in [LEDLEY 1964] beschrieben. Es geht dort um die automatische Auswertung von Chromosomenbildern. Terminale Symbole der Grammatik entsprechen Liniensegmenten im Bild, welche ein Chromosom begrenzen. Die Produktionen der Grammatik beschreiben, wie die Liniensegmente über mehrere Stufen zu komplexeren Einheiten kombiniert werden, bis hin zum vollständigen Chromosom. Ein wesentlicher Aspekt bei der Beschreibung komplexer Objekte ist das Erfassen der örtlichen Lagebeziehungen zwischen den Bestandteilen. In [LEDLEY 1964] ist dies insofern einfach, als nur eine Relation, nämlich die Konkatenation von Liniensegmenten relevant ist, was sich durch die Konkatenation der Zeichen in einer Zeichenkette adäquat darstellen lässt. Die Situation wird schwieriger, wenn komplexe zweidimensionale Relationen zwischen einzelnen Bildbestandteilen bestehen. Hier wird die Einführung von speziellen Symbolen zur Darstellung der Relationen notwendig. Beispiele sind PLEX-Sprachen [FEDER 1971] oder der PDL-Ansatz [SHAW 1969, 1970], der zur Analyse von Blasenkammerbildern aus dem Bereich der Hochenergiephysik angewendet wurde. Die Verwendung eines PLEX-Sprachen ähnlichen Formalismus in Kombination mit einem statistischen Verfahren zur Erkennung frei geschriebener Ziffern wird in [DUERR et al. 1979, 1980] beschrieben.

Formale Grammatiken haben mit semantischen Netzen gemeinsam, dass die Modellbildung stark an strukturellen Aspekten orientiert ist, insbesondere hinsichtlich der "Teil-von/Bestandteil"-Relation zwischen Objekten. Ein enger Zusammenhang existiert zwischen formalen Grammatiken und den in Kap. 1.3.2 behandelten Produktionensystemen. Aus rein formaler Sicht ist der einzige Unterschied durch die Trennung von terminalen und nichtterminalen Alphabeten bei einer Grammatik gegeben. Allerdings sind die möglichen Operationen bei Grammatiken auf die Manipulation von Zeichenketten beschränkt, während bei vielen Anwendungen von Produktionensystemen in den rechten Seiten von Regeln komplexere Aktionen festgelegt sind, vgl. z.B. [NAGAO/ MATSUYAMA 1980]. Ein weiterer Zusammenhang zwischen Grammatiken und Regelsystemen ergibt sich aus [HALL 1973]. Dort wird die Aequivalenz von kontextfreien Grammatiken und UND/ODER-Graphen nachgewiesen. (Wie in Kap. 1.3.2 erwähnt, lassen sich bestimmte Typen von Produktionensystemen durch UND/ODER-Graphen darstellen.)

In Kap. 1.3.1 wurde die Verwendung von Attributen für Knoten und Kanten von Graphen erläutert. Dieses Prinzip lässt sich auch auf die Zeichen einer Grammatik übertragen. Ein Symbol einer Grammatik repäsentiert i.a. ein generisches Konzept für eine ganze Klasse von Objekten, Teilobjekten etc. Anhand der Belegung von Attributen mit konkreten Werten erfolgt dann die genauere Charakterisierung von Individuen aus einer Klasse. Die mittels einer Grammatik dargestellten elementaren Wissenseinheiten sind in Form von Produktionen gegeben. Bei der Verwendung von Attributen ist es nötig, zu spezifizieren, welche Beziehungen zwischen den Attributen der linken und rechten Seite bestehen. Nach [KNUTH 1968] lassen sich zwei Grundmuster von Zusammenhängen unterscheiden. Im ersten Fall sind die Attribute der linken Seite durch Funktionen gegeben, welche als Eingabeparameter Attributwerte der rechten Seite verwenden (synthetisierte Attribute), während im zweiten Fall die Attribute der linken Seite als Eingabeparameter für die Attribute der rechten Seite fungieren (geerbte Attribute). Attribute vom zweiten Typ sind vor allem bei der Generierung formaler Sprachen und bei der top-down Syntaxanalyse von Bedeutung, während synthetisierte Attribute hauptsächlich bei der bottom-up Syntaxanalyse verwendet werden.

Ein einfaches Beispiel für eine Produktion einer attributierten Grammatik ist gegeben durch

$$\text{LINIE}\,(x,y,z) \longrightarrow \text{LINIE1}(x_1,y_1,z_1),\ \text{LINIE2}(x_2,y_2,z_2)$$

$$(x,y,z) = \begin{cases} (x_1,y_1,x_2-x_1+z_2), \text{ falls } x_1+z_1 < x_2 < x_1+z_1+\vartheta \ \wedge \\ \qquad\qquad\qquad\qquad \wedge\ y_1 = y_2 \\ \text{undef. sonst} \end{cases}$$

Diese Produktion beschreibt die Verschmelzung zweier benachbarter horizontaler Linien. Eine Illustration ist in Abb. 1.3.3.1 gezeigt. Jedes der nichtterminalen Symbole LINIE, LINIE1 und LINIE2 bezeichnet eine horizontale Linie. Zur genaueren Charakterisierung besitzt jedes Symbol drei Attribute (x,y,z), wobei x und y die Koordinaten des linken Endpunktes der Linie und z die Länge der Linie bezeichnen mögen. Obige Attributsberechnungsfunktion spezifiziert, wie sich die Werte der Attribute der linken Seite aus den Werten der rechten Seite ergeben, d.h. es liegen synthetisierte Attribute vor. Man beachte, dass beim Verschmelzen eine Lücke zwischen beiden Linien toleriert wird. Die maximale Breite ist durch den Parameter ϑ bestimmt, der auch dynamisch an die Längen z_1 und z_2 angepasst werden könnte. Eine Bedingung, wie sie in der Attributberechnungsfunktion auftritt, wird üblicherweise so interpretiert, dass die Produktion nur dann anwendbar ist, wenn die Funktion definiert ist. (Derartige Bedingungen entsprechen weitgehend dem Inhalt des IF-Teiles einer Produktion in einem Produktionensystem und machen erneut die enge Verwandschaft von Grammatiken mit Produktionensystemen deutlich.)

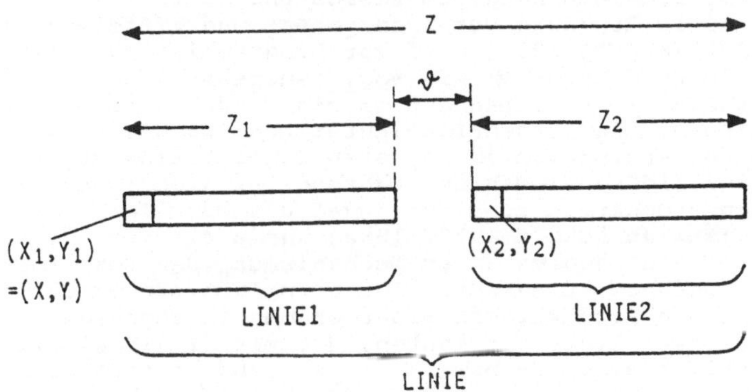

Abb. 1.3.3.1: Verschmelzung zweier benachbarter Linien

Attributierte Grammatiken finden sich in vielen Ansätzen zur syntaktischen Mustererkennung. Das obige Beispiel lehnt sich an [CHANG 1971] an. Die syntaktische Analyse von zweidimensionalen handgeschriebenen mathematischen Formeln auf der Basis attributierter Grammatiken wird in [CHANG 1970, ANDERSON 1968] beschrieben. Als Attribute werden hier die Koordinaten von Teilbereichen des Bildes verwendet, die Teilausdrücken der zu analysierenden Formel entsprechen. Auch in PDL [SHAW 1969, SHAW 1970] ist die Verwendung von Attributen vorgesehen. In [VAMOS 1977] wird ein System zur Erkennung von Werkstücken vorgestellt, das auf attributierten Grammatiken beruht. Die verwendeten Attribute beziehen sich auf Liniensegmente und definieren Endpunktkoordinaten, Neigungen, Längen etc. Ein ähnlicher Ansatz ist auch in [TSAI/FU 1980] beschrieben. Eine weitere Arbeit, die sich mit der Attributierung von Konturlinien befasst, ist [YOU/FU 1979]. Attribute Grammatiken werden teilweise auch als "semantische Grammatiken" bezeichnet [TANG 1978]. Eine attributierte Grammatik für Chromosomen findet sich in [TSAI/FU 1980a].

Wie in [MILGRAM/ROSENFELD 1972] nachgewiesen wurde, sprengt die Verwendung von Attributen die durch die Typen 0 bis 3 induzierte Hierarchie formaler Sprachen. So lassen sich beispielsweise bei der Verwendung von Attributen mittels Grammatiken des Typs 3 Sprachen erzeugen, die ohne Attribute nur von einer Typ 0 Grammatik generierbar sind. Ueberlegungen zur generativen Mächtigkeit attributierter Grammatiken finden sich auch in [TAI/FU 1982].

Neben der Attributierung sind aus der Theorie der formalen Sprache viele Ansätze bekannt, herkömmliche Grammatiken zu erweitern. Beispiele hierfür sind z.B. "Scattered Context"-Grammatiken [GREIBACH/HOPCROFT 1969], "Random Context"-Grammatiken [Van Der WAALT 1971], Markierungsgrammatiken [AHO 1968] oder Affix-Grammatiken [KOSTER 1971]. Eine Uebersicht findet sich z.B. in [BUNKE 1977]. Im Bereich der Bildanalyse wurden bisher programmierte Grammatiken als Verallgemeinerung des herkömmlichen Grammatik-Ansatzes verwendet [BUNKE 1982, 1981, 1981a]. Die Idee ist hierbei, die Reihenfolge, in der Produktionen bei der Ableitung angewendet werden, explizit vorzuschreiben. Hierdurch ergibt sich eine Entkopplung von strukturellem, problemabhängigem Wissen und Kontrollinformation, was i.a. zu einer Erhöhung der Transparenz und Effizienz beiträgt. In [ROSENKRANTZ 1969] wird zur Programmierung einer Grammatik jede Produktion um ein sog. "success-" und "failure-field" erweitert; hierbei handelt es sich jeweils um eine Menge von Produktionen. Die Vorschrift lautet nun, nach erfolgreicher Anwendung einer Produktion im nächsten Schritt eine Regel aus dem "success-field" auszuwählen, während bei Nichtanwendbarkeit der aktuellen Produktion zu einer Regel aus dem "failure-field" überzugehen ist. In [BUNKE 1978, 1982] wurde ein dem "success-" und "failure-field" äquivalenter Mechanismus, das sog. Kontrolldiagramm, eingeführt. Ein Kontrolldiagramm ist ein Graph, dessen Knoten die Produktionen einer Grammatik repräsentieren. Es existieren zwei Typen von Kanten, die mit "Y" (Yes) bzw. mit "N" (No) markiert sind. Y- bzw. N-Kanten geben potentielle Nachfolger einer Produktion im Fall der erfolgreichen bzw. nichterfolgreichen Anwendung an. Zur Erzeugung der Sprache einer programmierten Grammatik mit Kontrolldiagrammen sind nur solche Folgen von Produktionen zugelassen, die mit dem Kontrolldiagramm kompatibel sind.

Kontrollmengen, wie sie in [GINSBURG/SPANIER 1968] vorgeschlagen und in [GEORGEFF 1982] in Produktionensystemen verwendet wurden, sind Kontrolldiagrammen in verschiedenen Punkten ähnlich, insbesondere in ihrer Intension, in expliziter Form zulässige Reihenfolgen über Produktionen zu definieren. Eine genauere Diskussion findet man z.B. in [BUNKE 1979]. Ueber die Verwendung von Affix-Grammatiken in der Bildanalyse wird in [BLAKE 1982] berichtet.

Um einen anderen Typ von Grammatik handelt es sich bei erweiterten Uebergangsnetzen ("augmented transition network grammars") [WOODS 1970]. Erweiterte Uebergangsnetzwerke sind eine Verallgemeinerung von endlichen erkennenden Automaten [HOPCROFT/ULLMAN 1979]. Ein derartiger Automat lässt sich durch einen Graphen darstellen. Die Knoten entsprechen hierbei Zuständen. Eine mit einem terminalen Zeichen a markierte Kante von einem Knoten x zu einem Knoten y repräsentiert einen möglichen Zustandsübergang, der beim Lesen des Symbols a auftritt. Jeder endliche erkennende Automat besitzt einen Anfangszustand und eine Menge von Endzuständen. Zeichenketten, welche als Markierungen der Kanten eines Pfades auftreten, der vom Anfangs- zu einem Endzustand führt, bilden die vom Automaten akzeptierte Sprache. Endliche erkennende Automaten besitzen die gleiche generative Mächtigkeit wie formale Grammatiken vom Typ 3, d.h. für jede Sprache, die von einer Typ 3-Grammatik erzeugt wird, existiert ein endlicher erkennender Automat, der genau diese Sprache akzpetiert u.u.

Zur Definition von erweiterten Uebergangsnetzen werden endliche erkennende Automaten in zwei Schritten verallgemeinert. Zunächst erhält man sog. rekursive Uebergangsnetze ("recursive transition networks"), indem als Kantenmarkierungen in einem Netz auch nichtterminale Symbole zugelassen werden. Jedes derartige nichtterminale Symbol ist durch ein separates Uebergangsnetz definiert. Wird beim Durchlauf durch ein Netz eine nichtterminale Kantenmarkierung erreicht, so erfolgt ein Sprung in das dadurch bezeichnete Netz, wobei der Abarbeitungszustand des aufrufenden Netzes in einem Keller gespeichert wird. Rekursive Uebergangsnetze sind äquivalent zu Typ 2-Grammatiken. Erweiterte Uebergangsnetze ergeben sich, indem man an den Kanten rekursiver Uebergangsnetze zusätzlich Tests und Aktionen zulässt. Auf diese Weise erhält man ein formales Modell der generativen Mächtigkeit von Typ 0-Grammatiken. Die Einführung erweiterter Uebergangsnetze war im wesentlichen motiviert durch Probleme im Bereich der Analyse natürlicher Sprache [WOODS 1970]. Verschiedene Anwendungen für die Mustererkennung werden in [CHOU/FU 1975] behandelt. Ein Beitrag zur syntaktischen Analyse von Intensitätsprofilen, d.h. von Verläufen der Intensitätsfunktion entlang von Bildzeilen mittels erweiterter Uebergangsnetze findet sich in [LOZANO-PEREZ 1977]. Neuere Arbeiten der strukturellen Bildanalyse unter Verwendung von erweiterten Uebergangsnetzen sind [TROPF/WALTER 1983, WALTER/TROPF 1983], wo die Erkennung von Werkstücken auf der Basis von 3D-Modellen behandelt wird.

Die von einer Grammatik erzeugte formale Sprache repräsentiert eine Klasse von Bildern oder anderen Mustern. Ueblicherweise beschreiben die Produktionen nur "perfekte", d.h. ungestörte Exemplare einer Klasse. Ein Problem ergibt sich dadurch, dass die idealen, durch die Produktionen definierten Muster bei realen Anwendungen von Störungen überlagert sind. Dies macht die Verwendung von fehlerkorrigierenden Techniken nötig. Zunächst einmal besteht die Möglichkeit, sog. Fehlerproduktionen in die Grammatik aufzunehmen. Dadurch werden nicht nur die ungestörten Muster, sondern auch alle gestörten Versionen direkt von der Grammatik erzeugt. Aus dem Ableitungsbaum, der bei der Syntaxanalyse erzeugt wird, lassen sich das perfekte Muster sowie Anzahl und Typ der vorhandenen Störungen rekonstruieren. Die Verwendung von Fehlerproduktionen setzt voraus, dass genaue Vorkenntnisse über die Art der auftretenden Störungen existieren. Ferner sollten aus Effizienzgründen die möglichen Fehler auf relativ wenige Typen beschränkt bleiben.

Für Anwendungen, wo obige Voraussetzungen nicht erfüllt sind, bietet sich der Einsatz von fehlerkorrigierenden Syntaxanalyseverfahren an. Die Idee hierzug geht auf [AHO/PETERSON 1972] zurück. Es werden nur kontextfreie Grammatiken betrachtet. Ausgangspunkt für fehlerkorrigierende Syntaxanalyseverfahren bildet die Beobachtung, dass alle möglichen Fehler in einer Zeichenkette auf drei elementare Transformationen zurückgeführt werden können, nämlich Löschung, Einfügung und Substitution von Zeichen. Somit lässt sich der Abstand zweier Zeichenketten x und y definieren als minimale Anzahl elementarer Transformationen, die nötig sind, um x in y überzuführen. Ein Beispiel ist

x = cbabdbb
y = cbbabbdb

Für die minimale Anzahl d von Transformationen gilt hier d=3, wobei allerdings verschiedene Möglichkeiten zur Ueberführung von x in y existieren, z.B.

1) $x \xrightarrow{\text{Substitution}} \text{cbab}\underline{\text{b}}\text{bb} \xrightarrow{\text{Substitution}} \text{cbabb}\underline{\text{d}}\text{b} \xrightarrow{\text{Einfügung}} \text{c}\underline{\text{b}}\text{babbdb}=y$

2) $x \xrightarrow{\text{Einfügung}} \text{c}\underline{\text{b}}\text{babdbb} \xrightarrow{\text{Einfügung}} \text{cbba}\underline{\text{b}}\text{bdbb} \xrightarrow{\text{Löschung}} \text{cbbabbdb}=y$

Obige Definition des Abstandes von Zeichenketten ist auch als LEVENSHTEIN-Abstand bekannt [LEVENSHTEIN 1966]. Durch Einführung spezieller Gewichte für jede einzelne der elementaren Transformationen ergibt sich der sog. gewichtete LEVENSHTEIN-Abstand. Die Berechnung dieses Abstandes mit Hilfe dynamischer Programmierung ist in [LU/FU 1978] beschrieben.

Beim Einsatz von fehlerkorrigierenden Syntaxanalyseverfahren erweitert man eine gegebene Grammatik, welche perfekte Muster repräsentiert, um Produktionen, welche den oben diskutierten elementaren Fehlertransformationen für alle terminalen Zeichen entsprechen. Sei z.B.

$p : A \longrightarrow aB$

eine Produktion der ursprünglich gegebenen Grammatik, so ersetzt man p durch die Produktion

$p' : A \longrightarrow E_aB$

und konstruiert zusätzlich die folgenden Produktionen:

1) $p_1 : E_a \longrightarrow a$
2) $p_2 : E_a \longrightarrow b$ für alle $b \in T$, $b \neq a$
3) $p_3 : E_a \longrightarrow \lambda$
4) $p_4 : E_a \longrightarrow cE_a$ für alle $c \in T$

Durch Anwendung von p', gefolgt von p_1, wird offensichtlich der gleiche Effekt wie durch die alleinige Anwendung der ursprünglichen Produktion p erzielt (kein Fehler). Produktion p' zusammen mit p_2 entspricht Substitutionsfehlern, während p_3 und p_4 Löschungs- bzw. Einfügungsfehler repräsentieren. (Dem

Einfügen am Ende einer Zeichenkette muss durch weitere Produktionen Rechnung getragen werden; Details finden sich in [AHO/PETERSON 1972].) Die erweiterte Grammatik erzeugt offenbar alle Zeichenketten über dem terminalen Alphabet, einschliesslich aller möglichen gestörten Muster, ohne dass spezielle Vorkenntnisse über die Art der Störungen zu ihrer Konstruktion erforderlich wären. Das fehlerkorrigierende Syntaxanalyseverfahren arbeitet nun auf der Basis der erweiterten Grammatik, wobei allerdings den ursprünglich gegebenen Produktionen die Präferenz bei der Ableitung zukommt. Die grundlegende Idee ist, solche Zeichenketten, die von der ursprünglich gegebenen Grammatik nicht erzeugt werden, so zu rekonstruieren, dass die minimale Anzahl von Fehlerproduktionen zur Anwendung kommt. Aus dem Ableitungsbaum lässt sich das ideale, ungestörte Muster sowie die elementaren Transformationen, welches es in seine aktuelle, gestörte Version überführen, bestimmen.

Eine Erweiterung des Ansatzes in [AHO/PETERSON 1972] auf programmierte Grammatiken wird in [FU 1982] behandelt. Ein wahrscheinlichkeitstheoretisches Modell für die Gewichtung elementarer Transformationen wird in [LU/FU 1979] vorgeschlagen. [YOU/FU 1980] behandelt die fehlerkorrigierende Syntaxanalyse für attributierte Grammatiken im Zusammenhang mit der Erkennung gestörter Silhouetten. Eine weiterführende Studie findet sich in [LEUNG/FU 1983]. Eine andere Möglichkeit der Fehlerkorrektur bei formalen Grammatiken ist ausführlich in [GONZALES/THOMASON 1978] beschrieben. Die Idee ist ähnlich der fehlerkorrigierenden Syntaxanalyse; es werden Produktionen für alle möglichen elementaren Fehlertransformationen konstruiert. Formal besteht der Unterschied zu [AHO/PETERSON 1972] darin, dass die ursprüngliche Grammatik mit der um die Fehlertransformationen erweiterten Version in einem sog. syntaxgesteuerten Uebersetzungsschema kombiniert werden. Die Syntaxanalyse erfolgt auf der Basis der erweiterten Grammatik, wobei sich für ein gestörtes Muster als Ergebnis der Uebersetzung die zugehörige ungestörte Version ergibt.

Fehlerkorrigierende Syntaxanalyseverfahren beruhen auf der Annahme, dass sich Störungen in Mustern durch elementare Transformationen von Zeichenketten beschreiben lassen. Von grundsätzlich anderen Voraussetzungen geht man beim Einsatz stochastischer Grammatiken [FU 1973] aus. Hier liegt die Vorstellung zugrunde, dass sich eine eindimensionale Zeichenkette auf verschiedene Weise ableiten lässt, z.B. von zwei verschiedenen Grammatiken oder aus zwei verschiedenen nichtterminalen Symbolen der gleichen Grammatik. Zur Bestimmung der "korrekten" Ableitung ordnet man jeder mittels einer speziellen Ableitung gewonnenen Zeichenkette eine Wahrscheinlichkeit zu und entscheidet sich im Falle von Mehrdeutigkeiten für die Alternative mit der höchsten Wahrscheinlichkeit. Die Wahrscheinlichkeit einer durch eine spezielle Ableitung gewonnenen Zeichenkette ergibt sich durch Multiplikation der Einzelwahrscheinlichkeiten der an der Ableitung beteiligten Produktionen. Ein Problem bei stochastischen Grammatiken ist die Konsistenz der resultierenden Sprache, d.h. die Bedingung

$$\sum_{x \in L(G)} pr(x) = 1,$$

wobei pr(x) die Wahrscheinlichkeit der Zeichenkette $x \in L(G)$ bezeichnet. Während die Konsistenz bei regulären Sprachen gewährleistet ist, wenn nur die Einzelproduktionen konsistent sind (d.h.

$$\sum_{i=1}^{n} pr(p_i)=1$$

für alle Produktionen $p_1,\ldots,p_n$ mit gleicher linker Seite A, für alle $A \in N$), ist diese Eigenschaft bei stochastischen kontextfreien Grammatiken nicht notwendig erfüllt. Einzelheiten finden sich in [FU 1982, GONZALES/THOMASON 1978]. Eine grundsätzliche Schwäche bei stochastischen Grammatiken ist die Eigenschaft, dass die Wahrscheinlichkeit einer Zeichenkette monoton mit ihrer Länge abnimmt. Alle für stochastische Grammatiken bekannten Prinzipien lassen sich auf stochastische syntaxgesteuerte Uebersetzungschemata übertragen. Eine ausführliche Behandlung erfolgt in [GONZALES/THOMASON 1978]. Stochastische programmierte Grammatiken werden in [SWAIN/FU 1972] vorgeschlagen.

In allen bisher diskutierten syntaktischen Ansätzen werden lediglich Zeichenketten betrachtet. Da bei der Bildanalyse die auszuwertende Information zweidimensionaler Natur ist, ergibt sich die Notwendigkeit, spezielle Symbole zur Repräsentation zweidimensionaler Zusammenhänge einzuführen. Die Unterscheidung zwischen Zeichen, die eine direkte Entsprechung in Form eines Objektes oder Teilobjektes im Bild besitzen, und Symbolen, die Relationen repräsentieren, führt mitunter zu Schwierigkeiten. Eine adäquatere Behandlung verspricht der direkte Einsatz höherdimensionaler Strukturen zur Repräsentation des Bildinhalts. Die so resultierenden Grammatiken besitzen Produktionen mit linken und rechten Seiten, welche nicht mehr in Form von Zeichenketten, sondern als allgemeinere Strukturen vorliegen.

Ein Beispiel für eine derartige Verallgemeinerung sind Feldgrammatiken ("array grammars") [MILGRAM/ROSENFELD 1971]. Sie operieren über zweidimensionalen Feldern endlicher Ausdehnung, deren Positionen mit Markierungen aus einem terminalen oder nichtterminalen Alphabet versehen sind. Eine Produktion hat als linke und rechte Seite jeweils ein Feld. Beide Felder sind von gleicher Grösse. Diese sog. Isotoniebedingung wird in [ROSENFELD 1971] ausführlich diskutiert. Der Ableitungsprozess vollzieht sich analog zu Grammatiken über Zeichenketten, indem die linke Seite einer Produktion - hier ein Teil des zugrundeliegenden globalen Feldes - durch die rechte Seite ersetzt wird. Die von einer Feldgrammatik erzeugte Sprache ist die Menge aller Felder endlicher Ausdehnung mit ausschliesslich terminalen Markierungen, die sich aus einem Startelement ableiten lassen. Eine intuitiv plausible Motivation für die Verwendung von Feldgrammatiken in der Bildanalyse ergibt sich aus der Analogie zwischen dem Feld, über dem die Grammatik operiert, und dem zweidimensionalen Feld von Abtastwerten eines Bildes. Feldgrammatiken zur Erzeugung geometrischer Figuren finden sich in [DACEY 1970, KIRSCH 1964]. Die Uebertragung der Idee fehlerkorrigierender Syntaxanalyse ist in [WANG 1981] beschrieben.

Verschiedene Klassen von Feldgrammatiken und ihre gegenseitigen Beziehungen werden in [WANG 1980] behandelt. Eine umfangreiche Uebersicht zum Thema Feldgrammatiken unter Betonung theoretischer Aspekte findet sich in [ROSENFELD 1979].

Ein Nachteil von Feldgrammatiken ergibt sich aus der starren Struktur des zugrundeliegenden zweidimensionalen Feldes. Hier bieten andere Ansätze mehr Flexibilität, z.B. Baumgrammatiken [FU/BHARGAVA 1973]. Die Grundstrukturen, über denen dieser Typ von Grammatik operiert, sind endliche Bäume mit markierten Knoten. Die Verwendung von Kantenmarkierungen ist aus der Literatur nicht bekannt, wäre jedoch prinzipiell möglich. Eine Produktion besteht aus zwei Bäumen, der linken und rechten Seite. Bei der Anwendung einer Produktion wird ein Vorkommen der linken Seite durch die rechte Seite ersetzt. Ein Element der Sprache einer Baumgrammatik ist ein Baum mit ausschliesslich terminalen Markierungen, der sich durch wiederholtes Anwenden verschiedener Produktionen, ausgehend von einem Startelement ableiten lässt. Ein einfaches Beispiel ist in Abb. 1.3.3.2 gezeigt. Die Figur in Abb. 1.3.3.2a lässt sich durch den Baum in Abb. 1.3.3.2b darstellen. In Abb. 1.3.3.2c sind die verwendeten Grundelemente gezeigt. Bei der Baumdarstellung wurde für den der Wurzel entsprechenden Ausgangspunkt willkürlich die linke obere Ecke der Figur in Abb. 1.3.3.2a gewählt. Der in Abb. 1.3.3.2b gezeigte Baum lässt sich durch Anwendung der Produktionen p_1, p_2 und p_3 von Abb. 1.3.3.3 generieren. Beispiele für komplexere Baumgrammatiken finden sich in [FU 1982]. Reale Aufgabenstellungen, die mit Hilfe von Baumgrammatiken behandelt wurden, sind die Klassifikation von Fingerabdrücken [MOAYER/FU 1977] sowie die Analyse von Texturen [LU/FU 1978a]. Die in Zusammenhang mit Zeichenketten erläuterten Methoden der Attributierung, fehlerkorrigierenden Syntaxanalyse und Erweiterung um Wahrscheinlichkeiten wurden in verschiedenen Arbeiten auf Baumgrammatiken übertragen [LU/FU 1978b, SHI/FU 1981]. Baumgrammatiken für die Analyse von Bildfolgen wurden in [FAN/FU 1979, FU/FAN 1982] vorgeschlagen.

Den allgemeinsten unter den höherdimensionalen Ansätzen zur syntaktischen Mustererkennung bilden Graph-Grammatiken ("graph grammars" bzw. "web grammars"). Die Produktionen besitzen hier als linke und rechte Seite jeweils Graphen. Eine Ableitung vollzieht sich analog zu anderen Grammatiktypen; bei der Anwendung einer Produktion wird ein Auftreten der linken Seite durch die rechte Seite ersetzt. Alle Graphen mit ausschliesslich terminalen Markierungen, die sich durch sukzessive Anwendung von Produktionen aus einem Startgraphen ableiten lassen, sind Elemente der erzeugten Sprache.

Während bei anderen Grammatiktypen implizit festgelegt ist, wie die Verankerung der rechten Seite nach Anwendung einer Produktion in der (unveränderten) Reststruktur zu erfolgen hat, ist dies bei Graph-Grammatiken aufgrund von linker und rechter Seite alleine noch nicht eindeutig definiert. Eine Illustration ist in Abb. 1.3.3.4 gezeigt. Abb. 1.3.3.4a enthält die linke und rechte Seite der Produktion einer Graph-Grammatik. Knotenmarkierungen sind mittels Buchstaben ausserhalb der die Knoten

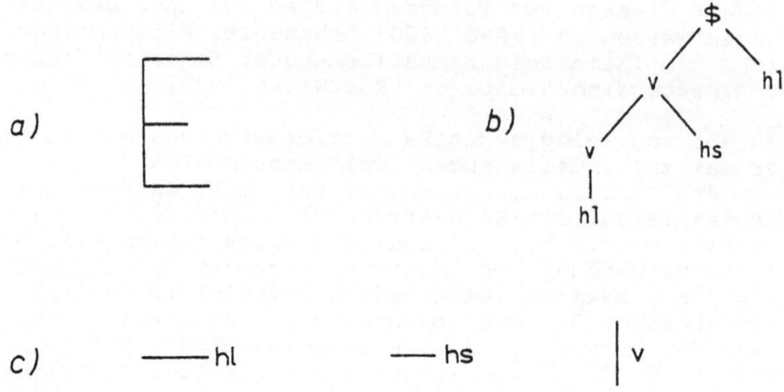

Abb. 1.3.3.2: Darstellung einer Figur durch einen Baum

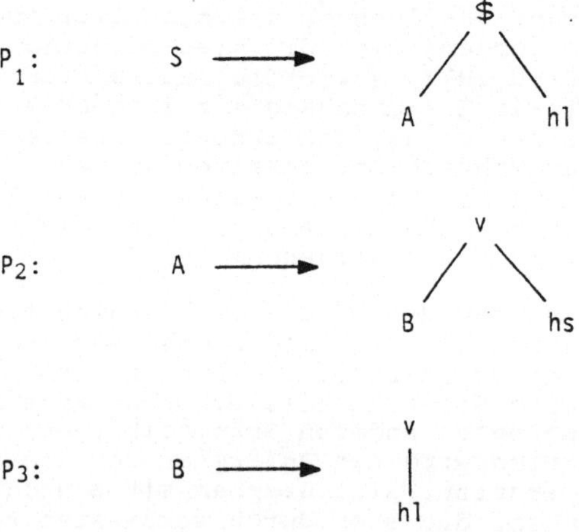

Abb. 1.3.3.3: Produktionen einer Baumgrammatik

repräsentierenden Kreise dargestellt. Die Ziffern innerhalb der Kreise dienen der Identifikation von Knoten. Der einknotige Graph der linken Seite der Produktion ist offensichtlich Untergraph des Graphen in Abb. 1.3.3.4b. Deshalb kann sein Auftreten in Abb. 1.3.3.4b durch die rechte Seite der Produktion ersetzt werden. Dies führt zum Graphen in Abb. 1.3.3.4c. Mit dem Entfernen von Knoten 1 in Abb. 1.3.3.4b verschwinden auch alle zugehörigen Kanten. Deshalb ist die neu eingesetzte rechte Seite vom Rest des Graphen, nämlich den Knoten 5 und 6, isoliert. Da ein derartiger Effekt i.a. unerwünscht ist, wird in den Produktionen einer Graph-Grammatik neben linker und rechter Seite üblicherweise eine dritte Komponente angegeben, die definiert, über welche Kanten die inserierte rechte Seite mit dem Restgraphen verbunden sein soll. Beispiele für mögliche derartige Verbindungen sind in Fig. 1.3.3.4d,e gezeigt. Dem anhand von Abb. 1.3.3.4 skizzierten Problem der Einbettung sind verschiedene Arbeiten gewidmet. Eine Uebersicht ist in [NAGL 1979] enthalten.

Die Idee, Ableitungssysteme über Graphen zu definieren, wurde zuerst in zwei voneinander unabhängigen Arbeiten publiziert [SCHNEIDER 1970, PFALTZ/ROSENFELD 1969]. Graph-Grammatiken fanden verschiedene Anwendungen ausserhalb der Bildanalyse und Mustererkennung. Einen Eindruck vermittelt [CLAUS/EHRIG/ROZENBERG 1979, EHRIG/NAGL/ROZENBERG 1983]. Im Bereich der Bildanalyse sind vier wesentliche Anwendungen bekannt. [PFALTZ 1972] behandelt die Analyse von Neuronennetzen; in [BRAYER 1975] geht es um die Auswertung von Luftbildern; [LEWERENTZ 1982] enthält einen Ansatz zur Beschreibung von Bildvorverarbeitungsoperationen; in [BUNKE 1981, 1981a, 1982, 1983] schliesslich wird die Analyse von Linienzeichnungen behandelt.

In [LEWERENTZ 1982] werden attributierte, in [BUNKE 1981, 1981a, 1982, 1983] attributierte und programmierte Graph-Grammatiken verwendet. Ein wesentliches Problem beim Einsatz von Graph-Grammatiken in der Bildanalyse ist die Tatsache, dass effiziente Syntaxanalysealgorithmen nur für bestimmte,stark eingeschränkte Klassen von Grammatiken bekannt sind [KAUL 1983, FRANCK 1978, DELLA VIGNA/GHEZZI 1978, SHI/FU 1982]. In [BUNKE 1981, 1981a, 1982, 1983] wird dieses Problem dadurch umgangen, dass die Grammatik als generativer Mechanismus im Sinne von Vorwärtsableitungen bei Produktionensystemen verwendet wird. Ausgehend von einem Graphen, welcher die zu analysierende Linienzeichnung nach Anwendung von Vorverarbeitungs- und Segmentierungsprozeduren [BLEY 1982] repräsentiert, werden in programmierter Reihenfolge Produktionen angewendet, bis schliesslich die gewünschte Beschreibung des Eingabebildes - wiederum in Form eines Graphen - vorliegt. Aehnlich wie im Zusammenhang mit Abb. 1.3.3.1 erläutert, existieren in [BUNKE 1981, 1981a, 1982, 1983] Anwendbarkeitsbedingungen für Produktionen, die von den konkreten Werten von Attributen der linken Seite abhängen. Dieser Ansatz hat sich als nützlich herausgestellt, insbesondere für die Erkennung gestörter Zeichnungen.

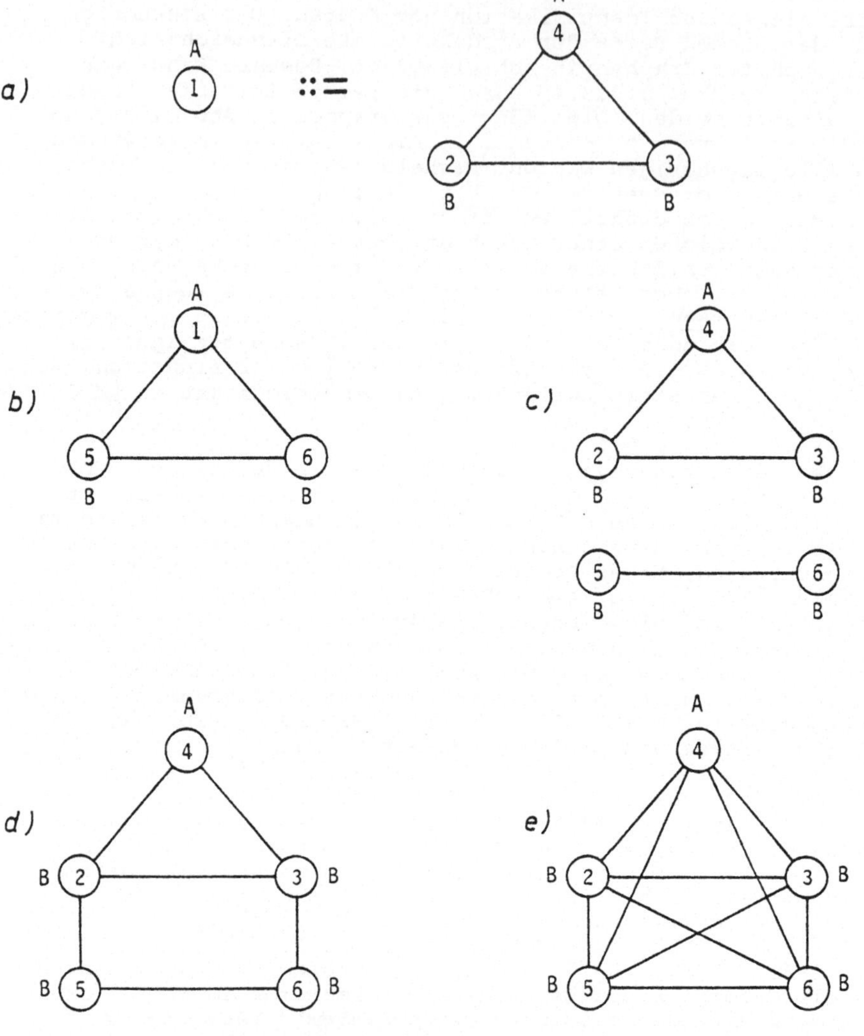

Abb. 1.3.3.4: Zum Problem der Einbettung bei Graph-Grammatiken

Ein System von Regeln, ähnlich einer Graph-Grammatik, ist in [GIPS 1974] beschrieben. Mit Hilfe dieser Regeln lassen sich zwei Linienzeichnungen daraufhin überprüfen, ob sie identische oder gespiegelte Objekte darstellen. [GIPS 1975] enthält eine Weiterführung des Ansatzes unter Verwendung des Formalismus der Shape-Grammatiken. Formale Definitionen und Eigenschaften dieses Typs von Grammatiken werden in [STINY 1975] behandelt.

Eine Reihe von Arbeiten zur syntaktischen Mustererkennung ist der automatischen Inferenz, d.h. dem Lernen von Grammatiken, gewidmet. Die Aufgabenstellung ist dadurch charakterisiert, dass - ausgehend von einer sog. positiven Stichprobe L^+ und einer eventuell zusätzlich vorhandenen negativen Stichprobe L^- - eine Grammatik zu konstruieren ist, so dass alle in L^+ und keines der im L^- enthaltenen Elemente erzeugt werden. Offensichtlich ist das Problem, eine Grammatik zu finden, welche genau die endliche Menge L^+ erzeugt, trivial. Schwieriger ist es, eine solche Grammatik zu finden, welche eine "sinnvolle" Verallgemeinerung der vorliegenden Stichprobe L^+ gewährleistet. Erste grundlegende Ergebnisse zu Fragen der Inferenz finden sich in [GOLD 1967, FELDMANN 1972]. Einer der bekanntesten Ansätze ist die k-tail-Methode nach [BIERMANN/FELDMANN 1972] für Zeichenkettengrammatiken vom Typ 3. Die Idee hierbei ist, die Erzeugung von Stichprobenelementen mit gleichem Anfang und Ende zusammenzufassen, wobei die Länge der Uebereinstimmung die Anzahl der zusätzlich zur Stichprobe erzeugten Zeichen beeinflusst und über einen Parameter gesteuert werden kann. Neben dieser grundlegenden Methode ist eine Reihe anderer Inferenzverfahren für spezielle Typen von Zeichenkettengrammatiken bekannt. Eine Uebersicht findet sich in [GONZALES/THOMASON 1978, FU/BOOTH 1975, FU 1982]. Verfahren zur Inferenz von Baumgrammatiken werden in [BHARGAVA/FU 1974, GONZALES/THOMASON 1974, LEVINE 1980] vorgestellt. Eine Untersuchung des Problems der automatischen Konstruktion von erweiterten Uebergangsnetzen findet sich in [CHOU/FU 1976]. Ein Ansatz zur Inferenz von speziellen Graph-Grammatiken für die Bildanalyse ist in [BARTSCH 1980] beschrieben.

Für die Analyse natürlicher Sprache existiert eine Reihe weiterer formaler Modelle für Grammatiken, z.B. Transformationsgrammatiken ("transformational grammars"), systemische Grammatiken ("systemic grammars") oder "Case"-Grammatiken. Eine Uebersicht findet sich z.B. in [BARR/FEIGENBAUM 1981]. Für den Bereich der Bildanalyse lässt sich abschliessend sagen, dass die Stärke syntaktischer Methoden in einer wohlfundierten Theorie auf der Basis formaler Sprachen liegt, wodurch Aussagen über die Komplexität oder Mächtigkeit bestimmter Erkennungsverfahren möglich werden. Einschränkend muss allerdings festgestellt werden, dass zur Behandlung realer Probleme der herkömmliche formale Rahmen i.a. erweitert werden muss, z.B. durch Attribute oder höherdimensionale Strukturen, was die formale Zugänglichkeit der resultierenden Modelle wiederum einschränkt.

1.3.4 SONSTIGE ANSAETZE

Die in Abschnitt 1.3.1 - 1.3.3 vorgestellten Ansätze zur Wissensrepräsentation sind typisch für die Bildanalyse. Ein weiterer wichtiger Formalismus zur Darstellung von Wissen für die Analyse von Bildern ist durch Kontextbedingungen gegeben. Kontextbedingungen definieren ein Mass dafür, wie gut eine Interpretation I eines Objektes O mit einer Interpretation I' eines Objektes O' verträglich ist, wenn zwischen O und O' eine Relation r existiert. Das Mass der Verträglichkeit kann in binärer Form oder über einem kontinuierlichen Intervall im wahrscheinlichkeitstheoretischen Sinn definiert sein. Eine genauere Diskussion von Kontextbedingungen erfolgt in Abschnitt 1.4.4 im Zusammenhang mit Relaxationsverfahren.

Ein weiterer, wohlbekannter Ansatz zur Wissensrepräsentation ist der Prädikatenkalkül. Hierbei handelt es sich um eine formale Sprache, mit deren Hilfe Aussagen aus bestimmten Problemkreisen dargestellt werden können. Sätze der formalen Sprache sind syntaktisch korrekte Formeln. Durch die Interpretation von Konstanten-Symbolen und freien Variablen in Formeln lassen sich Aussagen mit Wahrheitswerten TRUE oder FALSE gewinnen. Von besonderer Bedeutung für die Wissensdarstellung ist der Prädikatenkalkül erster Stufe, für den die Eigenschaften der partiellen Entscheidbarkeit und Vollständigkeit zutreffen. Der Prädikatenkalkül erster Stufe ist dadurch definiert, dass in den Formeln nur Funktions- und Prädikatenkonstanten, jedoch keine Funktions- und Prädikatenvariablen auftreten. Bei der Wissensnutzung werden Ableitungsregeln angewendet, mit deren Hilfe aus gegebenen Formeln andere Formeln gewonnen werden können. Eine allgemeine Einführung in den Prädikatenkalkül findet sich z.B. in [MANNA 1974, NILSSON 1980]. Anwendungen zur Wissensrepräsentation werden in [BARR/FEIGENBAUM 1981] vorgestellt. Erweiterungen der klassischen Logik-Ansätze werden in [HABEL 1983] diskutiert. Eine weitergehende Verbreitung des Prädikatenkalküls als Medium zur Wissensrepräsentation in der Bildanalyse steht noch aus.

1.4 WISSENSNUTZUNG UND KONTROLLE

Das Ziel bei der wissensgesteuerten Bildanalyse besteht darin, eine symbolische Beschreibung aus einem Eingabebild abzuleiten. Der Prozess, der unter Zugriff auf ein Modell, welches problemspezifisches Wissen enthält, von den Eingabedaten zur gewünschten Beschreibung führt, soll im folgenden als Wissensnutzung bezeichnet werden. In einem komplexen System stehen i.a. verschiedene Wissensquellen zur Verfügung. Darüber hinaus sind die zu einem Zeitpunkt vorliegenden Zwischenergebnisse üblicherweise mit Mehrdeutigkeiten behaftet. Somit entsteht bei der Wissensnutzung das Problem, die Aktionen des Systems sowie die Auswahl der Daten, auf welche die möglichen Aktionen angewendet werden, geeignet zu steuern.

Wie in [NIEMANN 1983a] erläutert, kann die Wissensnutzung angesehen werden als eine Folge von Transformationen, die von einem initialen Zustand der Datenbasis des Systems zu einem gewünschten Zielzustand führt. Zu jedem Zeitpunkt sind potentiell verschiedene alternative Transformationen anwendbar. Somit kann die erfolgreiche Analyse eines Bildes als ein Pfad durch einen die möglichen Systemzustände charakterisierenden Graphen aufgefasst werden. Die Aufgabe eines Kontrollalgorithmus ist es, die verschiedenen möglichen Systemaktivitäten so zu steuern, dass der resultierende Pfad optimal im Sinne eines geeigneten Kriteriums ist.

Die Thematik der Wissensnutzung und Kontrolle wird im Ueberblick in verschiedenen Arbeiten behandelt [NIEMANN 1980, 1983, KANADE 1977, NAGAO 1982, BALLARD/BROWN 1982]. Im folgenden werden zunächst in Abschnitt 1.4.1 allgemeine Suchverfahren vorgestellt, die sich in vielfältiger Weise anwenden lassen. Das Problem der Zuordnung von aus Bildern abstrahierten Strukturen zu Modellen, die in Form von Graphen oder Relationalstrukturen vorliegen, wird in Abschnitt 1.4.2 erläutert. Eine Diskussion verschiedener Möglichkeiten der syntaktischen Analyse folgt in Abschnitt 1.4.3. Abschnitt 1.4.4 behandelt Relaxationsverfahren und Abschnitt 1.4.5 gibt schliesslich eine Uebersicht über weitere Aspekte, die bei der Wissensnutzung von Bedeutung sind, u.a. Planung.

1.4.1 ALLGEMEINE SUCHVERFAHREN

Suchverfahren werden eingesetzt zur Lösung des Problems, einen Weg in einem Graphen zu finden, der in einem näher zu definierenden Sinn optimal ist. Welche Bedeutung den Knoten und Kanten des Graphen dabei zukommt, hängt vom speziellen Problem ab. Suchverfahren, auch Graph-Suchverfahren genannt, werden z.B. verwendet beim automatischen Beweisen von Theoremen, bei der Bestimmung von kürzesten Pfaden in Netzwerken oder in der Spieltheorie. Eine Uebersicht über Anwendungen enthält z.B. [NILSSON 1980, WINSTON, 1977, BARR/FEIGENBAUM 1981]. Auf spezielle Anwendung im Bereich der Bildanalyse wird im folgenden noch genauer eingegangen.

Die grundlegende Version eines Algorithmus zur Graph-Suche ist in Abb. 1.4.1.1 gegeben (nach [NILSSON 1980]). Es wird davon ausgegangen, dass ein Startknoten s und eine Menge von Zielknoten existieren und dass die Aufgabe darin besteht, einen Pfad vom Startknoten zu einem Zielknoten zu bestimmen. Das Expandieren eines Knotens in Schritt 6 ist eine Operation, die zu einem beliebigen Knoten im Graph die Menge seiner Nachfolger liefert. D.h., dass der zu durchsuchende Graph nicht notwendig explizit vorliegen muss, solange über die Operation der Expansion für einen beliebigen Knoten die Nachfolger bestimmt werden können. Das Anliegen des Algorithmus nach Abb. 1.4.1.1 sowie verschiedener, noch zu diskutierender Modifikationen ist es, den gesuchten Pfad zu einem Zielknoten mit Hilfe möglichst weniger Expansionen, d.h. unter Inspektion eines möglichst kleinen

Teiles des zu durchsuchenden Graphen zu bestimmen. Der zu durchsuchende Graph wird auch häufig als Zustandsraum bezeichnet, wobei Knoten den Zuständen und Kanten möglichen Zustandsübergängen entsprechen.

```
   begin
1  Initialisiere den Suchgraphen mit dem Startknoten s.
   Nimm s in die Liste OPEN auf.
2  Initialisiere die Liste CLOSED als leere Liste.
3  while OPEN nicht leer
4        Entferne den Knoten n von der ersten Position in OPEN und
         bringe ihn nach CLOSED.
5        if n Zielknoten
         then Ausgang mit Erfolg.
6        Erzeuge durch Expansion die Menge M der Nachfolgerknoten
         von n, die nicht direkter oder indirekter Vorgänger sind.
7        Setze einen Zeiger auf n von allen Knoten in M, die weder
         in CLOSED noch in OPEN auftreten.
         Nimm diese Knoten nach OPEN auf.
         Setze im Fall einer günstigeren Bewertung die Zeiger der
         Nachfolger von n, die in OPEN oder CLOSED enthalten sind,
         um auf den Knoten n.
         Betrachte alle Knoten vom M, die bereits in CLOSED ent-
         halten sind und setze im Fall einer günstigeren Bewertung
         die Zeiger ihrer Nachfolger um.
8        Ordne die Liste OPEN um.
   end while
10 Ausgang mit Fehler
   end A*
```

Abb. 1.4.1.1: Algorithmus zur Graphsuche

Die Liste OPEN in Abb. 1.4.1.1 enthält entweder den Startknoten oder alle diejenigen Knoten, die mittels Expansion aus einem anderen Knoten gewonnen wurden, selbst aber noch keine Expansion erfahren haben. In CLOSED sind alle bereits expandierten Knoten festgehalten unabhängig davon, ob sich bei der Expansion aktuelle Nachfolger ergeben haben oder nicht. Der optimale Pfad von Startknoten zu einem Zielknoten ergibt sich durch Rückverfolgung der im Schritt 7 generierten Zeiger. Das Umsetzen von Zeigern in Schritt 7 geschieht dann, wenn ein günstigerer Pfad zu einem Knoten gefunden wurde, zu dem bereits ein Pfad vom Startknoten aus existiert. Dieser Fall kann z.B. beim Durchsuchen von Bäumen nicht auftreten.

Das Umordnen der Liste OPEN in Schritt 8 geschieht so, dass jeweils der "beste" Knoten an die erste Stelle plaziert wird. Als bester Knoten wird dabei derjenige verstanden, für den die grösste Evidenz besteht, dass er zu einem Zielknoten führt. Anhand des Kriteriums, nach dem der beste Knoten bestimmt wird, ergeben sich verschiedene Versionen von Algorithmen zur Graph-Suche. Ein depth-first Suchverfahren ergibt sich, wenn die Knoten in OPEN gemäss ihres Abstandes vom Startknoten geordnet werden, so dass der am weitesten entfernte Knoten an die erste Stelle kommt. Der Abstand eines Knotens n ist hierbei definiert als Länge des Pfades vom Startknoten zu n, d.h. als Anzahl der durchlaufenen Kanten. Das umgekehrte Ordnen, nämlich so, dass der Knoten mit dem geringsten Abstand zum Startknoten an die erste Stelle von OPEN gelangt, führt zu einem sogenannten breath-first Suchverfahren, bei dem der zu durchsuchende Graph nicht der Tiefe nach, sondern der Breite nach abgearbeitet wird. Offensichtlich ist garantiert, dass bei einer breath-first Suche der kürzeste Pfad (gemessen an der Anzahl der Kanten) zuerst gefunden wird, falls überhaupt ein Pfad zu einem Zielknoten existiert. Dagegen wird der von einem depth-first Verfahren zuerst gefundene Zielknoten i.a. nicht derjenige mit kürzestem Abstand vom Startknoten sein. Um hier unnötig lange Lösungspfade zu vermeiden, ist es üblich, Pfade bezüglich ihrer Länge durch eine obere Schranke zu begrenzen. Alle Knoten in der Liste OPEN, deren Pfadlänge die obere Schranke überschreitet, werden nicht expandiert.

Dept-first und breath-first Methoden werden oft als blinde oder uninformierte Algorithmen bezeichnet. Den Gegensatz dazu bilden Suchverfahren, welche problemspezifische, sog. heuristische Information beim Ordnen der Knoten in OPEN im Schritt 8 in Abb. 1.4.1.1. benutzen, um die Anzahl der zu expandierenden Knoten gering zu halten. Zentraler Gedanke bei heuristischen Suchverfahren ist die Verwendung einer Bewertungsfunktion f(n) für jeden Knoten n. Die Aufgabe besteht im Auffinden des Zielknotens, der bezüglich der Bewertungsfunktion minimal unter allen Zielknoten ist. Bei der heuristischen Suche mittels Algorithmus A* [NILSSON 1980] wird die Bewertungsfunktion f in zwei additive Terme zerlegt,

$$f(n) = g(n) + h(n) \tag{1.4.1.1}$$

Hierbei gibt g(n) die Kosten des durchlaufenen Pfades vom Startknoten zum Knoten n an und h(n) ist eine untere Abschätzung für die Kosten des optimalen Pfades von n zu einem Zielknoten. Das Umordnen der Knoten von OPEN in Schritt 8 in Abb. 1.4.1.1 erfolgt so, dass jeweils der Knoten n mit minimalem f(n) an die erste Stelle plaziert wird. Eine mögliche untere Abschätzung für alle Knoten n ist h(n)=0. Dieser Fall ist identisch mit der oben erläuterten breath-first Suche.

Wie in [NILSSON 1980] gezeigt wird, besitzt Algorithmus A* die Eigenschaften der Zulässigkeit und Optimalität. Erstere Eigenschaft besagt, dass das Auffinden einer Lösung garantiert ist, sofern eine solche existiert. Die Eigenschaft der Optimalität bedeutet, dass desto weniger Knoten expandiert werden, je mehr heuristische Information zur Verfügung steht. Formal ausgedrückt heisst dies, dass unter Verwendung einer Bewertungsfunktion

$$f_1(n) = g(n) + h_1(n) \tag{1.4.1.2}$$

höchstens soviele Knoten expandiert werden wie unter Verwendung einer Bewertungsfunktion

$$f_2(n) = g(n) + h_2(n), \qquad (1.4.1.3)$$

falls $h_1(n) > h_2(n)$.

Ein interessanter Spezialfall ergibt sich für monotone Funktionen h. Die Bedingung der Monotonie lautet $h(n) \geq h(n')$ für alle Knoten n und n', wobei n Vorgänger von n' ist auf einem Pfad vom Startknoten zu n. Wie in [NILSSON 1980] gezeigt wird, gilt hier, dass nur solche Knoten expandiert werden, zu denen bereits ein optimaler Pfad vom Startpunkt aus gefunden wurde. Somit ist es überflüssig, in Schritt 7 des Algorithmus in Abb. 1.4.1.1 zu prüfen, ob die bei einer Expansion anfallenden Knoten in der Liste CLOSED enthalten sind. Ferner ist für diesen Fall die Folge der Werte der Funktion f(n) beim Expandieren von Knoten schwach monoton wachsend.

Die Methode der dynamischen Programmierung [BELLMANN/DREYFUSS 1962, REINGOLD/NIEVERGELT/DEO 1977] kann als Spezialfall eines breath-first Graph-Suchverfahrens aufgefasst werden. Bei der dynamischen Programmierung geht es darum, eine Funktion $f(x_1,\dots,x_n)$ mit den diskreten Variablen $x_1,\dots,x_n$ zu minimieren; d.h., dass ein Wertetupel $(x_1,\dots,x_n)$ zu finden ist, für welches f ein Minimum annimmt. Wesentliche Voraussetzung für das Verfahren ist die Bedingung

$$f(x_1,\dots,x_n) = f_1(x_1,x_2) + f_2(x_2,x_3) + \dots + f_{n-1}(x_{n-1},x_n), \qquad (1.4.1.4)$$

welche es erlaubt, das Problem in eine Reihe von Einzelminimierungsschritte zu zerlegen. Die Lösung ergibt sich gemäss der folgenden Gleichungen:

$$h_1(x_1)=0,$$

$$h_{k+1}(x_{k+1}) = \min_{0 \leq x_k \leq \ell_k} (f_k(x_k,x_{k+1})+h_k(x_k)), \quad k=1,\dots,n-1. \qquad (1.4.1.5.)$$

Es wird für jede der Variablen x_k ein Definitionsbereich $0 \leq x_k \leq \ell_k$ vorausgesetzt. Neben der Bestimmung von $h_{k+1}(x_{k+1})$ ist für jede Variable x_{k+1} die Grösse $m(x_{k+1})$ zu bestimmen, die angibt, für welchen Wert von x_k das Minimum von $h_{k+1}(x_{k+1})$ angenommen wird. Das Minimum der Funktion f ist identisch mit dem Minimum von $h_n(x_n)$ über die diskreten Werte von x_n und die Werte $(\hat{x}_1,\dots,\hat{x}_n)$, für welche f ein Minimum annimmt, ergeben sich durch sukzessives Rückverfolgen der Grössen $m(x_{k+1})$, $k=n-1,\dots,1$. Die dynamische Programmierung beruht auf dem gleichen Prinzip wie die heuristische Graphsuche mit monotoner Funktion h, welches lautet, dass ein Pfad von Startknoten zu einem Knoten n optimal ist, falls der optimale Pfad zum Zielknoten durch ihn verläuft. Aequivalent zur Methode der dynamischen Programmierung ist der Viterbi-Algorithmus [FORNEY 1973], der ursprünglich entwickelt worden war zur Bestimmung eines Pfades durch ein Netz mit maximaler a posteriori Wahrscheinlichkeit.

Eine weitere Variante der in Abb. 1.4.1.1 skizzierten Graphsuche ist durch das Branch-and-Bound Verfahren gegeben [LAWLER/WOODS 1966, REINGOLD/NIEVERGELT/DEO 1977]. Hier wird davon ausgegangen, dass zunächst, z.B. unter Verwendung einer depth-first Suche, ein beliebiger Lösungspfad durch den Graphen mit einer Bewertung f_1 gefunden wird. Im allgemeinen wird die zuerst gefundene Lösung nicht optimal sein. Deshalb werden im folgenden weitere Knoten des Graphen expandiert, jedoch nur solange ihre Bewertung den Wert f_1 nicht übersteigt. Wird auf diese Weise eine bessere Lösung gefunden, so bestimmt ihre Bewertung $f_2<f_1$ die obere Schranke für die folgenden Expansionsschritte. Das Verfahren terminiert, wenn keine weiteren Knoten expandiert werden können.

Aus der Literatur ist eine Reihe weiterer Varianten von Suchalgorithmen bekannt, z.B. bidirektionale Suche [POHL 1971], Suche in UND/ODER-Graphen, Suchverfahren im Rahmen der Spieltheorie oder Methoden zur Begrenzung der OPEN-Liste in Abb. 1.4.1.1, wodurch die Eigenschaft der Zulässigkeit nicht mehr gewährleistet ist, die Anzahl der expandierten Knoten und damit der Suchaufwand jedoch u.U. drastisch reduziert werden kann. Eine Uebersicht findet sich in [NILSSON 1980, BARR/FEIGENBAUM 1981].

Suchverfahren wie bisher erläutert wurden in vielfältiger Weise im Bereich der Bildanalyse eingesetzt. Eine breite Klasse von Anwendungen ist der Konturverfolgung gewidmet. Als Ausgangsdaten liegen hierbei die von einem lokalen Kantendetektor gelieferten Ergebnisbilder vor, in denen es gilt, Konturen als Folgen von Punkten $(P_1,\ldots,P_n)$ zu finden. Das Problem wurde bereits in Abschnitt 1.2.2 diskutiert. Zur Lösung der Aufgabe wurde heuristische Suche [MARTELLI 1972, RAMER 1975, MARTELLI 1976, WECHSLER/SKLANSKY 1977, ASHKAR/MODESTINO 1978], Branch-and-Bound [CHIEN/FU 1974] sowie dynamische Programmierung [MONTANARI 1971, BALLARD 1976, MARTELLI 1976, ELLIOT/SRINIVASAN 1981, NEY 1981, GERBRANDS et al. 1981] verwendet.

In [LEVINE 1978] wird ein System zur Szeneninterpretation vorgestellt. Ein Teilprozess hat die Verschmelzung benachbarter Regionen zur Aufgabe. Dieser Prozess wird von einem Suchverfahren gesteuert, so dass die resultierenden Regionen eine optimale Uebereinstimmung mit einem Szenenmodell hinsichtlich verschiedener Merkmale aufweisen. Zur Interpretation der Regionen, die nach der Verschmelzung vorliegen, wird dynamische Programmierung verwendet. Jede Variable repräsentiert eine Region und die Werte, welche von einer Variablen angenommen werden können, entsprechen möglichen Interpretationen. Beim Auffinden der optimalen Interpretation mittels dynamischer Programmierung werden sowohl lokale Merkmale als auch Kontextbedingungen berücksichtigt. Eine genauere Diskussion des Systems folgt in Abschnitt 1.5.5. [MONTANARI 1970] beschreibt den Einsatz von heuristischer Suche bei der Analyse von Chromosomenbildern. Das Problem ist, Paare korrespondierender Chromosomen innerhalb von Gruppen herauszufinden. Das ARGOS-Bildanalysesystem [RUBIN 1980] basiert auf der sog. LOCUS-Suche, einem speziellen breath-first Verfahren, das in drastischer

Weise die Anzahl der Knoten in der Liste OPEN in Abb. 1.4.1.1 reduziert. Dadurch ist das Auffinden der optimalen Lösung nicht mehr garantiert. Wie allerdings in [RUBIN 1980] klar herausgestellt wird, ist das behandelte Problem rechnerisch nur so in den Griff zu bekommen; ausserdem wurde in Tests gezeigt, dass trotz der Einschränkung korrekte Ergebnisse erzielt werden. Eine genauere Erläuterung des ARGOS-Systems folgt in Abschnitt 1.5.3. [TROPF 1980] enthält einen Ansatz zur Erkennung von Werkstücken auf der Basis von Algorithmus A*. Die Aufgabe besteht in der Lokalisierung bestimmter Teile, wobei Ueberlappungen auftreten dürfen. Eine ausführliche Darstellung experimenteller Ergebnisse wird in [HAETTICH/SCHWERDTMANN/TROPF 1982] gegeben. Die Erweiterung der Methode auf komplexere, über Ecken und gerade Linien hinausgehende Merkmale ist in [RUMMEL/BEUTEL 1982] beschrieben.

Eine Uebersicht über verschiedene Anwendungen von Suchverfahren in der Mustererkennung gibt [KANAL 1979]. Zur Analyse natürlicher Sprache siehe [NIEMANN 1981].

1.4.2 MATCHING VON GRAPHEN UND RELATIONALSTRUKTUREN

In Abschnitt 1.3.1 wurde erläutert, wie Graphen, Relationalstrukturen und semantische Netze als Modelle verwendet werden können, um problemspezifisches Wissen über den erwarteten Inhalt von Szenen zu repräsentieren. Bei der Wissensnutzung geht es darum, eine Korrespondenz herzustellen zwischen Modell und Eingabebild bzw. einer symbolischen Darstellung desselben, die mittels geeigneter Vorverarbeitungs- und Segmentierungsoperationen gewonnen wurde. Das Aufstellen einer derartigen Korrespondenz wird auch als "Matching" bezeichnet. Ein Grossteil der aus der Literatur bekannten Methoden zum Matching beruht auf Suchverfahren wie sie in Abschnitt 1.4.1 erläutert wurden.

Aus der Graphentheorie sind verschiedene Typen von Korrespondenzen zwischen zwei Graphen g_1 und g_2 bekannt, siehe z.B. [BERGE 1973]. Ein Isomorphismus liegt vor, wenn beide Graphen strukturell identisch sind. Ein Untergraphen-Isomorphismus ist dadurch definiert, dass ein Untergraph $g' \leq g_2$ existiert, der isomorph zu g_1 ist. Ein bidirektionaler Untergraphen-Isomorphismus bedeutet, dass Untergraphen $g \leq g_1$ und $g' \leq g_2$ existieren, die isomorph sind. Aus der Literatur sind zahlreiche Algorithmen bekannt zur Bestimmung von Graph-Isomorphismen [CORNEIL/GOTLIEB 1970, BERZTISS 1973, SCHMIDT/DRUFFEL 1976], Untergraphen-Isomorphismen [ULLMAN 1976, AKINNIYI/WONG 1983] sowie bidirektionalen Untergraphen-Isomorphismen [AMBLER et al. 1975].

Das Problem, das bei der Anwendung solcher Zuordnungsverfahren in der Bildanalyse auftritt, besteht darin, dass in dem Graphen, der aus den aktuellen Eingabedaten abgeleitet wurde, i.a. mehr oder weniger starke Abweichungen vom Modell auftreten. Somit ist die Bestimmung von Isomorphismen, Untergraphen-Isomorphismen etc. oft nicht sinnvoll, da derartige Korrespondenzen überhaupt nicht existieren. Eine Lösung bieten hier sog. unexakte Zuordnungsverfahren, die Unterschiede in Markierungen und Attributwerten bei Knoten und Kanten sowie in der globalen Struktur tolerieren. Da jedoch zwischen zwei Graphen normalerweise mehrere unexakte Zuordnungen existieren, ergibt sich das Problem, diejenige zu finden, welche die weiteste Uebereinstimmung zwischen Modell und Eingabebild gewährleistet. Diese Zuordnung entspricht der bestmöglichen Interpretation der Eingabedaten anhand des Modells.

Im folgenden soll stellvertretend für eine Reihe ähnlicher Verfahren der Ansatz nach [BUNKE/ALLERMANN 1983, 1983a] genauer erläutert werden. Es wird ausgegangen von markierten, gerichteten und attributierten Graphen wie sie in Abschnitt 1.3.1 eingeführt wurden. D.h. ein Graph ist charakterisiert durch eine Menge von markierten Knoten und eine Menge von gerichteten und markierten Kanten. Jeder Knoten und jede Kante besitzt eine Menge von Attributen. Diese sind Funktionen, welche einen Knoten oder eine Kante auf einen Wert aus einem Wertebereich abbilden. Zur Vereinfachung soll angenommen werden, dass alle Knoten und Kanten jeweils die gleichen Attribute besitzen. (Dies ist keine Einschränkung der Allgemeinheit, da Knoten und Kanten jederzeit um "dummy"-Attribute ergänzt werden können.) Die Aufgabe besteht darin, eine Korrespondenz zwischen den Knoten zweier Graphen g_1 und g_2 so zu finden, dass der bestmögliche Grad an Uebereinstimmung erzielt wird. Bei der Zuordnung spielt es keine Rolle, welcher der beiden Graphen als Modellgraph fungiert und welcher aus dem Eingabebild abgeleitet wurde. Generell ist das Problem der unexakten Zuordnung von Graphen in seiner Berechnungskomplexität NP-vollständig [BALLARD/BROWN 1982, REINGOLD/NIEVERGELT/DEO 1977]. Der Einsatz von Suchverfahren nach Abschnitt 1.4.1 erfolgt, um die mittlere Anzahl von Rechenschritten zu senken.

In Abschnitt 1.3.3 wurde im Zusammenhang mit fehlerkorrigierenden syntaktischen Verfahren erläutert, dass der Unterschied zweier Zeichenketten auf elementare Transformationen, nämlich Einfügung, Löschung und Substitution von Zeichen zurückgeführt werden kann. Die Idee ist übertragbar auf Graphen. Ein Graph g lässt sich durch eine Folge elementarer Transformationen in jeden beliebigen anderen Graphen g' überführen. Diese elementaren Transformationen sind:

a) Substitution von Knoten
b) Löschen von Knoten
c) Einfügen von Knoten
d) Substitution von Kanten
e) Löschen von Kanten
f) Einfügen von Kanten

Als Knoten- bzw. Kantensubstitution soll dabei die Aenderung von Markierungen und Attributwerten verstanden werden, einschliesslich der Identität. Die "Güte" einer fehlerkorrigierenden Abbildung hängt nun ab von der Anzahl der nötigen Transformationen zur Ueberführung eines Graphen g in g'. Da bestimmte Störungen i.a. schwerwiegender sind als andere, werden Kosten für obige elementare Transformationen a)-f) eingeführt. Die Kosten setzen sich additiv zusammen aus einem Anteil, der sich auf Markierungen bezieht und einen Anteil für Attribute. Niedrige Kosten entsprechen dabei wahrscheinlicheren Transformationen, während unwahrscheinliche Transformationen mit hohen Kosten behaftet sind. Für elementare Transformationen, die nicht möglich sind, werden unendlich hohe Kosten definiert. Generell gilt, dass mithilfe der Kosten zusätzlich zum Modell problemspezifisches Wissen für den Analyseprozess zum Ausdruck gebracht wird.

Eine unexakte Zuordnung zwischen zwei Graphen g_1 und g_2 ist eine Abbildung f, welche jedem Knoten von g_1 einen Knoten aus g_2 oder das Symbol $ zuordnet. Die Abbildung wird so interpretiert, dass auf $ abgebildete Knoten in g_1 gelöscht werden, während Knoten in g_2, die kein Urbild in g_1 besitzen, in g_2 eingefügt werden. Eine Abbildung f der Knoten von g_1 nach g_2 induziert eine Abbildung der Kanten von g_1 auf die Kanten von g_2 in der folgenden Weise. Eine Kante (f(x),f(y)) in g_2 substituiert eine Kante (x,y) in g_1. Existiert eine Kante (x,y) in g_1, jedoch nicht der korrespondierende Partner (f(x),f(y)) in g_2, so liegt eine Löschung von (x,y) vor. Beim umgekehrten Fall handelt es sich um eine Kanteneinfügung. Die Gesamtkosten einer derartigen unexakten Zuordnung ergeben sich aus der Summe aller Kosten der elementaren Transformationen, die bei der Abbildung auftreten.

Ein Beispiel ist in Abb. 1.4.2.1 gezeigt. Eine unexakte Zuordnung zwischen dem Graphen in Abb. 1.4.2.1a und dem Graphen in Abb. 1.4.2.1b ist z.B. gegeben durch f(1)=4, f(2)=5, f(3)=$. Unter der Annahme von Kosten für elementare Transformationen nach Abb. 1.4.2.3 ergeben sich Gesamtkosten k=6 für diese unexakte Zuordnung. Zur Vereinfachung wurde auf Knoten- und Kantenattribute in diesem Beispiel verzichtet.

Offensichtlich existieren mehrere unexakte Zuordnungen zwischen zwei Graphen g_1 und g_2. Zur Bestimmung der optimalen Zuordnung, d.h. der Zuordnung mit minimalen Kosten wird in [BUNKE/ALLERMANN 1983, 1983a] Algorithmus A* verwendet. Ein Suchraumzustand repräsentiert jeweils einen Teil der zu bestimmenden unexakten Zuordnung. Als Beispiel ist in Abb. 1.4.2.2 der komplette Suchraum bei der Zuordnung der Graphen in Abb. 1.4.2.1a,b gegeben. Jeder Blattknoten in Abb. 1.4.2.2 repräsentiert eine vollständige unexakte Zuordnung. In der ersten Komponente innerhalb der den Suchraumzuständen beigefügten Rechtecke sind in Abb. 1.4.2.2 die Kosten g(n) nach Gleichung (1.4.1.1) angegeben. Die zweite Komponente zeigt an, in welcher Reihenfolge die Suchraumzustände expandiert wurden. Das Zeichen - in der zweiten Komponente bedeutet, dass ein Suchraumzustand nicht expandiert wurde. Bezug genommen wird hierbei auf die in Abb. 1.4.2.3 angegebene Kosten. Die optimale Abbildung, welche die geringsten Kosten unter allen möglichen unexakten Zuordnung verursacht, ist gegeben durch f(1)=$, f(2)=4, f(3)=5.

1
a
x
2
b
x
x
3
b
a)
4
b
x
5
a
b)

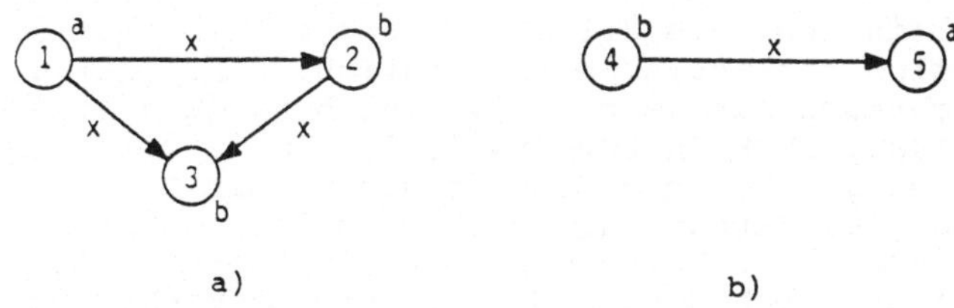

Abb. 1.4.2.1: Zwei Graphen

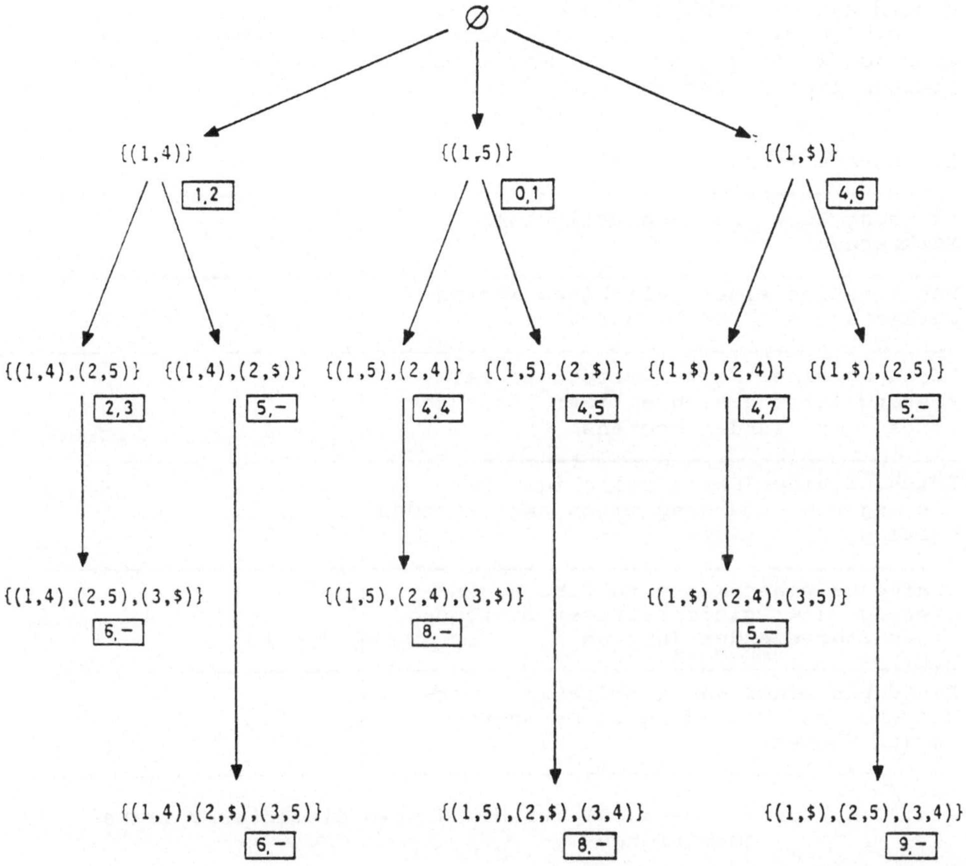

∅
{(1,4)}
1,2
{(1,5)}
0,1
{(1,$)}
4,6
{(1,4),(2,5)}
2,3
{(1,4),(2,$)}
5,-
{(1,5),(2,4)}
4,4
{(1,5),(2,$)}
4,5
{(1,$),(2,4)}
4,7
{(1,$),(2,5)}
5,-
{(1,4),(2,5),(3,$)}
6,-
{(1,5),(2,4),(3,$)}
8,-
{(1,$),(2,4),(3,5)}
5,-
{(1,4),(2,$),(3,5)}
6,-
{(1,5),(2,$),(3,4)}
8,-
{(1,$),(2,5),(3,4)}
9,-

Abb. 1.4.2.2: Suchraum bei der Zuordnung der Graphen in Abb. 1.4.2.1

Das Beispiel in Abb. 1.4.2.2 soll nur der Illustration dienen und verwendet keine heuristische Information, d.h. hier ist h(n)=0 für alle Suchraumzustände n (vgl. Gleichung (1.4.1.1)). In [ALLERMANN 1982, BUNKE/ALLERMANN 1983, 1983a] wird heuristische Information eingesetzt zur Beschleunigung der Suche. Die Funktion h(n) zur Abschätzung der noch zu erwartenden Kosten gliedert sich in zwei Teile, die Substitution und Einfügung/Löschung getrennt behandeln. Eine untere Schranke für noch zu erwartende Einfügungs-/Löschungskosten ergibt sich aus dem Unterschied in der Knotenanzahl der noch zu behandelnden Teile der beiden Graphen. Die in h(n) berücksichtigten Substitutionskosten werden bestimmt, indem für die noch abzubildenden Knoten aus g_1 unabhängig voneinander jeweils ein optimaler Partner in g_2 bestimmt wird. Experimente haben gezeigt, dass sich so die Anzahl der zur Bestimmung der unexakten Zuordnung nötigen Expansionen auf etwa die Hälfte reduzieren lässt.

Elementare Transformation	Kosten
Löschung eines Knotens beliebiger Markierung	2
Substitution einer beliebigen Knotenmarkierung a durch b, $a \neq b$	1
Löschung einer Kante beliebiger Markierung unter gleichzeitiger Löschung eines angrenzenden Knotens	1
Löschung einer Kante beliebiger Markierung ohne Löschung eines angrenzenden Knotens	2
Einfügung einer Kante beliebiger Markierung unter gleichzeitiger Einfügung eines angrenzenden Knotens	1
Einfügung einer Kante beliebiger Markierung ohne Einfügung eines angrenzenden Knotens	2

Abb. 1.4.2.3: Ein Beispiel für die Kosten elementarer Transformationen

Es wurde in [ALLERMANN 1982] bewiesen, dass die Gesamtkosten der oben definierten Abbildung eines Graphen g_1 auf g_2 die Eigenschaft einer Metrik erfüllen, wenn die Kosten für die elementaren Transformationen a)-f) bestimmten Bedingungen genügen. Somit lassen sich die Kosten einer unexakten Graph-Zuordnung als Abstand interpretieren, wodurch die Anwendung verschiedener numerischer Methoden der Mustererkennung auf Graphen sinnvoll wird, z.B. Clusteranalyse oder Minimun-Abstand Klassifikation [NIEMANN 1974, 1983]. Das Verfahren nach [BUNKE/ALLERMANN 1983, 1983a] wurde angewendet auf die Bestimmung der Aehnlichkeit von Silhouetten.

Aus der Literatur ist eine Fülle von Methoden zur unexakten Zuordnung von Graphen bekannt, die mehr oder weniger starke Aehnlichkeiten mit dem oben erläuterten Verfahren aufweisen und die auf Suchverfahren basieren. In [TSAI/FU 1979] werden fehlerkorrigierende Isomorphismen behandelt. Hierbei sind Substitutionen, jedoch keine Einfügungen oder Löschungen erlaubt. Die Erweiterung auf fehlerkorrigierende Untergraphen-Isomorphismen wird in [TSAI/FU 1983] vorgestellt. Beide Ansätze basieren auf heuristischer Suche. Auf einer Branch-and-Bound Suche beruht die in [BARROW/POPPLESTONE 1971] beschriebene Methode. Knoten und Kanten der betrachteten Graphen besitzen Attribute, für welche zulässige Bereiche der Abweichung definiert sind. Liegt ein Attributwert ausserhalb des zulässigen Bereiches, so ergeben sich unendlich hohe Kosten, d.h. die gesamte Abbildung wird in diesem Fall verworfen. Bei dem in [SANFELIU/FU 1983] vorgestellten Verfahren handelt es sich ebenfalls um eine Branch-and-Bound Suche unter Verwendung von Attributen. Die Methode wurde zur Klassifikation von handgeschriebenen Schriftzeichen angewendet. Einen hierarchischen Ansatz diskutiert [BARROW/AMBLER/BURSTALL 1972]. Das Zuordnen von Knoten geschieht in mehreren Stufen, wobei in einer Stufe jeweils nur ein Teil der abzubildenden Graphen berücksichtigt wird. Mithilfe dieses Ansatzes kann die Komplexität des Zuordnungsprozesses reduziert werden, wie in [BARROW/AMBLER/BURSTALL 1972] gezeigt wird.

Der Einsatz dynamischer Programmierung wird in [FISCHLER/ELSCHLAGER 1973] beschrieben. Das Verfahren unterscheidet sich von den bisher zitierten Ansätzen insofern, als der Vergleich nicht zwischen zwei Graphen, sondern zwischen einem Modellgraphen und Ausschnitten aus dem Feld der Abtastwerte durchgeführt wird. Die Methode wurde eingesetzt zur Erkennung von Gesichtern und bei der Analyse von Luftbildern. Rechenzeit und Speicherbedarf des Algorithmus hängen nur linear von der Grösse des Modellgraphen ab; jedoch ist nicht garantiert, dass für einen beliebigen Modellgraphen die optimale Lösung gefunden wird.

Die unexakte Zuordnung einer speziellen Klasse von Graphen, welche Regionen, Oberflächen und Kanten in Bildern darstellen, wird in [JACOBUS/CHIEN/SELANDER 1980] behandelt. Als spezielle Anwendung steht dabei die Analyse von bewegten Bildern oder Stereoaufnahmen im Vordergrund. Ein Ansatz zur unexakten Zuordnung von Graphen, welche 3D-Objekte repräsentieren, findet sich in [NEVATIA 1976a]. Die Knoten eines Graphen repräsentieren verallgemeinerte Zylinder (vgl. Kap. 1.2.7), die durch verschiedene Attribute definiert sind. Die Aufgabe besteht darin, für einen aus einem Eingabebild gewonnenen Graphen aus einer Reihe von Modellgraphen den ähnlichsten zu bestimmen.

Eine eingeschränkte Klasse von Isomorphismen, sog. strukturelle Isomorphismen werden in [FREUDER 1976] definiert. Dieser Begriff des Isomorphismus bezieht sich nicht nur auf topologische Eigenschaften, sondern auch auf die zeichnerische Darstellung von Graphen. Insbesondere spielt die Reihenfolge, in der die Nachbarn eines Knotens auftreten, eine Rolle. Die Berechnung von strukturellen Isomorphismen wird auf den Vergleich von Zeichenketten zurückgeführt. Eine andere Einschränkung, nämlich die unexakte Zuordnung von Bäumen wird in [LU 1979] behandelt.

Ein Ansatz zur unexakten Zuordnung von Graphen auf der Basis von Relaxationsverfahren (siehe Abschnitt 1.4.4) findet sich in [CHENG/HUANG 1980, 1984]. Die Idee ist hierbei, ausgehend von einer initialen Menge von verschiedenen konkurrierenden Zuordnungen iterativ die beste Lösung zu bestimmen. Das Verfahren wurde auf verschiedene Klassen von Bildern angewendet. Die Konvergenz bei der iterativen Bestimmung der Lösung ist allerdings nicht generell gewährleistet.

Die unexakte Zuordnung von Relationalstrukturen (zur Definition siehe Abschnitt 1.3.1) wird in [SHAPIRO/HARALICK 1980, 1981] behandelt. Das Suchverfahren zur Bestimmung der optimalen Zuordnung zweier Relationalstrukturen arbeitet mit einer oberen Schranke für die zulässigen Kosten. Durch verschiedene Heuristiken zur Abschätzung zukünftiger Fehler lässt sich eine Beschleunigung des Verfahrens erzielen, wie in [SHAPIRO/HARALICK 1980, 1981] gezeigt wird. Die Aussage ist analog den in [BUNKE/ALLERMANN 1983, 1983a] berichteten Ergebnissen. Eine ausführliche Diskussion des Problems der Zuordnung von Relationalstrukturen findet sich in [RADIG 1982]. Hier werden die für Graphen eingeführten Begriffe des Isomorphismus, Untergraphen-Isomorphismus etc. systematisch auf Relationalstrukturen übertragen und verschiedene Algorithmen zu ihrer Berechnung angegeben. Weiterhin ist in [RADIG 1982] beschrieben, wie sich die Idee der hierarchischen Zuordnung nach [BARROW/AMBLER/BURSTALL 1972] auf Relationalstrukturen übertragen lässt. Eine Diskussion und Ergebnisse zu dieser Thematik findet sich auch in [BERTELSMEIER/RADIG 1977, KRAASCH/RADIG/ZACH 1979].

Aus der Literatur ist eine Reihe weiterer Zuordnungsverfahren bekannt, bei denen andere Strukturen an die Stelle von Graphen oder Relationalstrukturen treten. Beispiele sind elastische Zuordnungen nach [BURR 1980, WIDROW 1973], Abbildungen zwischen Luftaufnahmen und Landkarten [TRIENDL 1981, MEDIONI 1982] oder der Vergleich von Konturen [DAVIS 1979, KASHYAP, OOMMEN 1982]. Weitere Beispiele enthält [BALLARD/BROWN 1982].

1.4.3 METHODEN DER SYNTAXANALYSE

In Abschnitt 1.3.3 wurde behandelt, wie verschiedene Typen formaler Grammatiken zur Wissensrepräsentation in der Bildanalyse verwendet werden können. Bei der Wissensnutzung unter Bezugnahme auf derartige Grammatiken geht es darum, festzustellen, wie sich eine vorliegende Szene mit Hilfe der in der Grammatik enthaltenen Produktionen beschreiben lässt. Dieser Prozess wird als syntaktische Analyse, syntaktische Zergliederung oder "Parsing" bezeichnet.

Aus formaler Sicht besteht die Aufgabe darin, für eine Grammatik $G=(N,T,P,S)$ und eine Zeichenkette $x=x_1...x_n$ festzustellen, ob $x \in L(G)$ gilt und gegebenenfalls zu rekonstruieren, wie x aus dem Startsymbol S abgeleitet werden kann. Eine Grammatik G heisst eindeutig, wenn es für jede Zeichenkette $x \in L(G)$ jeweils nur eine

N={house,side view,front view,roof,gable,
wall,chimney,windows,door}

T= { ▯ , ▯ , ▯ , ⊞ , △ , □ , ▱ , → , (,) , ⊙ , ⊙ , ↑ , ↦ }

S=house

P: door → ▯
windows → ⊞ ,windows → → (windows, ⊞)
chimney → ▯ ,chimney → ▯
wall → □ ,wall → ⊙ (door, □)
wall → ⊙ (windows, □)
gable → △ ,gable → ↑ (chimney, △)
roof → ▱ ,roof → ↑ (chimney, ▱)
front view → ↑ (gable,wall)
side view → ↑ (roof,wall)
house → front view
house → ↦ (front view,side view)

Abb. 1.4.3.1: Eine Grammatik

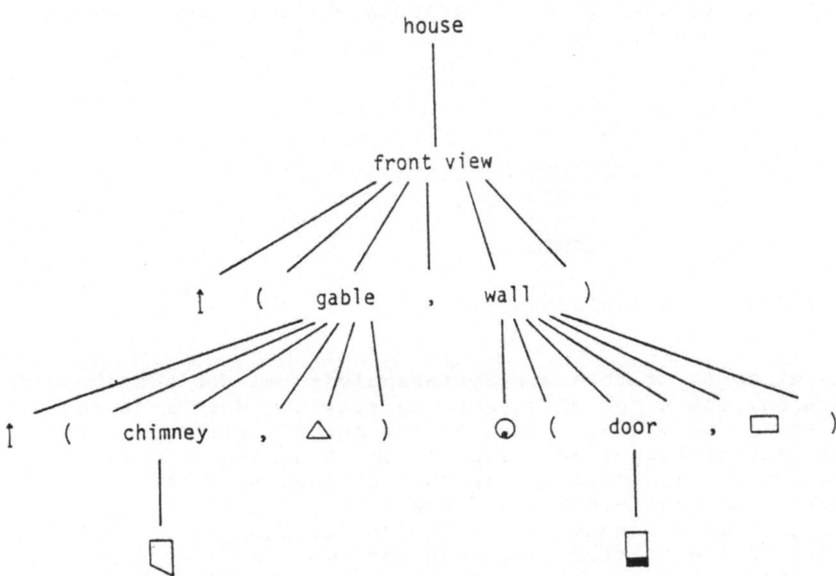

Abb. 1.4.3.2: Eine Zeichenkette mit zugehörigem Ableitungsbaum

Ableitung gibt. Eine mehrdeutige Grammatik liegt vor, wenn mindestens ein Element der Sprache auf mehr als eine Art abgeleitet werden kann. Die Rekonstruktion der Ableitung wird bei Grammatiken des Typs 2 und 3 üblicherweise in Form eines Syntaxbaumes (nicht zu verwechseln mit Bäumen, über denen Baumgrammatiken operieren), bei Grammatiken des Typs 0 und 1 in Form eines Syntaxgraphen angegeben.

Ein Beispiel für eine Grammatik, eine Zeichenkette und den zugehörigen Ableitungsbaum zeigt Abb. 1.4.3.1-1.4.3.4 (nach [LEDLEY 1962]). Ebenso wie man den Ableitungsbaum in Abb. 1.4.3.2 in linearer Form codieren kann, lässt sich eine Ableitung auch darstellen durch Angabe der Folge der Produktionen, wenn jeweils das am weitesten links oder rechts stehende nichtterminale Zeichen in jedem Ableitungsschritt ersetzt wird (links- bzw. rechtskanonische Ableitung). Interpretiert man die terminalen Relationssymbole in Abb. 1.4.3.2 in der in Abb. 1.4.3.3 gezeigten Art, so lässt sich der Ableitungsbaum in Abb. 1.4.3.2 als strukturelle Beschreibung der Szene in Abb. 1.4.3.4 auffassen.

→	(X,Y)	:	X rechts von Y
⊙	(X,Y)	:	X innerhalb Y
○	(X,Y)	:	X innerhalb Y so daß X und Y sich an ihren unteren Enden berühren
↑	(X,Y)	:	X auf Y
⟶	(X,Y)	:	X direkter rechter Nachbar von Y

Abb. 1.4.3.3: Bedeutung der Relationssymbole in Abb. 1.4.3.1 und 1.4.3.2

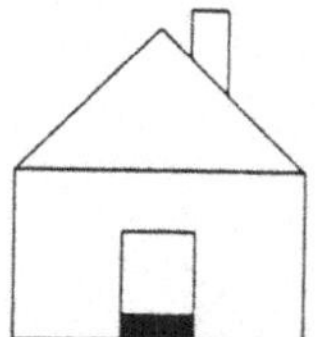

Abb. 1.4.3.4: Eine einfache Szene

Aufgabe eines Algorithus zur Syntaxanalyse bei der Wissensnutzung ist es also, aus einer abstrakten Darstellung des Eingabebildes unter Bezugnahme auf eine Grammatik eine Beschreibung in Form eines Ableitungsbaumes zu erzeugen. Im folgenden soll die Betrachtung auf kontextfreie Zeichenkettengrammatiken - neben höherdimensionalen Ansätzen - konzentriert werden, da nur diese nach momentanem Erkenntnisstand in der Bildanalyse von Bedeutung sind. Die Gründe hierfür liegen in der besseren Ueberschaubarkeit und Konstruierbarkeit der Grammatik sowie in einfacheren Verfahren zur Syntaxanalyse. Analysealgorithmen für kontextsensitive und allgemeine Grammatiken werden z.B. in [WOODS 1970a] und [LOECKX 1970] behandelt.

In Abschnitt 1.3.3 wurden Zeichenkettengrammatiken der Typen 0 bis 3 eingeführt. Derartige Grammatiken lassen sich auffassen als formales Hilfsmittel, um unendliche Mengen, nämlich die erzeugten Sprachen bzw. die Bilder eines bestimmten Problemkreises, mit endlichem Aufwand zu definieren. Aequivalent zu formalen Grammatiken sind abstrakte Automaten. Wie man Standardwerken, z.B. [HOPCROFT/ULLMAN 1979] entnehmen kann, existiert für jeden Grammatiktyp 0 bis 3 jeweils ein äquivalentes Automatenmodell. Es gelten die Korrespondenzen nach Abb. 1.4.3.5. Der Begriff der Aequivalenz zwischen einer formalen Grammatik G und einem abstrakten Automaten A bedeutet, dass genau die von G erzeugte Sprache L(G) von A akzeptiert wird. Bezüglich weiterer Definitionen sei auf [HOPCROFT/ULLMAN 1979] verwiesen. Aus der Eigenschaft der Aufzählbarkeit der Sprachen des Typs 0 und der Entscheidbarkeit von Sprachen des Typs 1 bis 3 folgt, dass die den formalen Sprachen des Typs 1 bis 3 äquivalenten Automaten bei Eingabe einer beliebigen Zeichenkette $x \in T^*$ nach endlich vielen Schritten terminieren unter Angabe von "$x \in L(G)$" oder "$x \notin L(G)$", während bei Sprachen des Typs 0 nur für den Fall $x \in L(G)$ gewährleistet ist, dass die zugehörige Turingmaschine in einem Endzustand hält.

formale Sprache	abstrakter Automat
allgemein, Typ 0	Turingmaschine
kontextsensitiv, Typ 1	linear beschränkter Automat
kontextfrei, Typ 2	Kellerautomat
regulär, Typ 3	endlicher erkennender Automat

Abb. 1.4.3.5: Formale Sprachen und zugehörige abstrakte Automatenmodelle

Aus formaler Sicht sind Grammatiken und abstrakte Automaten äquivalente mathematische Modelle zur Definition unendlicher Mengen. Allerdings wird bei Verwendung von Grammatiken der generative Aspekt betont, während bei abstrakten Automaten die Frage der Erkennung im Vordergrund steht. Sowohl aus der Definition einer Grammatik als auch aus dem abstrakten Automatenmodell lassen sich verschiedene Algorithmen zur syntaktischen Analyse ableiten. Diese Algorithmen können grob klassifiziert werden in top-down und bottom-up Verfahren. Beim ersten Typ wird versucht, ausgehend vom Startsymbol S der zugrundeliegenden Grammatik G durch Anwendung von Produktionen die zu analysierende Zeichenkette $x \in T^*$ abzuleiten. Bottom-up Verfahren liegt die Idee zugrunde, ausgehend von der Eingabekette $x \in T^*$ durch Rückwärtsanwendung von Produktionen zum Startsymbol S zu gelangen.

Ein top-down Syntaxanalysealgorithmus für kontextfreie Sprachen ist exemplarisch in Abb. 1.4.3.6 skizziert (nach [SCHNEIDER 1975]). Das Verfahren verwendet einen Kellerspeicher mit Einträgen $k_j, j \geq 1$. Die Variable j zeigt jeweils auf das oberste Kellersymbol, während über i der bereits abgearbeitete Teil der Zeichenkette festgehalten wird. Das Prinzip besteht darin, am Anfang des noch verbleibenden Teils des Eingabewortes eine Zeichenkette zu finden, die aus dem obersten Kellersymbol ableitbar ist.

Die Auswahlstrategie zur Bestimmung einer Produktion $(Kj, Z_1 \ldots Z_q)$ in Abb. 1.4.3.6 ist je nach konkretem Rekognitionsverfahren verschieden. Generell gilt, dass es kontextfreie Sprachen gibt, die von keinem deterministischen Kellerautomaten erkannt werden. Für solche Sprachen gerät ein Verfahren nach Abb. 1.4.3.6 in eine Sackgasse, wenn zu einem Zeitpunkt unter mehreren möglichen Produktionen mit gleicher linker Seite die "falsche" ausgewählt wurde. Eine Sackgasse entspricht dem Ausgang "Syntaxfehler" in Abb. 1.4.3.6. Zur Ueberwindung von Sackgassen bietet sich Backtracking an, d.h. man sichert alle Zwischenergebnisse an den Verzweigungsstellen und kehrt zum letzten Abarbeitungszustand zurück, wenn der aktuelle Weg in eine Sackgasse geführt hat.

Verfahren mit Backtracking haben den Nachteil, dass die Anzahl der auszuführenden Operationen im schlechtesten Fall exponentiell mit der Länge der Eingabekette wächst, bei linearem Speicherbedarf. Effizientere Methoden wurden in [EARLEY 1970] und [YOUNGER 1967] vorgestellt. Beim Algorithmus nach [EARLEY 1970] handelt es sich um einen top-down Ansatz mit einer Zeitkomplexität proportional n^3, wobei n die Länge der Eingabekette bezeichnet. Der Speicherbedarf ist proportional n^2. Im Falle einer eindeutigen Grammatik reduziert sich die Zeitkomplexität auf die Ordnung n^2. Das Verfahren nach [YOUNGER 1967] arbeitet bottom-up mit einer Zeitkomplexität proportional n^3 und einer Speicherkomplexität proportional n^2. Hier wird vorausgesetzt, dass die zugrundeliegende Grammatik in Chomsky-Normalform vorliegt. Dies ist keine Einschränkung der Allgemeinheit, da sich jede beliebige kontextfreie Grammatik durch äquivalente Umformungen in diese Form bringen lässt [HOPCROFT/ULLMAN 1979].

Eine wichtige Klasse formaler Sprachen sind kontextfreie deterministische Sprachen. Sie bilden eine echte Oberklasse der regulären Sprachen und sind echt enthalten in der Klasse der kontextfreien Sprachen. Kontextfreie deterministische Sprachen sind dadurch definiert, dass sie - und nur sie - von deterministischen Kellerautomaten erkannt werden. Daraus resultiert ein Zeit- und Speicherbedarf für Syntaxanalysealgorithmen, der nur linear von der Länge der Eingabekette abhängt. Die Klasse der kontextfreien deterministischen Sprachen wird von LR(k) Grammatiken erzeugt. Die Eigenschaft, LR(k) Grammatik zu sein, ist für gegebenes $k \geq 0$ entscheidbar. Zu jeder LR(k) Grammatik, $k > 1$, kann eine äquivalente LR(1) Grammatik konstruiert werden. Der Parameter k definiert die Anzahl der Symbole, die bei der bottom-up Syntaxanalyse über das aktuelle Zeichen der Eingabekette hinaus nach rechts geprüft werden zur Bestimmung der Produktion, die bei der Reduktion zur Anwendung kommt. Weitere Einzelheiten finden sich in [AHO/ULLMAN 1972]. Neben LR(k) Grammatiken gibt es verschiedene andere Typen, für welche die Syntaxanalyse deterministisch ist, z.B. LL(k) Grammatiken, Vorranggrammatiken sowie Grammatiken des Typs 3. Eine ausführliche Behandlung findet sich z.B. in [SCHNEIDER 1975].

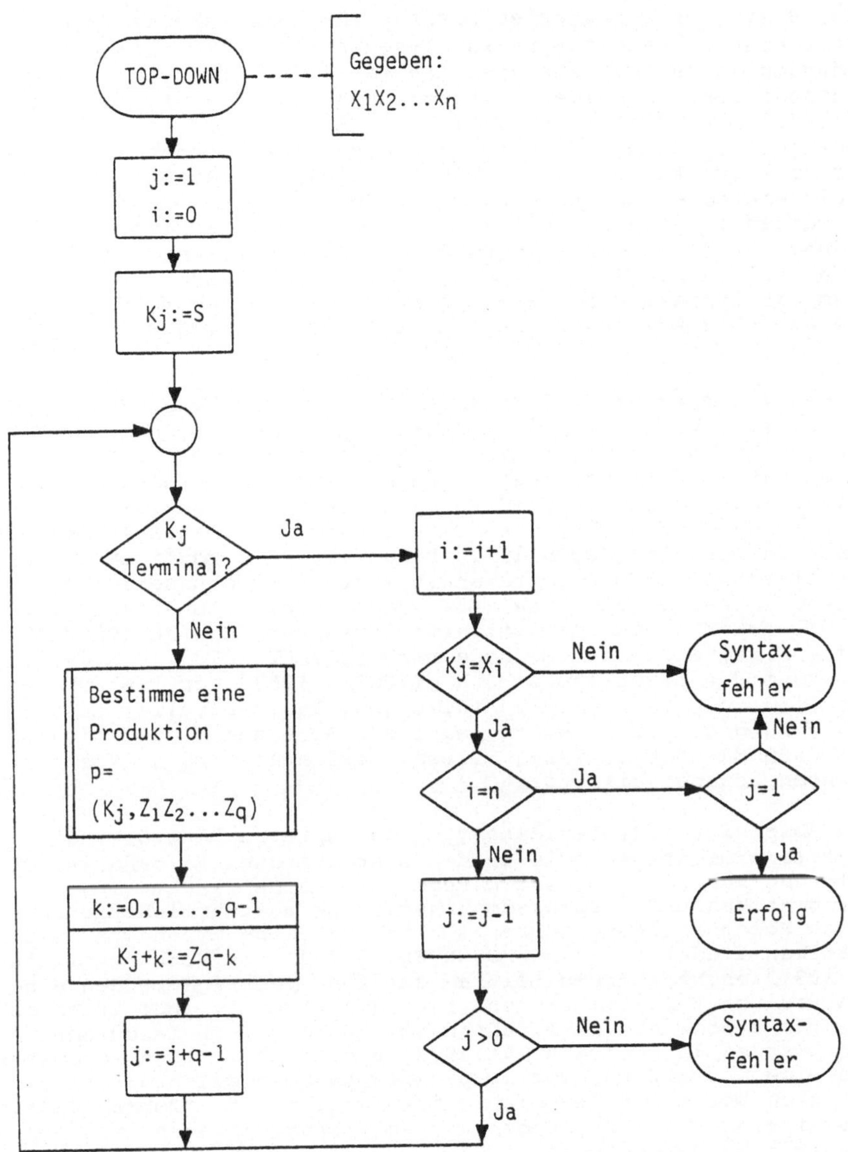

Abb. 1.4.3.6: Top-down Syntaxanalyse

Auf der Basis der erläuterten Ansätze für Zeichenkettensprachen arbeitet eine Reihe von Syntaxanalyseverfahren für spezielle Anwendungen in der Bildanalyse. Ein top-down Verfahren, ähnlich der Methode des rekursiven Abstiegs nach [KNUTH 1971], ist in [SHAW 1970] beschrieben. Hier wird die Extraktion von elementaren Bildbestandteilen durch den Syntaxanalyseprozess gesteuert. Ein bottom-up Algorithmus wird in [LEDLEY 1964] vorgestellt. Syntaxanalysemethoden zur Erkennung von Objekten anhand ihrer Konturen werden auch in [PAVLIDIS 1977] behandelt. Eine spezielle Anwendung zur Erkennung handgeschriebener Schriftzeichen findet sich in [ALI/PAVLIDIS 1977]. In [STOCKMAN/KANAL 1983] wird das Problem der Syntaxanalyse als Suchproblem im Sinne von Kap. 1.4.1 formuliert. Die Anwendung liegt hier in der Analyse von Wellenformen.

Im Rahmen von Aufgabenstellungen aus der Bildanalyse wurde eine Reihe weiterer Verfahren zur Syntaxanalyse von Sprachen, die von speziellen Typen von Grammatiken erzeugt werden, entwickelt, z.B. für stochastische Grammatiken [FU/HUANG 1972], stochastische programmierte Grammatiken [HUANG/FU 1972] oder attributierte Grammatiken [TANG 1978, 1979]. Das Problem der Syntaxanalyse bei ATN-Grammatiken wird in [WOODS 1973] behandelt. Die Möglichkeit der Fehlerkorrektur bei der Syntaxanalyse ist von entscheidender Bedeutung in der Bildanalyse. Sie wurde bereits in Abschnitt 1.3.3 diskutiert. Das dort zitierte Verfahren [AHO/PETERSON 1972] ist eine Erweiterung der Methode nach [EARLEY 1970]. Die Verallgemeinerung des Algorithmus nach [YOUNGER 1967] zur Fehlerkorrektur wird in [FUNG/FU 1975] vollzogen. Ein spezieller Ansatz zur Erkennung gestörter Worte regulärer Sprachen findet sich in [BUNKE/GREBNER/SAGERER 1984]. Dieses Verfahren wird in Abschnitt 2.3.4 noch genauer diskutiert.

Wie in Abschnitt 1.3.3 erläutert wurde, spielen höherdimensionale Ansätze eine wichtige Rolle in der syntaktischen Bildanalyse. Die wichtigsten Vertreter dieser Kategorie sind Feldgrammatiken, Baumgrammatiken und Graphgrammatiken. Eine ausführliche Behandlung von Rekognitionsverfahren für verschiedene Typen von Feldgrammatiken findet sich in [ROSENFELD 1979]. Die Veröffentlichung [WANG 1981] enthält einen Beitrag zur fehlerkorrigierenden Syntaxanalyse von Feldgrammatiken. Baumautomaten als theoretisches Modell für Syntaxanalyseverfahren von Sprachen von Baumgrammatiken werden in [FU/BHARGAVA 1973] eingeführt. Diese Automaten setzen eine Normalform, sog. expansive Baumgrammatiken voraus, in welche sich beliebige Baumgrammatiken äquivalent umformen lassen. Die Erweiterung auf fehlerkorrigierende Baumautomaten wird in [LU/FU 1978 b] beschrieben.

Das Gebiet der Syntaxanalyse bei Graph-Grammatiken ist nach gegenwärtigem Stand noch weitgehend unerschlossen. Grundlegende Definitionen für ein Automatenmodell zur Rekognition von Graph-Sprachen finden sich zwar in [ROSENFELD/MILGRAM 1972]. Der vorgestellte Ansatz erlaubt jedoch nicht die direkte Umsetzung in einen Syntaxanalysealgorithmus. Die prinzipielle Problematik der Syntaxanalyse bei Graph-Grammatiken wird in [BRAYER 1975] diskutiert. Bisher publizierte Verfahren beziehen sich durchwegs auf spezielle, eingeschränkte Typen. Beispiele sind regulär-lineare

Graph-Grammatiken [BRAYER 1975], ferner Graph-Grammatiken, welche ausschliesslich sog. Stern- oder Kettenproduktionen enthalten [BARTSCH 1980], oder Graph-Grammatiken mit Vorrangrelationen [FRANK 1978, KAUL 1983]. Für letzteren Typ ist die Syntaxanalyse in linearer Zeit bezüglich der Anzahl der Knoten des zu analysierenden Graphen möglich. Komplexitätsuntersuchungen für Syntaxanalysealgorithmen verschiedener Unterklassen kontextfreier Graph Grammatiken finden sich in [DELLA VIGNA/GHEZZI 1978]. Ein weiterer Ansatz zur Syntaxanalyse für eine eingeschränkte Klasse von Graph Sprachen wird in [SHI/FU 1982] vorgestellt. Die Produktionen der Grammatik sind baumförmig, jedoch können unter Verwendung einer komplexeren Ableitungsvorschrift nicht nur Bäume, sondern auch Graphen eines eingeschränkten Typs erzeugt werden. Der in [SHI/FU 1982] dargestellte Algorithmus arbeitet auf einer Zeichenketten-Darstellung der zu analysierenden Graphen.

1.4.4 RELAXATIONSVERFAHREN

Relaxationsverfahren spielen eine wichtige Rolle im Bereich der wissensgesteuerten Bildanalyse. Da die Strukturierung des einem Relaxationsprozess zugrundeliegenden Wissens recht einfach ist, wurde darauf verzichtet, Aspekte der Wissensrepräsentation für die Relaxation gesondert in Kapitel 1.3 darzustellen. Statt dessen wird die Wissensdarstellung zusammen mit der Wissensnutzung im vorliegenden Abschnitt abgehandelt. Generell unterscheidet man zwischen diskreter und kontinuierlicher Relaxation. Es soll zunächst der diskrete Fall behandelt werden.

Bei der diskreten Relaxation geht man von der Situation aus, dass n verschiedene Objekte $a_1,\ldots,a_n$ in einer Szene mittels geeigneter Vorverarbeitungs- und Segmentierungsoperationen detektiert wurden. Es sei $A=\{a_1,\ldots,a_n\}$. Die Aufgabe besteht darin, jedes Objekt $a\in A$ eindeutig zu interpretieren. Formal ausgedrückt heisst das, jedem Objekt $a\in A$ ein Element λ aus einem Alphabet $\Lambda=\{\lambda_1,\ldots,\lambda_m\}$ möglicher Interpretationen zuzuordnen. Elemente $\lambda\in\Lambda$ werden auch als Markierungen bezeichnet. Bezieht man nur lokale Information in den Markierungsprozess ein, so ist die Aufgabenstellung i.a. nicht lösbar, da üblicherweise lokale Merkmale, die für ein Objekt berechnet werden können, z.B. Form, Farbe, Textur etc. von Regionen, den Schluss auf mehrere Objekte zulassen. Greift man jedoch auf Kontextinformation bei der Interpretation zurück, so gelingt es häufig, Mehrdeutigkeiten zu eliminieren oder zumindest zu reduzieren. Die grundlegende Idee bei Relaxationsverfahren ist die sukzessive Reduktion von Mehrdeutigkeiten in der Markierung der Objekte $a\in A$, wobei dieser Prozess von Wissen gesteuert wird, das angibt, welche Markierungen λ_i eines Objektes a_k mit welchen Markierungen λ_j eines Objekts a_ℓ verträglich sind, wenn zwischen a_k und a_ℓ bestimmte örtliche oder zeitliche Relationen bestehen.

Aus formaler Sicht ist das für die diskrete Relaxation verwendete Wissen gegeben durch eine Menge von r-Tupeln.

$$R = \{((a_{i_1},\lambda_{i_1}),\ldots,(a_{i_r},\lambda_{i_r}))\} \subseteq (A\times\Lambda)^r \qquad (1.4.4.1)$$

Jedes Paar $(a_{i_\nu}, \lambda_{i_\nu})$ in einem r-Tupel bringt zum Ausdruck, dass λ_{i_ν} eine mögliche Markierung für das Objekt a_{i_ν} ist, $\nu = 1, \ldots, r$, falls die Objekte $a_{i_1}, \ldots, a_{i_{\nu-1}}, a_{i_{\nu+1}}, \ldots, a_{i_r}$ die Markierungen $\lambda_{i_1}, \ldots, \lambda_{i_{\nu-1}}, \lambda_{i_{\nu+1}}, \ldots, \lambda_{i_r}$ tragen. Somit kann der Fall auftreten, dass ein Element $\lambda_{i_\nu} \in \Lambda$, welches aufgrund von lokalen Eigenschaften eine mögliche Markierung des Objektes $a_{i_\nu} \in A$ darstellt, als möglicher Kandidat nicht in Frage kommt, da kein entsprechendes n-Tupel, welches die Markierungen $\lambda_{i_1}, \ldots, \lambda_{i_{\nu-1}}, \lambda_{i_{\nu+1}}, \ldots, \lambda_{i_r}$ der Objekte $a_{i_1}, \ldots, a_{i_{\nu-1}}, a_{i_{\nu+1}}, \ldots, a_{i_r}$ berücksichtigt, in R existiert. Der entscheidende Unterschied zur kontinuierlichen Relaxation besteht beim diskreten Fall darin, dass das Modell zur Wissensrepräsentation lediglich eine binäre Entscheidung "ja/nein" darüber zulässt, ob eine Markierung λ für ein Objekt a in einer bestimmten, vom Kontext abhängigen Situation möglich ist. Im Gegensatz dazu ist bei der kontinuierlichen Relaxation ein kontinuierliches Intervall von Verträglichkeiten vorgesehen.

Die Idee bei der diskreten Relaxation besteht darin, zunächst jedem Objekt die Menge aller aufgrund lokaler Merkmale möglichen Interpretationen zuzuordnen. Sukzessive werden dann diejenigen Markierungen entfernt, die aufgrund von R nach Gleichung (1.4.4.1) nicht möglich sind. Eine Darstellung des Algorithmus für die diskrete Relaxation nach [ROSENFELD/HUMMEL/ZUCKER 1976] ist in Abb. 1.4.4.1 gegeben. In der Arbeit [ROSENFELD/HUMMEL/ZUCKER 1976] wird ohne Beschränkung der Allgemeinheit von einer zweistelligen Relation R ausgegangen, d.h. es gilt r=2 in Gleichung (1.4.4.1).

<u>begin</u> Ordne jedem Objekt alle Interpretationen zu, die aufgrund lokaler Merkmale möglich sind;
<u>until</u>
es wurden im letzten Schleifendurchlauf keine Markierungen entfernt
<u>do</u>
Betrachte alle Objekte und entferne parallel alle diejenigen Markierungen, die aufgrund von R nicht möglich sind
<u>end</u>

Abb. 1.4.4.1: Parallele, diskrete Relaxation nach [ROSENFELD/HUMMEL/ZUCKER 1976]

Wie in [ROSENFELD/HUMMEL/ZUCKER 1976] gezeigt wird, ist garantiert, dass der Algorithmus nach Abb. 1.4.4.1 nach einer endlichen Anzahl von Schritten mit einer konsistenten Markierung terminiert, da die Anzahl der möglichen Markierungen für jedes Objekt in einem Schleifendurchlauf abnimmt oder konstant bleibt, jedoch niemals zunehmen kann. Eine Markierung ist konsistent, wenn sie mit der Relation R verträglich ist. Allerdings ist keineswegs gewährleistet, dass der Algorithmus immer eine eindeutige Lösung liefert, d.h. nach Terminierung des Verfahrens für jedes Objekt genau eine Markierung übrig lässt. Es existiert die Möglichkeit, dass für verschiedene Objekte jeweils mehr als eine Interpretation erhalten bleibt. Ebenso kann auch der Fall eintreten, dass für jedes Objekt eine leere Menge von Markierungen erreicht wird. Im ersten Fall können u.U. heuristische Suchverfahren nachgeschaltet werden, um die Mehrdeutigkeiten aufzuheben; der zweite Fall tritt dann ein, wenn die vorliegende Szene aufgrund des gegebenen Modells nicht interpretierbar ist.

Eine sequentielle Version des Algorithmus nach Abb. 1.4.4.1 wurde in [WALTZ 1975] publiziert. Der Unterschied zum Algorithmus nach Abb. 1.4.4.1 liegt darin, dass zu einem Zeitpunkt t jeweils die Menge möglicher Markierungen für nur ein Objekt betrachtet wird und gegebenenfalls eine Reduktion durchgeführt wird. Im nächsten Schritt zum Zeitpunkt t+1 wird das zum Zeitpunkt t erzielte Ergebnis bereits in den Reduktionsprozess einbezogen. Dies ist ein Unterschied zu einer Realisierung des parallelen Algorithmus auf einer sequentiellen Maschine, wo die übliche Vorgehensweise dadurch charakterisiert ist, dass zu den Zeitpunkten t,...,t+n-1 sequentiell Markierungen für die Objekte $a_1,\dots,a_n$ berechnet werden, wobei zur Prüfung der Kompatibilität ausschliesslich Ergebnisse verwendet werden, die im vorhergehenden Durchlauf, d.h. zu den Zeitpunkten t-n,...,t-1 berechnet wurden. Die Eigenschaft der Konvergenz ist für die parallele und sequentielle Version des Algorithmus gleichermassen gewährleistet.

Das Problem, konsistente Markierungen von Objekten zu finden, wenn eine Relation R nach Gleichung (1.4.4.1) gegeben ist, wurde auch in einer Reihe anderer Arbeiten behandelt [HARALICK/DAVIS/ROSENFELD 1978, HARALICK/SHAPIRO 1979, 1980]. Wie in [HARALICK/DAVIS/ROSENFELD 1978] nachgewiesen wurde, ist das Problem in seiner Berechnungskomplexität NP-vollständig [REINGOLD/NIEVERGELT/DEO 1977]. In [HARALICK/SHAPIRO 1979, 1980] wird ein Suchverfahren abgeleitet und in seinen Eigenschaften untersucht, welches effizient im Auffinden konsistenter Markierungen ist. Spezielle Aufmerksamkeit wird in [HARALICK/DAVIS/ROSENFELD 1978] der Dekomposition der Relation R nach Gleichung (1.4.4.1) gewidmet, wodurch sich eine nochmalige Beschleunigung des Markierungsprozesses ergeben kann. In [HARALICK/SHAPIRO 1979, 1980] wird gezeigt, dass es sich bei den diskreten Verfahren nach [ROSENFELD/HUMMEL/ZUCKER 1976, WALTZ 1975] jeweils um einen Spezialfall der dort vorgeschlagenen Methode handelt.

Anwendungen diskreter Relaxationsverfahren finden sich hauptsächlich im Bereich der Szenenanalyse, insbesondere in der Blockswelt [CLOWES 1971, HUFFMANN 1971]. Die Interpretation komplexerer Typen von Szenen mittels diskreter Relaxation wird in [TENENBAUM/BARROW 1976] behandelt. Eine Reihe weiterer Aufgabenstellungen, die sich als Problem des Auffindens einer konsistenten Markierung formulieren lassen, wird in [HARALICK/SHAPIRO 1979] vorgestellt.

Aehnlich dem diskreten Fall geht man bei der kontinuierlichen Relaxation aus von einer Menge A von Objekten und einer Menge von Interpretationen. Anders jedoch als bei der diskreten Relaxation, wo eine Markierung λ für ein Objekt a entweder möglich oder nicht möglich ist, liegt im kontinuierlichen Fall ein Mass vor, welches angibt, wie plausibel die Markierung λ für das Objekt a ist. Anstelle von Gleichung (1.4.4.1) erhält man zur Darstellung des für einen kontinuierlichen Relaxationsprozess verwendeten Wissens eine Funktion

$$S \subseteq (A \times \Lambda)^{r} \longrightarrow [a,b] \qquad (1.4.4.2)$$

Die folgenden Ausführungen lehnen sich an [ROSENFELD/HUMMEL/ZUCKER 1976] an. Jedem Objekt $a_i \in A$ wird ein Vektor $[p_i(\lambda_1), \dots\dots, p_i(\lambda_m)]$ zugeordnet, wobei gefordert wird:

$\sum_{j=1}^{m} p_i(\lambda_j) = 1.$

Somit lässt sich $p_i(\lambda_j)$ interpretieren als Wahrscheinlichkeit, dass λ_j die korrekte Interpretation von Objekt a_i ist. Iterativ erfolgt, ausgehend von einer initialen Belegung

$[p_i^{(0)}(\lambda_1),...,p_i^{(0)}(\lambda_m)]$

für alle a_i, eine Veränderung der Wahrscheinlichkeiten mit dem Ziel, eine korrekte und global konsistente Interpretation zu finden. Die Bedingung der Konsistenz bezieht sich hierbei wiederum auf das entsprechend Gleichung (1.4.4.2) angegebene Wissen. Beim Ansatz von [ROSENFELD/HUMMEL/ZUCKER 1976] gilt r=2, a=-1, b=1 für (1.4.4.2). Somit lässt sich das verwendete Wissen darstellen als sog. Kompatibilitätskoeffizienten $r_{ij}(\lambda_k, \lambda_l)$. Es gilt $-1 \leq r_{ij}(\lambda_k, \lambda_l) \leq 1$ .Ein Koeffizient $r_{ij}(\lambda_k, \lambda_l)$ bezieht sich jeweils auf ein Paar (a_i, a_j) von Objekten und gibt die Verträglichkeit der Markierung λ_k für Objekt a_i mit der Markierung λ_l für Objekt a_j an. Nach [ROSENFELD/HUMMEL/ZUCKER 1976] gelten folgende Konventionen:

a) $r_{ij}(\lambda_k, \lambda_l) > 0$, falls die Markierung λ_k für Objekt a_i mit λ_l für Objekt a_j verträglich ist

b) $r_{ij}(\lambda_k, \lambda_l) < 0$, falls die Markierung λ_k für Objekt a_i mit λ_l für Objekt a_j unverträglich ist

c) $r_{ij}(\lambda_k, \lambda_l) = 0$, falls die Markierung λ_k für Objekt a_i von λ_l für Objekt a_j unabhängig ist

Je höher die Verträglichkeit bzw. Unverträglichkeit zweier Markierungen ist, desto näher sollte der Wert des entsprechenden Kompatibilitätskoeffizienten beim Wert 1 bzw. -1 liegen. Der Terminus "Verträglichkeit" von Markierungen λ und λ' ist hierbei so zu verstehen, dass das Auftreten einer Markierung λ bereits mehr oder weniger sicher das Auftreten von λ' impliziert. Entsprechendes gilt für die Unverträglichkeit von Markierungen.

Zwei Methoden zur Bestimmung der Koeffizienten $r_{ij}(\lambda_k, \lambda_l)$ werden in [PELEG/ROSENFELD 1978] vorgestellt. Zum einen werden die Koeffizienten als Korrelationskoeffizienten aufgefasst, woraus sich eine konkrete Vorschrift zur Bestimmung der Kompatibilitäten aus einer Stichprobe ableiten lässt. Zum anderen wird ein auf einem informationstheoretischen Mass beruhender Ansatz vorgestellt. Diese Idee wird in [YAMAMOTO 1979] weitergeführt. Bei den meisten aus der Literatur bekannten Anwendungen werden die Kompatibilitätskoeffizienten nach heuristischen Kriterien bestimmt, wodurch ebenfalls hinreichend gute Ergebnisse erzielt werden können.

Die Wissensnutzung bei der kontinuierlichen Relaxation erfolgt mittels einer iterativen Prozedur. Seien

$[p_i^{(t)}(\lambda_1),...,p_i^{(t)}(\lambda_m)]$

die zum Zeitpunkt t für das Objekt a_i ermittelten Wahrscheinlichkeiten, so ergibt sich für den Zeitpunkt t+1:

$$q_i^{(t)}(\lambda_k) = \sum_{a_j \in N(a_i)} c_{ij} \left[\sum_{l=1}^{m} r_{ij}(\lambda_k, \lambda_l) p_j(\lambda_l) \right] \qquad (1.4.4.3)$$

$$p_i^{(t+1)}(\lambda_k) = \frac{p_i^{(t)}(\lambda_k)[1+q_i^{(t)}(\lambda_k)]}{\sum_{l=1}^{m} p_i^{(t)}(\lambda_l)[1+q_i^{(t)}(\lambda_l)]} \qquad (1.4.4.4)$$

$N(a_i) \subseteq A-\{a_i\}$ bezeichnet eine geeignet zu wählende Menge von Nachbarn des Objektes a_i. Die c_{ij} spiegeln den Einfluss der Nachbarn auf a_i wieder. Diese Parameter sind so zu wählen, dass

$$\sum_{a_j \in N(a_i)} c_{ij} = 1$$

gilt. Wie man leicht nachrechnet, gilt

$$\sum_{j=1}^{m} p_i^{(t+1)}(\lambda_j) = 1, \quad \text{falls} \quad \sum_{j=1}^{m} p_i^{(t)}(\lambda_j) = 1$$

für alle i und j.

Die Operationen nach Gleichung (1.4.4.3) und (1.4.4.4) besitzen folgende Eigenschaften:

a) Die Wahrscheinlichkeit $p_i(\lambda)$ für eine feste Markierung λ und ein festes Objekt a_i wird erhöht, falls die Markierungen anderer Objekte, die hohe Wahrscheinlichkeiten besitzen, einen hohen Grad an Kompatibilität mit λ aufweisen.

b) Im Gegensatz zu a) wird $p_i(\lambda)$ erniedrigt, falls die Markierungen von Objekten, die hohe Wahrscheinlichkeiten besitzen, inkompatibel mit λ sind.

c) Markierungen mit geringen Wahrscheinlichkeiten üben geringen Einfluss auf $p_i(\lambda)$ aus, unabhängig davon, ob sie kompatibel oder inkompatibel mit λ sind.

Eine genauere Begründung für die Gleichungen (1.4.4.3) und (1.4.4.4) findet sich auch in [ROSENFELD/HUMMEL/ZUCKER 1976].

Die generelle Vorschrift bei der Relaxation lautet, ausgehend von einer Startbelegung

$$[p_i^{(0)}(\lambda_1), \ldots, p_i^{(0)}(\lambda_m)]$$

für alle Objekte $a_i \in A$ parallel und iterativ die Wahrscheinlichkeiten nach Gleichung (1.4.4.3) und (1.4.4.4) zu ändern, solange bis ein Terminierungskriterium erfüllt ist. Beispiele für Terminierungskriterien sind Stabilität, d.h.

$$p_i^{(t+1)}(\lambda_j) = p_i^{(t)}(\lambda_j) \qquad \text{fuer alle } i,j \text{ und } t \geq t_0$$

oder die Existenz einer Markierung für jedes Objekt, deren Wahrscheinlichkeit deutlich über den Wahrscheinlichkeiten der übrigen Markierungen liegt.

Die Gleichungen (1.4.4.3) und (1.4.4.4) sind im wesentlichen durch heuristische Ueberlegungen, nicht anhand von analytischen Kriterien vorgeschlagen worden. So wurde in der Folgezeit eine Reihe von Modifikationen des Ansatzes nach [ROSENFELD/HUMMEL/ZUCKER 1976] vorgestellt. Eine Variante stellt z.B. [PELEG 1980] dar. Den Nachweis der Aequivalenz beider Ansätze für Spezialfälle von Kompatibilitätskoeffizienten findet man in [WANG/ZHUANG 1982]. Das Auffinden einer optimalen Zuordnung von Interpretationen zu Objekten mit Hilfe linearer Programmierung wird in [HINTON 1979] vorgeschlagen. Eine ausführliche Diskussion dieser Methode findet sich auch in [BALLARD/BROWN 1982]. Ein analytischer Ansatz zur Minimierung von Mehrdeutigkeiten und Inkonsistenzen wurde in [FAUGERAS/BERTHOD 1981] vorgestellt. Obwohl der Ansatz von unterschiedlichen Annahmen ausgeht, resultiert als Berechnungsvorschrift ein iteratives Schema, das Aehnlichkeiten mit Gleichung (1.4.4.3) und (1.4.4.4) aufweist. In [HUMMEL/ZUCKER 1983] wurde eine weitere Modifikation von [ROSENFELD/HUMMEL/ZUCKER 1976] abgeleitet, die ebenfalls in einem Schema ähnlich den Gleichungen (1.4.4.3) und (1.4.4.4) resultiert.

Eine wesentliche Frage bei der Anwendung von Relaxationsverfahren gilt der Konvergenz. Für die in [FAUGERAS/BERTHOD 1981] vorgeschlagene Methode ist die Konvergenz generell gesichert, d.h. dass es eine Belegung mit Wahrscheinlichkeiten

$$[p_i^{(t)}(\lambda_1),\ldots,p_i^{(t)}(\lambda_m)]$$

gibt mit

$$[p_i^{(t)}(\lambda_1),\ldots,p_i^{(t)}(\lambda_m)] = [p_i^{(t+1)}(\lambda_1),\ldots,p_i^{(t+1)}(\lambda_m)]$$

für alle Objekte a_i. Für den Ansatz nach [HUMMEL/ZUCKER 1983] ist die Konvergenz gesichert unter der Voraussetzung, dass die Startwerte in der Nachbarschaft einer konsistenten Lösung liegen. Im Gegensatz dazu wurde das Konvergenzverhalten für das Verfahren nach [ROSENFELD/HUMMEL/ZUCKER 1976] bisher nur für Spezialfälle untersucht [HARALICK/MOHAMMED/ZUCKER 1980]. In [ZUCKER/KRISHNAMURTHY/HAAR 1978] finden sich notwendige und hinreichende Bedingungen für die Konvergenz des iterativen Relaxationsprozesses; jedoch ergibt sich keine Aussage über die Konvergenz in Abhängigkeit von der initialen Belegung und der Wahl der Kompatibilitätskoeffizienten. Dieses Defizit bezüglich theoretischer Aussagen zur Konvergenz hat sich jedoch bezüglich praktischer Anwendungen nicht als gravierender Nachteil herausgestellt. Bei den aus der Literatur bekannten Anwendungen werden durchwegs befriedigende Konvergenzeigenschaften berichtet.

Das Vorgehen bei der Anwendung der Relaxation soll an einem Beispiel (etwas vereinfacht nach [BUNKE/ALLERMANN 1981, 1982]) verdeutlicht werden. Die Aufgabe möge darin bestehen, die Knotenpunkte in speziellen Linienzeichnungen, nämlich elektrischen Schaltplänen, zu klassifizieren. Ein Ausschnitt aus einer derartigen Zeichnung ist in Abb. 1.4.4.2 gezeigt. Zur eindeutigen Identifizierbarkeit ist jeder Knotenpunkt mit einer Zahl gekennzeichnet. Die einzelnen Liniensegmente mögen mittels eines speziellen Segmentierungsverfahrens, z.B. nach [BLEY 1982], bereits extrahiert sein. Abb. 1.4.4.3 zeigt einige Konfigurationen von Liniensegmenten an Knotenpunkten zusammen mit möglichen Interpretationen. Wie man anhand von Abb. 1.4.4.3 erkennt, besitzt z.B. eine T-förmige Konfiguration von Liniensegmenten an einem Knotenpunkt verschiedene Interpretationen, u.a. "Widerstand-Anschluss" und "Diode-Anschluss". Aufgrund lokaler Information am Knotenpunkt 2 in Abb. 1.4.4.2 können diese möglichen Interpretationen nicht weiter eingeschränkt werden. Bezieht man jedoch Kontextinformation in die Interpretation ein, so lässt sich z.B. am Knotenpunkt 2 in Abb. 1.4.4.2 die Interpretation "Diode-Anschluss" aufgrund der L-förmigen Konfiguration in den Nachbarknotenpunkten 3 und 4 ausschliessen. Das gleiche gilt sinngemäss für alle übrigen Knotenpunkte in Abb. 1.4.4.2. Der Ansatz nach [BUNKE/ALLERMANN 1981, 1982] verwendet kontinuierliche Relaxation nach Gleichung (1.4.4.3) und (1.4.4.4) mit Kompatibilitätskoeffizienten $-1 \leq r_{ij}(\lambda_k, \lambda_l) \leq 1$. Dies lässt prinzipiell die Möglichkeit offen, mittels Relaxation lokale Fehler, die möglicherweise in Vorverarbeitungs- und Segmentierungsschritten auftreten, zu korrigieren.

Aus der Literatur sind zahlreiche andere Anwendungen kontinuierlicher Relaxationsverfahren bekannt. Ueber die Auswertung von Luftbildern wird in [FAUGERAS/PRICE 1981] berichtet. Ziel ist hierbei die Interpretation von Regionen. Die Beschreibung eines Relaxationsverfahrens zur Gruppierung von Objekten wie Häuser oder Bäume in Luftaufnahmen findet sich in [GABLER/KESTNER/NICOLIN 1983]. Der Vergleich von Relationalstrukturen, sowohl auf exakte als auch auf inexakte Art, ähnlich wie in Abschnitt 1.4.2 behandelt, wird in [KITCHEN/ROSENFELD 1979] beschrieben. Ein Beitrag zur Lösung des Korrespondenzproblems zwischen zwei Mengen von Punkten wird in [RANADE/ROSENFELD 1980] vorgestellt. Den einander zuzuordnenden Punkten kann hierbei prinzipiell eine beliebige Bedeutung zukommen. Die Behandlung des gleichen Problems im Hinblick auf die Analyse von Szenenfolgen findet sich in [DRESCHLER 1981]. Die dort vorgestellte Methode ist eine Verbesserung des Verfahrens nach [BARNARD/THOMPSON 1980]. Eine Reihe weiterer Anwendungen kontinuierlicher Relaxation bezieht sich auf die Bildvorverarbeitung und Segmentierung. Die Verbesserung der Ergebnisse lokaler Kantendetektoren mittels Relaxation wird in [ZUCKER/HUMMEL/ROSENFELD 1977] beschrieben. Ein Beitrag zur Segmentierung von Linien als Zwischenschritt bei der Approximation einer längeren Linie durch eine Folge von Geradenstücken findet sich in [DAVIS/ROSENFELD 1977]. Die Kombination von syntaktischen Methoden mit einem hierarchischen Relaxationsverfahren zur Analyse von Wellenformen wird in [DAVIS/ROSENFELD 1978] vorgestellt. Hinweise auf weitere Anwendungen enthält [FAUGERAS 1980].

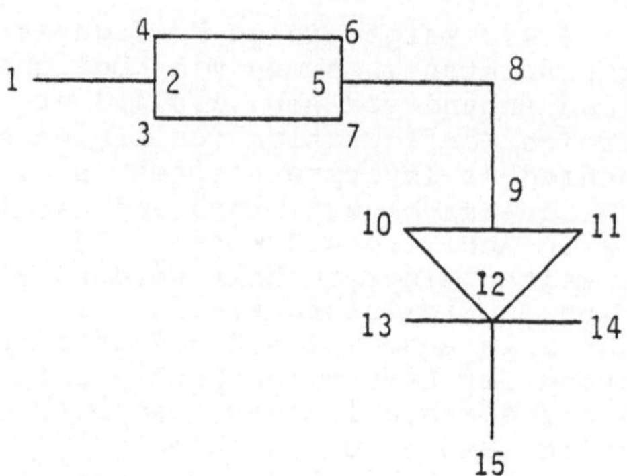

Abb. 1.4.4.2: Ausschnitt aus einem elektrischen Schaltplan

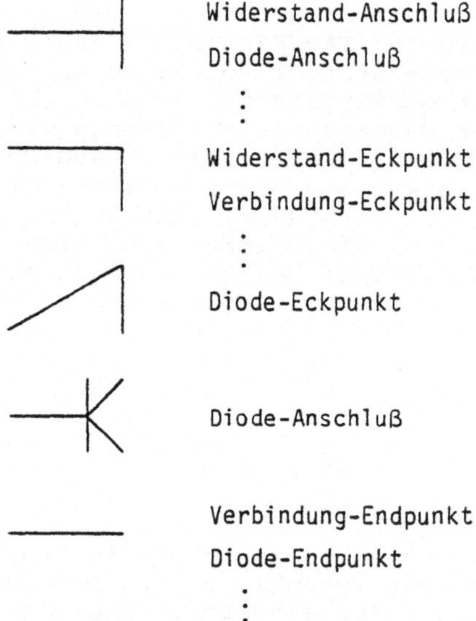

Abb. 1.4.4.3: Konfigurationen von Liniensegmenten an Knotenpunkten und mögliche Interpretationen

1.4.5 SONSTIGE ANSAETZE

Die in Abschnitt 1.4.1-1.4.4 erläuterten Ansätze decken den grössten Teil der bei der Bildanalyse verwendeten Methoden zur Wissensnutzung ab. Dabei korrespondieren die Graph-Zuordnungsverfahren nach Abschnitt 1.4.2 direkt mit der Wissensrepräsentation nach Abschnitt 1.3.1; die gleiche Beziehung besteht zwischen der in Abschnitt 1.4.3 vorgestellten syntaktischen Analyse und der Wissensdarstellung durch formale Grammatiken nach Abschnitt 1.3.3. Die Wissensnutzung bei den in Abschnitt 1.3.2 eingeführten Produktionensystemen beruht auf der Verwendung eines Interpreters, der kontinuierlich die Datenbasis überprüft, um anwendbare Regeln zu ermitteln. Die Anwendung von Regeln kann sowohl vorwärts- als auch rückwärtsgerichtet erfolgen. Interpreter für Produktionensysteme wurden bereits in Abschnitt 1.3.2 behandelt, einschliesslich Strategien zur Konfliktauflösung, so dass hier auf eine nochmalige Diskussion verzichtet wird.

In Abschnitt 1.3.4 wurde auf den Prädikatenkalkül als Formalismus zur Wissensrepräsentation hingewiesen. Bei der Wissensnutzung geht man ähnlich wie bei Produktionensystemen vor. Ausgehend von Axiomen, welche dem initialen Zustand der Datenbasis entsprechen, werden Ableitungsreglen angewendet, um aus vorhandenen Fakten weitere Fakten zu gewinnen. Neben dieser Art der Ableitung, der sog. Vorwärtsableitung, ist wie bei Produktionensystemen auch die umgekehrte Richtung, die sog. Rückwärtsableitung, gebräuchlich. Weitere Einzelheiten finden sich in [BARR/FEIGENBAUM 1982].

Im Zusammenhang mit Graphen, semantischen Netzen und Relationalstrukturen erfolgte in Abschnitt 1.4.2 die Erläuterung von Graph-Zuordnungsverfahren als Methode der Wissensnutzung. Ein anderer Ansatz zur Wissensnutzung auf der Basis semantischer Netze, der auf einem Suchverfahren nach Abschnitt 1.4.1, nicht jedoch auf einer Zuordnung im Sinne von Abschnitt 1.4.2 beruht, wird in dem in Teil 2 dieser Arbeit vorgestellten System zur Analyse nuklearmedizinisch gewonnener Bildfolgen verwendet. Eine genauere Erläuterung folgt in Abschnitt 2.4. Ein weiterer Ansatz zur Wissensnutzung auf der Basis eines semantischen Netzes ist in [TRIGOBOFF/KULIKOWSKY 1977] beschrieben. Es handelt sich dort um ein Expertensystem aus dem Bereich der Medizin, welches aus Symptomen eine Diagnose ableiten kann. Zur Wissensrepräsentation wird ein semantisches Netz verwendet. Die Konzepte entsprechen Symptomen und Diagnosen. Das Kurzzeitwissen enthält Wahrheitswerte, welche den einzelnen Konzepten zugeordnet sind. Zur Wissensnutzung existiert eine Menge von Regeln, welche angeben, wie sich die Wahrheitswerte im Netz ausbreiten, d.h. von instanziierten Konzepten auf Nachbarkonzepte übertragen werden.

Ein wichtiger Aspekt, der thematisch in engem Zusammenhang mit Fragen der Wissensnutzung steht und der in vielen Bildanalysesystemen unabhängig vom verwendeten speziellen Ansatz zur Wissensdarstellung und -nutzung von Bedeutung ist, ist die sog. Planung. Unter Planung versteht man in der Bildanalyse und im Bereich der künstlichen Intelligenz die Aufstellung eines Plans, welcher eine Folge von Aktionen definiert, die der Erreichung eines komplexen Zieles dienen. Eine allgemeine Diskussion dieses Themas im Rahmen des Problemlösens in der künstlichen Intelligenz findet sich in [SACERDOTI 1974]. Diese Arbeit behandelt insbesondere auch Aspekte des hierarchischen Planens, wo ein Problem in eine Hierarchie von Abstraktionsstufen zerlegt wird. Diese hierarchische Struktur wird ausgenutzt zum effektiven Auffinden einer Lösung.

Planung im Bereich der Bildanalyse beruht meistens auf der Idee, mithilfe einiger schneller oder besonders zuverlässiger Verfahren erst grobe Analyseergebnisse zu erzielen, die in nachfolgenden Schritten verfeinert werden. Ein Gewinn an Rechenzeit oder Zuverlässigkeit ergibt sich dadurch, dass die Operationen in der Verfeinerungsphase nur auf bestimmte Untermengen von Daten, die sich aus der ersten Bearbeitungsphase ergeben, angewendet werden. Die erste Arbeit, in der von dieser Idee Gebrauch gemacht wurde, ist [KELLY 1971]. Planung wird hier zum Zweck der Kantendetektion verwendet. Als Datenstruktur wird eine Pyramide nach [TANIMOTO/ PAVLIDIS 1975] verwendet (vgl. Kap. 1.2.7). Zunächst erfolgt in einem Bild grober Ortsauflösung die Anwendung eines Kantendetektors. Kantenpunkte, die auf diese Weise gefunden werden, definieren diejenigen Stellen in einem Bild höherer Ortsauflösung, an denen anschliessend der genaue Verlauf der Kante analysiert wird. Dadurch, dass bei Verwendung einer Pyramidenstruktur die Kantendetektion gezielt auf einige Stellen des Bildes hoher Auflösung eingeschränkt wird, ergibt sich eine Einsparung von Rechenzeit. Zudem erzielt man einen Gewinn an Zuverlässigkeit, da die Kantendetektion im Bild gröberer Auflösung robuster gegen Störungen ist. In [YACHIDA/IKEDA/TSUJI 1980] wird das gleiche Prinzip zur Detektion von Herzkonturen verwendet. Eine Uebertragung des Ansatzes auf Bildfolgen findet sich in [TASTO 1973]. Hier bleibt die Ortsauflösung konstant, jedoch wird die in Bild i einer Bildfolge detektierte Kontur verwendet, um einen Suchbereich für die Kontur in Bild i+1 zu definieren.

In dem in [NAGAO/MATSUYAMA 1980] beschriebenen System zur Luftbildauswertung wird ebenfalls intensiv von Planung Gebrauch gemacht. In der ersten Phase der groben Analyse werden schnell und zuverlässig zu berechnende Merkmale verwendet, um eine vorläufige Segmentierung eines Luftbildes in Regionen zu erzielen. Auf den so erhaltenen Regionen arbeiten spezialisierte Prozeduren zur Detektion von Details. Weitere Einzelheiten zu diesem System sind in Kap. 1.5.1 beschrieben. Die Idee, die Phasen der groben und detaillierten Analyse mehrfach zu iterieren, findet sich in [OHTA 1980]. Bei der Analyse natürlicher Szenen werden in einer datengetriebenen Phase dominante Regionen aufgrund von a priori Wahrscheinlichkeiten, lokalen Merkmalen und Relationen zu anderen dominaten Regionen interpretiert. Die so erhaltenen Ergebnisse werden in einer top-down Phase verwendet, um im Kontext bereits erkannter Objekte weitere Objekte zu identifizieren. An diese top-down Phase kann sich eine weitere bottom-up Phase anschliessen u.s.w. Eine Erläuterung weiterer Eigenschaften des Gesamtsystems findet sich in Abschnitt 1.5.2. Das in [LEVINE/ SHAHEEN 1981] beschriebene regionenorientierte Szenenanalysesystem macht ebenfalls von Planung Gebrauch. Die Analysestrategie besteht darin, sequentiell verschiedene Regionen des Bildes zu interpretieren. Es existiert ein spezieller Fokussierungsprozess, der einen Plan aufstellt, in welcher Reihenfolge die Regionen zu behandeln sind. Als weiteres Beispiel sei auf [GARVEY 1976] verwiesen. Dort wird die Aufgabenstellung behandelt, bestimmte Gegenstände in einer Szene zu lokalisieren. Falls das gesuchte Objekt für sich alleine nicht zuverlässig zu detektieren ist (z.B. Telefon in einer Büroszene), wird versucht, es im Kontext anderer, einfacher und zuverlässiger zu findender Gegenstände zu detektieren (z.B. Tisch). Ein Plan nach [GARVEY 1976] ist durch einen speziellen Typ eines UND/ODER Graphen mit bewerteten Knoten gegeben. Aus der Bewertung geht hervor, in welcher Reihenfolge die Knoten abzuarbeiten sind.

1.5 UEBERSICHT UEBER BESTEHENDE SYSTEME

Im folgenden werden einige interessante, aus der Literatur bekannte Systeme zur wissensbasierten Bildanalyse erläutert. Dabei wurden insbesondere solche Systeme berücksichtigt, bei denen eine Integration verschiedener Methoden zur Bildverarbeitung und -segmentierung, zur Wissensdarstellung und zur Wissensnutzung wie in Kap. 1.2-1.4 dargestellt vorliegt. Weiterhin wurde das Schwergewicht auf Ansätze gelegt, die vollständig oder zumindest zum grösseren Teil realisiert wurden. Die meisten der in Kap. 1.5.1-1.5.7 behandelten Systeme sind auch in [BINFORD 1982] dargestellt. Eine weitere Uebersicht findet sich in [HESS 1984].

1.5.1 LUFTBILDAUSWERTUNG [NAGAO/MATSUYAMA 1980]

In [NAGAO/MATSUYAMA 1980] wird ein System zur automatischen Auswertung von Luftbildern vorgestellt. Ziel ist hierbei die Erkennung der verschiedenen in einem Luftbild vorhandenen Objekte. Das verwendete Datenmaterial besteht aus Aufnahmen von Stadt- und Vorstadtgebieten in Japan. Typischerweise treten in einem Bild bebaute Felder, Wälder, Grasland, Strassen, Flüsse, Autos oder Gebäude als Objekte auf. Die Bildaufnahme erfolgt in vier verschiedenen Spektralkanälen (Blau, Grün, Rot und Infrarot) mit 256 x 256 Bildpunkten, wobei ein Bildpunkt einer Fläche von 0,5 x 0,5 m^2 auf der Erdoberfläche entspricht. In jedem Spektralkanal stehen 256 verschiedene Intensitätsstufen zur Verfügung.

Das System setzt sich aus verschiedenen Moduln zusammen. Im ersten Verarbeitungsschritt erfolgt eine Bildglättung, separat in jedem Spektralkanal. Die verwendete Glättungsoperation ist nichtlinear und zeichnet sich dadurch aus, dass lokale Störungen beseitigt werden ohne dass es zu einer Verwischung von Kanten kommt. Durch iteriertes Anwenden des Operators wird zusätzlich eine Kontrastverbesserung, d.h. eine Erhöhung der Flankensteilheit erzielt.(Eine separate Beschreibung des Glättungsverfahrens findet sich in [NAGAO/MATSUYAMA 1978]).

Auf das Ergebnis der Glättung wird ein Sementierungsverfahren angewendet, welches elementare Regionen separat in jedem der Spektralkanäle extrahiert. Hierbei werden benachbarte Bildpunkte zu einer elementaren Region zusammengefasst, wenn sie sich in ihrer Intensität weniger als eine Schwelle S unterscheiden. Die Schwelle S wird aus dem Intensitätshistogramm bestimmt. Zur Datenreduktion werden Regionen, die eine fest vorgegebene Mindestgrösse unterschreiten, mit benachbarten grösseren Regionen verschmolzen. Für jede der aus diesen Schritten resultierenden elementaren Region werden verschiedene Attribute wie Lage, minimales umschreibendes Rechteck sowie Formmerkmale berechnet. Ebenso wie bei der Glättung wird beim Segmentierungsverfahren kein Gebrauch von problemspezifischem Wissen gemacht, es ist jedoch eine Korrektur der ursprünglich getroffenen Segmentierung möglich, falls zu einem späteren Zeitpunkt die Inkonsistenz bestimmter Ergebnisse bzw. Zwischenergebnisse festgestellt wurde.

Den Kern des Systems bilden verschiedene auf die Extraktion charakteristischer Regionen und Objekte spezialisierte Programme, die als Produktionensystem über einer gemeinsamen Datenbasis, der sog. "Blackboard", organisiert sind. Jedes derartige Programm kann aufgefasst werden als Regel eines Produktionensystems im Sinne von Kap. 1.3.2. Die Gesamtheit der Regeln lässt sich unterteilen in zwei Klassen, nämlich in Regeln zur Extraktion charakteristischer Gebiete und in Regeln zur Detektion spezieller Objekte.

Charakteristische Gebiete sind grosse homogene Regionen, längliche Regionen, Schatten, schattenwerfende Regionen, Regionen mit Vegetation, Wasser sowie stark texturierte Regionen. Die Expertenprogramme zur Detektion dieser Regionen prüfen charakteristische Merkmale. Beispielsweise werden grosse homogene Regionen mit Hilfe eines Schwellwertes, der aus dem Histogramm der Grösse der Regionen berechnet wird, bestimmt. Die charakteristischen Regionen, die auf diese Weise extrahiert werden, bilden noch nicht das Endziel der Analyse. Vielmehr werden mit ihrer Hilfe Erwartungsgebiete für spezielle Objekte festgelegt. Dadurch wird eine Fokussierung des Systems auf bestimmte Teilbereiche des Bildes erreicht. Diese Fokussierung kann als Beispiel einer Planung nach Kap. 1.4.5 angesehen werden.

Spezielle Objekte im System sind bebaute Felder, Wälder, Grasland, Strassen, Flüsse, Autos und Gebäude. Bei der Detektion von bebauten Feldern werden z.B. elementare Regionen darauf hin untersucht, ob sie kompakt sind und ihre Grenze geradlinig verläuft. Die oben erwähnte Fokussierung wird hier dadurch erreicht, dass das Expertenprogramm nur solche elementaren Regionen untersucht, die folgende Bedingungen erfüllen:

a) es handelt sich um eine grosse homogene Region,
b) es handelt sich um eine Region mit Vegetation,
c) es handelt sich nicht um Wasser,
d) es handelt sich nicht um eine schattenwerfende Region.

Ziel des Systems ist es, jede elementare Region als spezielles Objekt oder Teil eines speziellen Objektes zu interpretieren.

Da alle Regeln des Produktionensystems unabhängig voneinander arbeiten, kann es zu Konflikten kommen. Ein Konflikt liegt vor, wenn ein und dieselbe Region von verschiedenen Regeln als unterschiedliches Objekt erkannt wurde. In diesem Fall wird nur die Interpretation mit der höchsten Zuverlässigkeit beibehalten; alle übrigen Interpretationen werden aus der Datenbasis entfernt. Ein weiterer Typ von Inkonsistenz kann aus Fehlern bei der ursprünglichen Segmentierung resultieren. Derartige Fehler machen sich bevorzugt dadurch bemerkbar, dass eine Region die Bedingungen hinsichtlich der Form eines speziellen Objektes nicht erfüllt, während alle anderen Bedingungen bezüglich dieses Objektes zutreffen. Das Auftreten einer derartigen Region in der Datenbasis bewirkt den Aufruf einer "Split and Merge" Routine, mit welcher die ursprünglich getroffene Segmentierung nach heuristischen Kriterien modifiziert wird.

Das System wurde in FORTRAN implementiert und an verschiedenen Bildern getestet. Die Verarbeitungszeit liegt bei ca. 200 s/Bild, wobei die Glättung nicht eingerechnet ist. In [NAGAO/MATSUYAMA 1980] werden die Ergebnisse der Interpretation als zufriedenstellend angegeben, obwohl typischerweise nicht alle Objekte in einem Bild korrekt erkannt werden.

1.5.2 SZENENANALYSE [OHTA 1980]

Die Arbeit von OHTA [OHTA 1980] beschäftigt sich mit der Interpretation von Szenen der natürlichen Umgebung. Das vorgestellte Bildmaterial enthält Objekte wie z.B. Strassen, Gebäude, Bäume und Himmel. Ziel ist die Erkennung dieser Objekte. Jede Szene wird durch ein Farbbild der Grösse 256x256 Bildpunkte repräsentiert. Die Intensitätsauflösung in den Kanälen Rot, Grün und Blau beträgt - je nach Szene - jeweils 5 oder 6 Bit.

Die Szeneninterpretation beruht auf einem Modell, welches ausschliesslich 2D-Information enthält. In der ersten Verarbeitungsphase erfolgt eine Segmentierung der Szene. Hierbei wird noch kein problemspezifisches Wissen eingesetzt. Der Grundsatz lautet, eher eine Uebersegmentierung als eine Untersegmentierung des Bildes zu erreichen. Der Grund hierfür liegt darin, dass nach Abschluss der Segmentierungsphase kein weiteres Aufspalten von Regionen mehr erfolgen kann. D.h., dass Grenzen von Objekten, die in dieser ersten Segmentierungsphase nicht extrahiert wurden, auch im späteren Ablauf der Analyse nicht mehr detektiert werden können.

Der Autor beschreibt Experimente mit verschiedenen Farb-Merkmalen bei der Segmentierung (siehe auch [OHTA/KANADE/SAKAI 1980]). Hierbei werden die in den Kanälen Rot, Grün und Blau aufgenommenen Ausgangsbilder punktweise durch eine lineare oder nichtlineare Kombination der Intensitäten miteinander verknüpft. Auf diese Weise erhält man sog. Farb-Merkmalsbilder, ähnlich wie auch in [NEVATIA 1976, OHLANDER/PRICE/REDDY 1978] beschrieben. Als ein Ergebnis wird berichtet, dass sich bei der Segmentierung bei vielen Beispielen bereits mit zwei Farbmerkmalen hinreichend gute Ergebnisse erzielen lassen. Der Segmentierungsprozess beruht auf einem iterativen Aufspalten der Szene. Hierbei werden Schwellwerte verwendet, die aus den Histogrammen der einzelnen Farb-Merkmalsbilder gewonnen werden. Der Algorithmus stoppt, wenn alle Regionen genügend klein sind oder ausschliesslich unimodale Histogramme aufweisen. Um die starke Zerstückelung texturierter Gebiete zu vermeiden, werden diese in einer speziellen Vorverarbeitungsstufe extrahiert und von der weiteren Zerteilung ausgeschlossen.

Das Ergebnis der Segmentierung wird in einer Datenstruktur festgehalten, welche Objekte und Relationen zwischen diesen widerspiegelt. Objekte sind hierbei Regionen, Regionengrenzen, Ecken (Bildpunkte, an denen sich mindestens drei Regionen treffen), Löcher in Regionen sowie Liniensegmente. Objekte letzteren Typs ergeben sich durch Approximation von Regionengrenzen durch Geraden. Jedes Objekt ist durch verschiedene primäre Merkmale beschrieben. So besitzen etwa Regionen die folgenden primären Merkmale: Fläche, mittlere Intensität in den verschiedenen Farbkanälen, Grad der Texturierung, Länge der Kontur, Flächenschwerpunkt u.a. Aus diesen primären Merkmalen lassen sich weitere, sog. sekundäre Merkmale ableiten, z.B. spezielle Formmerkmale für Regionen. Es existieren zwei Typen von Relationen zwischen Objekten. Topologische Relationen beziehen sich auf die Bildebene und geben z.B. Nachbarn oder Grenzen von Regionen an. Ein weiterer Typ von Relationen wird verwendet, um die Historie des Aufspaltens der Regionen festzuhalten. Die so definierte Datenstruktur bildet die Schnittstelle zwischen Segmentierung und der anschliessenden wissensgesteuerten Bildinterpretation; d.h. in den folgenden Verarbeitungsschritten wird nur noch auf diese Datenstruktur zugegriffen, jedoch nicht mehr auf das ursprüngliche Bild.

Die eigentliche Interpretation des Bildes erfolgt auf der Basis eines Modells und gliedert sich in einen bottom-up und einen top-down Prozess, die iteriert ablaufen. Zunächst erfolgt bottom-up die Generierung eines Planes. Hierbei werden dominante Regionen, die eine vorgegebene Mindestgrösse überschreiten, extrahiert und interpretiert. Die Interpretation erfolgt mithilfe bestimmter Regeln aus dem Modell. Hierbei wird die a priori-Wahrscheinlichkeit eines Objektes, seine (lokalen) Merkmale sowie seine topologischen Relationen zu anderen dominanten Regionen berücksichtigt. Bei der Auswertung der topologischen Relationen wird ein Relaxationsverfahren im Sinne von Kap. 1.4.4 verwendet. Als Ergebnis der bottom-up Plangenerierung erhalten dominante Regionen Interpretationen zugeordnet, die jeweils mit einem Sicherheitsfaktor versehen sind.

In der anschliessenden top-down Phase werden Bereiche, die noch nicht behandelt wurden, im Kontext bereits erkannter Regionen interpretiert. Hierzu werden Regeln eines weiteren Typs verwendet. Sie suchen nach bestimmten, durch die im Plan bereits erkannten dominanten Regionen definierten Gebieten mit charakteristischen Merkmalen und versehen diese mit Interpretationen. Die Kontrollstrategie zur Auswahl der aktuellen Regel registriert alle zu einem Zeitpunkt potentiell anwendbaren Regeln, bewertet sie nach heuristischen Kriterien und wählt die am besten bewertete Regel aus. Sowohl in der bottom-up als auch in der top-down Phase können verschiedene Regionen uninterpretiert bleiben, da beide Phasen abwechselnd mehrfach durchlaufen werden.

Um die Anzahl der zu einem Zeitpunkt potentiell anwendbaren Regeln sowohl in der top-down als auch in der bottom-up Phase zu begrenzen, wird das Modell in sog. Wissensblöcke unterteilt. Jeder Wissensblock enthält dabei die für ein Objekt spezifischen Regeln. Da auch Relationen, die zwischen den Wissensblöcken existieren, festgehalten sind, kann das Modell auf oberster Ebene als ein partitioniertes Netz im Sinne von [HENDRIX 1979] aufgefasst werden.

Die Implementierung des Systems beruht auf einer FORTRAN-Erweiterung. Das Modell setzt sich aus insgesamt 57 Regeln zusammen. Angaben über Verarbeitungsgeschwindigkeit und Speicherbedarf sind in [OHTA 1980] nicht enthalten. Verschiedene Stärken und Schwächen des Systems werden auch in [BINFORD 1982] diskutiert.

1.5.3 SZENENANALYSE [RUBIN 1980]

Das in [RUBIN 1980] beschriebene ARGOS-System hat die wissensgesteuerte Auswertung von Szenen der natürlichen Umgebung zum Ziel. Als Trainings- und Testdaten wurden Farbbilder von der Stadt Pittsburgh, Pennsylvania verwendet. Die Originalbilder liegen mit einer Ortsauflösung von 525x700 Bildpunkten und einer Intensitätsauflösung von 8 Bit in jedem der Farbkanäle Rot, Grün und Blau vor. Die Aufgabe des Systems gliedert sich in zwei Teile: a) Bestimmung des Blickwinkels, unter dem die Szene aufgenommen wurde, b) Identifikation der in der Szene enthaltenen Objekte. Dem System sind über 50 verschiedene Objekte bekannt wie z.B. bestimmte Flüsse, Brücken, Strassen oder Gebäude.

Es existieren zwei Modi der Vorverarbeitung und Segmentierung im System, wobei in beiden Fällen kein problemspezifisches Wissen verwendet wird. Eine Rückkoppelung von wissensgesteuerten Verarbeitungsprozessen zur Segmentierung zur Korrektur eventueller Fehler ist nicht vorgesehen. In der ersten Variante der Vorverarbeitung und Segmentierung erfolgt eine Reduktion des 525x700 Bildes auf die Grösse 75x100, indem das Bild in Fenster der Grösse 7x7 eingeteilt wird und in jedem Fenster der Median der Intensität gebildet wird. Zusätzlich wird in jedem Fenster der Kontrast nach [TAMURA/MORI/YAMAWAKI 1977] berechnet. Diese Operationen erfolgen separat für jeden Farbkanal, so dass als Ergebnis dieser ersten Verarbeitungsphase ein 75x100 Bild vorliegt, bei dem jeder Bildpunkt durch einem Merkmalsvektor mit 6 Komponenten repräsentiert ist (Median Rot, Median Grün, Median Blau, Kontrast Rot, Kontrast Grün, Kontrast Blau). Zur Berechnung der Aehnlichkeit zweier Bildpunkte wird ein gewichteter Euklidischer Abstand verwendet. Die zweite Variante der Vorverarbeitung und Segmentierung beruht auf einer speziellen Version des in [OHLANDER/PRICE/REDDY 1978] vorgeschlagenen Verfahrens.

Zentrale Rolle bei der Bildinterpretation spielt ein Suchverfahren bei dem eine Zuordnung nach bestimmten Gütekriterien getroffen wird zwischen Bereichen des Eingabebildes und Objekten, die in einem Modell gespeichert sind. Zunächst wird hier auf dieses Modell eingegangen. Es ist durch ein Netz mit Knoten und Kanten gegeben. Ein Knoten stellt dabei ein dem System bekanntes Objekt (Fluss, Brücke etc.) dar. Je nach Art der Segmentierung (Zusammenfassen von 7x7 Blöcken oder Segmentierung nach [OHLANDER/PRICE/REDDY 1978]) entsprechen die Knoten des Modells verschiedenen elementaren Bereichen im Eingabebild. Im ersten Fall können Modellknoten Punkte des reduzierten Bildes zugeordnet werden, während es im zweiten Fall elementare Regionen sind. Die Kanten des Netzes repräsentieren mögliche Nachbarschaften zwischen Objekten, ähnlich wie dies durch Kompatibilitätskoeffizienten bei Relaxationsverfahren (Kap. 1.4.4) zum Ausdruck gebracht wird. Neben den Nachbarschaftsrelationen wird an Wissensquellen im Modell die absolute Lage sowie Grösse und Form von Objekten verwendet.

Das verwendete Suchverfahren (Locus-Suche in [RUBIN 1980] genannt), bei dem eine Zuordnung zwischen Bildbestandteilen und Modellobjekten erfolgt, ist eine breath-first Suche im Sinne von Kap. 1.4.1, wobei allerdings nur die besten Alternativen an einem Verzweigungspunkt gespeichert werden (vgl. Kap. 1.4.1). Das reduzierte Eingabebild wird zeilenweise von links oben nach rechts unten durchlaufen. Dabei wird jedem Punkt des Bildes ein Knoten des Netzes zugeordnet. (Wurde bei der Segmentierung eine Einteilung in elementare Regionen vorgenommen, so übernehmen diese die Rolle der Bildpunkte). Die Zuordnung ist gleichbedeutend damit, einen Punkt potentiell als zu dem Objekt gehörig zu interpretieren, welches der Knoten darstellt. Bei der Zuordnung wird ein Gütemass berechnet, das sowohl auf dem (lokalen) Merkmalsvektor des aktuellen Punktes als auch auf der Interpretation der Nachbarpunkte beruht. Das Suchverfahren gliedert sich in einen Vorwärts- und einen Rückwärtslauf. Zunächst werden im Vorwärtslauf verschiedene erfolgversprechende Alternativen der Interpretation für jeden Bildpunkt berechnet. (D.h., dass ein Bildpunkt i.a. mehreren Objekten zugeordnet wird, wobei für jede Alternative ein eigenes Gütemass bestimmt wird.) Mit Hilfe des Rückwärtslaufes wird eine eindeutige Interpretation erzielt, indem unter den verschiedenen Alternativen die optimale Auswahl getroffen wird.

Das Suchverfahren ist linear in der Anzahl der Bildpunkte. Es ist nicht garantiert, dass die optimale Lösung gefunden wird. Dazu wäre ein vollständiges Ausschöpfen des Suchraumes mit exponentiellem Aufwand erforderlich, was sich auf Grund des Umfanges der Eingabedaten verbietet. Anhand praktischer Beispiele wird jedoch gezeigt, dass die Parameter zur Suche so eingestellt werden können, dass zufriedenstellende Ergebnisse erzielt werden.

Das System untergliedert sich in drei Komponenten zur Wissensakquisition, zur Segmentierung und zur eigentlichen Interpretation. Die Implementierung beruht auf der Sprache SAIL. Insgesamt wurde mit 15 Eingabebildern gearbeitet. Die Erkennungsrate, definiert als Flächenanteil der korrekt interpretierten Bildpunkte, variert nach [RUBIN 1980] zwischen 71 % und 83 %. Angaben über Speicherbedarf und Rechenzeit wurden nicht veröffentlicht.

1.5.4 SZENENANALYSE [HANSON/RISEMAN 1978 a,b]

Das sich an der Universität von Amherst, Ma. in Entwicklung befindliche VISIONS-System (Visual Integration by Sematic Interpretation of Natural Scenes) [HANSON/RISEMAN 1978 a,b] hat die Interpretation von Farbbildern als 3D-Szenen zum Ziel. In den bisherigen Arbeiten wurden Szenen aus der natürlichen Umgebung mit Häusern, Bäumen, Strassen etc. verwendet. Jedoch liegt eine

Zielsetzung des Systems darin, nicht auf diesen Problemkreis beschränkt zu sein. Vielmehr soll VISIONS prototypisch die Architektur für ein Bildanalysesysten von breiter Anwendbarkeit aufzeigen, in dessen Rahmen dann spezifische Fragestellungen genauer untersucht werden können.

Das System ist modular aus verschiedenen Teilsystemen aufgebaut. Diese sind Vorverarbeitung und Segmentierung; ein Modell, welches deklaratives, problemspezifisches Wissen enthält; verschiedene prozedurale Wissensquellen; ein Kontrollmodul; der Modell-Suchraum. Bei letzterem Modul handelt es sich um eine Datenstruktur, in welcher die Historie des Analyseprozesses festgehalten wird. Dies ist von besonderem Interesse dann, wenn Mehrdeutigkeiten auftreten. Im folgenden wird auf die einzelnen Moduln genauer eingegangen.

Der Modul zur Vorverarbeitung und Segmentierung [HANSON/RISEMAN 1978 b] enthält sowohl kantenorientierte als auch regionenorientierte Methoden. Bei den kantenorientierten Verfahren handelt es sich um lokale Operatoren auf der Basis von Masken zur Bildung der 1. Ableitung der Intensitätsfunktion. Ein Relaxationsverfahren nach [ROSENFELD/HUMMEL/ZUCKER 1976] dient der Verstärkung lokaler Kanten. Extrahierte Kanten werden durch Geraden oder Kurven höherer Ordnung approximiert. Bei den regionenorientierten Verfahren wird zunächst eine Segmentierung des Bildes durch eine Analyse der Häufungsgebiete in zweidimensionalen Histogrammen (zwei Farbmerkmale) durchgeführt. Anschliessend wird auch hier ein Relaxationsverfahren angewendet, um die Qualität der initialen Zerlegung zu verbessern. Sowohl bei den kantenorientierten als auch bei den regionenorientierten Verfahren wird von einer pyramidenförmigen, hierarchischen Organisation der Eingabedaten ausgegangen, vgl. Kap. 1.2.7. Als Ergebnis der Vorverarbeitungs- und Segmentierungsphase liegen Regionen und Kanten vor, die in einer geeigneten Datenstruktur gespeichert werden, wobei jedes Grundelement durch Attribute genauer charakterisiert ist. Diese Datenstruktur bildet die Schnittstelle zu höheren Verarbeitungsprozessen. Eine Rückkopplung von diesen Prozessen zur Segmentierung ist vorgesehen.

Das Modell ist ein Netz mit Knoten und Kanten zur Repräsentation von Objekten und Relationen zwischen diesen. Die Knoten des Netzes sind auf verschiedene Abstraktionsniveaus (Hierarchiestufen) verteilt, wobei Relationen sowohl innerhalb einer Hierarchiestufe als auch zwischen verschiedenen Hierarchiestufen bestehen. Auf den verschiedenen Abstraktionsebenen treten auf (von unten nach oben): Kreuzungspunkte von Kanten, Kanten, Regionen, Oberflächen, Körper, Objekte und Schemata. Ein Schema entspricht hierbei z.B. dem Prototyp einer bestimmten Szene mit Häusern, Bäumen und Strassen als Objekten. Das im Netz mit Hilfe von Knoten und Kanten repräsentierte Wissen (deklaratives Wissen) wird ergänzt um verschiedene Prozeduren, z.B. zur Berechnung von Attributen oder zur Transformation von 3D- in 2D-Information. Das Modell gliedert sich auf in einen Langzeit- und einen Kurzzeitspeicher; letzterer enthält Instanzen von Schemata, Objekten etc. im Sinne von Kap. 1.3.1.

Aufgabe der Kontrolle ist es, Teile des Modells zu instanziieren, d.h. Korrespondenzen herzustellen zwischen dem Modell und dem Eingabebild. Der Kontrollprozess ist modularisiert und gliedert sich in verschiedene Teilprozesse mit unterschiedlichen Aufgaben. Die Modularisierung entspricht dabei den verschiedenen Hierarchiestufen des Systems, d.h. für jede der Stufen Schema, Objekt, Körper etc. existieren separate Unterprozesse. Diese Organisationsform lässt sowohl eine top-down als auch eine bottom-up Auswertung des Modells zu.

Da im Lauf des Bildauswertungsprozesses verschiedene konkurrierende Hypothesen entstehen können, wird die Historie der Analyse in einer speziellen Datenstruktur, dem sog. Modell-Suchraum, protokolliert. Dies macht es möglich, eine Hypothese (zusammen mit Abhängigkeiten, die eventuell zu anderen Hypothesen existieren) zu einem Zeitpunkt zurückzustellen und "einzufrieren", um eine konkurrierende Hypothese weiterzuverfolgen. Sollte sich jedoch der eingeschlagene Weg als Sackgasse herausstellen, so kann bei der vorher zurückgestellten Hypothese aufgesetzt werden. Die Auswahl der zu einem Zeitpunkt günstigsten Hypothese ist Aufgabe der Kontrolle.

Die ersten Veröffentlichungen [HANSON/RISEMAN 1978 a,b] über VISIONS sind primär zu verstehen als Vorschläge einer Architektur und Testumgebung für komplexe Bildanalysesysteme; sie zielen weniger auf die Beschreibung eines realisierten Systems. Zwischenzeitlich wurden jedoch Teile des Systems implementiert. In [PARMA/HANSON/RISEMAN 1980] wird über verschiedene Experimente berichtet, insbesondere über die top-down Szenen-interpretation unter Verwendung eines 2D-Schemas. Implementierungsdetails zur Vorverarbeitungs- und Segmentierungsstufe finden sich in [KOHLER/HANSON 1982].

1.5.5 SZENENANALYSE [LEVINE 1978]

In [LEVINE 1978] wird ein wissensbasiertes Bildanalysesystem beschrieben, das auf einem Modell und drei verschiedenen Verarbeitungsebenen beruht. Das System ist auf keine spezielle Anwendung ausgerichtet, sondern soll als Prototyp für weitere wissenschaftliche Untersuchungen im Bereich der Bildanalyse dienen.

Ziel bei der Verarbeitung auf der untersten Ebene ist die Zerlegung des Bildes in homogene Bereiche, wobei kein problemspezifisches Wissen eingesetzt wird. Das Segmentierungsverfahren beruht auf einem Gradientenoperator und einem Algorithmus zur Analyse von Häufungsgebieten auf der Basis einer Pyramidenstruktur nach Kap. 1.2.7. Zunächst wird der Gradientenoperator zur Detektion lokaler Kanten auf der untersten Ebene der Pyramide (maximale örtliche Auflösung) angewendet. Die resultierenden Kantenpunkte werden sukzessive auf die Bildpunkte in höheren Ebenen der Pyramide abgebildet. Regionen in den oberen Ebenen der Pyramide, welche keine Kantenpunkte enthalten, bilden die Keimzellen, von denen aus eine Zerlegung unter Verwendung des Algorithmus zur Analyse von Häufungsgebieten erfolgt. Hierbei wird die Pyramide von oben nach unten durchlaufen, wobei verschiedene Merkmale betrachtet werden, z.B. Intensität, Textur sowie Farbmerkmale. Das Segmentierungsverfahren ist rückgekoppelt mit der mittleren und obersten Verarbeitungsstufe und kann gezielt von diesen an verschiedenen Stellen angesteuert werden. Das Ergebnis der Segmentierung wird in einer Datenbasis (Kurzzeitspeicher) abgelegt, auf welche in nachfolgenden Verarbeitungsschritten zugegriffen wird.

Die Aufgabe der mittleren Verarbeitungsebene ist es, aus dem Ergebnis der Segmentierung für jede Region eine Liste möglicher Interpretationen abzuleiten. (Es erfolgt also die Umsetzung der Eingabedaten in Symbole bereits hier, nicht erst auf der obersten Ebene des Systems). Die mittlere Verarbeitungsebene gliedert sich in eine lokale und eine globale Interpretationsphase. Der für die lokale Phase relevante Teil des Modells enthält für jedes mögliche Objekt des Eingabebildes einen prototypischen Merkmalsvektor. Die verwendeten Merkmale sind Ort, Grösse, Intensität, Textur, Farbmerkmale sowie verschiedene Formmerkmale. Bei der lokalen Interpretation geht es darum, auf Grund der Merkmale einer Region auf das entsprechende Objekt des Modells zu schliessen, wobei jedoch benachbarte Regionen möglicherweise zu verschmelzen sind. Das Problem wird gelöst mit Hilfe eines heuristischen Graph-Suchverfahrens (Algorithmus A* nach Kap. 1.4.1). Die Knoten im Suchgraphen repräsentieren Regionen, während die Kanten Nachbarschaften zwischen diesen widerspiegeln. Die Bewertungsfunktion beim Suchverfahren wurde so gewählt, dass möglichst wenige Regionen verschmolzen werden und die Merkmale der aus der Verschmelzung resultierenden Regionen möglichst gut mit dem Modell übereinstimmen. Als Ergebnis der Suche erhält man jeweils eine Ansammlung von Regionen zusammen mit ähnlichen Objekten des Modells sowie Konfidenzmasse.

Da das Ergebnis der Verschmelzung nicht notwendigerweise eindeutig ist (eine Region kann u.U. sinnvoll mit verschiedenen benachbarten Regionen verschmolzen werden), schliesst sich an die lokale Interpretation eine globale Interpretationsphase in der mittleren Verarbeitungsstufe an. Der hierfür relevante Teil des Modells definiert mögliche Ortsrelationen zwischen Objekten, z.B. LINKS, RECHTS, UEBER, BENACHBART etc. Um für jede Region diejenige mögliche lokale Interpretation zu finden, die global am besten mit dem Modell verträglich ist, wird die Methode der dynamischen Programmierung verwendet. Geht man aus von N Regionen und M möglichen Interpretationen, so stellt sich das Problem formal dar als Auffinden des optimalen Pfades durch ein Netz mit NxM Knoten. Das Problem wird im System gelöst mittels dynamischer Programmierung (vgl. Kap. 1.4.1) wobei zur Berechnung der Kosten die aus der lokalen Interpretation resultierenden Konfidenzen sowie die Uebereinstimmung zwischen aktuellen Ortsrelationen und Ortsrelationen des Modells verwendet werden.

Die oberste Ebene des Systems hat die vollständige Interpretation des Eingabebildes zum Ziel. Dabei wird zusätzliches, über das der mittleren Systemebene hinausgehendes Wissen verwendet. (Im Gegensatz zur obersten Ebene können die von der mittleren Stufe abgeleiteten Interpretationen unvollständig oder inkonsistent sein.)

Als Formalismus zur Wissensdarstellung wird ein Produktionensystem in Verbindung mit einer relationalen Datenbank vorgeschlagen, wobei die Aktionen des Produktionensystems von den während der Analyse entstehenden Zwischenergebnissen ausgelöst werden. Der für die oberste Systemebene relevante Teil des Modells ist aufgegliedert in Submodelle, wobei ein Submodell z.B. den Prototyp einer speziellen Szene darstellt (entsprechend einem Schema nach Kap. 1.5.4). Bestandteile eines Submodells sind Objekte mit Merkmalen, die auch in der mittleren Systemebene verwendet werden. Die Aktionen der obersten Ebene lassen sich untergliedern in eine Initialisierung, bei der ein geeignetes Submodell ausgewählt wird und eine Suche, bei der es um das detaillierte Zuordnen von Zwischenergebnissen und Teilen des Modells geht, z.B. unter Verwendung von im Modell gespeicherten Plänen (vgl. Kap. 1.4.5) und der Rückkehr zu Operationen auf der untersten oder mittleren Verarbeitungsebene.

Die unterste und mittlere Ebene wurden nach [LEVINE 1978] implementiert, während es sich bei der obersten Ebene um einen unimplementierten, noch genauer zu spezifizierenden Vorschlag für die Konzeption eines allgemeinen, wissensbasierten Bildanalysesystems handelt. In [LEVINE 1978] sind Testbilder und die Ergebnisse der Operationen der unteren und mittleren Systemebene gezeigt. Genauere Angaben über die Implementierung, einschliesslich Rechenzeiten und Speicherbedarf, sind in [LEVINE 1978] nicht enthalten.

1.5.6 SZENENANALYSE [BROOKS 1981]

Seit etwa 1976 befindet sich an der Universität von Stanford das modellgesteuerte Bildanalysesystem ACRONYM in Entwicklung [BROOKS/GREINER/BINFORD 1977, BINFORD/BROOKS/LOWE 1980, BROOKS 1981]. Die bisherigen Anwendungsbereiche von ACRONYM sind Luftbilder und Aufnahmen von Maschinenteilen, jedoch wurde das System nicht speziell für diese Problemkreise zugeschnitten. Vielmehr soll es prototypisch zeigen, wie 3D-Modelle bei der Bildanalyse verwendet werden können. Bisher wurden monokulare Schwarz-Weiss Bilder mit ACRONYM verarbeitet.

Der Kern von ACRONYM besteht aus einer Vorverarbeitungs- und Segmentierungsstufe, einem Modell, welches eine 3D-Beschreibung der im Bild zu erwartenden Objekt enthält, sowie je einem Modul für Prädiktion und Interpretation. Ziel der Vorverarbeitung und Segmentierung ist es, ein Eingabebild überzuführen in eine Datenstruktur, den sog. Beschreibungsgraphen, welcher eine symbolische Beschreibung der wichtigen Merkmale des Bildes darstellt. Die verwendeten wichtigen Merkmale sind sog. Streifen (ribbons) und Ellipsen. Bei den Streifen handelt es sich um 2D-Projektionen der im Modell verwendeten 3D verallgemeinerten Zylinder. Der erste Schritt bei der Gewinnung des Beschreibungsgraphen ist die Anwendung eines Kantendetektors nach [NEVATIA/BABU 1980]. Die einzelnen Operationen hierbei sind: Anwendung eines Differenzenoperators zur Bildung der 1. Ableitung der Intensitätsfunktion, Verdünnung, eine Schwellwertoperation, Verbindung von Kantenpunkten zu Liniensegmenten sowie deren Approximation durch Geraden. Die resultierenden Kantensegmente werden mithilfe eines heuristischen Suchverfahrens zusammengefasst und entweder durch Streifen oder Ellipsen approximiert. Das Suchverfahren operiert dabei entweder bottom-up oder top-down; im letzten Fall wird es gesteuert durch Vorhersagen, die sich auf bereits vorliegende Zwischenergebnisse der Analyse stützen. Der Beschreibungsgraph enthält als Ergebnis der Analyse als Knoten die aus dem Bild extrahierten Streifen und Ellipsen. Durch Kanten wird zum Ausdruck gebracht, ob sich Streifen oder Ellipsen berühren bzw. überlappen.

Die zentrale Idee bei dem im System verwendeten Modell ist es, die im Bild möglicherweise auftretenden Objekte als 3D-Volumina zu repräsentieren. Hierbei wird von verallgemeinerten Zylindern im Sinne von Kap. 1.2.7 als Grundelementen ausgegangen. Obwohl die verwendeten verallgemeinerten Zylinder nur durch drei Parameter definiert sind, lässt sich eine grosse Klasse von Körpern mittels dieses Formalismus beschreiben. Der Aufbau komplexer Objekte wird im Modell durch baumförmiges Zusammensetzen einfacherer Objekte beschrieben. Die interne Repräsentation von komplexen Objekten und verallgemeinerten Zylindern beruht auf Frames wie in Kap. 1.3.1 behandelt. Ein wesentlicher Gesichtspunkt bei der Konzeption des in ACRONYM verwendeten Modells ist, dass sowohl individuelle Objekte als auch Klassen von Objekten zu repräsentieren sind. Das bedeutet, dass das Modell in verschiedene Spezialisierungsebenen untergliedert ist. Je spezialisierter ein Objekt ist, desto schärferen Bedingungen unterliegt es, z.B. bezüglich seiner Attribute oder seiner Teile. Zum Einbringen der Objekte in das Modell existiert ein spezieller Modul, der eine höhere problemorientierte Programmiersprache sowie die Möglichkeit der graphischen Ausgabe bereitstellt.

Die Aufgabe des Systems ist es, Instanzen von im Modell enthaltenen Objekten in Eingabebildern zu lokalisieren. Hierzu wird jedoch kein direkter Vergleich zwischen Beschreibungsgraph und Modell durchgeführt, sondern eine Datenstruktur, der sog. Prädiktionsgraph, zwischengeschaltet. Der Prädiktionsgraph wird vom Prädiktionsmodul aus dem Modell erzeugt und enthält Strukturen, die im Beschreibungsgraphen erwartet werden. Der Aufruf des Prädiktionsmoduls erfolgt iteriert im Laufe der Analyse. Auf diese Weise ergibt sich eine zunehmende Konkretisierung der erwarteten Objekte, da die im Lauf der Analyse angesammelte Evidenz für verschiedene Hypothesen nach und nach auch im Prädiktionsgraphen berücksichtigt wird. Zu Beginn der Analyse existiert i.a. wenig Information über den Inhalt der zu analysierenden Szene. Deshalb ist es eine wichtige Aufgabe des Prädiktionsmoduls, Merkmale aus dem Modell abzuleiten, die invariant oder nahezu invariant sind, z.B. bezüglich einer ganzen Klasse von Objekten oder der Kameraposition. Ein Beispiel für derartige Invarianzen sind Parallelität oder Kollinearität von Kanten. ACRONYM enthält eine Reihe von Verfahren zur Deduktion derartiger Invarianzen.

Ein weiterer Modul von ACRONYM ist der Interpretationsmodul. Er hat die Aufgabe, eine Zuordnung zu treffen zwischen Beschreibungs- und Prädiktionsgraph. In beiden Graphen ist ausschliesslich 2D-Information enthalten. Die Zuordnung beruht darauf, zunächst lokale Zuordnungen hypothetisch aufzustellen. Anschliessend werden Gruppen von hypothetischen Zuordnungen gebildet, die global konsistent sind. Konsistenzbedingungen ergeben sich hierbei aus der im Modell enthaltenen 3D-Information. Die Reimplementierung einer ersten Version des Interpretationsmoduls auf der Basis eines Produktionssystems ist in Arbeit [BROOKS 1981].

Eine lauffähige Version von ACRONYM wurde auf der Basis der Sprache MACLISP implementiert. Die bisher analysierten Szenen umfassen Luftbilder und Aufnahmen von Maschinenteilen. Angaben über Rechenzeiten und Speicherbedarf wurden nicht publiziert. Erweiterungen des Systems sind nach [BROOKS 1981] in Arbeit.

1.5.7 SONSTIGE SYSTEME

In [LEE/FU 1983] wird die Struktur eines Systems vorgeschlagen, das eine starke Interaktion zwischen datengetriebenen und modellgesteuerten Prozessen zulässt. Zunächst sollen bei der Analyse eines Bildes primitive Elemente und deren Relationen extrahiert und auf einer niedrigen Stufe interpretiert werden, wobei allgemeines Wissen, z.B. über die Abbildung von 3D-Objekten, jedoch kein problemspezifisches Wissen angewendet wird. Das so erhaltene Zwischenergebnis soll dazu dienen, ein spezifisches Modell aus einer grösseren Anzahl auszuwählen, welches dann in einer top-down Phase unter Einsatz spezifischer Segmentierungsroutinen zu verifizieren ist. Schlägt die Verifikation fehl, so kann erneut in den bottom-up Modus zurückgekehrt werden. Auf die Strukturierung des Modells und die Verifikationsphase wird in [LEE/FU 1983] nicht eingegangen, es wird lediglich die Extraktion primitiver Elemente und die Interpretation auf niedriger Stufe beschrieben. Herbei wird von 3D-Körpern ausgegangen, die von Ebenen begrenzt sind.

In [ROSENTHAL 1981] wird ein Bildanalysesystem beschrieben, welches interaktiv vorgegebene Objekte, z.B. Autos, Gebäude oder Strassenschilder in Luftbildern lokalisieren kann. Das System basiert auf einem Modell, welches als Netz organisiert ist und Objekte sowie deren relative Lage beschreibt. Das Eingabebild wird durch eine Pyramidenstruktur repräsentiert. Ein Hauptanliegen des Systems ist es, aufzuzeigen, wie durch geeignete Planung der zu analysierende Bildbereich von Anfang an stark eingeschränkt werden kann. Die Analyse eines Bildes gliedert sich in vier Teilprozesse. Zunächst wird unter Zugriff auf das Modell der Suchbereich für das fragliche Objekt beschränkt. Hierbei wird auch Wissen über benachbarte Objekte verwendet. Anschliessend erfolgt - ebenfalls unter Verwendung von Modellwissen - die Bestimmung eines geeigneten Grades der Auflösung (d.h. Ebene der Pyramide) zur Lokalisierung des gesuchten Objektes. Die beiden restlichen Prozesse laufen iteriert ab. Es handelt sich hierbei um ein regionenorientiertes Segmentierungsverfahren auf der Basis von Schwellwerten sowie die eigentliche Detektion des gesuchten Objektes. Letzterer Prozess beruht auf einem Produktionensystem. Implementierungssprachen für das Bildanalysesystem sind FORTRAN und LISP. In [ROSENTHAL 1981] wird die Arbeitsweise des Systems an verschiedenen Beispielen demonstriert.

Ein weiteres System ist in [LEVINE/SHAHEEN 1981] beschrieben. Der Problemkreis umfasst Szenen aus der natürlichen Umgebung. Die Architektur des Systems sieht ein Modell ("long-term memory") und einen Instanzenspeicher ("short-term memory") vor. Ueber diesen Moduln operiert eine Menge von Prozessen, wobei das Modell als "read only"-Komponente fungiert, während im Instanzenspeicher sowohl gelesen als auch geschrieben wird. Die einzelnen Prozesse sind Segmentierung, Merkmalsextraktion, Hypothesengenerierung, Hypothesenverifikation, Fokussierung und Kontrolle. Die Segmentierung beruht auf einem regionenorientierten Schwellwertverfahren, das auf Farb-Merkmalsbildern arbeitet. Der Prozess zur Merkmalsextraktion berechnet für jede Region elementare Merkmale, z.B. die Fläche, sowie Ortsrelationen mit anderen Regionen. Beim Generieren von Hypothesen werden aus den Regionenmerkmalen durch Vergleich mit dem Modell initiale Hypothesen über die Bedeutung von Regionen abgeleitet. Der Prozess zur Hypothesenverifikation beruht auf einem Relaxationsverfahren, welches Bewertungen von Regioneninterpretationen schrittweise ändert. Im Gegensatz zu [ROSENFELD/HUMMEL/ZUCKER 1978] wird allerdings ein sequentielles Verfahren angewendet, bei dem in einem Iterationsschritt jeweils nur einzelne Regionen, nicht jedoch das gesamte Bild behandelt werden. Die Auswahl der Regionen trifft der Fokussierungsprozess. Die Kontrolle hat die Aufgabe des Aufrufs der einzelnen Prozesse. Eine derartige Kontrollstruktur ist nötig, da die übrigen Prozesse ausschliesslich über den Instanzenspeicher, nicht jedoch direkt miteinander kommunizieren.

Ein System zur Erkennung von Werkstücken aus dem industriellen Bereich ist in [PERKINS 1978] beschrieben. Die Verarbeitungsrichtung ist hier strikt bottom-up, so dass ein Kontrollmodul nach Abb. 1.1.1 entfallen kann. Die Aufgabe besteht darin, Werkstücke bezüglich ihres Typs und ihrer Lage zu erkennen. Alle Bildsegmentierungsoperationen sowie das Modell sind kantenorientiert. Zunächst erfolgt die Anwendung des Hückel-Operators zur Detektion von lokalen Kantenstücken (vgl. Kap. 1.2.2). Diese werden verbunden und nach einer Segmentation durch Geradenstücke oder Kreisbögen approximiert. Benachbarte Geraden oder Kreisbögen werden zu längeren Folgen zusammengefasst. Für die so erhaltenen Kanten werden verschiedene Merkmale bestimmt, z.B. der Typ (Gerade, Kreisbogen oder eine Kombination daraus), die Länge, der Radius von Kreisbögen, die Fläche bei geschlossenen Konturen etc. Diese aus dem Eingabebild abgeleiteten Grössen werden mit in einem Modell gespeicherten Merkmalen verglichen. Ist auf der Basis der Merkmale ein geeigneter Modellkandidat gefunden, so werden die Parameter einer Translation und Rotation bestimmt, welche die Kontur des Modellkandidaten in die aktuelle Kontur überführen. Hierbei sind aufgrund von Symmetrieeigenschaften verschiedene Fälle zu berücksichtigen. In der letzten Phase der Analyse erfolgt schliesslich eine Verifikation durch Superposition der Modellkonturen mit den Konturen, die aus dem Eingabebild abgeleitet wurden. Der Grad der Uebereinstimmung dient als Kriterium für die Akzeptanz. Anhand experimenteller Untersuchungen wurde gezeigt, dass auch sich teilweise überdeckende Objekte korrekt erkannt werden. Ein interessanter Aspekt in [PERKINS 1978] ist die Wissensakquisition bzw. Modellgenerierung, die in einer Trainingsphase erfolgt. Hierzu werden dem System die später zu erkennenden Teile vorgelegt und mittels der Operationen zur Konturbestimmung und Merkmalsextraktion, die auch beim Erkennen verwendet werden, erfolgt die Berechnung der relevanten Modellparameter.

Das in [YACHIDA/TSUJI 1977] dargestellte System hat ebenfalls die Identifikation und Lokalisierung von Werkstücken aus dem industriellen Bereich zur Aufgabe. Das System besteht aus Methoden zur Bildsegmentierung und Merkmalsextraktion, einem Modell, einem Instanzenspeicher und einem Kontrollalgorithmus, in Anlehnung an Abb. 1.1.1. Im Gegensatz zu [PERKINS 1978] existiert neben einer bottom-up auch eine top-down Verarbeitungsphase. Zunächst wird ohne Verwendung von Modellwissen mittels einer Schwellwertoperation die Kontur eines zu erkennenden Objekts im Eingabebild bestimmt. (Der Fall sich überlappender Teile ist hier ausgeschlossen.) Anschliessend erfolgt die Berechnung der Fläche und elementarer Formmerkmale. Auf der Basis dieses ersten Satzes von Merkmalen findet die Auswahl und Bewertung verschiedener Kandidaten für Objekte aus dem Modell statt. Unter Verwendung dieser Kandidaten erfolgt in einem top-down Verarbeitungsprozess die endgültige Identifikation eines Teiles. Dazu werden vom Kontrollalgorithmus aus dem Modell in Abhängigkeit von den aktuellen Objektkandidaten Merkmale nach verschiedenen Kriterien ausgesucht. Die Intention ist hierbei, solche Merkmale zu verwenden, die eine schnelle und zuverlässige Identifikation des vorliegenden Objekts erlauben. Die ausgewählten Merkmale werden mithilfe spezieller Methoden im Eingabebild gesucht. Abhängig vom Ergebnis dieses Schrittes - ein ausgewähltes Merkmal wird entweder gefunden oder nicht - erfolgt eine Aenderung der Bewertung der Objektkandidaten. Dieser Zyklus, der Merkmalsauswahl, Merkmalsextraktion und Aktualisierung von Bewertungen umfasst, wird solange wiederholt, bis sämtliche Merkmale eines Objekts O geprüft sind und O die beste Bewertung unter allen anfangs ausgewählten Objektkandidaten besitzt. Das Modell besteht aus einer Datenstruktur, in der die einzelnen Objekte und ihre möglichen 2D-Ansichten mit den zugehörigen Merkmalen dargestellt sind. Aehnlich wie bei [PERKINS 1978] kann das Modell in einer Lernphase durch "Zeigen" der zu erkennenden Teile generiert werden.

Die Auswahl sowie die Ausführlichkeit der Darstellung der in Kap. 1.5 skizierten Systeme soll keine Wertung darstellen. Vielmehr wurden unter den aus der Literatur bekannten Ansätzen einige herausgegriffen, um die in Kap. 1.2-1.4 vorgestellten Methoden in integrierter Form exemplarisch aufzuzeigen. Die Uebersicht [BINFORD 1982] enthält einige weitere wissensbasierte Bildanalysesysteme, nämlich [GARVEY 1976, BOLLES 1977, SHIRAI 1978, BALLARD/BROWN/FELDMAN 1978, FAUGERAS/PRICE 1981]. Die Systeme [GARVEY 1976, BALLARD/BROWN/FELDMAN 1978, FAUGERAS/PRICE 1981] wurden - neben anderen wie z.B. dem MORIO-System [DRESCHLER 1981, NAGEL 1981, DRESCHLER/NAGEL 1982, DRESCHLER-FISCHER/ENKELMANN/NAGEL 1983], vgl. Kap. 1.2.6 - in der vorliegenden Arbeit bereits in anderem Zusammenhang zitiert (Kap. 1.3.1, 1.4.4, 1.4.5). Eine ausführliche Behandlung des an der Universität Erlangen-Nürnberg entwickelten Systems zur automatischen Analyse nuklearmedizinisch gewonnener Bildsequenzen folgt in Teil 2 dieser Arbeit.

1.6 ZUSAMMENFASSUNG

Bei der wissensbasierten Bildanalyse kann man unterscheiden zwischen Methoden zur Extraktion elementarer Bestandteile, Wissensdarstellung und Wissensnutzung.

Bei der Extraktion elementarer Bestandteile erfolgt häufig in einer ersten Phase die Anwendung von Verfahren, welche eine Vorverarbeitung und Verbesserung der zu analysierenden Bilder zur Aufgabe haben. Beispiele sind lineare oder nichtlineare Filterungsoperationen zur Bildglättung oder Kanten- bzw. Kontrastverstärkung. Eine weitere Klasse von Bildvorverarbeitungsmethoden beruht auf einer Transformation des Grauwerthistogrammes. Für Binärbilder ist eine Reihe spezieller Verfahren bekannt. In den Bereich der Bildvorverarbeitung sind auch Transformationen einzuordnen, welche Farbbilder aus den Spektralkanälen Rot, Grün und Blau mittels linearer oder nichtlinearer Verknüpfungen in Farbmerkmalsbilder überführen.

Bei der Extraktion elementarer Bildbestandteile unterscheidet man zwischen kanten- und regionenorientierten Techniken. Beide Ansätze sind nicht als miteinander konkurrierend anzusehen, sondern können sich bei verschiedenen Anwendungen sinnvoll ergänzen. Der kantenorientierten Vorgehensweise liegt die Vorstellung zugunde, dass sich ein Objekt im Bild von der Umgebung in seiner Intensität unterscheidet und dass deshalb an seiner Kontur eine Intensitätsänderung auftritt. Auf dem Auffinden derartiger Aenderungen beruhen die bekannten Ansätze zur Kantendetektion. Man kennt sowohl lineare als auch nichtlineare Operatoren, mit deren Hilfe es möglich ist, lokale Kantenelemente zu extrahieren. Die Konsistenz der Ergebnisse einer lokalen Kantendetektion lässt sich mithilfe von Relaxation verbessern. Häufig erfolgt auch eine Kantenverdünnung. Ein wichtiger Schritt bei der Extraktion einer Kontur ist die Gruppierung lokaler Kantenelemente zu grösseren Einheiten. Man setzt hier sowohl die Hough-Transformation als auch Suchverfahren ein. Die letzten Verarbeitungsstufen bei der Kantendetektion bilden häufig ein Segmentierungs- und Approximationsverfahren zur Gewinnung einer analytischen Darstellung der gesuchten Konturlinien.

Während die kantenorientierte Segmentierung eines Bildes darauf beruht, Unterschiede in der Intensität zu detektieren, besteht das Prinzip der regionenorientierten Segmentierung in der Ermittlung homogener Teilbereiche. Eine Klasse weitverbreiteter Verfahren sind sog. Schwellwertoperationen. Man kann prinzipiell zwischen globalen, lokalen und dynamischen Ansätzen unterscheiden. Zur Bestimmung eines Schwellwerts dient häufig das Intensitätshistogramm. Bei verschiedenen Techniken wird jedoch auch die örtliche Verteilung der Intensitäten berücksichtigt. Eine Verallgemeinerung auf Bilder in verschiedenen Spektralkanälen ist leicht möglich. Schwellwertoperationen können als eine Klasse von Methoden zum Regionenspalten angesehen werden. Daneben kennt man noch das Verschmelzen von Regionen. Hierbei werden - ausgehend von einer initialen Zerlegung - benachbarte Regionen sukzessive zusammengefasst, solange sie einem Homogenitätskriterium genügen. Eine weitere Klasse von Verfahren beruht auf einer Kombination von Regionenspalten und -verschmelzen.

Ein wichtiges Phänomen bei der Bildanalyse ist die Textur, welche charakteristische Eigenschaften der Oberflächen abgebildeter Objekte widerspiegelt. Im Zusammenhang mit Textur interessieren drei Aufgabenstellungen. Erstens sind Texturmerkmale zu finden, die eine quantitative Charakterisierung von Textur gestatten. Zweitens sind die bekannten Segmentierungsverfahren so zu erweitern, dass sie auch auf texturierte Flächen anwendbar sind. Drittens ist man an Verfahren interessiert, die es gestatten, aus der Textur eines Bildes 3D-Information über die abgebildete Szene abzuleiten. Für alle drei Probleme sind Lösungsvorschläge aus der Literatur bekannt.

Die Bestimmung von 3D-Information über abgebildete Objekte ist eine wichtige Aufgabenstellung, der zunehmend Beachtung in der Bildanalyse geschenkt wird. Zu den klassischen Ansätzen gehört die Gewinnung von Tiefeninformation aus Stereobildern. Das schwierigste Problem ist hierbei die Bestimmung korrespondierender Paare von Bildpunkten oder Konturlinien in beiden Aufnahmen. Unter bestimmten Voraussetzungen kann 3D-Information über die Orientierung von Oberflächen auch aus monokularen Aufnahmen gewonnen werden. Die verschiedenen Verfahren gehen hierbei aus von der Intensitätsfunktion, von Objektgrenzen, von Oberflächenkonturen oder von der Textur.

Einen wichtigen Teilbereich innerhalb der Bildanalyse stellt die Verarbeitung und Interpretation von Bildfolgen dar. Es gibt verschiedene Typen von Bildfolgen, z.B. Stereopaare, Aufnahmen in verschiedenen Spektralkanälen, Tomogramme oder Sequenzen, welche zeitliche Ereignisse widerspiegeln. Für letzteren Typ ist eine Vielzahl von Verarbeitungsmethoden bekannt. Sie beruhen auf einem Vergleich verschiedener Bilder der Folge. Dieser Vergleich kann entweder direkt auf den Intensitätswerten oder auf abstrakten, aus den Intensitäten abgeleiteten Deskriptoren stattfinden. Eine wichtige Teilklasse von Ansätzen, die direkt auf den Intensitätswerten arbeiten, dient der Bestimmung von Verschiebungsvektorfeldern. Man kennt hier unterschiedliche Verfahren, die auf mehr oder weniger starken Einschränkungen bezüglich der möglichen Bewegungen beruhen.

An der Schnittstelle zwischen Methoden zur Extraktion elementarer Bildbestandteile, die ohne problemspezifisches Wissen arbeiten, und wissensbasierten Verarbeitungsschritten treten verschiedene Datenstrukturen auf. Sie dienen der Darstellung von Konturen, Regionen, Objekten etc. und können sowohl 2D- als auch 3D-Natur sein. Bekannte Beispiele zur Integration der Ergebnisse verschiedener Methoden zur Extraktion elementarer Bestandteile sind die sog. "intrinsic images" nach BARROW/TENENBAUM oder die 2 1/2-D Skizze nach MARR.

Die Verwendung von problemspezifischem Wissen hat sich bei komplexen Aufgaben in der Bildanalyse als unabdingbare Notwendigkeit herausgestellt. Beim Einsatz von Wissen stehen zwei Aufgaben im Kernpunkt des Interesses, nämlich die Wisssensrepräsentation und die Wissensnutzung. Bei der Wissensrepräsentation geht es darum, Formalismen zu finden, welche es gestatten, die für die Bildanalyse relevanten Fakten eines Problemkreises formal zu erfassen und rechnerintern darzustellen.

Eine wichtige Klasse von Repräsentationsformalismen ist durch Graphen, Relationalstrukturen, semantische Netze und Frames gegeben. In seiner einfachsten Form ist ein Graph durch je eine Menge von Knoten und Kanten definiert. Knoten dienen üblicherweise der Repräsentation von Teilobjekten, Objekten, Ereignissen etc., während Kanten Relationen zwischen diesen widerspiegeln. Um eine hinreichende Mächtigkeit des Repräsentationsformalismus zu erreichen, werden Knoten- und Kantenmarkierungen, häufig auch Attribute, verwendet. Eine Verallgemeinerung von Graphen stellen Relationalstrukturen dar, welche anstelle der bei Graphen den Kanten entsprechenden zweistelligen Relationen beliebige n-stellige Relationen zwischen den Knoten zulassen. Eng verwandt mit Graphen und Relationalstrukturen sind semantische Netze. Aus formaler Sicht lässt sich die Trennung zwischen semantischen Netzen und Graphen bzw. Relationalstrukturen nur schwer vollziehen. Ueblicherweise spricht man von semantischen Netzen jedoch dann, wenn die Darstellung auf zwei Relationen beruht, nämlich "Teil" bzw. "Teil-von" und "Generalisierung" bzw. "Spezialisierung". Neben diesen Standardrelationen können weitere Relationen in semantischen Netzen auftreten. Knoten - in semantischen Netzen üblicherweise "Konzepte" genannt - besitzen neben einer Markierung und den auch bei Graphen gebräuchlichen Attributen häufig weitere Komponenten, z.B. Bedingungen über Attributen. Semantische Netze lassen sich auch als Datenstrukturen auffassen. Liegt das Schwergewicht auf dieser Art der Betrachtung, so spricht man auch von Frames anstelle von semantischen Netzen. Der Einsatz von Graphen, Relationalstrukturen, semantischen Netzen und Frames ist - neben anderen Bereichen der künstlichen Intelligenz - aus vielen Anwendungen der Bildanalyse bekannt.

Eine andere, weitverbreitete Methode zur Wissensrepräsentation beruht auf Produktionensystemen. Ein Produktionensystem ist durch drei Komponenten charakterisiert, nämlich eine Menge von Produktionen oder Regeln, eine Datenbasis sowie einen Interpreter. Eine Regel ist in der Form "IF A THEN B" dargestellt. Hierbei gibt A eine Bedingung und B eine Aktion an. Die Datenbasis dient der Aufnahme von Ergebnissen und Zwischenergebnissen. Die Arbeitsweise des Interpreters ist dadurch charakterisiert, dass er Regeln auswählt, die Datenbasis auf das Zutreffen der Bedingungen überprüft und gegebenenfalls die Regeln anwendet. Ein Konflikt tritt auf, wenn zu einem Zeitpunkt verschiedene Regeln anwendbar sind. Zur Auflösung derartiger Konflikte sind verschiedene Strategien bekannt. Produktionensysteme bilden die Basis verschiedener Expertensysteme. Im Bereich der Bildanalyse sind ebenfalls zahlreiche Anwendungen bekannt, die nicht nur die Interpretation von Bildern sondern auch die Extraktion elementarer Bildbestandteile unter Einsatz von problemspezifischem Wissen beinhalten.

Ein weiterer Formalismus zur Wissensrepräsentation in der Bildanalyse ist durch formale Grammatiken gegeben. Die Verwendung von Grammatiken wird meist mit dem Begriff "syntaktische Methoden" assoziiert. Den Kern einer formalen Grammatik bildet eine Menge von Regeln oder Produktionen, mit deren Hilfe sich Strukturen in andere Strukturen überführen lassen. Somit kann mittels einer Regel beschrieben werden, wie ein Objekt oder Ereignis aus Teilobjekten oder Teilereignissen zusammengesetzt ist. Die Basis syntaktischer Methoden bilden Grammatiken über Zeichenketten, wie sie in vielen anderen Bereichen der Informatik bekannt sind sowie Verallgemeinerungen, z.B. attributierte, programmierte oder stochastische Grammatiken. Da die mittels einer Grammatik modellierten Strukturen bei realen Anwendungen häufig von Störungen überlagert sind, kommt fehlerkorrigierenden Verfahren ein besonderes Gewicht zu. Hierbei lassen sich nicht nur ideale, ungestörte Muster, sondern auch ihre gestörten Versionen ableiten bzw. erkennen. Zur adäquaten Behandlung der 2D-Natur der in Bildern enthaltenen Information wurden verschiedene Verallgemeinerungen von Zeichenkettengrammatiken vorgeschlagen, z.B. Feldgrammatiken, Baumgrammatiken sowie Graphgrammatiken.

Einen weiteren Ansatz zur Wissensrepräsentation stellen Kontextbedingungen dar. Hier wird definiert welche Interpretation I eines Objekts O mit welcher Interpretation I' eines Objekts O' verträglich ist, wenn zwischen O und O' eine Relation r vorliegt. Ein klassischer Ansatz zur Wissensrepräsentation in der künstlichen Intelligenz ist durch die formale Logik, d.h. den Prädikatenkalkül 1. Stufe, gegeben. Seine Verbreitung im Bereich der Bildanalyse steht allerdings noch aus.

Die Aufgabe bei der Wissensnutzung besteht darin, eine symbolische Beschreibung eines Bildes oder einer Bildfolge unter Zugriff auf die in der Wissensbasis gespeicherten Fakten eines Problemkreises abzuleiten. Der Prozess der Wissensnutzung kann aufgefasst werden als Folge von Transformationen, die von einem initialen Zustand einer Datenbasis zu einem gewünschten Zielzustand führen. Aufgrund von Mehrdeutigkeiten sind zu einem Zeitpunkt i.a. verschiedene Transformationen anwendbar. Somit besteht eine wichtige Teilaufgabe bei der Wissensnutzung darin, aus der Gesamtheit der möglichen Verarbeitungsschritte eine optimale Auswahl zu treffen.

In seiner allgemeinsten Form lässt sich die Behandlung von Mehrdeutigkeiten bei der Wissensnutzung als Suchproblem auffassen, zu dessen Lösung eine Reihe von Ansätzen aus der Literatur bekannt sind. Eine zentrale Rolle spielt hierbei die sog. Graphsuche, bei der es darum geht, einen optimalen Pfad in einem Graphen von einem Start- zu einem Zielknoten zu finden. Das Optimalitätskriterium hängt dabei von der jeweiligen Aufgabenstellung ab. Es sind verschiedene Versionen der Graphsuche bekannt, z.B. "breath-first", "depth-first", heuristische Suche sowie "branch-and-bound". Die Methode der dynamischen Programmierung kann ebenfalls als breath-first Graphsuche interpretiert werden. Bei einer konkreten Anwendung geht es jeweils darum, die vorgegebene Aufgabenstellung als Graphsuchproblem zu formulieren. Im Bereich der Bildanalyse sind zahlreiche derartige Anwendungen bekannt.

Ausgehend von Graphen, Relationalstrukturen oder semantischen Netzen als Szenenmodell geht es häufig bei der Wissensnutzung darum, eine Korrespondenz herzustellen zwischen Modell und Eingabebild bzw. einer symbolischen Darstellung desselben, die mittels geeigneter Verfahren zur Extraktion elementarer Bestandteile gewonnen wurde. Diese Aufgabenstellung ist auch unter dem Begriff "matching" bekannt. Aus der Graphentheorie sind verschiedene

Typen von Korrespondenzen bekannt, z.B. Graphisomorphismen oder Untergraphisomorphismen. In der Bildanalyse ist man aufgrund des Einflusses von Störungen hauptsächlich an unexakten Korrespondenzen interessiert, die gewisse Abweichungen in den zu vergleichenden Strukturen tolerieren. Man findet verschiedene Definitionen für derartige unexakte Korrespondenzen in der Literatur. In ihrer allgemeinsten Form erlauben sie beliebige Löschungen, Einfügungen und Aenderungen von Knoten und Kanten. Die Berechnungsverfahren für unexakte Zuordnungen beruhen vielfach auf Graphsuchverfahren.

Erfolgt die Wissensrepräsentation mittels einer formalen Grammatik, so bildet den Kern der Wissensnutzung üblicherweise ein Syntaxanalyseverfahren. Die Aufgabenstellung bei der Syntaxanalyse besteht darin, bei gegebener Zeichenkette x und Grammatik G zu entscheiden, ob x von G erzeugt werden kann und gegebenenfalls die Ableitung zu rekonstruieren. Der Ableitungsbaum bzw. Ableitungsgraph kann dann als strukturelle Beschreibung einer Szene fungieren. Generell unterscheidet man zwischen top-down, bottom-up und gemischten Verfahren. Je nach Typ der verwendeten Grammatik besitzen die bekannten Syntaxanalysealgorithmen unterschiedliche Komplexität. Während im Bereich der Zeichenkettengrammatiken viele Verfahren zusammen mit ihren Eigenschaften bekannt sind, ist das Gebiet höherdimensionaler Grammatiken bezüglich der Syntaxanalyse teilweise noch unerschlossen.

Kontextbedingungen zur Wissensrepräsentation werden meist im Zusammenhang mit Relaxationsverfahren zur Wissensnutzung angewendet. Grundsätzlich kann man zwischen diskreter und kontinuierlicher Relaxation unterscheiden. Bei der diskreten Relaxation ist ein Paar von Interpretationen für zwei in einer bestimmten Relation stehender Objekte entweder möglich oder nicht. Ausgehend von einer initialen Belegung, die jedem Objekt i.a. mehrere mögliche Interpretationen aufgrund lokaler Eigenschaften zuweist, werden sukzessive solche Interpretationen entfernt, die aufgrund der Kontextbedingungen nicht möglich sind. Bei der kontinuierlichen Relaxation gibt eine Kontextbedingung ein Konsistenzmass aus einem bestimmten Intervall für ein Paar von Interpretationen bezüglich zweier Objekte an. Aehnlich der diskreten Relaxation erfolgt - ausgehend von einer initialen Belegung, die Bewertungen für die verschiedenen Interpretationen angibt - ein schrittweises Aendern der Bewertungen. Es sind verschiedene Ansätze zum Aendern von Bewertungen bekannt. Im Gegensatz zur diskreten Relaxation ist jedoch im kontinuierlichen Fall die Konvergenz des Verfahrens nicht generell gesichert.

Im Zusammenhang mit der Wissensnutzung wurde die Idee der Planung häufig in der Bildanalyse aufgegriffen. Ein Plan ist eine Folge von Aktionen, die der Erreichung eines bestimmten Zieles dient. Die Aufstellung eines Planes erfolgt meist mithilfe besonders schneller oder zuverlässiger Operationen, welche erste grobe Analyseergebnisse liefern, die in nachfolgenden Schritten verfeinert werden. Durch die Konzentration dieser nachfolgenden Schritte auf eine Untermenge der Daten kann i.a. eine Reduktion der Rechenzeit erreicht werden.

Aus der Literatur sind zahlreiche realisierte oder weitgehend realisierte Systeme bekannt, die als Beispiel dienen, wie die einzelnen Methoden zur Extraktion elementarer Bestandteile, Wissensrepräsentation und -nutzung integriert werden können. Anwendungsbereiche für derartige Systeme liegen in der Luftbildauswertung, Szenenanalyse sowie im industriellen und medizinischen Bereich.

Teil 2: Ein wissensbasiertes Bildanalysesystem zur automatischen Auswertung von Sequenzszintigrammen des menschlichen Herzens

2.1 EINLEITUNG

Im ersten Teil dieser Arbeit wurde die wissensbasierte Bildanalyse übersichtsartig behandelt, wobei eine Gliederung nach den Teilgebieten Extraktion elementarer Bestandteile, Wissensdarstellung und Wissensnutzung erfolgte sowie einige aus der Literatur bekannte Systeme vorgestellt wurden. Bei dieser Uebersicht in Kap. 1.5 wurde auf das an der Universität Erlangen-Nürnberg entwickelte System zur Analyse nuklearmedizinisch gewonnener Bildfolgen nicht eingegangen. Eine detaillierte Beschreibung erfolgt im vorliegenden zweiten Teil dieser Arbeit.

2.1.1 ZIELE UND MOTIVATION

Bei der Gewinnung einer medizinischen Diagnose wird i.a. eine Fülle von Informationen ausgewertet. In vielen Teilbereichen spielen hierbei Bilder, die mithilfe der unterschiedlichsten Techniken gewonnen werden, eine wichtige Rolle. Die Zielsetzung der im folgenden beschriebenen Arbeiten war die Entwicklung eines Systems, welches automatische ohne menschliche Interaktion zu einer vorgegebenen Folge von Eingabebildern eine medizinisch-diagnostisch relevante Beschreibung liefert. Bei der Eingabebildfolge handelt es sich dabei um eine Aufnahmesequenz, welche mithilfe nuklearmedizinischer Methoden gewonnen wurde und einen Zyklus (Schlag) des menschlichen Herzens zeigt. Die gewünschte medizinisch-diagnostische Beschreibung bezieht sich auf das Bewegungsverhalten der linken Herzkammer sowie auf eventuell vorhandene pathologische Veränderungen in Form oder Grösse.

Nuklearmedizinische Untersuchungsmethoden spielen in der medizinischen Diagnostik eine zunehmende Rolle, da sie nichtinvasiv sind, d.h. keinen operativen Eingriff erfordern, und deshalb patientenschonend und kostengünstig durchgeführt werden können. Jedoch ist zur Bildgewinnung und diagnostischen Auswertung z.T. ein erheblicher Zeitaufwand erforderlich. So werden in [SCHICHA/EMRICH 1983] Werte für eine Bildsequenz, wie sie vom hier betrachteten System analysiert wird, von ca. 0.5-0.8 h für die Datenakquisition und ca. 0.4 h für die diagnostische Beurteilung genannt. Die heute übliche Vorgehensweise bei der Auswertung der hier betrachteten Bildfolgen ist interaktiv und lässt sich grob in die folgenden Phasen einteilen (vgl. [FEISTEL 1982, SAUER/SEBENING 1980, SCHICHA/EMRICH 1983]).

1) Kinematografische Darstellung der aufgenommenen Bildfolge am Sichtgerät und subjektiv-visuelle Begutachtung. Hierbei wird die aufgenommene Bildfolge dynamisch, d.h. als Film, abgespielt und der auswertende Mediziner verschafft sich einen qualitativen Eindruck von Form, Grösse und Bewegungsverhalten des Herzens. Mithilfe meist kommerziell erhältlicher Softwaresysteme besteht die Möglichkeit zur interaktiven Manipulation verschiedener Grössen, z.B. Wahl zwischen Farb- und Schwarzweissdarstellung, Einstellung des Farb-/Schwarzweiss-Dynamikbereiches, Regelung der Geschwindigkeit etc.

2) Quantitative Auswertung durch Berechnung verschiedener Parameter. Die Ausgangsbasis bilden hierbei häufig Konturen, welche das Organ mit seinen Teilen oder andere interessierende Regionen ("regions of interest") kennzeichnen. Ueblicherweise erfolgt die Konturbestimmung manuell oder halbautomatisch. (Auf die vollautomatische Konturdetektion wird in Kap. 2.2.4 noch genauer eingegangen.) Bei der manuellen Vorgehensweise werden sämtliche interessierenden Konturen mithilfe eines Lichtgriffels, einer Rollkugel o.ä. vollständig von einem Operateur eingetragen, während bei halbautomatischen Verfahren entweder nur einzelne Punkte auf einer Kontur oder nur Konturen in einzelnen Bildern innerhalb einer Sequenz interaktiv angegeben werten [TASTO 1973]. Die Vervollständigung der Konturen innerhalb eines Bildes bzw. bezüglich einer Sequenz wird von geeigneten Programmen übernommen, wodurch i.a. eine Beschleunigung gegenüber dem rein manuellen Vorgehen erzielt wird. Die aus den Konturen abgeleiteten Parameter lassen Rückschlüsse zu auf Herzvolumen, Volumenänderung, Ventrikelfunktion etc. Details zu dieser Thematik folgen in Kap. 2.3. Auch die Verwendung von Funktionsbildern ist üblich. Hierbei erfolgt eine geeignete Verknüpfung von $n \geq 2$ Bildern einer Sequenz [HÖHNE/BÖHM 1983]. Ein weitverbreitetes Beispiel sind Funktionsbilder, die mithilfe orthogonaler Transformationen gewonnen werden [FEISTEL/SAGERER 1981, ADAM/TARKOWSKA/BITTER/STAUCH/GEFFERS 1979].

3) Diagnostische Beurteilung. Hier werden die in Schritt 1 und 2 gewonnenen Erkenntnisse qualitativer und quantitativer Natur kombiniert mit weiteren verfügbaren Informationen, z.B. Patientenvorgeschichte, aktuellen Beschwerden, Ergebnissen vorheriger Untersuchungen etc., mit dem Ziel, eine vollständige Diagnose zu gewinnen.

Das Ziel des hier beschriebenen Systems ist die Automatisierung von Schritt 2 und Teilen von Schritt 3 in oben angegebener Folge. Wesentliches Merkmal ist, dass bei der Ableitung einer diagnostischen Beschreibung in Schritt 3 vom System lediglich von Information Gebrauch gemacht wird, die direkt aus der Eingabebildfolge extrahierbar ist. D.h. die zu ermittelnden diagnostischen Hinweise ziehen ausschliesslich Form, Grösse und Bewegungsverhalten, wie sie aus den Eingabebildern abzuleiten sind, in Betracht und vernachlässigen weitere Information nichtbildhafter Natur, z.B. die oben erwähnten Angaben über Patientenvorgeschichte, aktuelle Beschwerden oder Ergebnisse anderer Untersuchungen. Das System kann somit dem eine Bildfolge auswertenden Mediziner einen länger andauernden Dialog mit dem Rechner ersparen, indem die Bestimmung von Konturen, die Berechnung von diagnostisch relevanten Parametern sowie das Ziehen diagnostischer Schlüsse, die auf der in den Bildern enthaltenen Information beruhen, vollautomatisch durchgeführt wird. In Zweifelsfällen ist es jederzeit möglich, auf den konventionellen interaktiven Auswertungsmodus zurückzugreifen.

Ein wichtiger Grund, der für den Einsatz eines wissensbasierten Bildanalysesystems im diagnostischen Bereich spricht, ist die Arbeitsentlastung des Mediziners. Ein weiterer wichtiger Grund liegt in einer Standardisierung, die sich durch eine Automatisierung der Bildauswertung erzielen lässt. Generell sind der Reproduzierbarkeit der Ergebnisse einer diagnostischen Beurteilung nuklearmedizinisch gewonnener Bildfolgen Grenzen gesetzt. Man unterscheidet zwischen Intraobserver- und Interobservervarianz. Ersterer Fall bezieht sich auf Abweichungen, die bezüglich des gleichen Auswerters zu verschiedenen Zeitpunkten auftreten, während der zweite Begriff die zwischen verschiedenen Auswertern bestehenden Unterschiede bezeichnet. In beiden Fällen wird davon ausgegangen, dass die auszuwertenden Daten jeweis identisch sind. Quantitative Untersuchungen zu dieser Thematik finden sich in [TASTO et al. 1978, SCHICHA/EMRICH 1983]; vgl. auch Kap. 2.6.2. Ein automatisches Auswertungsverfahren gewährleistet offensichtlich volle Reproduzierbarkeit. Beim hier betrachteten System existieren verschiedene Parameter, über welche eine Adaption verschiedener Verarbeitungsschritte vorgenommen werden kann, so dass sich eine bestmögliche Uebereinstimmung zwischen automatisch abgeleiteten diagnostischen Aussagen mit den Ergebnissen einer manuellen Auswertung durch den Mediziner auf der Basis einer Stichprobe ergibt; vgl. auch Kap. 2.6.3. Eine weitere sinnvolle Anwendung, die in engem Zusammenhang mit Reproduzierbarkeit und Standardisierung steht, ist ein Einsatz des Systems im Ausbildungssektor. (Die Verwendung von standardisierten Bildsequenzen mit zugehörigen Befunden im Bereich der Ausbildung wurde auch in [SCHICHA/EMRICH 1983] vorgeschlagen).

Das Schwergewicht bei der Entwicklung des hier betrachteten Systems lag auf der wissensbasierten Bildanalyse. Deshalb wurde auf die Einbeziehung nichtbildhafter Information bei der Ableitung einer diagnostischen Interpretation verzichtet. Das vorliegende System könnte auch die Rolle eines Subexperten zur Bildauswertung innerhalb eines umfangreichen Expertensystems zur medizinischen Diagnostik übernehmen. Folgt man gängigen Definitionen aus der Literatur [HAYES-ROTH/WATERMAN/LENAT 1983, LEHMANN 1984], so erfüllt das betrachtete Bildanalysesystem für sich allein einige der Kriterien, die auf Expertensysteme zutreffen, z.B. hinsichtlich der Komplexität und Realitätsbezogenheit der Aufgabenstellung, der vorwiegend symbolischen Natur der Berechnungen sowie der Modularität und der inkrementellen Erweiterbarkeit. Andere typische Anforderungen an Expertensysteme sind jedoch nicht erfüllt, z.B. die Existenz einer Erklärungskomponente oder Hilfsmittel zur voll- oder teilautomatisierten Wissensakquisition. Hier lässt sich jedoch ein generelles Defizit bei wissensbasierten Bildanalysesystemen feststellen.

Die bisher gegebene Motivation für die Entwicklung und den Einsatz des hier beschriebenen Systems war stark geprägt von Aspekten der Anwendung im Bereich der medizinischen Diagnostik. Hier gilt offensichtlich, dass ein wissensbasiertes Bildanalysesystem ein nützliches Hilfsmittel für den Mediziner darstellen kann. Betrachtet man das System umgekehrt aus der Sicht der wissensbasierten Bildanalyse, so ist die Meinung des Autors, dass die Auswertung von Bildfolgen des menschlichen Herzens einen geeigneten Problemkreis darstellt, um ein System entsprechend der in Abb. 1.1.1 gezeigten Struktur prototypisch für andere Anwendungen zu realisieren. Zunächst ist festzustellen, dass sowohl das Datenmaterial (Bilder schlechter Qualität mit niedrigem Signal/ Rauschverhältnis) als auch der Umfang des erforderlichen medizinischen Wissens einen gewissen Komplexitätsgrad des Problems implizieren, der einen wissensbasierten Ansatz nach Abb. 1.1.1 nahelegt. (Etwa im Gegensatz zu simpleren Aufgabenstellungen, wo die Vorteile der Unabhängigkeit der einzelnen Systemmoduln keine gewichtige Rolle spielen, so dass auch eine Integration dieser Moduln in Frage käme.) Auf der anderen Seite ist das Aufgabengebiet wohldefiniert, abgegrenzt und einer Behandlung mittels bekannter Methoden zur Extraktion elementarer Bildbestandteile, Wissensdarstellung und Wissensnutzung zugänglich. So war es möglich, im universitären Rahmen mit den dort verfügbaren personellen Kapazitäten unter Verwendung von gängigen Hardwarekomponenten und Softwarehilfsmitteln eine Prototyprealisierung des Systems durchzuführen. Der Beitrag des Systems im Bereich der wissensbasierten Bildanalyse liegt darin, dass an einem konkreten Beispiel aufgezeigt wird, wie aus vorgegebenen Abtastwerten - hier nuklearmedizinisch gewonnene Bildfolgen des menschlichen Herzens - unter Verwendung verschiedener, auf jeweils eine Aufgabe spezialisierter Moduln eine symbolische Beschreibung der Eingabedaten abgeleitet werden kann. Dabei entspringt die Aufgabenstellung einem realen Problem und es besteht ein Interesse am Einsatz des Systems bei der routinemässigen Auswertung der zugrundeliegenden Bilder.

Die für das beschriebene System relevanten Arbeiten aus der Literatur lassen sich - neben medizinischer Fachliteratur - in zwei Gruppen einteilen, welche sich zum einen mit Expertensystemen und zum anderen mit der wissensbasierten Bildanalyse beschäftigen. Im ersten Bereich wurde in der letzten Zeit eine Fülle verschiedener Arbeiten bekannt. Der Bereich der medizinischen Diagnostik scheint nach wie vor ein vielversprechendes Anwendungsgebiet für Expertensysteme darzustellen. So war MYCIN [SHORTLIFFE 1976], ein System zur Diagnose von Infektionskrankheiten, eines der ersten Expertensysteme, das weitgehend Beachtung fand. Neuere Arbeiten aus dem Bereich der medizinischen Diagnostik sind ESDAT [HORN 1983] oder MED1 [PUPPE/PUPPE 1983]. Eine Uebersicht über Expertensysteme findet sich in [BARR/FEIGENBAUM 1982, HAYES-ROTH/ WATERMAN/LENAT 1983, LEHMANN 1984]. Die Gemeinsamkeit des hier betrachteten Bildanalysesystems mit einem Expertensystem herkömmlicher Art liegt in der Aufgabe, eine Diagnose aus Patientendaten abzuleiten. Im einen Fall handelt es sich bei den Patientendaten um Symptome, im anderen Fall um nuklearmedizinisch gewonnene Bildfolgen. Aus Benutzersicht unterscheidet sich jedoch das hier betrachtete Bildanalysesystem von einem Expertensystem. Bei Expertensystemen werden die Symptome in einem vom Rechner geführten Dialog interaktiv eingegeben. Demgegenüber wird die im hier beschriebenen Bildanalysesystem untersuchte Bildfolge von Anfang an vollständig bereitgestellt und nach Definition der Benutzeranforderung ohne weitere Interaktionen analysiert. Es sei hier noch darauf aufmerksam gemacht, dass im Rahmen dieser Arbeit der Begriff "Diagnose" in einem gegenüber dem üblichen Gebrauch in der Medizin und bei Expertensystemen eingeschränkten Sinn verwendet wird. Eine Diagnose berücksichtigt dort üblicherweise Symptome, die auf einer Vielzahl von Einzelinformationen beruhen, z.B. objektive Messdaten, subjektive Empfindungen, Patientenvorgeschichte etc. Demgegenüber bezieht sich der Begriff im Zusammenhang mit dem hier beschriebenen Bildanalysesystem auf eine Aussage, die lediglich aufgrund der vorliegenden Bildsequenz gewonnen wird.

Auf Aspekte der wissensbasierten Bildanalyse wurde ausführlich im ersten Teil dieser Arbeit eingegangen. Zusätzliche Arbeiten unter Betonung medizinischer Anwendungen sind beschrieben in [PRESTON/ONOE 1976, HARLOW/DWYER/LODWICK 1976, PRESTON 1976, SPIESBERGER/TASTO 1981, CONNERS/HARLOW/DWYER 1982, HÖHNE/BÖHM 1983].

Ein System zur automatischen Auswertung von Bildfolgen des menschlichen Herzens wird in [TSOTSOS 1980, TSOTSOS/MYLOPOULOS/COVVEY/ZUCKER 1980] vorgestellt. Es existieren sowohl von der Zielsetzung als auch von der Methodik her einige Parallelen zu dem in dieser Arbeit beschriebenen System. Das ALVEN-System nach [TSOTSOS 1980, TSOTSOS/MYLOPOULOS/COVVEY/ZUCKER 1980] analysiert zwei Typen von Röntgenbildfolgen des Herzens. Der erste Typ wird gewonnen durch Verabreichung eines Kontrastmittels mithilfe eines Katheters. Bilder der zweiten Art zeigen Tantal-Markierungen, die im Rahmen eines operativen Eingriffes in den Herzmuskel eingesetzt wurden. Die in [TSOTSOS/MYLOPOULOS/COVVEY/ZUCKER 1980] veröffentlichten Ergebnisse beziehen sich auf Bilder des zweiten Typs, die üblicherweise im Zusammenhang mit einer Patientenüberwachung in der postoperativen Phase ausgewertet werden. Das Ziel besteht darin,eine Beschreibung der Beweglichkeit des Herzmuskels zu erhalten.

In Analogie zu Abb. 1.1.1 lässt sich bei ALVEN klar trennen zwischen Wissensrepräsentation, Wissensnutzung und Methoden zur Extraktion elementarer Bildbestandteile. Bei der verwendeten Methode zur Detektion der Kontur des linken Ventrikels handelt es sich um einen lokalen Kantendetektor, Relaxation und ein Verfahren zur Verbindung der Kantenpunkte. Die Kontur im Bild i wird zur Definition eines Erwartungsbereiches für Bild i+1 verwendet, ähnlich [TASTO 1973], wobei davon ausgegangen wird, dass die Kontur im ersten Bild bekannt ist. Die Konturdetektion bezieht sich auf durch Kontrastmittel und Katheter gewonnene Bilder. Ueber Methoden zur Detektion der Markierungen in Bildern des zweiten Typs finden sich keine Angaben in [TSOTSOS 1980, TSOTSOS/MYLOPOULOS/COVVEY/ZUCKER 1980], jedoch wird über ein entsprechendes Verfahren in [GATTIS/SCHMITT/FRANKOWSKI 1978] berichtet. Die Wissensrepräsentation in ALVEN erfolgt mithilfe eines semantischen Netzes auf der Basis von PSN ("procedural semantic network"). Konzepte des Netzes sind durch frames definiert und untereinander durch Relationen verbunden. Hierbei wird neben den Standardrelationen "Teil/Teil-von" und "Generalisierung/Spezialisierung" auch von Relationen Gebrauch gemacht, die Aehnlichkeiten sowie Ausnahmesituationen anzeigen. Konzepte beziehen sich auf verschiedene begriffliche Ebenen wie Objekte (z.B. das Herz oder der linke Ventrikel), Bewegungen und deren Deskriptoren (z.B. Kontraktion, Expansion, Flächen- oder Formänderung) oder den diagnostischen Bereich (z.B. "zu schnelle Kontraktion" oder "Diskinesie"). Die Wissensnutzung in ALVEN beruht auf einem Relaxationsverfahren. Grundsätzlich erfolgt die Analyse einer Bildfolge schrittweise Bild für Bild. Im Laufe der Verarbeitung werden Hypothesen mit zugehörigen Sicherheiten aufgebaut. Aufgrund der Eingabedaten sowie spezieller Relationen, welche die Verträglichkeit oder Unverträglichkeit zwischen den im Netz enthaltenen Konzepten anzeigen, erfolgt eine Aenderung der Sicherheiten unter Verwendung eines Berechnungsschemas ähnlich [ROSENFELD/HUMMEL/ZUCKER 1976]. Die beste Hypothese, die sich bei der Auswertung von Bild i ergibt, wird als Vorhersage für Bild i+1 verwendet.

Die wichtigsten Unterschiede zwischen ALVEN und dem an der Universität Erlangen-Nürnberg entwickelten System liegen in der Wissensnutzung und den Methoden zur Extraktion elementarer Bildbestandteile. Letzterer Unterschied resultiert auch aus den unterschiedlichen Ausgangsbildern (vgl. Kap. 2.1.2). Weitgehende Uebereinstimmung herrscht bei der Zielsetzung beider Systeme und bei der Wissensrepräsentation.

2.1.2 BILDAUFNAHME

Bisher wurden die vom hier betrachteten Bildanalysesystem ausgewerteten Eingabedaten pauschal als nuklearmedizinisch gewonnene Bildfolgen des menschlichen Herzens bezeichnet. Die genauere Betrachtung zeigt, dass es verschiedene Techniken zur Gewinnung derartiger Bildfolgen gibt, wobei von teilweise unterschiedlichen medizinischen Fragestellungen ausgegangen wird. Die folgenden Ausführungen stützen sich im wesentlichen auf [SAUER/SEBENING 1980, FEISTEL 1982, SCHICHA/EMRICH 1983].

In der Nuklearmedizin gewinnt man Bilder, sog. Szintigramme, indem dem Patienten eine schwach radioaktive Substanz appliziert wird. Die Verteilung dieser Substanz im Körper ist durch die beim Zerfall entstehende Strahlung von der Körperoberfläche aus messbar. Hier muss auf den Unterschied zur Röntgendiagnostik hingewiesen werden, bei der - nach Verabreichung eines Kontrastmittels - die unterschiedliche Absorption einer von aussen den Körper durchdringenden Strahlung bildlich dargestellt wird.

Ein Ueberblick über die wichtigsten Verfahren im Bereich der nuklearmedizinischen Herzdiagnostik ist in Abb. 2.1.2.1 zu sehen. Man kann zunächst unterscheiden zwischen der Thallium-201-Myokardszintigraphie und der Technetium-99m-Ventrikelszintigraphie. Bei ersterer Methode reichert sich die radioaktive Substanz - hier Thallium-201- im Herzmuskel, dem sog. Myokard, abhängig von der regionalen Durchblutung an. Somit ist die Sichtbarmachung von minderdurchbluteten Bereichen des Herzmuskels möglich. Zur diagnostischen Auswertung werden i.a. verschiedene

Aufnahmen herangezogen, die in Ruhe und/oder nach physischer Belastung des Patienten sowie unter verschiedenen Projektionen gewonnen wurden. Im Gegensatz zur Myokardszintigraphie verbleibt das bei der Ventrikelszintigraphie verwendete Technetium-99m im Blut und wird nicht vom Herzmuskel oder von anderen Organen aufgenommen. Somit kann mittels dieser Methode der mit Blut gefüllte Innenraum des Herzens sichtbar gemacht werden und es ist möglich, Aussagen über Grösse, Form und Funktionszustand des Herzens zu treffen. Die 2D-Intensitätsverteilung in einem Bild spiegelt die 3D-Aktivitätsverteilung im Blut wieder.

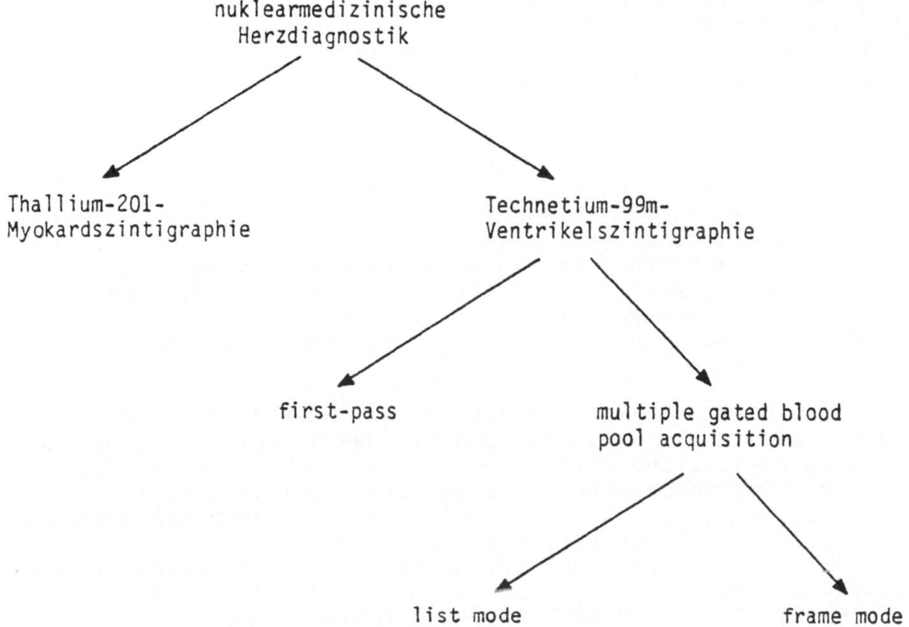

Abb. 2.1.2.1: Verschiedene Methoden der nuklearmedizinischen Herzdiagnostik

Bei der Ventrikelszintigraphie mit Technetium-99m unterscheidet man abermals zwei verschiedene Untersuchungsmethoden, nämlich die sog. Radionuklidangiokardiographie, auch "first-pass"-Methode genannt, und die Radionuklidventrikulographie, welche auch als EKG-getriggerte Herzbinnenraumszintigraphie oder "multiple gated blood pool acquisition", kurz MUGA, bezeichnet wird. Beide Methoden haben gemeinsam, dass eine zeitliche Folge von Bildern gewonnen wird. Bei der first pass-Methode spiegelt diese Bildsequenz wieder, wie eine räumlich konzentrierte Dosis des Radiopharmakons das Herz passiert. Im Gegensatz dazu erfolgt die Bildaufnahme bei der EKG-getriggerten Herzbinnenraumszintigraphie erst nach Gleichverteilung des applizierten Mittels im Blut. Das Ziel besteht hier darin, die Pumpbewegung des Herzens, insbesondere der beiden Herzkammern (Ventrikel), in der aufgenommenen Bildfolge sichtbar zu machen.

Bei der EKG-getriggerten Herzbinnenraumszintigraphie ergibt sich eine nochmalige Unterscheidung zwischen zwei Aufnahmetechniken, die als "list-mode" und "frame-mode" bekannt sind. Der list-mode zeichnet sich dadurch aus, dass alle registrierten Strahlungsquanten bezüglich ihrer x,y-Koordinaten zusammen mit Zeitmarken online während der Aufnahme abgespeichert werden. Nach abgeschlossener Bildaufnahme erfolgt offline die Rekonstruktion der Bildsequenz. Im Gegensatz dazu erfolgt beim frame-mode online die Zuordnung eines jeden registrierten Strahlenquants zu einer festen Bildnummer und einer x,y-Koordinate. Das Schema ist in Abb. 2.1.2.2 gezeigt (modifiziert nach [SAUER/SEBENING 1980]). Zunächst werden einige Herzzyklen vom Rechner analysiert und es erfolgt die Bestimmung der mittleren Zykluszeit, d.h. des Zeitintervalls zwischen zwei aufeinanderfolgenden R-Zacken im EKG. Aus dieser Zeitspanne t ergibt sich gemäss

$$\Delta t = \frac{t}{n} \qquad (2.1.2.1)$$

die Aufnahmezeitdauer für ein Bild der Sequenz, wobei n die Anzahl der Bilder innerhalb eines Herzzyklus bezeichnet. Zur Verbesserung der Bildqualität werden ca. 200-500 Herzzyklen phasenrichtig aufsummiert, wodurch man einen repräsentativen Herzzyklus erhält. Wie man in Abb. 2.1.2.2 erkennt, entspricht das erste Bild einer Folge, das zum Zeitpunkt des Auftretens der R-Zacke im EKG aufgenommen wird, stets dem maximalen Kammervolumen.

Die Bildaufnahme in frame-mode ist bezüglich Hard- und Softwareanforderungen weniger aufwendig und hat den Vorteil, dass der gewünschte repräsentative Zyklus unmittelbar nach Abschluss der Aufnahme zur Verfügung steht, während im list-mode erst eine Rekonstruktion der Bildsequenz aus den aufgenommenen Daten erfolgen muss. Dagegen treten bei Herzrhythmusstörungen, d.h. bei unterschiedlich langen Herzzyklen, bei dieser Art der Bildakquisition Verfälschungen auf, die sich im list-mode vermeiden lassen. Da sich Unterschiede in der Zyklusdauer bei einer Summation über 200-500 Einzelzyklen praktisch nie völlig vermeiden lassen, tritt bei frame-mode Aufnahmen typischerweise ein Abfall der Gesamtzahl der registrierten Quanten in den letzten Bildern einer Sequenz auf. (Ist ein Zyklus länger als die vorher bestimmte Zeit t in Gleichung (2.1.2.1), so werden in den n Zeitintervallen der Länge Δt jeweils Quanten aufgezeichnet; die anschliessend bis zum Auftreten der nächsten R-Zacke emmitierte Strahlung bleibt unregistriert. Umgekehrt werden für die Bilder n-m+1,n-m+2,...,n keine Quanten registriert, wenn die Zyklusdauer nur $(n-m)\Delta t$ beträgt.) Eine Kompensation dieses unerwünschten Effekts lässt sich erreichen mittels

$$f'_j(x,y) = \frac{\sum_{(x,y)} f_i(x,y)}{\sum_{(x,y)} f_j(x,y)} f_j(x,y) \qquad (2.1.2.2)$$

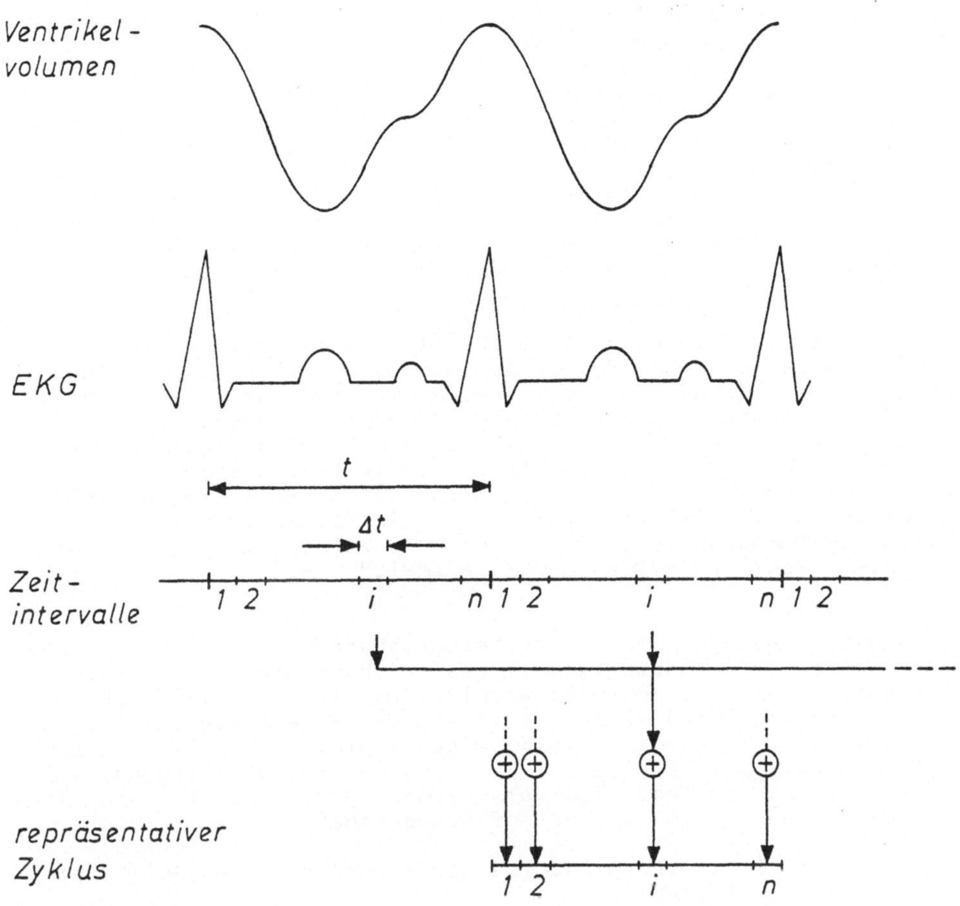

Abb. 2.1.2.2: Bildaufnahme in frame mode

Diese Operation wird für jeden Punkt (x,y) des Bildes f_j durchgeführt und bewirkt eine Normierung, so dass die Summe der Intensitäten im Bild f_j an das Bild f_i angepasst wird. Hierbei geht man von der Vorstellung aus, dass die Pumpbewegung des Herzens lediglich in einer örtlichen Umverteilung der Intensitätswerte resultiert und dass deshalb die Summe der Intensität in allen Bildern einer Sequenz jeweils konstant sein sollte.

Zur Aufnahme von Szintigrammen wird eine Szintillations- oder Gammakamera verwendet, die mit einem Digitalrechner verbunden ist, in dessen Speicher die aufgenommenen Bilder abgelegt werden. Das Messprinzip besteht darin, dass in einem Natriumjodidkristall durch Absorption eines Photons (Gammaquant) ein Lichtblitz erzeugt wird, den man Szintillation nennt. Die Intensität der Szintillation ist proportional der Energie des in den Kristall eingedrungenen Gammaquants. Die Lichtblitze werden durch eine flächendeckende Anordnung hinter dem Natriumjodidkristall liegender Photomultiplier geortet, in Stromimpulse umgewandelt, verstärkt und über einen A/D-Wandler dem Rechner zugeführt. Die Aufnahmetechnik birgt einige systematische und zufällige Fehler in sich, die z.B. in [SAUER/SEBENING 1980] aufgezählt werden. Insbesondere ist zu erwähnen, dass der Zerfall des verabreichten Radiopharmakons ein Zufallsprozess ist, der den Gesetzen der Statistik unterliegt. Man wird also i.a. eine Streuung der Messwerte registrieren, ohne dass eine Aenderung der Aktivität vorliegt. Eine genauere Behandlung dieses Themas findet sich auch in [RASOW 1980].

In letzter Zeit finden im Bereich der medizinischen Herzdiagnostik auch zunehmend Verfahren der Computer-Tomographie Anwendung. Bei der Emissions-Computer-Tomographie ("single photon emission computer tomography"=SPECT) werden konventionelle gammastrahlende Radionuklide, d.h. Thallium-201 und Technetium-99m verwendet. Man erstellt hier transversale Schnittbilder mittels einer oder zweier in Opposition stehender Kameras. Neben der Emissions-Computer-Tomographie kennt man die Positronen-Emissions-Tomographie (PET) bei der als Radionuklide Positronenstrahler verwendet werden [SCHICHA/EMRICH 1983].

Im Rahmen des in dieser Arbeit beschriebenen Systems liegen EKG-getriggerte Sequenzszintigramme des Herzbinnenraums vor, deren Aufnahme stets im frame-mode erfolgt. Es wird eine linksschräge Projektion von vorne (LAo-45°) verwendet. Eine Korrektur der Intensitätsschwankungen erfolgt mittels Gleichung (2.1.2.2) mit i=1 und j=2,...,n. Die der Bildakquisition zugrundeliegende Hardwarekonfiguration legt zwei verschiedene Möglichkeiten bezüglich der örtlichen und zeitlichen Auflösung nahe:

1) 12 Einzelbilder pro Bildfolge mit einer örtlichen Auflösung von 64x64 Bildpunkten

2) 48 Einzelbilder pro Bildfolge mit einer örtlichen Auflösung von 32x32 Bildpunkten.

Die Gesamtzahl der von der Kamera registrierten Impulse ist für eine Bildfolge fest und ist nach oben beschränkt dadurch, dass der Strahlenbelastung des Patienten Grenzen gesetzt sind. Somit bedeutet eine Erhöhung der zeitlichen (örtlichen) Auflösung bei konstanter örtlicher (zeitlicher) Auflösung eine Verringerung der durchschnittlichen Impulse pro Bildpunkt, was einer Verschlechterung der Bildqualität entspricht. Eine Erhöhung der zeitlichen (örtlichen) Auflösung sollte also einhergehen mit einer Erniedrigung der örtlichen (zeitlichen) Auflösung. Da 32x32 Bildpunkte für die bei der Bildanalyse verwendeten Algorithmen zur Konturdetektion und Segmentierung als zu grob erscheinen, wird im folgenden stets von Bildsequenzen mit 12 Einzelbildern zu 64x64 Punkten ausgegangen. Alle verwendeten Algorithmen sind jedoch nicht an diese Grössen gebunden und die zugehörigen Programme lassen sich ohne Probleme auf andere Werte umstellen.

2.1.3 SYSTEMÜBERSICHT

Die Aufgabe des hier betrachteten Systems besteht darin, automatisch eine diagnostisch relevante Beschreibung einer nuklearmedizinisch gewonnenen Bildfolge des menschlichen Herzens zu ermitteln. Eine Systemübersicht ist in Abb. 2.1.3.1 gezeigt. Es besteht hier eine weitgehende Uebereinstimmung mit Abb. 1.1.1, in Anlehnung an Kap. 1.4 in [NIEMANN 1981]. Im folgenden werden die in Abb. 2.1.3.1 gezeigten Systemmoduln übersichtsartig erläutert. Eine detaillierte Beschreibung erfolgt in Kap. 2.2-2.5.

Das Modell in Abb. 2.1.3.1 enthält das zur Analyse einer Bildfolge nötige medizinische Wissen. Man kann hier unterscheiden zwischen deklarativem und prozeduralem Wissen. Erster Typ spiegelt haupsächlich qualitative Zusammenhänge wieder. Das Modell ist als semantisches Netz organisiert mit Konzepten, welche mittels der Relationen "Teil" und "Spezialisierung" bzw. den Umkehrungen "Teil-von" und "Generalisierung" verknüpft sind (vgl. Kap. 1.3.1). Konzepte repräsentieren Grössen unterschiedlicher Natur, z.B. Objekte wie die linke Herzkammer, Bewegungen oder diagnostische Begriffe. Die Struktur des Netzes mit den Konzepten und Relationen entspricht dem deklarativen Teil der Wissensbasis. Das im Modell verwendete prozedurale Wissen dient der Berechnung von Attributen, Strukturen und Sicherheitsfaktoren. Attribute stellen Komponenten von Konzepten zu deren genaueren Charakterisierung dar. Beispiele sind die Grösse und Lage eines Objekts oder die Dauer und Stärke einer Bewegung. Strukturen entsprechen Bedingungen an die Werte von Attributen. Der Sicherheitsfaktor gibt ein Sicherheitsmass an, mit welchem eine bestimmte Instanz aus den aktuellen Eingabedaten generiert werden kann. Sowohl Attribute, als auch Strukturen und Sicherheitsfaktoren sind aus syntaktischer Sicht als Unterkomponenten von Konzepten im Netz verankert.

Die Instanzen in Abb. 2.1.3.1 entsprechen dem Kurzzeitwissen in Abb. 1.1.1. Hier werden also die Ergebnisse und Zwischenergebnisse abgespeichert, die im Laufe der Analyse einer konkreten Bildfolge anfallen. Als Besonderheit gilt, dass die Instanzen in der gleichen Weise wie das Modell strukturiert sind. D.h., dass zwischen Instanzen die gleichen Relationen bestehen wie zwischen den zugehörigen Konzepten. Hierdurch kann der Instanzen-Modul als Abbild des Modells aufgefasst werden. Es existieren lediglich zwei Unterschiede:

1) Mit den prozeduralen Wissensquellen im Modell korrespondieren bei den Instanzen konkrete Werte, welche die entsprechenden Prozeduren bei Anwendung auf die Eingabedaten liefern.

2) Zu einem Konzept des Modells gehören potentiell mehrere konkurrierende Instanzen.

Der Instanzen-Modul spielt ausschliesslich die Rolle einer Kurzzeitversion des Modells, etwa im Gegensatz zur "Blackboard" nach [NAGAO/MATSUYAMA 1980], in der i.a. zusätzliche, von den verschiedenen Moduln gelieferte Information abgelegt wird. Kontrollinformation und temporäre Datenstrukturen, die lokal für einzelne

Moduln des hier betrachteten Systems relevant sind, werden ausschliesslich lokal verwaltet. Aus Abb. 2.1.3.1 geht hervor, dass das Modell eine "read-only"-Funktion hat, während im Instanzen-Modul sowohl gelesen als auch geschrieben wird.

Der Modul "Methoden" in Abb. 2.1.3.1 beinhaltet verschiedene Verfahren zur Extraktion elementarer Bildbestandteile, die in fester Reihenfolge ausgeführt werden. Zunächst erfolgt eine Bildglättung. Dies dient der subjektiv-visuellen Verbesserung der Bilder und vereinfacht die nachfolgende Verarbeitung. Eine Bildglättung ist erforderlich aufgrund der in Kap. 2.1.2 erwähnten statistischen Natur der Aussendung der von der Kamera registrierten Gammaquanten. An die Bildglättung schliesst sich die Detektion der linken Herzkammer an. Die gegenwärtige Version des Systems nimmt lediglich auf diesen Teil des Herzens Bezug. (Der Grossteil der Untersuchungen gilt dem linken Ventrikel, da dieser den sog. grossen Kreislauf, d.h. den Körper, versorgt, während die rechte Kammer für den kleinen Kreislauf zwischen Herz und Lunge zuständig ist. Somit machen sich pathologische Störungen des linken Ventrikels besonders gravierend bemerkbar.) Auf der Basis der so erhaltenen Konturen ist es möglich, eine Beurteilung des linken Ventrikels aus globaler Sicht durchzuführen. Häufig ist man zusätzlich daran interessiert, eine Aussage über einen Teil der linken Herzkammer zu treffen, insbesondere im Fall einer pathologischen Veränderung ("Wo ist die Störung am ausgeprägtesten?" oder "Welche Teile sind von der Störung nicht betroffen?"). Deshalb erfolgt nach der Detektion der linken Herzkammer eine Segmentierung deren Fläche in bestimmte Bereiche, die dann separat einer diagnostischen Beurteilung zugänglich sind.

Der Dialog-Modul stellt die Schnittstelle zwischen Benutzer und System dar. Aus Benutzersicht lassen sich im wesentlichen zwei verschiedene Aktivitäten im Umgang mit dem System unterscheiden, nämlich zum einen die Uebergabe einer Anforderung an das System und zum anderen der Abruf der Ergebnisse einer Analyse. Anforderungen werden im Dialog an das System übergeben. Eine Anforderung besteht in der Angabe des Namens eines im Modell enthaltenen Konzepts. Dieser Konzeptname wird an den Kontrollmodul übergeben und die Aufgabe des Systems besteht nun darin, das entsprechende Konzept zu instanziieren. Wird z.B. ein Konzept angegeben, welches eine diagnostische Interpretation repräsentiert, so ist dessen Instanziierung äquivalent mit einer Ueberprüfung, ob diese diagnostische Interpretation auf die Eingabebildfolge zutrifft. Man kann unterscheiden zwischen Konzepten, für die eine Reihe von Spezialisierungen existieren und solchen, die keine Spezialisierungen besitzen. Im ersten Fall beinhaltet die Instanziierung auch das Instanziieren der Spezialisierungen; im zweiten Fall wird lediglich eine Instanz des ausgewählten Konzepts generiert. Wird z.B. das allgemeine Konzept "VOLLSTÄNDIGE DIAGNOSE" vom Benutzer ausgewählt, so bedeutet dessen Instanziierung eine Ueberprüfung sämtlicher im Modell vorhandener spezieller Diagnosen. Nach Abschluss einer Analyse ist das Modell vollständig oder teilweise instanziiert. Die Instanzen bilden das Ergebnis der Auswertung. Der Benutzer hat nun die Möglichkeit, im Dialog auf die Instanzen zuzugreifen und Werte, z.B. die Sicherheiten für einzelne Diagnosen oder medizinisch relevante Parameter interaktiv auszugeben.

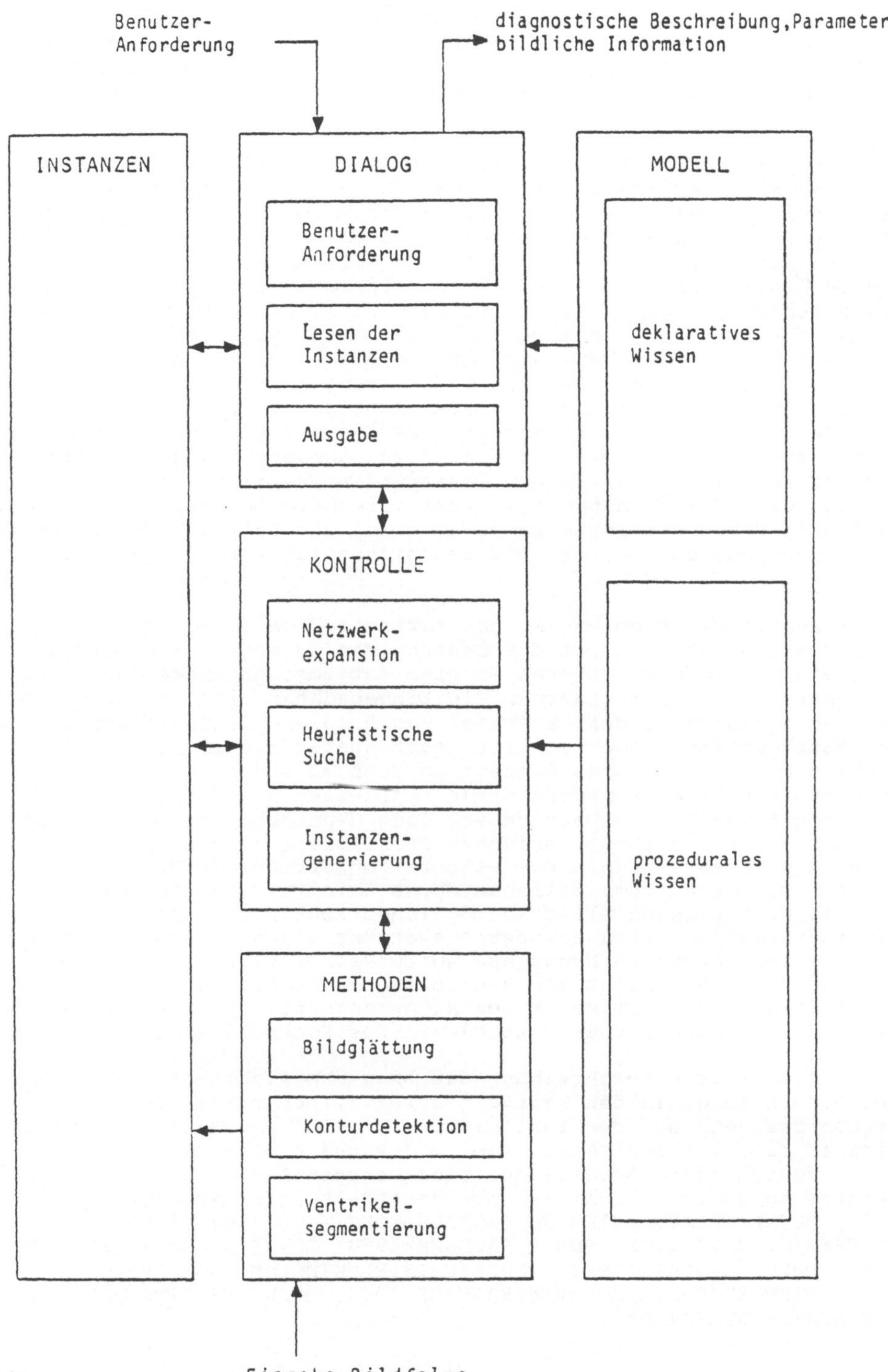

Abb. 2.1.3.1: Systemüberblick

Dabei erfolgt je nach Art der gewünschten Daten die Ausgabe in alphanumerischer oder graphischer Form. Die Konzeption des Dialog-Moduls beruht im wesentlichen auf Menüs, die dem Benutzer zu einem Zeitpunkt die Auswahl unter mehreren Aktionen ermöglichen.

Die Aufgabe des Kontroll-Moduls besteht darin, die Analyse einer Bildsequenz unter Zugriff auf das im Modell gespeicherte Wissen, die Instanzen und unter Aktivierung der Methoden zur Extraktion elementarer Bestandteile geeignet zu steuern. Vom Dialog-Modul wird an die Kontrolle das vom Benutzer als Anforderung spezifizierte Konzept übergeben. Wie oben erläutert, besteht die Aufgabe des Systems nun darin, dieses Konzept zu instanziieren. Dies bedeutet für den Fall, dass es sich um eine diagnostische Interpretation handelt, eine Ueberprüfung, ob diese auf die Eingabedaten zutrifft. Wurde in der Benutzeranforderung keine diagnostische Interpretation, sondern ein anderes Konzept spezifiziert, z.B. eine Bewegung, so ist die Aufgabe des Systems analog. Sie besteht darin, eine Instanz des spezifizierten Konzepts aus der Eingabesequenz abzuleiten. Bevor ein Konzept instanziiert werden kann, müssen seine Teile instanziiert sein. Deshalb beinhaltet der Modul Kontrolle neben der Instanzengenerierung als Teilaufgabe die sog. Netzwerkexpansion, bei der die benötigten Teile bereitgestellt werden.

Ein wesentliches Problem ist das Auftreten von Unsicherheiten oder Mehrdeutigkeiten bei der Deutung des Inhalts eines Bildes oder einer Bildfolge. Dieses Problem ist umso gravierender, je unsicherer und qualitätsärmer die Eingabedaten sind. Aufgrund der statistischen Natur der Daten ist das Problem der Unsicherheit und Mehrdeutigkeit auch im hier betrachteten System von Relevanz. Deshalb werden für jedes Konzept im Netz zu einem Zeitpunkt potentiell mehrere konkurrierende Hypothesen auf der Basis der gleichen Eingabedaten betrachtet. Jede Hypothese ist hierbei mit einem Sicherheitsfaktor versehen. Prinzipiell lassen sich aus einer Hypothese verschiedene weitere konkurrierende Hypothesen auf einer anderen begrifflichen Ebene ableiten. Um die kombinatorische Explosion aller so möglichen konkurrierenden Hypothesen zu vermeiden, wird bei der Auswertung einer Bildfolge nur die jeweils bestbewertete Hypothese weiterverfolgt. Die formale Basis für das Vorgehen bildet ein heuristisches Suchverfahren, welches das Auffinden der optimalen Lösung garantiert. Dieses Suchverfahren ist ein wesentlicher Bestandteil des Kontroll-Moduls.

Eine detaillierte Beschreibung der hier übersichtsartig skizzierten Moduln folgt in den Kapiteln 2.2-2.5. Ueber experimentelle Ergebnisse, die auf der realisierten Version des Systems beruhen, wird in Kap. 2.6 berichtet. Kap. 2.7 enthält eine Zusammenfassung. Verschiedene Aspekte des hier vorgestellten Systems wurden bereits in anderen Publikationen behandelt [NIEMANN/SAGERER 1982, BUNKE/FEISTEL/NIEMANN/SAGERER/WOLF/ZHOU 1982, BUNKE/SAGERER/NIEMANN 1983, BUNKE/SAGERER 1983, BUNKE/GREBNER/SAGERER 1984, BUNKE/SAGERER 1984, BUNKE/FEISTEL/NIEMANN/SAGERER/WOLF 1984, NIEMANN/BUNKE/HOFMANN/SAGERER 1984, BUNKE/FEISTEL/HOFMANN/NIEMANN/SAGERER 1984].

2.2. EXTRAKTION ELEMENTARER BILDBESTANDTEILE

Im folgenden werden die im Modul "Methoden" nach Abb. 2.1.3.1 zusammengefassten Verfahren genauer beschrieben. Zunächst erfolgt im Kap. 2.2.1 eine kurze Erläuterung des prinzipiellen Inhalts der hier betrachteten Bilder. Die Bildglättung ist Thema von Kap. 2.2.2. Methoden zu Detektion des linken Ventrikels werden in Kap. 2.2.3 und 2.2.4 behandelt. Dabei bezieht sich Kap. 2.2.4 auf das in der gegenwärtigen Systemversion realisierte Verfahren, während weitere Experimente auf der Basis von Schwellwertmethoden in Kap. 2.2.3 behandelt werden. Das Verfahren nach Kap. 2.2.4 zeichnet sich gegenüber den Methoden von Kap. 2.2.3 durch eine höhere Zuverlässigkeit aus. Die Segmentierung des Bereiches der linken Herzkammer in Teilregionen wird in Kap. 2.2.5 und 2.2.6 behandelt. Hierbei werden zwei Ansätze vorgestellt, die sich gegenseitig ergänzen und die beide im System verwendet werden, nämlich Segmentierung unter Verwendung fester Winkel und Segmentierung nach anatomischen Kriterien. Die mithilfe der Verfahren nach Kap. 2.2.4 gewonnenen Konturen des linken Ventrikels sowie die Konturen der Regionen nach Kap. 2.2.5 und 2.2.6 bilden das Endergebnis der Berechnungen des Moduls "Methoden". Diese Konturen werden vom System unter Regie der Kontrolle mithilfe des im Modell gespeicherten Wissens weiterverarbeitet.

2.2.1 BILDINHALT

Bei den hier betrachteten Bildern handelt es sich um EKG-getriggerte Herzbinnenraumszintigramme, die in frame-mode mit einer örtlichen Auflösung von 64x64 Bildpunkten und einer zeitlichen Auflösung von 12 Bildern pro Herzzyklus gewonnen werden. Die Aufnahme der Bilder erfolgt unter einer sog. LAo-45° Projektion von schräg links vorne. Eine typische Bildsequenz, wie sie vom hier beschriebenen System verarbeitet wird, ist in Abb. 2.2.1.1 dargestellt. Das erste Bild dieser Folge zeigt Abb. 2.2.1.2. Im Rahmen der hier betrachteten Problemstellung interessieren vor allem drei Bereiche im Bild, die in Abb. 2.2.1.3 schematisch dargestellt sind. Es handelt sich um die linke Herzkammer, auch linker Ventrikel genannt, die Herzscheidewand, auch Septum genannt, sowie die rechte Herzkammer (rechter Ventrikel) zusammen mit rechtem Vorhof (rechtem Atrium) und Pulmonalarterie. Die mit Blut gefüllten Hohlräume weisen eine höhere Strahlungsintensität als der umschliessende Herzmuskel und das Septum auf. Die 2D-Intensitätsverteilung im Bild spiegelt die 3D-Verteilung des Radiopharmakons im Blut wieder. Wie man erkennt, ist eine deutlich wahrnehmbare Hintergrundstrahlung vorhanden, die von anderen Blutgefässen ausserhalb des Herzens herrührt.

Das Schema der Bildaufnahme, insbesondere auch der Projektionswinkel, unter dem eine Aufnahme angefertigt wird, bleibt prinzipiell von Patient zu Patient konstant. Dennoch weisen die Bilder bezüglich ihres Inhalts eine gewisse Variabilität auf. Diese bezieht sich auf Grösse, Form und Bewegungsverhalten des Herzens sowie auf die Gesamtzahl der in einer Bildfolge von der Kamera registrierten Gammaquanten. (Letztere Grösse ist ein Indikator

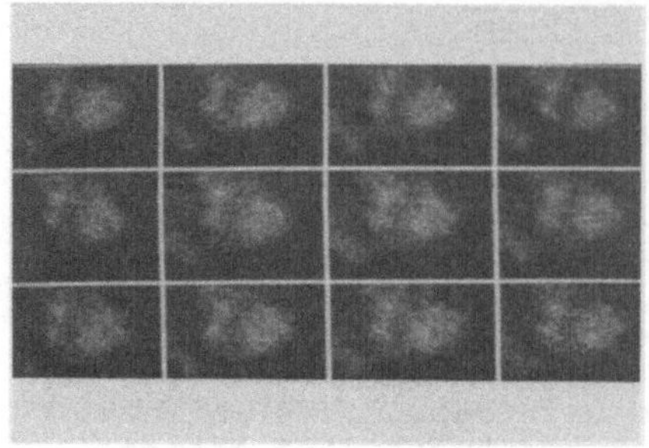

Abb. 2.2.1.1: Beispiel für eine Bildsequenz

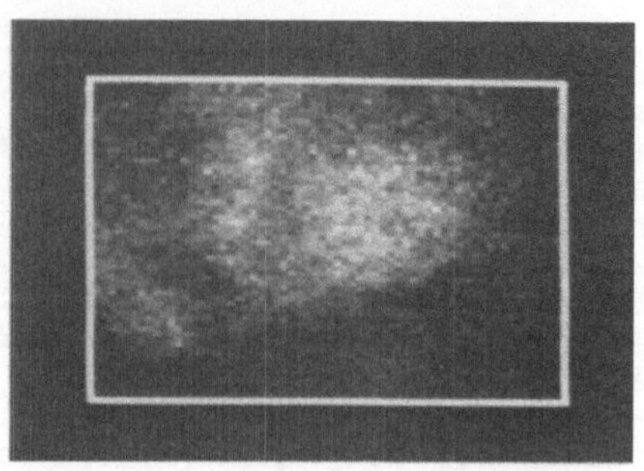

Abb. 2.2.1.2: 1. Bild der Sequenz von Abb. 2.2.1.1

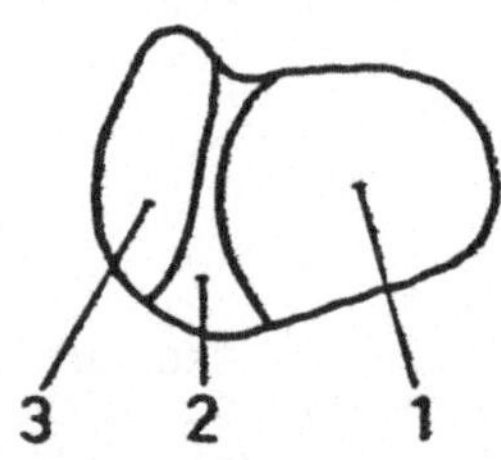

Abb. 2.2.1.3: Schematische Darstellng des Inhalts von Abb. 2.2.1.2: 1=linker Ventrikel, 2=Septum, 3=rechter Ventrikel mit rechtem Atrium und Pulmonalarterie

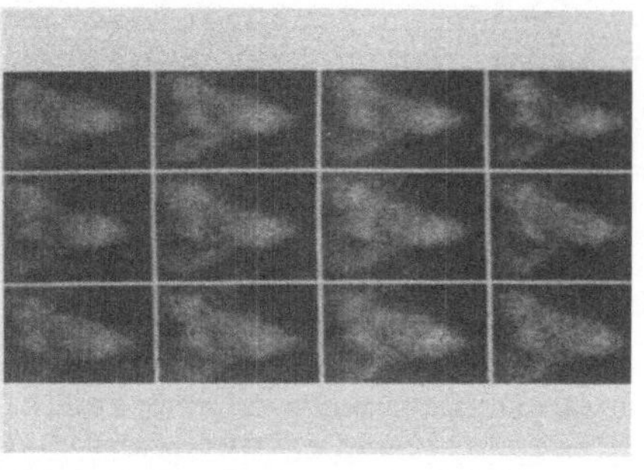

Abb. 2.2.1.4: Eine weitere Bildsequenz

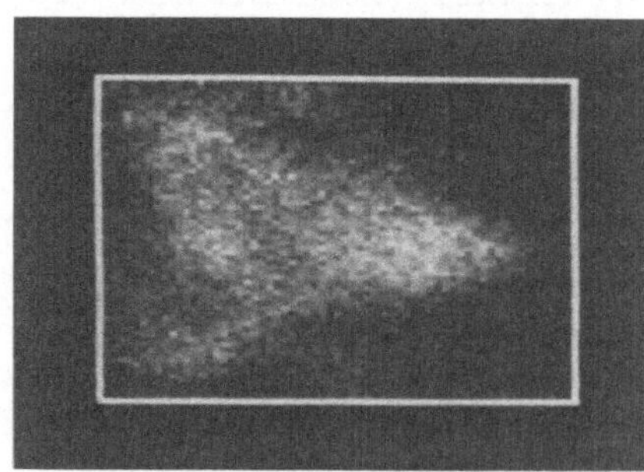

Abb. 2.2.1.5: 1. Bild der Sequenz von Abb. 2.2.1.4

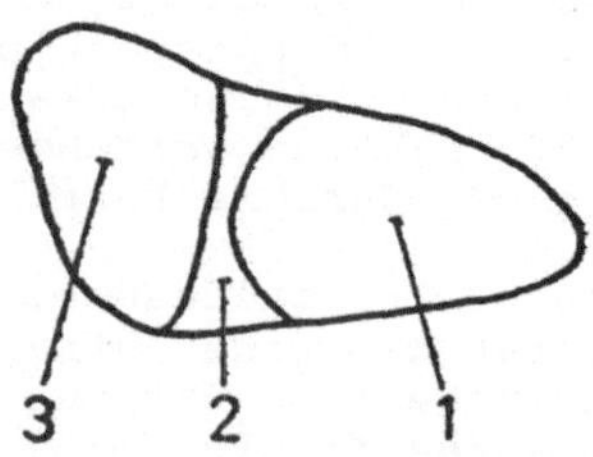

Abb. 2.2.1.6: Schematische Darstellung des Inhalts von Abb. 2.2.1.5 analog Abb. 2.2.1.3

für die Bildqualität. Für die Variation der Anzahl der registrierten Quanten gibt es verschiedene Ursachen, z.B. unterschiedliche Absorption der Strahlung aufgrund der Beschaffenheit und Ausdehnung des Gewebes zwischen Herz und Körperoberfläche.) Eine weitere Bildsequenz ist in Abb. 2.2.1.4 gezeigt. Das erste Bild dieser Folge und eine schematische Darstellung des Bildinhalts enthält Abb. 2.2.1.5 und 2.2.1.6.

2.2.2 BILDGLAETTUNG

Das Aussenden der von der Kamera registrierten Gammaquanten ist ein Zufallsprozess. So ergeben sich Intensitätsschwankungen zwischen benachbarten Bildpunkten, obwohl die tatsächlich vorhandene Aktivität in den entsprechenden Bereichen konstant ist. Dieser Effekt ist deutlich in Abb. 2.2.1.1, 2.2.1.2, 2.2.1.4 und 2.2.1.5 zu beobachten. Zur Verbesserung der Bildqualität erfolgt als erster Verarbeitungsschritt eine Glättung. Hierdurch wird zum einen der subjektiv-visuelle Eindruck verbessert. Zum anderen stellt die Bildglättung eine wesentliche Voraussetzung für die in Kap. 2.2.3 und 2.2.4 behandelten Konturfindungsalgorithmen dar.

Das Thema Bildglättung wurde unter allgemeinen Gesichtspunkten in Kap. 1.2.1 erläutert. Am einfachsten zu realisieren unter allen bekannten Verfahren ist die Methode der Mittelwertglättung unter Verwendung eines nxn Fensters. Von diesem Verfahren wurde kein Gebrauch gemacht, da es bekanntermassen eine Kontrastverminderung, d.h. eine Reduzierung der Kantensteilheit, mit sich bringt. Es wurde die Brauchbarkeit der nichtlinearen Glättungsoperation nach [NAGAO/MATSUYAMA 1980] experimentell untersucht. Dieses Verfahren hat sich ebenfalls als nicht geeignet herausgestellt, da es dazu tendiert, den Herzbereich in viele kleine homogene Flächen mit steilen Uebergängen zu zerlegen (man vergleiche z.B. Abb. 3.5 und 3.6 auf S. 39-43 in [NAGAO/MATSUYAMA 1980]). Ein weiterer Nachteil der Methode nach [NAGAO/MATSUYAMA 1980] ist die Notwendigkeit der Iteration der Operation, um einen hinreichenden Glättungseffekt zu erzielen. Hierdurch kann es zu einem erheblichen Rechenzeitbedarf kommen.

In der gegenwärtigen Systemversion wurde eine Medianfilterung zur Bildglättung realisiert. Diese hat gegenüber einer linearen Operation, z.B. Mittelwertfilterung, den Nachteil eines erhöhten Rechenzeitbedarfs. Der Vorteil besteht jedoch darin, dass der in den Bildern vorhandene Kontrast, d.h. die Flankensteilheit, nicht verringert wird. Verschiedene experimentelle Untersuchungen zur Medianfilterung von szintigraphischen Aufnahmen sind auch in [DECOMINCK/LUYPAERT 1982] beschrieben. Die Anwendung der Medianglättung auf Bildfolgen lässt verschiedene Variationen zu. So kann man jedes Bild separat im Ortsbereich filtern oder man betrachtet jeweils eine feste Ortskoordinate über der Zeit und führt die Filterung im Zeitbereich durch. Auch eine Kombination beider Methoden ist möglich.

Durch experimentelle Untersuchungen wurde eine Entscheidung zugunsten der Filterung im Ortsbereich getroffen. Hier nun stellt sich die Frage nach der Fenstergrösse, über welcher der Median zu berechnen ist. Generell gilt, dass mit zunehmender Fenstergrösse der Glättungseffekt zunimmt. Jedoch steigt der Rechenzeitbedarf. Ferner werden kleine Objekte im Bild eliminiert. (Bei einem quadratischen Fenster von nxn Bildpunkten werden z.B. quadratische Objekte mit einer Seitenlänge von weniger als n/2 Bildpunkte eliminiert.) Da das Herz relativ gross auf den hier betrachteten Aufnahmen abgebildet ist und keine weiteren Einzelheiten als das Herz bzw. der linke Ventrikel interessieren, ist die Gefahr des Verlustes von Details nicht kritisch. Jedoch sind der Erhöhung der Fenstergrösse durch einen anderen Effekt Grenzen gesetzt. Wie man anhand von Abb. 2.2.2.1 erkennt, besteht bei der Medianfilterung die Tendenz, scharfe Ecken von im Bild gezeigten Objekten abzurunden. In Abb. 2.2.2.1 besitzen ca. 3/4 der betrachteten Punkte die Intensität des Hintergrundes, wodurch der im Zentrum gelegene Objektpunkt bezüglich seiner Intensität in einen Hintergrundpunkt umgewandelt wird. Dieser Effekt tritt bereits bei Masken der Dimension 3x3 auf und wird ausgeprägter, je grösser die verwendete Maske ist. Zwar kommen bei den hier zu verarbeitenden Herzaufnahmen keine rechten Winkel wie in Abb. 2.2.2.1 vor, dennoch ist eine gewisse Formveränderung des Herzens bei grösseren Masken zu beobachten. Anhand des vorliegenden Datenmaterials konnte festgestellt werden, dass eine Fenstergrösse von 7x7 Punkten einen optimalen Kompromiss darstellt zwischen Stärke der Glättung und Formtreue.

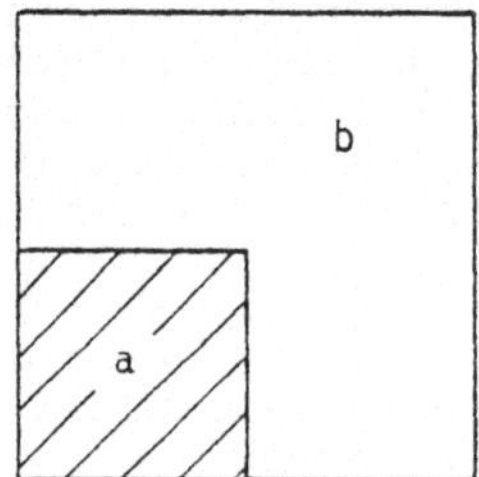

Abb. 2.2.2.1: Abrundung der Ecken bei der Medianfilterung, a = Objekt, b = Hintergrund.

Die Basisoperation bei der Medianfilterung besteht darin, den Median der Intensitätsverteilung in einem nxn Fenster des Ausgangsbildes mit Zentrum (x,y) zu berechnen und als Wert an der Stelle (x,y) des geglätteten Bildes zu verwenden. Diese Operation ist für alle Bildpunkte auszuführen. Der Median ergibt sich z.B. dadurch, dass man die n^2 Werte (wobei n^2 ungerade) innerhalb des betrachteten Fensters ihrer Grösse nach ordnet und den Wert, der an der Stelle $(n^2+1)/2$ auftritt, bestimmt. Das Ordnen der Werte nach ihrer Grösse ist rechenzeitaufwendig, vor allem bei grossen Masken. Die Realisierung in der gegenwärtigen Systemversion beruht auf einer schnellen Medianfilterung nach [HUANG/YANG/TANG 1979]. Hierbei wird der Median innerhalb des betrachteten nxn Fensters mithilfe des Intensitätshistogramms

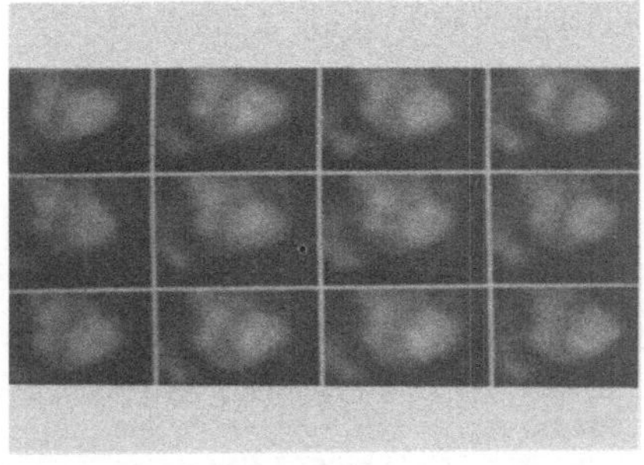

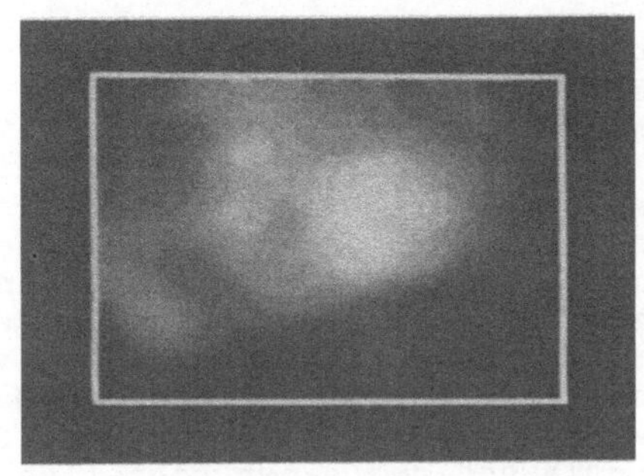

Abb. 2.2.2.2: Median 7x7 von Abb. 2.2.1.1

Abb. 2.2.2.3: Median 7x7 von Abb. 2.2.1.2

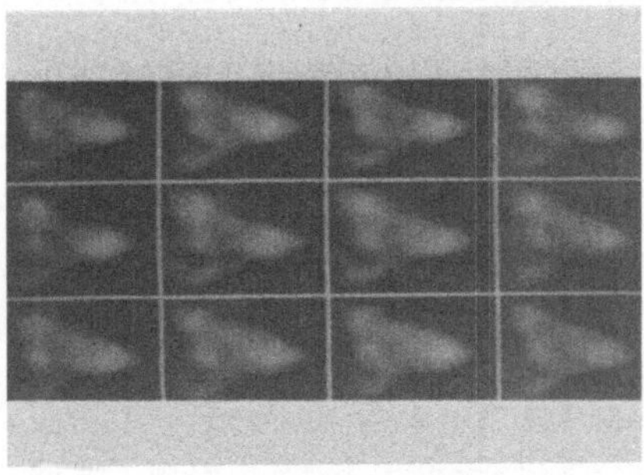

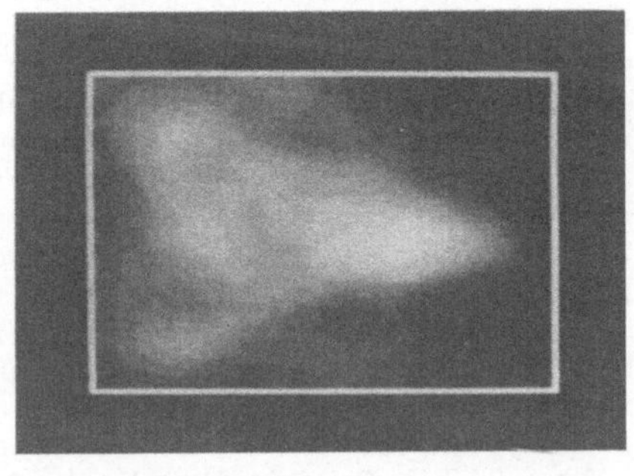

Abb. 2.2.2.4: Median 7x7 von Abb. 2.2.1.4

Abb. 2.2.2.5: Median 7x7 von Abb. 2.2.1.5

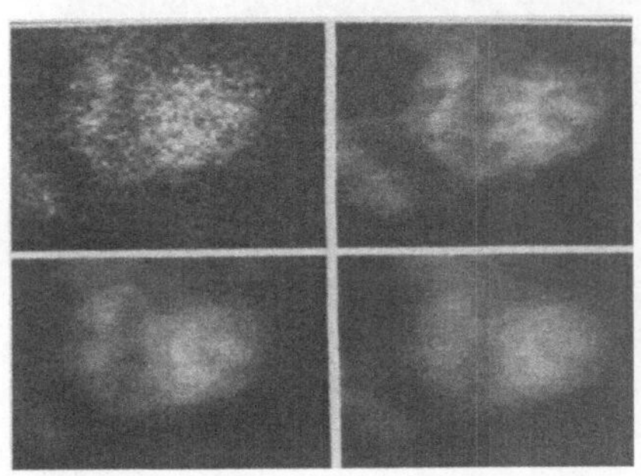

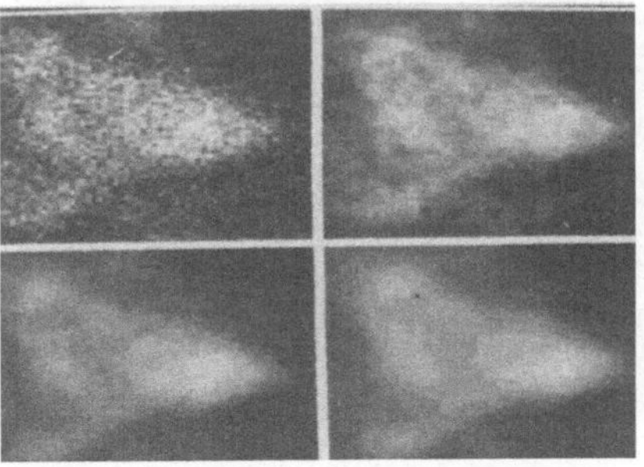

Abb. 2.2.2.6: Einfluss der Maskengrössen bei der Medianfilterung. Original (Abb. 2.2.1.2), Median 3x3, Median 5x5, Median 7x7 von links oben nach rechts unten.

Abb. 2.2.2.7: Einfluss der Maskengrösse bei der Medianfilterung; analog Abb. 2.2.2.6 mit Abb. 2.2.1.5 als Original.

berechnet, d.h. der Wert an der Stelle $(n^2+1)/2$ wird aus dem Histogramm bestimmt. Bearbeitet man das Bild zeilenweise, so kann für das der Position (x+1,y) entsprechende Histogramm das im vorhergehenden Schritt für die Position (x,y) berechnete Histogramm als Ausgangsbasis dienen. Es sind lediglich n Werte, die der am weitesten links stehenden Spalte bezüglich der Position (x,y) bzw. der am weitesten rechts stehenden Spalte bezüglich der Position (x+1,y) entsprechen, zu ändern. Weiterhin wird in [HUANG/YANG/TANG 1979] vorgeschlagen, den mit der Position (x,y) korrespondierenden Median als Vorhersagewert für die Position (x+1,y) zu verwenden. Durch Messungen an einer "regulären" und einer schnellen Version der Medianfilterung konnte im vorliegenden System eine Reduzierung der Laufzeit von 9000s auf 900s bei einer Maskengrösse von 7x7 Punkten für eine Bildfolge mit 12 Bildern à 64x64 Bildpunkten nachgewiesen werden.

Die geglätteten Versionen der Aufnahmen in Abb. 2.2.1.1, 2.2.1.2, 2.2.1.4 und 2.2.1.5 sind in Abb. 2.2.2.2-2.2.2.5 gezeigt. Hierbei wurde jeweils eine Maskengrösse von 7x7 Bildpunkten verwendet. (Der stufenartige Effekt mit relativ grossen Flächen konstanten Grauwerts ist darauf zurückzuführen, dass das zur Wiedergabe verwendete Display lediglich 16 verschiedene Intensitätsstufen bei Schwarzweiss-Darstellung auflösen kann.) Der Einfluss der Maskengrösse auf die Stärke der Glättung ist in Abb. 2.2.2.6 und 2.2.2.7 gezeigt. Eine wirkungsvolle Demonstration des Glättungseffektes lässt sich auch mithilfe einer 3D-Darstellung erzielen. Abb. 2.2.2.8 ist eine andere Darstellung des Bildes von Abb. 2.2.1.2, wobei die x,y-Ebene der Bildgrundfläche entspricht. Die Intensität der Bildpunkte ist in Abb. 2.2.2.8 in z-Richtung dargestellt, im Gegensatz zur Codierung durch Grauwerte in Abb. 2.2.1.2. Das Ergebnis der in Abb. 2.2.2.6 gezeigten Medianfilterung unter Verwendung verschiedener Maskengrössen zeigt Abb. 2.2.2.9-2.2.2.11.

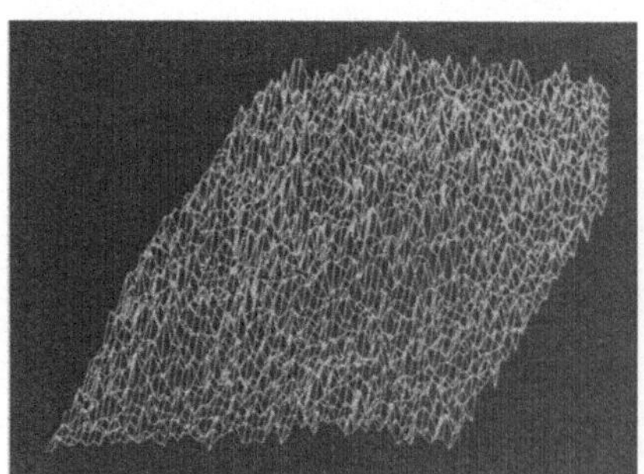

Abb. 2.2.2.8: 3D-Darstellung von Abb. 2.2.1.2

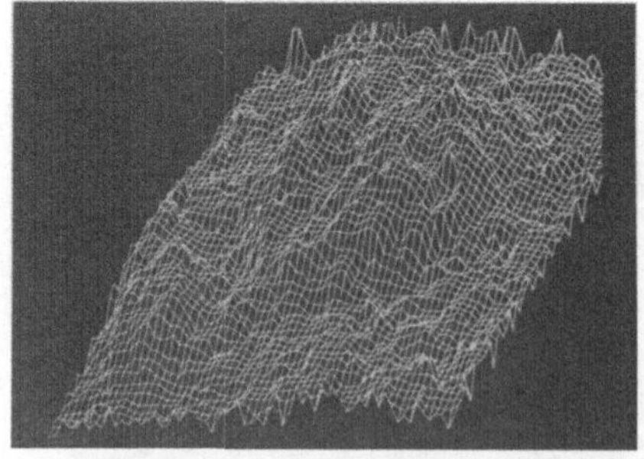

Abb. 2.2.2.9: Median 3x3 von Abb. 2.2.1.2 als 3D-Darstellung

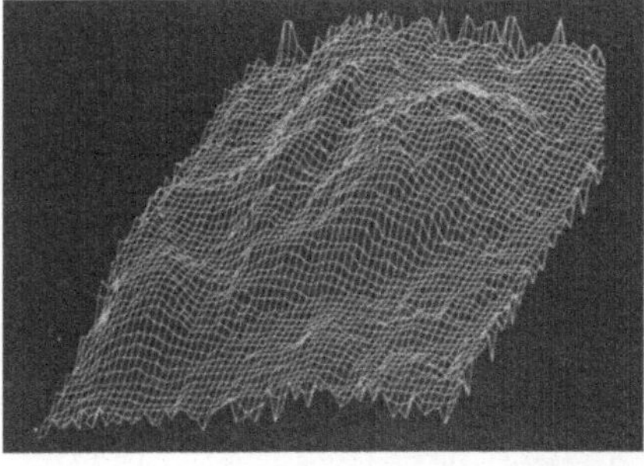

Abb. 2.2.2.10: Median 5x5 von Abb. 2.2.1.2 als 3D-Darstellung

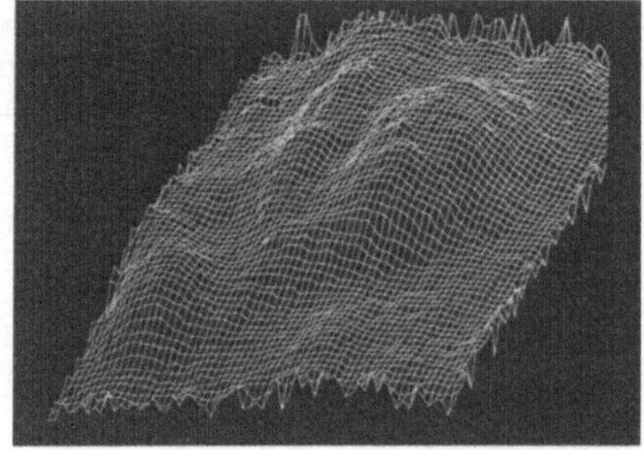

Abb. 2.2.2.11: Median 7x7 von Abb. 2.2.1.2 als 3D-Darstellung

Die Auswahl der oben geschilderten Glättungsoperation wurde ausschliesslich subjektiv-qualitativ anhand visueller Kriterien getroffen. Dies erscheint insofern gerechtfertigt, als es sich bei der Glättung um einen ersten Verarbeitungsschritt handelt, dessen objektiv-quantitative Bewertung nur im Zusammenhang mit nachfolgenden Operationen erfolgen kann. Eine derartige objektiv-quantitative Beurteilung ist Thema von Kap. 2.6. Dabei wird Bezug genommen auf die Ergebnisse der auf die Glättung folgenden Konturdetektion sowie auf die vom System gelieferten diagnostischen Interpretationen. Die gewonnenen Resultate können als Bestätigung für die gewählte Glättungsmethode angesehen werden. Details folgen in Kap. 2.6.

2.2.3 DETEKTION DER HERZKONTUR- SCHWELLWERTMETHODEN

An die in Kap. 2.2.2 beschriebene Bildglättung schliesst sich die Detektion der Herzkontur an. Eine weitverbreitete Methode zum Auffinden von Objekten in Bildern stellen die in Kap. 1.2.3 diskutierten Schwellwertoperationen dar. Für ihre Anwendung müssen einige Voraussetzungen erfüllt sein, z.B. dass die gesuchten Objekte nicht texturiert sind und sich in ihrer Intensität deutlich vom Hintergrund und von anderen Objekten unterscheiden. Diese Voraussetzungen scheinen bei den hier betrachteten Bildern, insbesondere nach vollzogener Glättung, weitgehend erfüllt zu sein, so dass die Anwendung einer Schwellwertoperation zur Detektion der Herzkontur prinzipiell in Frage kommt.

Die in [CHOW/KANEKO 1972] vorgestellte Methode zur Schwellwertbestimmung wurde speziell für Aufnahmen vom menschlichen Herzen entwickelt, allerdings nicht für Szintigramme, sondern für Röntgenbilder, die unter Verwendung eines Kontrastmittels gewonnen werden. Später wurde das Verfahren auch im Zusammenhang mit anderen Aufgabenstellungen aufgegriffen [NAKAGAWA/ROSENFELD 1979]. Im Rahmen der Entwicklung von Methoden zur automatischen Detektion des Herzens für das hier beschriebene System wurde die Methode realisiert und experimentell untersucht [FEUERBACHER 1982].

Das Verfahren nach [CHOW/KANEKO 1972, NAKAGAWA/ROSENFELD 1979] beruht auf der Idee, dass sich das Histogramm eines Bildes durch eine Summe zweier sich überlappender Normalverteilungen darstellen lässt, die das Objekt bzw. den Hintergrund charakterisieren. Der gesuchte Schwellwert ergibt sich als Schnittpunkt der beiden Verteilungen. Im folgenden wird das Verfahren genauer erläutert. Die Ausführungen lehnen sich dabei an [NAKAGAW/ROSENFELD 1979, FEUERBACHER 1982] an.

Es bezeichne N die Anzahl der Bildpunkte, n+1 die Anzahl der verschiedenen Intensitätsstufen und H(i) die Häufigkeit, mit welcher der Intensitätswert i im Bild auftritt, $0 \leq i \leq n$. Teilt man das Histogramm an der Stelle s, $0<s<n$ in zwei Bereiche, so lassen sich diese durch Normalverteilungen approximieren gemäss:

$$N_1 = \sum_{i=0}^{s} H(i) \quad , \quad N_2 = \sum_{i=s}^{n} H(i)$$

$$\mu_1 = \frac{1}{N_1} \sum_{i=0}^{s} H(i)i \quad , \quad \mu_2 = \frac{1}{N_2} \sum_{i=s}^{n} H(i)i \tag{2.2.3.1}$$

$$\sigma_1 = \left(\frac{1}{N_1} \sum_{i=0}^{s} H(i)(i-\mu_1)^2 \right)^{1/2} , \quad \sigma_2 = \left(\frac{1}{N_2} \sum_{i=s}^{n} H(i)(i-\mu_2)^2 \right)^{1/2}$$

Eine Approximation des Gesamthistogramms durch die Summe der beiden Normalverteilungen ergibt sich gemäss

$$H'(i) = (p_1/\sigma_1)\exp(-(i-\mu_1)^2/2\sigma_1^2) + (p_2/\sigma_2)\exp(-(i-\mu_2)/2\sigma_2^2)$$

$$p_1 = N_1\sigma_1 \Big/ \sum_{i=0}^{s} \exp(-(i-\mu_1)^2/2\sigma_1^2) \tag{2.2.3.2}$$

$$p_2 = N_2\sigma_2 \Big/ \sum_{i=s}^{n} \exp(-(i-\mu_2)^2/2\sigma_2^2)$$

Die Grössen p_1 und p_2 fungieren als Gewichtsfaktoren, welche die beiden Einzelverteilungen nach Gleichung (2.2.3.1) anheben oder absenken, entsprechend der Fläche, welche die beiden Anteile links und rechts des Wertes s im Originalintensitätshistogramm einnehmen. Für vorgegebenes s, $0<s<n$, ergibt sich nun der quadratische Approximationsfehler gemäss:

$$\varepsilon = \sum_{i=0}^{n} (H(i)-H'(i))^2 \tag{2.2.3.3}$$

Mithilfe eines Hill Climbing-Algorithmus [NAKAGAWA/ROSENFELD 1979] oder durch Variation von s über einem bestimmten Intensitätsintervall lässt sich die bestmögliche Approximation berechnen. Der gesuchte Schwellwert s ist derjenige Wert, für den der quadratische Fehler nach Gleichung (2.2.3.3) minimal wird.

In der Arbeit von [CHOW/KANEKO 1972] werden neben der Schwellwertbestimmung einige andere Probleme behandelt, so etwa die Einteilung des Bildes in quadratische Unterregionen, ein Test auf

Bimodalität des Histogrammes sowie die Interpolation von Schwellwerten. Diese Aspekte wurden wegen der geringen Ortsauflösung von 64x64 Bildpunkten bei den hier beschriebenen Experimenten vernachlässigt.

Das Histogramm der in Abb. 2.2.2.2 dargestellten Bildfolge ist in Abb. 2.2.3.1 gezeigt, wobei die mittels oben beschriebener Methode gefundene Schwelle durch eine senkrechte Linie hervorgehoben ist. Die dieser Schwelle entsprechende Kontur für das erste Bild der Sequenz ist in Abb. 2.2.3.2 gezeigt. Innerhalb des durch die Kontur markierten Bereiches befinden sich genau diejenigen Bildpunkte, deren Intensität grösser oder gleich dem ermittelten Schwellwert ist.

Die in Abb. 2.2.3.2 gezeigte Kontur spiegelt - abgesehen von dem separaten Bereich links unten, welcher einem Teil der Leber entspricht - korrekt die Organgrenze wieder. (Zum Begriff der Korrektheit siehe Kap. 2.6). Untersuchungen mit einer Stichprobe von 12 Bildfolgen haben jedoch gezeigt, dass nur bei 9 Sequenzen eine korrekte Schwelle gefunden werden konnte. Bei den restlichen Aufnahmen wurde jeweils ein Wert bestimmt, der nicht dem tatsächlichen Konturverlauf entspricht. Dies ist z.T. dadurch bedingt, dass die Annahme der Ueberlagerung zweier Normalverteilungen im Histogramm nur unzureichend erfüllt ist. Prinzipiell existiert die Möglichkeit, den gesuchten Schwellwert für jedes Einzelbild der Sequenz separat oder für die gesamte Sequenz global zu bestimmen, jeweils unter Bezugnahme auf die entsprechenden Histogramme. Der zweite Fall zeichnet sich hierbei durch geringeren Bedarf an Rechenzeit aus. Jedoch konnte hinsichtlich der Fehlerrate kein signifikanter Unterschied zwischen beiden Methoden festgestellt werden.

Neben oben beschriebenem Approximationsverfahren wurde eine Reihe weiterer Schwellwertoperationen experimentell untersucht. Im einzelnen handelt es sich um die Methoden nach [OTSU 1978, BARRETT 1981, HAUSSMANN/MADSEN 1981, MILGRAM 1981]. Die dabei erzielten Fehlerraten sind jedoch nicht geringer als beim Approximationsverfahren; z.T. sind sie sogar deutlich höher. Eine detaillierte Beschreibung findet sich in [BUNKE/SAGERER 1983a].

Ein genaueres Studium der zugrundeliegenden Bilder anhand einer umfangreicheren Stichprobe zeigte, dass es - unabhängig von eventuellen Schwierigkeiten bezüglich der Voraussetzungen einzelner Schwellwertmethoden, z.B. Bimodalität des Histogramms - für verschiedene Bildfolgen prinzipiell unmöglich ist, das gesuchte Organ mithilfe eines Schwellwerts zu extrahieren, da die Organkontur nicht entlang eines konstanten Intensitätswerts verläuft. Hierfür existieren im wesentlichen zwei Gründe. Zunächst ist in verschiedenen Sequenzen ausser dem Herz die Leber als Bereich hoher Intensitätswerte abgebildet. Ist der Abstand zwischen beiden Organen gering, so herrschen in der trennenden Region Intensitätswerte vor, die deutlich über denen des Hintergrundes liegen. Ein Beispiel ist in Abb. 2.2.3.3-2.2.3.5 gezeigt. Das zweite Problem ist ähnlicher Natur und bezieht sich auf den linken Vorhof des Herzens. Dieser ist in den ersten und letzten Bildern einer Sequenz nicht zu sehen, da er vom linken Ventrikel

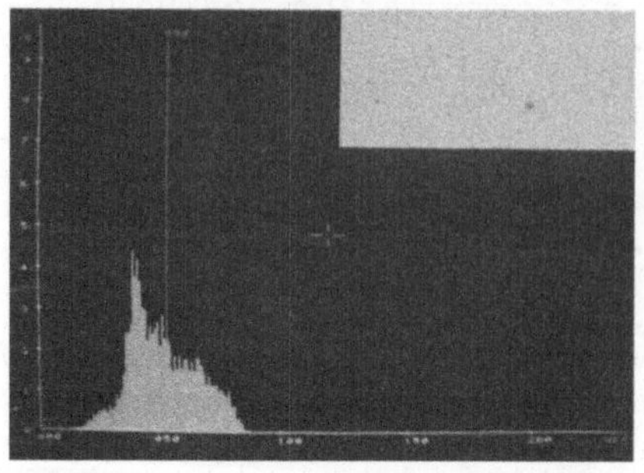

Abb. 2.2.3.1: Intensitätshistogramm der Bildfolge in Abb. 2.2.2.2 mit automatisch bestimmtem Schwellwert S=54

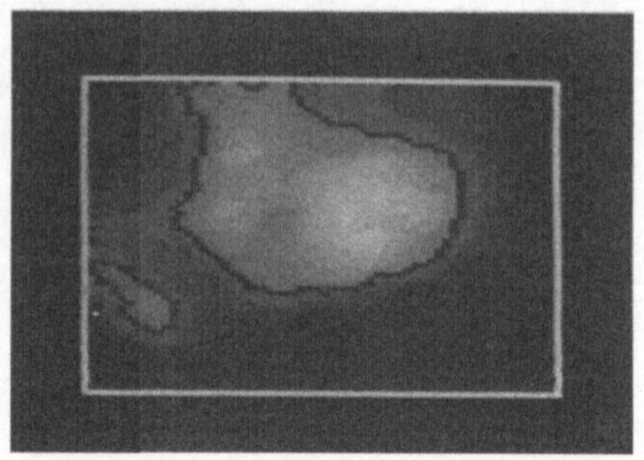

Abb. 2.2.3.2: Abb. 2.2.2.3 mit der Schwelle S=54 entsprechender eingelagerter Kontur

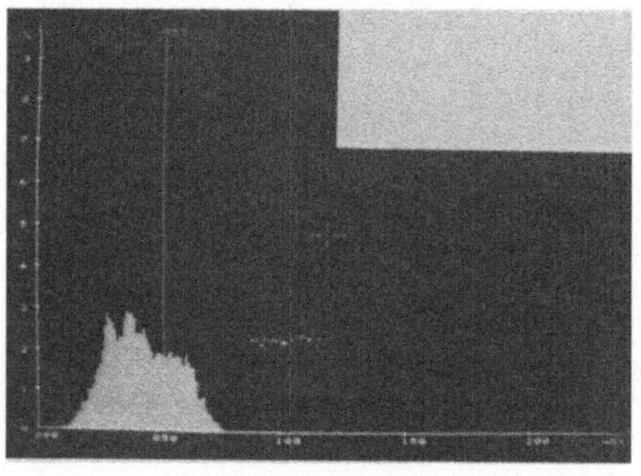

Abb. 2.2.3.3: Intensitätshistogramm der Bildfolge in Abb. 2.2.2.4 mit automatisch bestimmtem Schwellwert S=53

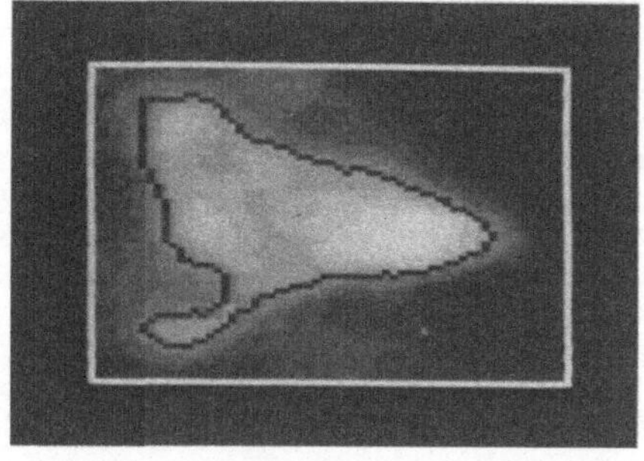

Abb. 2.2.3.4: Abb. 2.2.2.5 mit der Schwelle S=53 entsprechender eingelagerter Kontur

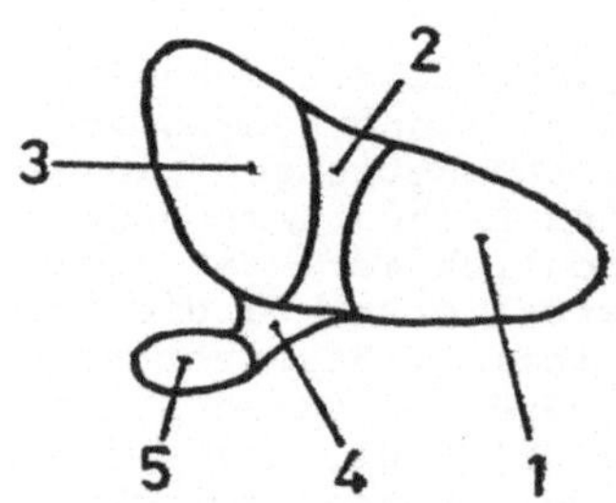

Abb. 2.2.3.5: Schematische Darstellung des Inhalts von Abb. 2.2.3.4: 1-3 analog Abb.2.2.1.3; 4=Bereich zwischen Herz und Leber; 5=Teilbereich der Leber.

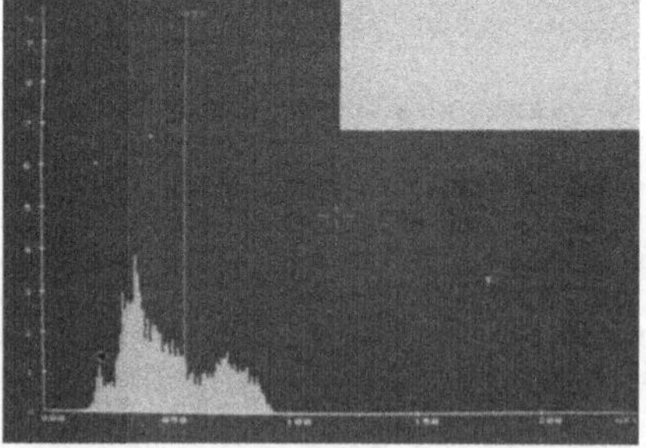

Abb. 2.2.3.6: Intensitätshistogramm einer weiteren Bildfolge mit automatisch bestimmtem Schwellwert S=58

bei der vorliegenden LAo-45° Projektion verdeckt wird. Aufgrund der gegenphasigen Bewegung zu den Herzkammern tritt der linke Vorhof jedoch bei manchen Sequenzen in der Mitte der Folge (etwa Bild 4-8) über dem linken Ventrikel in Erscheinung, so dass die Kontur des linken Ventrikels in diesem Bereich mithilfe einer Schwellwertoperation nicht zu bestimmen ist. Eine Illustration ist in Abb. 2.2.3.6-2.2.3.8 zu sehen.

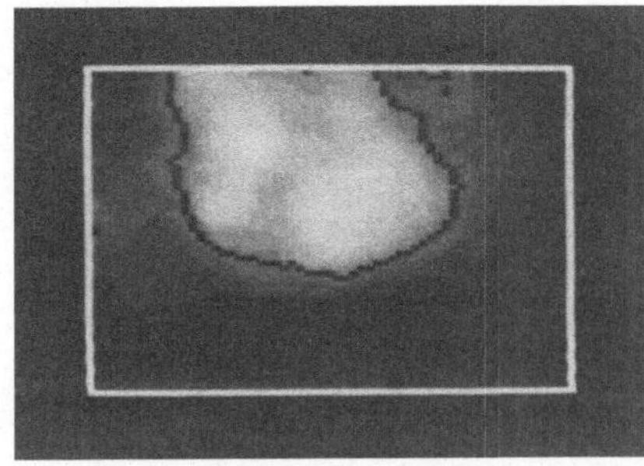

Abb. 2.2.3.7: Ein Bild der zu Abb. 2.2.3.6 gehörigen Folge mit der Schwelle S=58 entsprechender Kontur

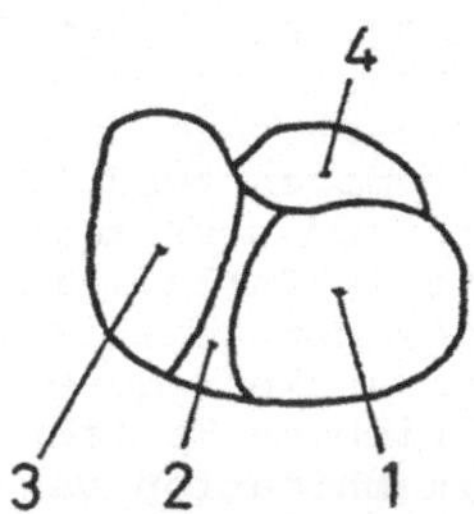

Abb. 2.2.3.8: Schematische Darstellung des Inhalts von Abb. 2.2.3.7: 1-3 analog Abb. 2.2.1.3; 4 = linker Vorhof.

Die Anwendung von Schwellwertoperationen zur Konturdetektion auf Bildfolgen, für welche die oben geschilderten Schwierigkeiten nicht zutreffen, ist prinzipiell möglich. Jedoch muss hier auf ein weiteres Problem hingewiesen werden. Ziel des in dieser Arbeit beschriebenen Systems ist es, eine Aussage über das Bewegungsverhalten der linken Herzkammer zu treffen. Mithilfe einer Schwellwertoperation wird jedoch der gesamte Herzbereich, d.h. linker Ventrikel, rechter Ventrikel, rechter Vorhof, Pulmonalarterie und Septum extrahiert. Somit ist eine Trennung des linken Ventrikels vom Rest des Herzens erforderlich. Ein Ansatz hierzu, der auf einer Verfolgung des Septums beruht, welches sich als Region niedriger Intensitätswerte zwischen beiden Ventrikeln darstellt, wurde in [BUNKE et al. 1982] beschrieben. Eine Erweiterung des Ansatzes erfolgte in [GÖBEL 1984]. Jedoch ergab sich anhand einer Stichprobe von 10 Bildsequenzen eine Rate von nur ca. 85 % korrekt bearbeiteter Bilder. D.h., dass von dem Teil der Aufnahmen, bei dem die Kontur mittels einer Schwellwertoperation korrekt detektiert wurde, abermals 15 % ausscheiden wegen Fehler bei der Septumsdetektion.

Abschliessend lässt sich zu den Schwellwertoperationen sagen, dass - unabhängig davon, welches Verfahren im einzelnen zur Bestimmung der Schwelle verwendet wird - diese Klasse von Methoden weniger geeignet ist für die Konturdetektion bei den hier vorliegenden Bildern. Im nächsten Kapitel wird ein anderes, konturlinienorientiertes Verfahren beschrieben, mit dessen Hilfe bessere Ergebnisse erzielt werden können.

2.2.4 GRADIENTENORIENTIERTE DETEKTION DES LINKEN VENTRIKELS

Aus der Literatur ist eine Reihe von gradientenorientierten Ansätzen zur Detektion der Herz- oder Ventrikelkonturen in medizinischen Bildern oder Bildfolgen bekannt. Ein Teil der Verfahren bezieht sich dabei auf Röntgenbilder, ein anderer Teil auf szintigraphische Aufnahmen, wobei sowohl Aufnahmen unter linksschräger als auch rechtsschräger Projektion bearbeitet werden. Im folgenden wird ein kurzer Ueberblick gegeben.

In [DEJONG/SLAGER 1975] wird die Konturfindung bei unter einer RAo-Projektion gewonnenen Röntgenbildern behandelt. Ein Konturpunkt ist dadurch definiert, dass er unterschiedliche Intensitäten auf zwei gegenüberliegenden Seiten aufweist und dass er weitgehend homogen bezüglich seines Vorgängerkonturpunktes ist. Dieses Kriterium wird zeilenweise ausgewertet, wobei potentielle Konturpunkte in Zeile i in einer bestimmten Nachbarschaft des Konturpunktes der Zeile i-1 liegen müssen. Mithilfe einer speziellen Hardwarekonfiguration gestattet das in [DEJONG/SLAGER 1975] beschriebene Verfahren die Konturdetektion in Realzeit. Eine Linearkombination von 1. und 2. Ableitung der Intensitätsfunktion, deren Berechnung in verschiedenen Richtungen im x,y-Bereich erfolgt, wird in [HAWMAN 1981] vorgeschlagen. Das Verfahren verwendet ferner eine Verdünnungsoperation, welche eine Verallgemeinerung der in [PAVLIDIS 1982] beschriebenen Skelettierungsmethoden auf Bilder mit $n \geq 2$ verschiedenen Intensitätsstufen darstellt. Alternativ zur Verdünnung kann auch ein Regionenwachstumsalgorithmus verwendet werden, welcher Hintergrund und Ventrikelbereich iterativ unter Einbeziehung der durch die 1. und 2. Ableitung bestimmten Grenzen ausdehnt. Ein ähnlicher Ansatz zur Regionenausdehnung wird auch in [GORIS/McKILLOP/BRIANDET 1981] vorgestellt, wobei hier lediglich von der 2. Ableitung der Intensitätsfunktion ausgegangen wird. Ein Verfolgungsalgorithmus zur Verbindung von Punkten mit hohen Werten eines Gradientenoperators bildet das Kernstück des Verfahrens nach [EIHO 1978]. Die Kombination einer Schwellwertmethode mit einer Gradientenoperation wird in [HACHIMURA et al. 1978] vorgeschlagen. In [KUWAHARA et al. 1976] werden zwei Möglichkeiten der Konturdetektion für szintigraphische Aufnahmen unter einer RAo-Projektion aufgezeigt. Die erste Methode beruht auf einer Polarkoordinatentransformation ähnlich dem noch zu erläuternden Verfahren nach [GERBRANDS et al. 1981], wobei entlang radialer Abtaststrahlen eine Approximation des Intensitätsverlaufes durch eine zweiwertige Treppenfunktion erfolgt. Die zweite Methode beruht auf dem nichtlinearen Kantendetektor nach [ROSENFELD 1970] zusammen mit einem Algorithmus zum Verbinden einzelner Punkte. Mit Bildern unterschiedlicher Auflösung wird in [TASTO 1973, YACHIDA/IKEDA/TSUJI 1980] gearbeitet. Beiden Ansätzen ist gemeinsam, dass die bei geringer Ortsauflösung gewonnene Kontur den Suchbereich für die exakte Kontur bei höherer Auflösung definiert und dass die in Bild i der Folge bestimmte Kontur zur Vorhersage der Kontur in Bild i+1 verwendet wird. Die Basisoperationen in [TASTO 1973, YACHIDA/IKEDA/TSUJI 1980] bestehen jeweils aus einer Gradientenoperation in Verbindung mit einem Konturverfolgungsverfahren. Ein Ansatz zur Detektion des linken Ventrikels in Thallium-201 Myocardszintigrammen, der ebenfalls auf einer Gradientenoperation zusammen mit einem Verfolgungsverfahren beruht, wird in [PÖPPL/HERMANN 1982] beschrieben.

Der Ansatz nach [GERBRANDS et al. 1981] macht von einer Polarkoordinatentransformation Gebrauch, durch welche die Ableitung der Intensitätsfunktion im Polarraum dargestellt wird. Das Verfahren beruht ganz wesentlich auf der Beobachtung, dass die gesuchte Kontur des linken Ventrikels etwa kreis- oder ellipsenförmig ist. Somit stellt sich die Kontur im Polarraum annähernd durch eine Gerade dar. Dies bringt vor allem bei der Verbindung der einzelnen Konturpunkte Vorteile. Bei der in [GERBRANDS et al. 1981] beschriebenen Methode erfolgt die Verbindung mittels dynamischer Programmierung.

Das Verfahren, das für das hier beschriebene System entwickelt wurde, lehnt sich an [GERBRANDS et al. 1981] an und gliedert sich in die folgenden Verarbeitungsschritte, die hintereinander in der angegebenen Reihenfolge ausgeführt werden.

- Bestimmung eines Startpunkts als Zentrum für die Polarkoordinatentransformation
- Generierung der Polardarstellung
- Anwendung eines Gradientenoperators im Polarbild
- Bestimmung von Nulldurchgängen im Bereich des Septums
- Detektion der optimalen Kontur durch dynamische Programmierung
- Fehlerkorrektur durch Berücksichtigung von Sequenzinformation
- Bestimmung der Ventrikelkontur durch Rücktransformation und Konturglättung

Es folgt eine genauere Erläuterung dieser Schritte, wobei aus didaktischen Gründen die Reihenfolge der beiden letzten Schritte vertauscht wird.

A. Startpunktbestimmung

Als Zentrum für die Polarkoordinatentransformation dient ein Punkt innerhalb des linken Ventrikels. Die Detektion eines derartigen Punktes erfolgt nach heuristischen Kriterien unter Bezugnahme auf Fakten, die als problemspezifisches Wissen über den linken Ventrikel aufgefasst werden können. Dieses Wissen ist jedoch implizit und nicht etwa explizit in Form eines Modells wie in Kap. 1.3 diskutiert im verwendeten Algorithmus verankert.

Im einzelnen wird von folgenden Beobachtungen ausgegangen:

a) Vom ersten auf das fünfte Bild einer Folge, welches etwa dem Zeitpunkt der maximalen Kontraktion des linken Ventrikels entspricht (vgl. Abb. 2.1.2.2), findet - unabhängig von eventuell vorhandenen pathologischen Veränderungen - eine deutliche Verminderung der Aktivität innerhalb des linken und rechten Ventrikels statt.

b) Der linke Ventrikel befindet sich stets rechts vom rechten Ventrikel im Bild.

c) Innerhalb des linken Ventrikels treten höhere Intensitäten als im Septum oder im Hintergrund auf.

Auf der Basis dieser Beobachtungen ergibt sich der Algorithmus in Abb. 2.2.4.1. Der erste Schritt des Algorithmus wurde dabei aus obiger Beobachtung a) abgeleitet. Durch die Differenzenbildung mit Unterdrückung negativer Werte ergeben sich zwei Regionen mit hohen Werten, welche linkem und rechtem Ventrikel entsprechen. Ein Beispiel ist in Abb. 2.2.4.2 dargestellt. Die in Schritt 2 bestimmten Maxima entsprechen Spalten im Bild, welche linken und rechten Ventrikel schneiden. Das dazwischenliegende Minimum zeigt ungefähr den Septalbereich zwischen den beiden Ventrikel an. Schritt 3 in Abb. 2.2.4.1 leitet sich schliesslich aus den obigen Beobachtungen b) und c) ab. Rechts von der in Schritt 2 bestimmten Trennlinie, die etwa den Bereich des Septums charakterisiert, wird im ersten Bild der Folge der Punkt mit maximaler Intensität gesucht. Auf diese Weise ergibt sich der in Abb. 2.2.4.3 markierte Startpunkt. Der so im ersten Bild eines Zyklus ermittelte Startpunkt wird unverändert, d.h. unter Beibehaltung seiner Koordinaten, in alle übrigen Bilder der Sequenz übernommen.

1. Bilde punktweise die Differenz zwischen dem ersten und fünften Bild der Sequenz und setze negative Werte gleich Null.

2. Bilde die Spaltensummen im Differenzenbild und bestimme in der so erhaltenen Funktion das grösste und zweitgrösste lokale Maximum sowie das dazwischenliegende kleinste lokale Minimum.

3. Bestimme im ersten Bild der Sequenz den Punkt mit maximaler Intensität, der rechts von der in Schritt 2 erhaltenen Spalte des kleinsten lokalen Minimuns liegt.

Abb. 2.2.4.1: Algorithmus zur Bestimmung eines Startpunkts für die Polarkoordinatentransformation

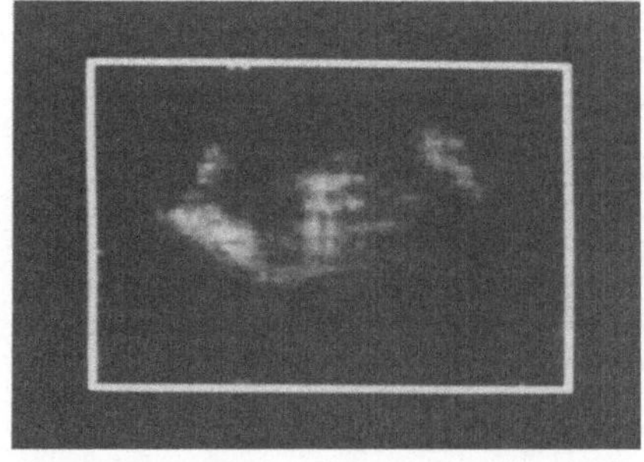

Abb. 2.2.4.2: Ergebnis nach Schritt 1 des Algorithmus von Abb. 2.2.4.1, angewendet auf die Sequenz in Abb. 2.2.2.2.

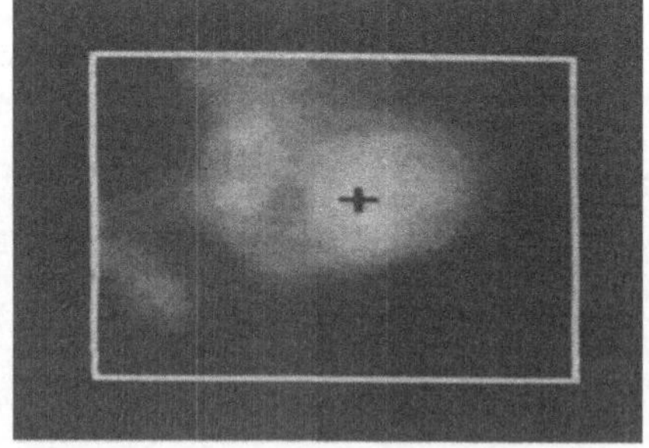

Abb. 2.2.4.3: Endergebnis des Algorithmus nach Abb. 2.2.4.1, angewendet auf die Sequenz in Abb. 2.2.2.2. Der gefundene Startpunkt ist als Kreuz in das 1. Bild der Sequenz (Abb. 2.2.2.3) eingelagert.

Für die sich anschliessenden Schritte bei der Konturdetektion ist es nicht erforderlich, dass der ermittelte Startpunkt genau im Zentrum des linken Ventrikels zu liegen kommt. Es ist lediglich nötig, dass sich der Punkt innerhalb der Kammer befindet. Durch die Maximumsbestimmung in Schritt 3 von Abb. 2.2.4.1 ergibt sich jedoch i.a. ein gewisser Mindestabstand vom Rand des Ventrikels. In Ergänzung zu Abb. 2.2.4.1 enthält die realisierte Version des Verfahrens einige zusätzliche Tests, um Artefakte auszuschliessen. Eine genaue Dokumentation findet sich in [HAHN 1984]. Die Korrektheit des Algorithmus wurde an einer Stichprobe von ca. 40 Bildsequenzen experimentell überprüft. # A

B. Generierung der Polardarstellung

Nach Bestimmung eines Startpunktes S wie unter Abschnitt A beschrieben erfolgt die Transformation eines jeden Bildes der Sequenz in eine Polardarstellung. Das Prinzip ist in Abb. 2.2.4.4 dargestellt. Der Startpunkt S dient als Koordinatenursprung für die Polardarstellung. Es erfolgt eine Abtastung des Originalbildes entlang von Strahlen entgegen dem Uhrzeigersinn. Die an bestimmten Stellen aufgefundenen Intensitätswerte überträgt man dabei in ein neues Bild, das sog. Polarbild. Die horizontale Richtung entspricht dem Radius, die vertikale der Winkelposition. Alle Abtastpunkte auf den Strahlen haben jeweils gleichen Abstand voneinander. Der Winkelposition von 0° entspricht die 3 Uhr-Position des Abtaststrahls im Originalbild.

a)

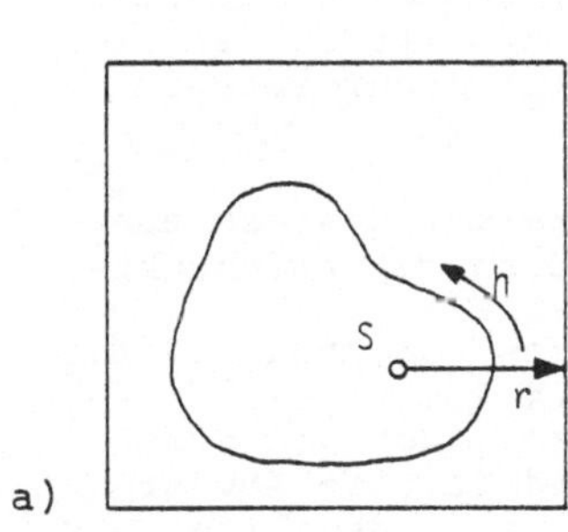

b)

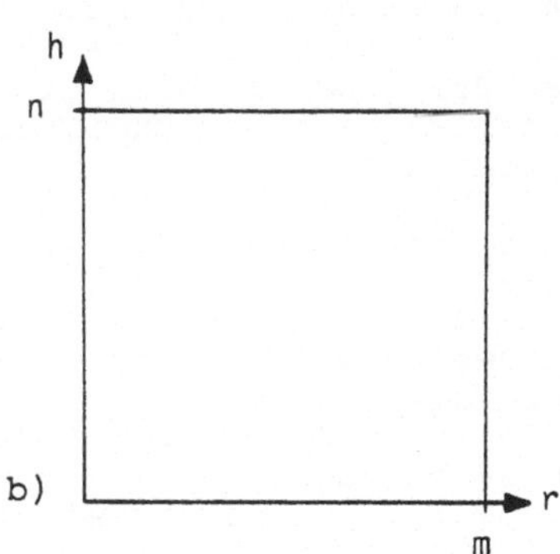

Abb. 2.2.4.4: Prinzip der Polarkoordinatentransformation.
a) Originalbild f(x,y); S=Startpunkt nach Abschnitt A.
b) Polardarstellung p(r,h).

Formelmässig ist die Transformation des Originalbildes f(x,y) in die Polardarstellung p(r,h) folgendermassen definiert:

$$p(r,h) = f(x,y) \text{ für } r=1,\dots,m \text{ und } h=1,\dots,n$$

mit (2.2.4.1)

$$x=\mathrm{ENT}[\cos(2\pi h/n)r+x_c+0.5]$$
$$y=\mathrm{ENT}[\sin(2\pi h/n)r+y_c+0.5]$$

Die Ausdrücke $\cos(2\pi h/n)r$ bzw. $\sin(2\pi h/n)r$ ergeben im stetigen Fall unter Vernachlässigung der Startpunktkoordinaten x_c bzw. y_c die x- und y-Koordinaten in der Eingabematrix, die der Position (r,h) in der Polardarstellung entsprechen. Durch Addition von x_c bzw. y_c in Gleichung (2.2.4.1) werden die Startpunktkoordinaten berücksichtigt. Schliesslich erfolgt durch Addition des Wertes 0.5 und die Anwendung der ENT-Funktion eine Rundung auf die nächstgelegene ganze Zahl. (Die Funktion ENT(x) liefert die grösste ganze Zahl, die kleiner oder gleich x ist.)

Die Realisierung der Polarkoordinatentransformation gemäss Gleichung (2.2.4.1) durch ein Programm setzt eine konkrete Wahl der Parameter m und n voraus, welche die Grösse des Polarbildes bzw. die Anzahl der Abtastpunkte pro Strahl sowie die Anzahl der Abtaststrahlen definieren. Generell wird man bemüht sein, beide Werte klein zu halten, um Rechenzeit und Speicherplatz zu sparen. Jedoch kann bei zu kleiner Wahl von m die gesuchte Kontur ausserhalb des Abtastbereiches verlaufen, während bei einem zu kleinen Wert für n die Kontur im x,y-Bereich nur an einzelnen Stützstellen bestimmt wird. Hierdurch ergibt sich die Notwendigkeit einer Interpolation zwischen den Stützstellen. Anhand experimenteller Untersuchungen haben sich für die hier betrachtete Grösse der Originalbilder von 64x64 Punkten Werte von $n=60$ und $m=32$ als guter Kompromiss herausgestellt. Dies bedeutet, dass der Abstand zwischen den Abtaststrahlen 6° beträgt. Auf jedem Abtaststrahl werden nur die ersten 32 Punkte in die Polarmatrix übertragen. Anhand des vorhandenen Bildmaterials wurde nachgeprüft, dass auf diese Weise der linke Ventrikel in der Polardarstellung immer vollständig erfasst wird. Erreicht man innerhalb der betrachteten 32 Abtastpunkte den Bildrand, so wird die entsprechende Zeile in der Polardarstellung mit dem unmittelbar vor dem Rand auftretenden Intensitätswert aufgefüllt.

Als Beispiel ist in Abb. 2.2.4.5 ein Bild gezeigt, das man aus der Sequenz in Abb. 2.2.2.2 dadurch erhält, dass man bildpunktweise die mittlere Intensität bestimmt. Die Polardarstellung dieses Bildes unter Verwendung des Startpunktes von Abb. 2.2.4.3 ist in Abb. 2.2.4.6 gezeigt. Gemäss Abb. 2.2.4.4 entspricht die unterste Zeile in Abb. 2.2.4.6 dem Abtaststrahl, der vom Startpunkt waagrecht nach rechts zum Bildrand verläuft. Die Abtastrichtung folgt dem Gegenuhrzeigersinn. Man erkennt deutlich, wie sich der linke Ventrikel im Polarbild als Bereich hoher Intensitäten entlang des linken Randes darstellt. Der zum rechten Rand des Polarbildes hin verlaufende Keil hoher Intensitätswerte entspricht dem oberen Teil der Region 3 nach Abb. 2.2.1.3.

B

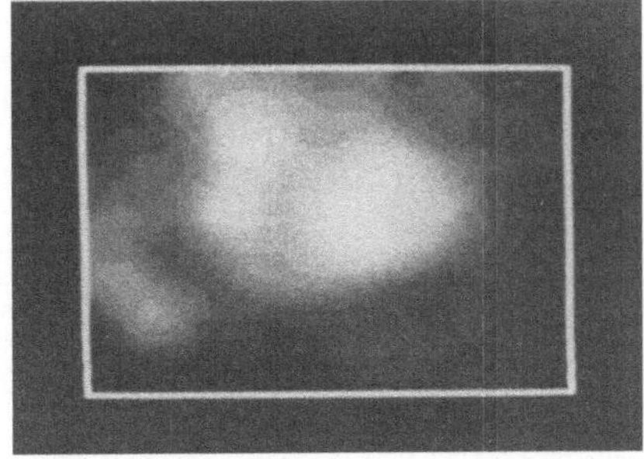

Abb. 2.2.4.5: Ausgangsbild für Polarkoordinatentransformation

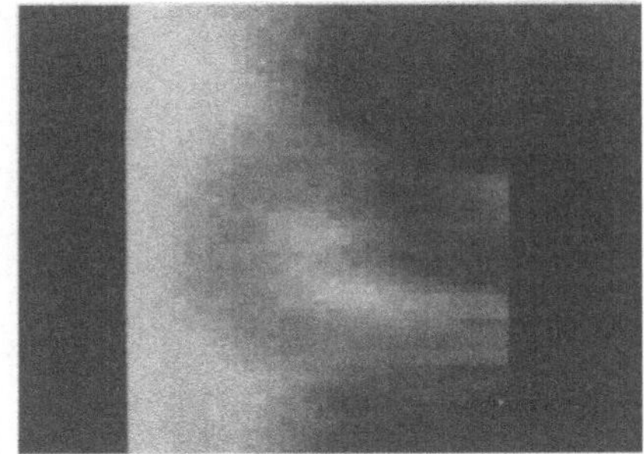

Abb. 2.2.4.6: Polarbild zu Abb. 2.2.4.5 unter Verwendung des Startpunktes von Abb. 2.2.4.3.

C. Gradientenoperator

Bei der Detektion von Objekten mittels eines Gradientenoperators geht man von der Vorstellung aus, dass die gesuchte Kontur der stärksten Aenderung der Intensität, d.h. dem Maximum oder Minimum der 1. Ableitung entspricht. Das hier interessierende Objekt, der linke Ventrikel, tritt als konvexe, annähernd kreis- oder ellipsenförmige Region im Bild in Erscheinung. Anhand von Abb. 2.2.4.4 und 2.2.4.6 wird klar, dass die gesuchte Kontur etwa senkrecht zu den zur Erzeugung der Polardarstellung verwendeten Abtaststrahlen verläuft. Somit ist zur Detektion der gesuchten Ventrikelkontur ein Operator geeignet, der die 1. Ableitung entlang der Zeilen der Polarmatrix berechnet. Die lokalen Extrema der 1. Ableitung entsprechen der gesuchten Kontur.

Der verwendete Gradientenoperator besitzt die Gewichte -2, -1, 0, 1, 2, wobei der Wert 0 dem Aufsetzpunkt der Maske, d.h. dem Punkt, in dem die 1. Ableitung berechnet wird, entspricht. Auf der Basis obiger Gewichte ergibt sich die gesuchte Kontur als lokales Minimum in den Zeilen der 1. Ableitung der Polardarstellung. Eine Maskenbreite von 5 Punkten ist einer kleineren Maske, z.B. der Breite 3 vorzuziehen, jedoch wirkt sich eine geringfügige Veränderung der Gewichte nicht gravierend aus, wie anhand von Experimenten festgestellt wurde. An die Berechnung der 1. Ableitung mithilfe obiger Maskenoperation schliesst sich eine Glättung durch Mittelwertbildung über 5x5 Punkte (im Polarbild) an.

Die nach obiger Art berechnete 1. Ableitung von Abb. 2.2.4.6 ist in Abb. 2.2.4.7 gezeigt. In der Grauwertdarstellung repräsentieren schwarze Bereiche betragsmässig grosse negative Werte während weisse Regionen betragsmässig grosse positive Werte darstellen. Dazwischenliegende Grautöne entsprechen einem kontinuierlichen Uebergang zwischen den Extremwerten. Die kurzen schwarzen senkrechten Linien bzw. Einzelpunkte entsprechen Nulldurchgängen, die überwiegend mit dem Septalbereich im Originalbild korrespondieren. Auf die Bestimmung dieser Nulldurchgänge wird im folgenden Abschnitt eingegangen. # C

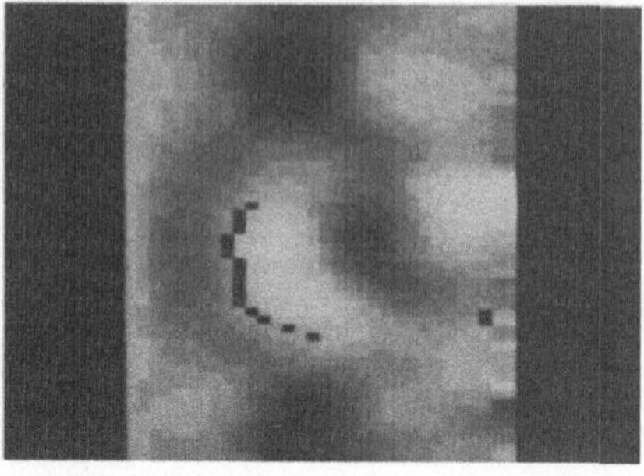

Abb. 2.2.4.7: 1. Ableitung (zeilenweise) von Abb. 2.2.4.6 nach anschliessender Glättung durch 5x5 Mittelwertbildung (siehe Text).

D. Bestimmung von Nulldurchgängen im Bereich des Septums

Die Bestimmung der Kontur, welche den linken Ventrikel rechts, oben und unten im Bild begrenzt, bereitet mit dem bisher beschriebenen Verfahren keine prinzipiellen Schwierigkeiten. Im Bereich des Septums, das links vom linken Ventrikel auftritt, ergeben sich jedoch Probleme, wenn das Minimum der 1. Ableitung der Intensität zur Konturbestimmung herangezogen wird. Die Kontur des linken Ventrikels im Originalbild ist im Septalbereich als Pfad entlang der niedrigsten Intensitätswerte definiert. Die genaue Betrachtung zeigt, dass in der Polardarstellung der Bereich des Septums durch Nulldurchgänge der 1. Abteilung charakterisiert ist, siehe Abb. 2.2.4.8. Abb. 2.2.4.8 b enthält schematisch die Zeile des Originalbildes, welche durch den unter Abschnitt A beschriebenen Startpunkt verläuft. Die Position des Startpunkts entspricht dem Koordinatenursprung der Polardarstellung. Abb. 2.2.4.8c zeigt die zugehörige 1. Ableitung unter Verwendung einer Maske wie oben in Abschnitt C angegeben. Man beachte, dass die Faltungsoperation in der Polardarstellung erfolgt. Das entspricht einer Spiegelung der Maske in dem in Abb. 2.2.4.8c mit B markierten Bereich gegenüber der mit A gekennzeichneten Region.

Die gesuchte Kontur ist an der oberen, rechten und unteren Grenze des linken Ventrikels durch Minima der 1. Ableitung der Intensität, an der linken Grenze, d.h. im Septalbereich, jedoch durch Nulldurchgänge charakterisiert. Diese Nulldurchgänge führen im Polarbild vom negativen in den positiven Bereich wenn man über eine Zeile von links nach rechts läuft (spiegelbildlich zu Bereich B in Abb. 2.2.4.8 b,c). Das im folgenden Abschnitt E beschriebene Verfahren zur Konturverfolgung beruht auf der Suche eines optimalen Pfades im Polarbild der 1. Ableitung. Um hier eine einheitliche Vorgehensweise zu ermöglichen und ein "Umschalten" von einer Minimum- auf eine Nulldurchgangsverfolgung zu umgehen (der Septalbereich, wo eine derartige Nulldurchgangsverfolgung auszuführen wäre, ist a priori nicht bekannt!) werden die Nulldurchgänge in der Polardarstellung in ihren Werten geändert; sie werden mit einem Wert gekennzeichnet, der einem Vielfachen des globalen Minimums der 1. Ableitung entspricht. Hierdurch erreicht man, dass diese Punkte mit hoher Sicherheit bei der im folgenden Abschnitt E beschriebenen optimalen Pfadsuche berücksichtigt werden.

Die Kennzeichnung der Nulldurchgänge bringt Schwierigkeiten mit sich, da aufgrund lokaler Störungen auch Nulldurchgänge ausserhalb des Septalbereiches auftreten, die bei oben beschriebener Kennzeichnung natürlich nicht berücksichtigt werden dürfen. Insbesondere sind hier Nulldurchgänge ausserhalb des Herzbereiches auszuschliessen. Die Unterscheidung derartiger Nulldurchgänge erfolgt mithilfe einer Schwelle S, indem nur diejenigen Nulldurchgänge, die an einem Punkt mit einer Intensität grösser oder gleich S auftreten, in der angegebenen Weise gekennzeichnet werden. Auf die Kennzeichnung wird verzichtet bei Nulldurchgängen mit einer Intensität kleiner als S. Die Schwelle S ergibt sich aus der Intensität des 1. Punktes der optimalen Kontur. Das entsprechende Verfahren zur Bestimmung dieses Punktes ist im folgenden Abschnitt E beschrieben.

Als Ergebnis der oben erläuterten Schritte erhält man die in Abb. 2.2.4.7 markierten Punkte. Die in diesem Abschnitt beschriebenen Verarbeitungsoperationen zur Markierung von Nulldurchgängen, die dem Septalbereich entsprechen, leiten sich im wesentlichen ab aus einer qualitativen Untersuchung der zugrundeliegenden Daten zusammen mit einer experimentellen qualitativen Verifikation. Bezüglich einer quantitativen Verifikation sei auf Kap. 2.6 verwiesen. # D

E. Detektion der optimalen Kontur

Das als Ergebnis der unter Abschnitt C und D beschriebenen Operationen vorliegende Bild, welches die erste Ableitung der Intensitätsfunktion im Polarraum darstellt unter spezieller Bewertung der Nulldurchgänge im Septalbereich, soll im folgenden mit $d(r,h)$ bezeichnet werden (vgl. Abb. 2.2.4.7). Es zeichnet sich die gesuchte Kontur des linken Ventrikels sowohl innerhalb als auch ausserhalb des Septalbereiches durch betragsmässig grosse Werte mit negativem Vorzeichen aus. Die Aufgabe des im folgenden beschriebenen Algorithmus ist das Auffinden eines Pfades im Bild $d(r,h)$, der optimal in dem Sinn ist, dass er von der Zeile $h=1$ zur Zeile $h=n$ entlang der minimalen Werte führt. Durch Rücktransformation dieses Pfades in den x,y-Bereich ergibt sich die gesuchte Kontur (vgl. Abschnitt F).

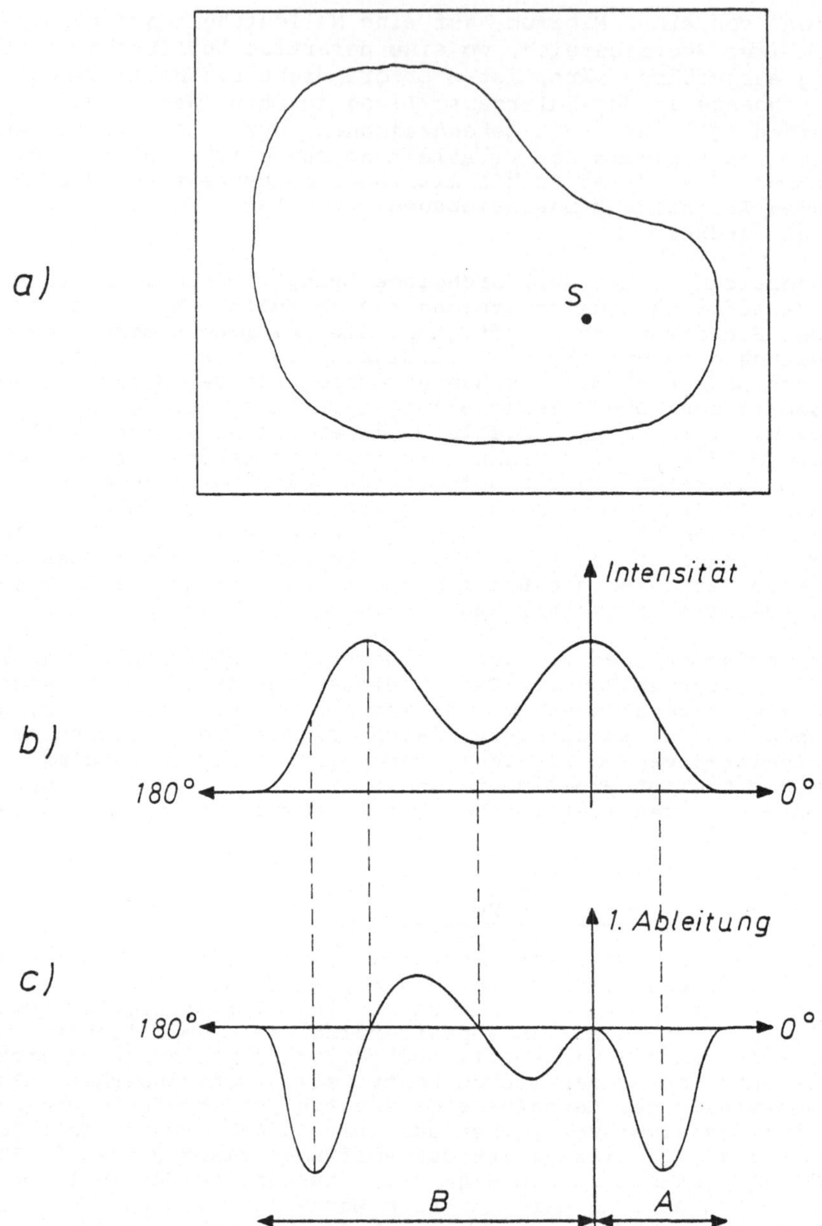

Abb. 2.2.4.8: Nulldurchgänge der 1. Ableitung im Septalbereich. a) Originalbild mit Startpunkt nach Abschnitt A, b) Verlauf der Intensitätsfunktion in der durch den Startpunkt führenden Bildzeile, c) 1. Ableitung von b) (siehe Text).

Für das Verfahren wird die Form des linken Ventrikels als konvex angenommen. Dies bedeutet, dass in jeder Zeile der Polardarstellung d(r,h) nur ein Konturpunkt auftritt. Von einer Zeile zur nächsten werden für einen Konturpunkt nur drei potentielle Nachfolger zugelassen, welche bezüglich der r-Koordinate um höchstens eine Position nach links oder rechts versetzt sind. Da die gesuchte Kontur geschlossen ist, darf der Konturpunkt in der letzten Zeile des Polarbildes nicht um mehr als eine Position nach links oder rechts vom Konturpunkt in der ersten Zeile abweichen. Im folgenden wird vorausgesetzt, dass die Verfolgung des optimalen Pfades in der Polardarstellung d(r,h) von unten nach oben, d.h. in Richtung zunehmender Wert für h erfolgt, vg. Gl. (2.2.4.1), Abb. 2.2.4.4 b. Dies entspricht der Bestimmung der Kontur in der x,y-Darstellung im Gegenuhrzeigersinn, beginnend in 3-Uhr-Stellung. Die folgenden Ausführungen in Abschnitt E sind inhaltlich identisch mit [GERBRANDS et al.1981].

Es bezeichne k(h) den Konturpunkt der Zeile h im Bild d(r,h), h=1,...,n. Die r-Koordinate von k(h) sei durch $k_r(h)$ gegeben, $1 \leq k_r(h) \leq m$. Ein Pfad k(1),...,k(i) von Konturpunkten, der in der ersten Zeile von d(r,h) beginnt und in der i-ten Zeile endet, wird mit K(i) bezeichnet, $1 \leq i \leq n$. Für einen derartigen Pfad wird vorausgesetzt:

$$|k_r(h+1)-k_r(h)| \leq 1; h=1,...,i-1. \qquad (2.2.4.2)$$

Da der gesuchte Pfad in der Polardarstellung einer geschlossenen Kontur in der x,y-Ebene entsprechen soll, gilt insbesondere

$$|k_r(n)-k_r(1)| \leq 1. \qquad (2.2.4.3)$$

Die Kosten des Konturpunktes k(h) sind identisch mit dem Wert des Punktes in d(r,h) und werden mit C(k(h)) bezeichnet. Der Pfad K(h) besitzt die Kosten

$$C(K(h))=\sum_{\nu=1}^{h} C(k(\nu)); \; h=1,...n. \qquad (2.2.4.4)$$

Somit ergeben sich die Kosten eines Pfades von der ersten zur h-ten Zeile in der Matrix d(r,h) nach Gleichung (2.2.4.4) durch Aufsummierung der entsprechenden Werte in d(r,h) und die Bestimmung des optimalen Pfades, welcher die Kontur charakterisiert, ist äquivalent einer Pfadsuche mit minimalen Kosten.

Im folgenden sei das Anfangselement des gesuchten Pfades in der ersten Zeile d(r,1) fest durch k*(1) gegeben. Die Bestimmung des Pfades mit minimalen Kosten in d(r,h) geschieht mittels dynamischer Programmierung nach den folgenden Gleichungen (2.2.4.5) - (2.2.4.7). Man beachte bei (2.2.4.6) die Analogie zu Gleichung (1.4.1.5).

$$C(K(1))=C(k(1)) = \begin{cases} C(k^*(1)), & \text{falls } k(1)=k^*(1) \\ \infty & \text{sonst} \end{cases} \qquad (2.2.4.5)$$

$$C(K(h+1)) = C(k(h+1))+MIN(C(K(h))); h=1,...,n-1. \qquad (2.2.4.6)$$

Das Minimum in Gleichung (2.2.4.6) wird über diejenigen Pfade bestimmt, die in der Zeile h der Matrix d(r,h) enden und für welche die Bedingung nach Gleichung (2.2.4.2) gilt. Der gesuchte Pfad K*(n) mit minimalen Kosten zeichnet sich schliesslich unter allen in der n-ten Zeile von d(r,h) endenden Pfaden durch die folgende Bedingung aus:

$$C(K^*(n)) = MIN\ (C(K(n))). \qquad (2.2.4.7)$$

Hierbei wird das Minimum über alle diejenigen potentiellen Pfadendpunkte k(n) bestimmt, für welche Gleichung (2.2.4.3) gilt. Wie in Kap. 1.4.1 erläutert wurde, erfolgt von jedem Pfadelement k(h+1) aus eine Verzeigerung zurück auf dasjenige Element k(h), bei dem das Minimum gemäss Gleichung (2.2.4.6) aufgetreten ist. Auf diese Weise ergibt sich der gesuchte Pfad mit minimalen Kosten durch Rückverfolgung der Zeiger, beginnend bei dem Element in der Zeile n, das gemäss Gleichung (2.2.4.7) definiert ist.

Als Beispiel ist in Abb. 2.2.4.9 der zu Abb. 2.2.4.7 korrespondierende optimale Pfad gezeigt. Im Septalbereich, d.h. im mittleren Drittel bezüglich der h-Koordinate, führt dieser Pfad hauptsächlich durch die mittels des in Abschnitt D beschriebenen Verfahrens markierten Nulldurchgänge. In den übrigen Bereichen, d.h. für hohe und niedrige Werte von h verläuft der Pfad entlang betragsmässig grosser negativer Werte, die in Abb. 2.2.4.9 (analog zu Abb. 2.2.4.7) in der dunklen Farbe dargestellt sind. Wie man der Abb. 2.2.4.9 entnehmen kann, ist die Bedingung erfüllt, dass das Pfadelement in der obersten Zeile um nicht mehr als eine Position nach rechts oder links gegenüber dem Pfadelement der untersten Zeile versetzt ist.

Das Verfahren nach Gleichung (2.2.4.5)-(2.2.4.7) setzt voraus, dass der Startpunkt k*(1) für den optimalen Pfad bekannt ist. Die Bestimmung von k*(1) kann mithilfe einer leichten Modifikation des durch Gleichung (2.2.4.5)-(2.2.4.7) gegebenen Algorithmus erfolgen. Da die Kontur des linken Ventrikels am rechten Rand üblicherweise deutlich ausgeprägt ist, erfolgt die Bestimmung von k*(1) durch Analyse dieses Bereiches. Hierzu nimmt man die den Quadranten I und IV in Abb. 2.2.4.10 a entsprechenden Teile von d(r,h) und bildet daraus ein neues Polar-Teilbild d'(r,h); r=1,...,m; h=1,...,n/2 (vgl. Abb. 2.2.4.10 b,c). In diesem Polar-Teilbild sucht man gemäss Gleichung (2.2.4.5)-(2.2.4.7) einen Pfad mit minimalen Kosten, wobei allerdings für den Endpunkt dieses Pfades die Bedingung nach Gleichung (2.2.4.3) nicht notwendig erfüllt sein muss. Vielmehr erfolgt die Bestimmung des Minimums über die gesamte letzte Zeile in d'(r,h). Als Startelement für die Pfadsuche dient das Minimum in der 1. Zeile der Matrix d'(r,h). Das Pfadelement in der Zeile, welche der 3-Uhr-Position in der x,y-Darstellung entspricht, dient als Startpunkt k*(1) nach Gleichung (2.2.4.5). #E

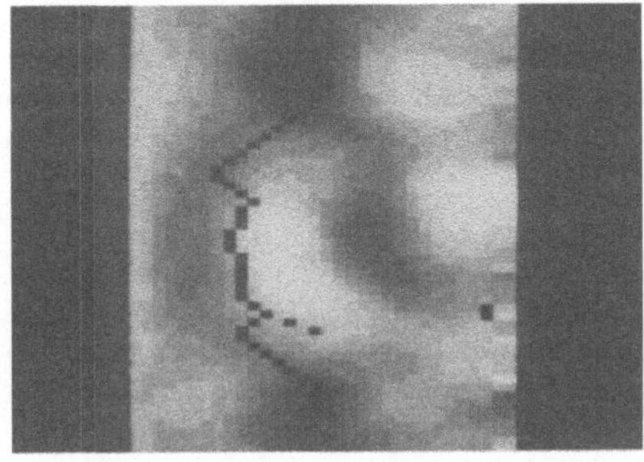

Abb. 2.2.4.9: Optimaler, der Kontur des linken Ventrikels entsprechender Pfad in Polardarstellung

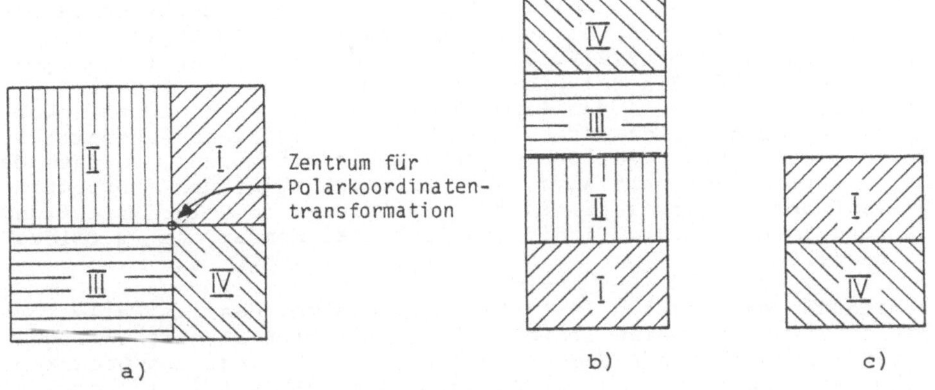

Abb. 2.2.4.10: Bestimmung des Startpunkts k*(l) für die Pfadsuche a) Originalabbild, schematische Darstellung, b) Polardarstellung von a), c) Polar-Teilbild d'(r,h) zur Bestimmung von k*(l)

F. Rücktransformation und Konturglättung

Die Kontur des linken Ventrikels stellt sich in der Matrix d(r,h) als zusammenhängender Pfad zwischen Zeile h=l und h=n dar. Durch Rücktransformation auf der Basis von Gleichung (2.2.4.1) lässt sich dieser Pfad in die gesuchte Kontur in x,y-Darstellung überführen. Bei grossem linken Ventrikel kann es bei der gewählten Winkelauflösung (d.h. n=60 Zeilen in der Polardarstellung) vereinzelt zu Lücken in der Kontur im x,y-Bereich kommen. Zu deren Auffüllung wird ein Interpolationsverfahren verwendet, das dem angenommenen konvexen Verlauf der Kontur angepasst ist und das bei der Rücktransformation eines jeden Pfadelementes prüft, ob der resultierende Punkt in der x,y-Darstellung mit dem Vorgänger verbunden ist. Nähere Einzelheiten finden sich in [FICHTE 1983].

Durch verschiedene Effekte, z.B. arithmetische Rundung bei der Rücktransformation, können lokale Unregelmässigkeiten in der Kontur des linken Ventrikels im x,y-Bereich entstehen. Typischerweise handelt es sich hierbei um Buchten oder Halbinseln von der Grösse eines Bildpunktes. Zur Beseitigung derartiger Unregelmässigkeiten werden die Operationen EXPAND und SHRINK nach [ROSENFELD/KAK 1976] eingesetzt.

Die Anwendung der in Schritt A-F beschriebenen Operationen auf die Bildfolge von Abb. 2.2.2.2, einschliesslich Rücktransformation aber ausschliesslich Konturglättung führt zu den Konturen in Abb. 2.2.4.11. Durch Glättung der Kontur ergeben sich die Konturen in Abb. 2.2.4.12. Abb. 2.2.4.13 und 2.2.4.14 zeigen in vergrösserter Darstellung jeweils das erste Bild der Sequenz in Abb. 2.2.4.11 und 2.2.4.12. #F

G. Pfadkorrektur durch Berücksichtigung von Sequenzinformation

Das Verfahren nach Abschnitt A-F zeigte für die überwiegende Anzahl der untersuchten Testsequenzen befriedigende Ergebnisse, ähnlich wie in Abb. 2.2.4.12. Bei einigen Bildfolgen traten jedoch Fehler auf. Ein Beispiel zeigt Abb. 2.2.4.15. Hier sind offensichtlich die in den Bildern 6-8 markierten Konturen inkorrekt. Der Grund liegt darin, dass beim Schritt nach Abschnitt D keine oder zu wenige Nulldurchgänge geliefert werden, so dass der Septalbereich verfehlt wird. Abb. 2.2.4.16 zeigt den (korrekten) Verlauf der Kontur des 5. Bildes der Sequenz in Polardarstellung, während in Abb. 2.2.4.17 die (fehlerhafte) Kontur des 7. Bildes dargestellt ist.

Anhand der verwendeten Testdaten zeigte sich, dass im Falle von Fehlern typischerweise lediglich drei bis vier unkorrekte Konturen innerhalb einer Sequenz auftreten. Dies legt den Gedanken nahe, eine Korrektur derselben unter Bezugnahme auf die korrekten Konturen durchzuführen. Man könnte zunächst daran denken, ähnlich wie in [TASTO 1973] beschrieben aufgrund der in Bild i der Sequenz gefundenen Kontur einen Vorhersagebereich für die Kontur in Bild i+1 zu bestimmen. Dies setzt allerdings voraus, dass anfangs eine korrekte Kontur vorliegt - eine Forderung die im hier betrachteten Fall auf Schwierigkeiten stösst. Eine brauchbare Operationsvorschrift für die hier vorliegenden Bilder ergibt sich jedoch daraus, dass die korrekten Konturen sich mehr oder weniger ähnlich sind in Form und Grösse, während bei inkorrekten Konturen deutliche Abweichungen auftreten. Diese Abweichungen zeigen sich nicht nur im x,y-Bereich, sondern auch in der Polardarstellung. In Abb. 2.2.4.18 sind alle zwölf Konturen von Abb. 2.2.4.15 einander überlagert in Polardarstellung gezeigt. (Teilweise ist direkt der "Beitrag" der beiden Pfade in Abb. 2.2.4.16, 2.2.4.17 zu sehen.) Man erkennt, dass die korrekten Konturen einen kompakten Bereich bilden, während die fehlerhaften Konturen von Bild 6,7 und 8 als deutliche "Ausreisser" in Erscheinung treten. (Es handelt sich hier um die drei isolierten Pfade rechts vom kompakten schwarzen Bereich. Man beachte, dass eine Kontur im x,y-Bereich je weiter vom Zentrum entfernt ist, desto näher der zugehörige Pfad in der Polardarstellung am rechten Bildrand liegt.)

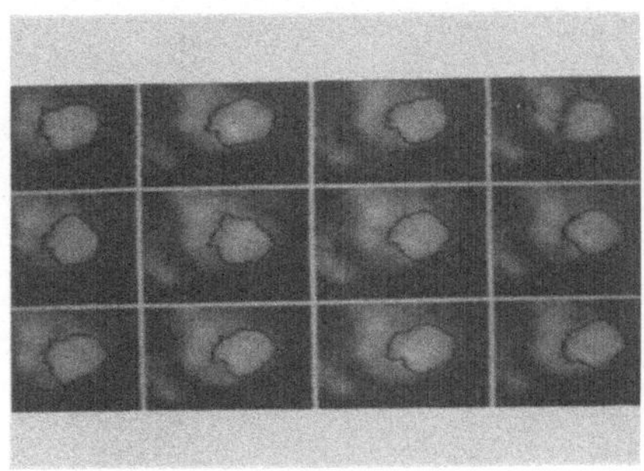

Abb. 2.2.4.11: Konturen zu Abb. 2.2.2.2 ohne Konturglättung

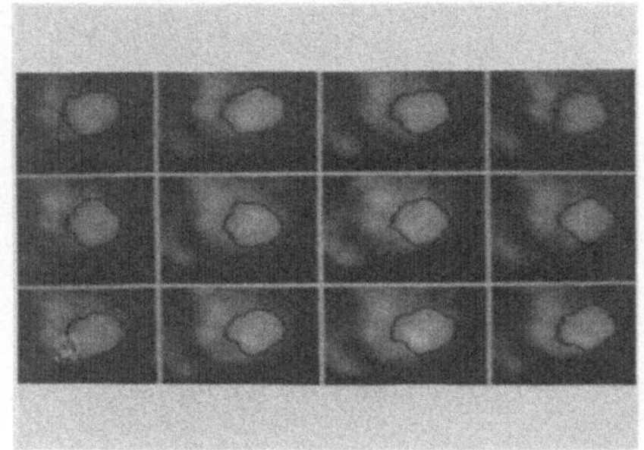

Abb. 2.2.4.12: Abb. 2.2.4.12 nach Konturglättung

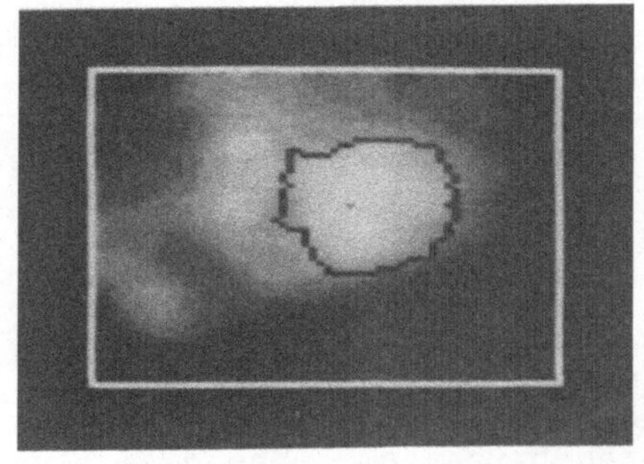

Abb. 2.2.4.13: 1. Bild von Abb. 2.2.4.11

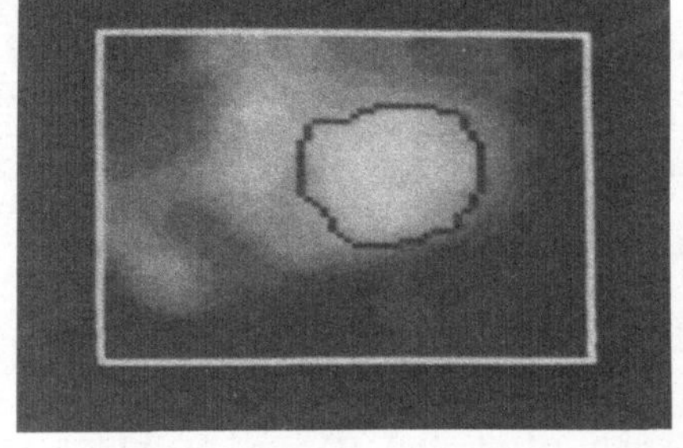

Abb. 2.2.4.14: 1. Bild von Abb. 2.2.4.12

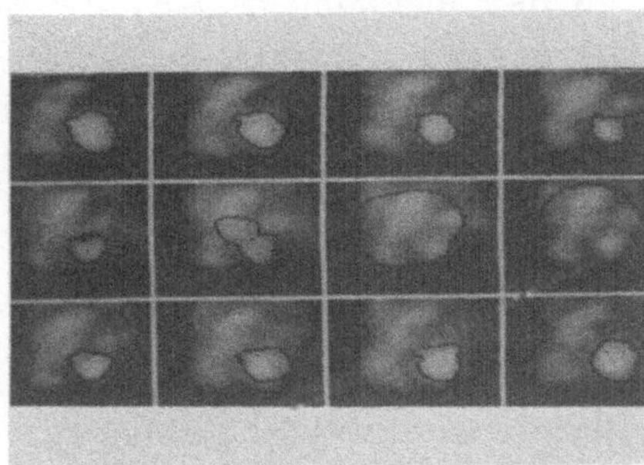

Abb. 2.2.4.15: Eine Bildsequenz mit fehlerhaften Konturen (Bild 6,7,8)

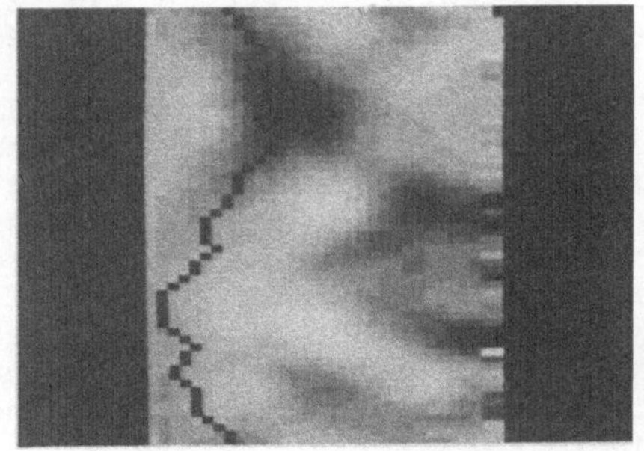

Abb. 2.2.4.16: Kontur von Bild 5 in Abb. 2.2.4.15 in Polardarstellung

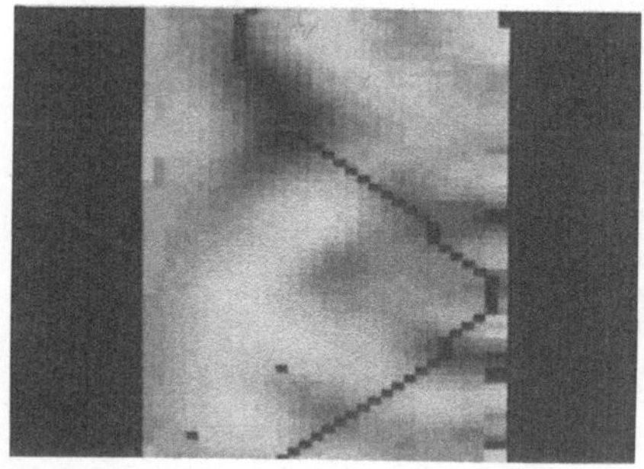

Abb. 2.2.4.17: Kontur von Bild 7 in Abb. 2.2.4.15 in Polardarstellung

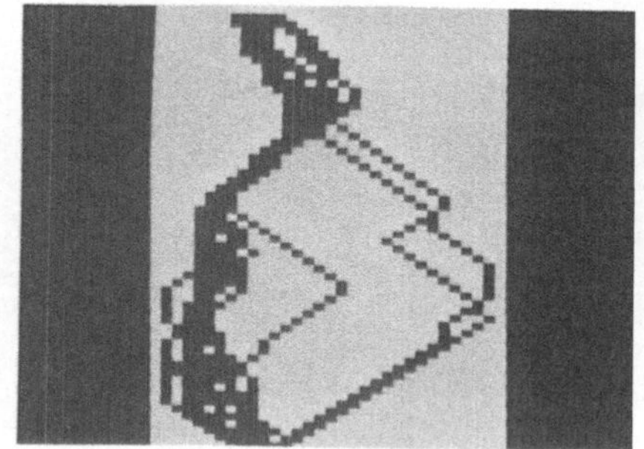

Abb. 2.2.4.18: Ueberlagerung der Konturen von Abb. 2.2.4.15 in Polardarstellung

Die anhand von Abb. 2.2.4.18 erläuterte Beobachtung führt zu dem in Abb. 2.2.4.19 skizzierten Vorgehen zur Fehlerkorrektur. Ausgangsbasis für das Verfahren nach Abb. 2.2.4.19 bildet die Abb. 2.2.4.18 entsprechende Matrix, in der für jede Position eingetragen ist, zu wievielen Pfaden sie gehört. Diese Matrix wird beim Test, ob Ausreisser vorhanden sind, zeilenweise abgearbeitet. Innerhalb jeder Zeile erfolgt eine Prüfung, ob ein oder mehrere benachbarte Pfadelemente existieren, die einen maximal zulässigen Abstand von der Majorität der Pfadelemente in dieser Zeile überschreiten. Falls ja, werden diese Pfadelemente als Ausreisser markiert. Wurde die gesamte Matrix abgearbeitet und kein Ausreisser gefunden, so wird davon ausgegangen, dass die Konturen korrekt sind und das Korrekturverfahren bricht ab, ohne dass eine Aenderung vorgenommen wurde. Andernfalls erfolgt eine Einschränkung des Suchbereichs. Hierzu werden die als Ausreisser markierten Pfadelemente in der Matrix gelöscht, d.h. sie werden auf denjenigen Wert gesetzt, der sie als Nicht-Pfadelement auszeichnet. Ist diese Operation für die gesamte Matrix ausgeführt, so ergibt sich der zulässige Suchbereich für jede Zeile als der Bereich innerhalb des am weitesten links und rechts verbleibenden Pfadelements. Als Beispiel ist in Abb. 2.2.4.20 der aus Abb. 2.2.4.18 abgeleitete eingeschränkte Suchbereich gezeigt.

Ein eingeschränkter Suchraum wie in Abb. 2.2.4.20 gezeigt ist nun verbindlich für jedes Bild der bearbeiteten Sequenz. Es erfolgt für jedes Bild eine Suche des optimalen Pfades innerhalb des eingeschränkten Suchbereiches. Hierzu wird analog zu dem in Abschnitt E beschriebenen Verfahren vorgegangen. Der einzige Unterschied besteht darin, dass für Pfadelemente ausserhalb des eingeschränkten Suchbereiches unendlich hohe Kosten definiert werden. Dadurch wird erzwungen, dass der der Kontur des linken Ventrikels entsprechende Pfad innerhalb des eingeschränkten Suchbereiches verläuft. Als Beispiel ist in Abb. 2.2.4.21 der sich für das 7. Bild der Sequenz von Abb. 2.2.4.15 ergebende korrigierte Pfad zusammen mit dem eingeschränkten Suchbereich gezeigt. (Ohne Einschränkung erhält man den Pfad nach Abb. 2.2.4.17.)

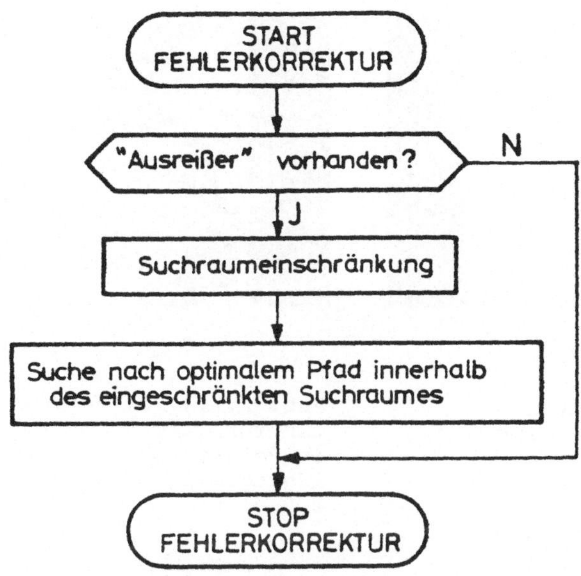

Abb. 2.2.4.19: Verfahren zur Fehlerkorrektur unter Berücksichtigung von Sequenzinformation

Das Ergebnis des gesamten Korrekturverfahrens für die Sequenz von Abb. 2.2.4.15 ist in Abb. 2.2.4.22 gezeigt. Nach vollzogener Konturglättung ergibt sich als Ergebnis Abb. 2.2.4.23, wo die Kontur in allen Bildern der Sequenz korrekt ist. (Man beachte, dass in Abb. 2.2.4.23 der gleiche Effekt, der im Zusammengang mit Abb. 2.2.3.7, 2.2.3.8 erläutert wurde, auftritt. Aufgrund seiner gegenphasigen Bewegung tritt der linke Vorhof auf den Bildern 4-9 deutlich als Bereich hoher Aktivität über dem linken Ventrikel in Erscheinung. Dennoch grenzt die automatisch bestimmte Kontur die linke Kammer klar gegen den linken Vorhof ab - ein Ergebnis, dass sich mithilfe einer Schwellwertoperation nicht erzielen liesse.) Weitere Beispiele zur Pfadkorrektur finden sich in [HAHN 1984]. #G

Die grundlegende Idee des durch die in Abschnitt A-G beschriebenen Schritte gegebenen Verfahrens zur Detektion des linken Ventrikels ist aus [GERBRANDS et al. 1981] entnommen. Jedoch zeigt die nähere Betrachtung, dass der hier vorgestellte Ansatz eine Reihe von Unterschieden bzw. Erweiterungen gegenüber [GERBRANDS et al. 1981] aufweist, die im folgenden aufgeführt werden. Der Gradientenoperator in [GERBRANDS et al. 1981] beruht auf der 2. Ableitung der Intensitätsfunktion, während bei der hier beschriebenen Methode mit der 1. Ableitung gearbeitet wird. Dies hat sich als notwendig herausgestellt, da der linke Ventrikel in den hier verwendeten Bildern einen kleineren Flächenanteil am Gesamtbild besitzt als in [GERBRANDS et al. 1981]. Experimente

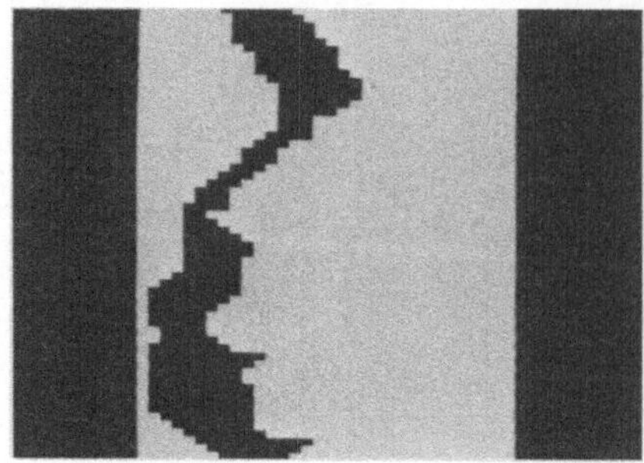

Abb. 2.2.4.20: Aus Abb. 2.2.4.18 abgeleiteter eingeschränkter Suchbereich

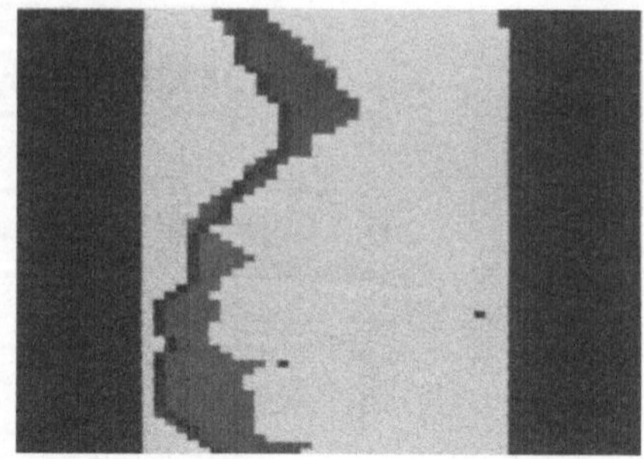

Abb. 2.2.4.21: Korrigierte Kontur für Bild 7 von Abb. 2.2.4.15 in Polardarstellung mit zulässigem Suchbereich nach Abb. 2.2.4.20

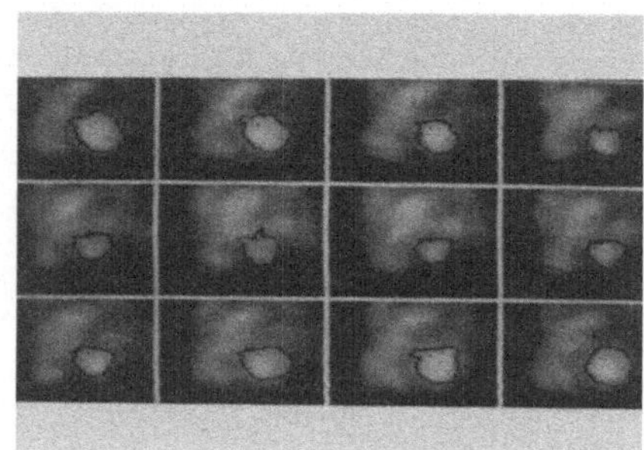

Abb. 2.2.4.22: Korrigierte Konturen für die Sequenz

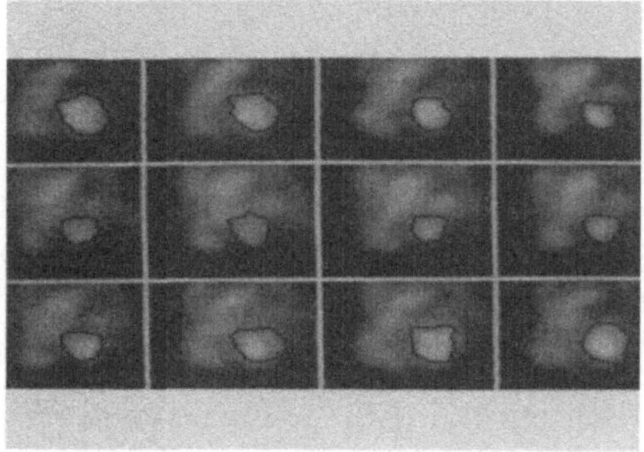

Abb. 2.2.4.23: Abb. 2.2.4.22 nach Konturglättung

haben gezeigt, dass unter Verwendung der 2. Ableitung i.a. eine zu grosse Fläche detektiert wird. Der Einsatz der 1. Ableitung macht die in [GERBRANDS et al. 1981] nicht enthaltene Behandlung des Septalbereiches nach Abschnitt D nötig. In [GERBRANDS et al. 1981] erfolgt die Berechnung der 2. Ableitung im x,y-Bereich vor der Polarkoordinatentransformation, während bei dem hier beschriebenen Verfahren die umgekehrte Reihenfolge eingehalten wird. Dies bringt eine Vereinfachung mit sich, da bei der Bildung der Ableitung nur eine Richtung entlang der Zeilen der Matrix p(r,h) zu berücksichtigen ist, während in [GERBRANDS et al. 1981] zwischen verschiedenen Richtungen in der x,y-Ebene unterschieden werden muss. Die Bestimmung des Zentrums für die Polarkoordinatentransformation erfolgt nach [GERBRANDS et al. 1981] iterativ. Im hier beschriebenen System ist dieser Schritt automatisiert, wie in Abschnitt A beschrieben wurde. Ferner stellt die Einschränkung des Suchbereiches in Abschnitt G eine echte Erweiterung gegenüber [GERBRANDS et al. 1981] dar. Eine qualitative und quantitative Beurteilung der Ergebnisse des Verfahrens nach Abschnitt A-G wird in Kap. 2.6.2 gegeben.

2.2.5 SEGMENTIERUNG DES LINKEN VENTRIKELS - FESTE SEKTOREN

Die mithilfe der in Kap. 2.2.4 beschriebenen Methode gewonnenen Konturen bilden die Ausgangsbasis für eine modellgestützte Beurteilung des linken Ventrikels hinsichtlich Beweglichkeit, Form und Grösse. Eine derartige globale Beurteilung der gesamten Herzkammer ist jedoch i.a. nur eines von verschiedenen Zielen bei der Auswertung einer Bildsequenz. Zusätzlich ist man i.a. auch an einer regionalen Beurteilung der Beweglichkeit interessiert, welche sich nur auf einen bestimmten Teil der linken Herzkammer bezieht. Dies ist insbesondere beim Vorliegen von Bewegungsstörungen der Fall. Wurde etwa durch Analyse des Bewegungsverhaltens des linken Ventrikels global eine Störung eines bestimmten Typs festgestellt, so ist man häufig daran interessiert, herauszufinden, wo diese Störung besonders ausgeprägt ist bzw. ob Bereiche innerhalb des linken Ventrikels existieren, welche von der Störung nicht betroffen sind.

Eine regionale Beurteilung macht es erforderlich, die vom linken Ventrikel auf den Bildern eingenommene Fläche in Teilbereiche zu zerlegen. In der Literatur findet sich eine Reihe von Vorschlägen für eine derartige Unterteilung. Prinzipiell ist zu unterscheiden, ob es sich um Aufnahmen unter einer RAo- oder LAo-Projektion handelt. Im ersteren Fall geht man typischerweise so vor, dass man äquidistante Geraden betrachtet, die senkrecht auf der Längsachse der Kammer stehen. Die so resultierenden Flächen oder Geradenstücken zwischen Längsachse und Kontur bilden die Ausgangsbasis für eine regionale Beurteilung der Beweglichkeit [ADAM et al. 1979]. Bei Aufnahmen unter LAo-Projektion beruht eine regionale Beurteilung der Beweglichkeit meistens auf einer Unterteilung der die linke Herzkammer repräsentierenden kreis- oder ellipsenförmigen Fläche in Sektoren. Als Zentrum für die Sektorisierung dient der Schwerpunkt des die linke Herzkammer umschreibenden Rechtecks [SILBER et al. 1980], der Flächen- oder der Massenschwerpunkt des linken Ventrikels [SCHICHA/EMRICH 1983, HÖR/STANDKE 1981]. Die aus der Literatur bekannten Ansätze gehen ausschliesslich von einer Unterteilung des linken Ventrikels in Sektoren mit konstantem Winkel aus. Nach [HÖR/STANDKE 1981] ist hierbei die Verwendung von n=3,...,12 Sektoren empfehlenswert, d.h. jeder Sektor entspricht einem Winkel von $2\pi/n$.

Für das hier beschriebene System wurde eine Unterteilung des Bereichs des linken Ventrikels in n=12 Sektoren realisiert, was einem Winkelbereich von 30° pro Sektor entspricht. Der Wert von n=12 Sektoren hat sich als geeignet herausgestellt. Einerseits ist ein hoher Wert von n wünschenswert, da dies eine detaillierte regionale Analyse erlaubt; andererseits sollten die Flächen der resultierenden Sektoren so gross sein, dass Quantisierungseffekte bei der Approximation von Geraden ohne gravierenden Einfluss bleiben. (Die Anzahl der Sektoren ist ein Parameter in der gegenwärtigen Systemversion, der leicht umgestellt werden kann, falls z.B. Bilder einer anderen Ortsauflösung zu bearbeiten wären.) Bezugspunkt für die Sektorisierung ist der Flächenschwerpunkt $(\bar{x},\bar{y})$ des linken Ventrikels, der sich wie folgt berechnet

$$\bar{x} = \frac{\sum_x (x \sum_y b(x,y))}{\sum_x \sum_y b(x,y)}$$

$$\bar{y} = \frac{\sum_y (y \sum_x b(x,y))}{\sum_x \sum_y b(x,y)} \qquad (2.2.5.1)$$

Hierbei bezeichnet $b(x,y)$ ein Binärbild, welches den Wert 0 für Bildpunkte des Hintergrundes und den Wert 1 für Bildpunkte innerhalb des linken Ventrikels besitzt. Dieses Binärbild lässt sich mithilfe von Algorithmen wie z.B. in [PAVLIDIS 1982] beschrieben aus den nach Kap. 2.2.4 gewonnenen Konturen berechnen. Ausgehend vom Schwerpunkt $(\bar{x},\bar{y})$ wird zunächst der senkrechte Strahl mit $\bar{x}=x$ betrachtet. Anschliessend werden die den Winkeln von $(2\pi/12)\nu$, $\nu=1,\dots,11$ entsprechenden Strahlen bestimmt. Für alle 12 so resultierenden Strahlen berechnet man den Schnittpunkt mit der Ventrikelkontur. Die Schnittpunkte zusammen mit den Strahlen und der Ventrikelkontur definieren schliesslich die Kontur eines jeden Sektors. Zur Bearbeitung einer kompletten Bildfolge wird jeweils der Flächenschwerpunkt des linken Ventrikels auf dem ersten Bild zur Bestimmung der Strahlen herangezogen. D.h., dass die für das erste (enddiastolische) Bild der Sequenz bestimmten Strahlen als Referenzsystem für die gesamte Sequenz dienen. Dieses Vorgehen entspricht den Empfehlungen nach [HÖR/STANDKE 1981].

Als Beispiel ist in Abb. 2.2.5.1 die Sektorisierung von Abb. 2.2.4.14 gezeigt. (Man beachte, dass der Flächenschwerpunkt, welcher als Zentrum für die Sektorisierung dient, i.a. vom Zentrum der Polarkoordinatentransformation nach Abb. 2.2.4.3 verschieden ist.) Das Ergebnis der Sektorisierung der gesamten Sequenz zeigt Abb. 2.2.5.2. (Man überlegt sich leicht, dass sich bei der kinematographischen Darstellung einer Folge wie in Abb. 2.2.5.2 die Strahlen, welche vom Zentrum ausgehen, statisch verhalten, da das Zentrum für die gesamte Bildfolge konstant gehalten wird. Im Gegensatz dazu pulsiert die Kontur des linken Ventrikels dynamisch und spiegelt die Bewegung des Herzmuskels wieder. Auf diese Weise dienen die für das erste Bild der Sequenz bestimmten Strahlen als Referenz, mit deren Hilfe die Beweglichkeit des linken Ventrikels beurteilt werden kann.)

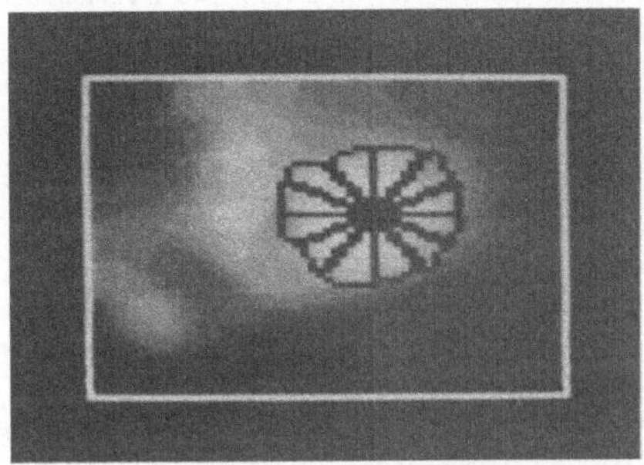

Abb. 2.2.5.1: Unterteilung des linken Ventrikels nach Abb. 2.2.4.14 in zwölf Sektoren festen Winkels

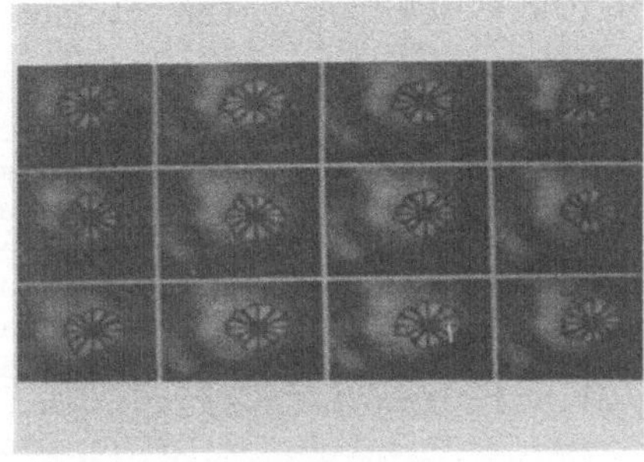

Abb. 2.2.5.2: Unterteilung der Sequenz nach Abb. 2.2.4.12

2.2.6 SEGMENTIERUNG DES LINKEN VENTRIKELS NACH ANATOMISCHEN KRITERIEN

Eine Unterteilung des linken Ventrikels in Sektoren festen Winkels wie in Abb. 2.2.5.1, 2.2.5.2 gezeigt erlaubt eine differenzierte Beurteilung der Pumpfunktion getrennt nach einzelnen Bereichen. Die Verwendung von Sektoren mit fester Winkeleinteilung ist bei den heutigen halbautomatischen Auswertungssystemen üblich. Beim Aufstellen einer diagnostischen Beurteilung des linken Ventrikels auf regionaler Ebene stehen jedoch nicht feste Sektoren wie in Abb. 2.2.5.1, 2.2.5.2 im Mittelpunkt des Interesses. Vielmehr bezieht sich eine diagnostische Interpretation auf regionale Bereiche des linken Ventrikels, die von den festen Sektoren differieren und die jeweils eine bestimmte anatomische Bedeutung besitzen. Diese anatomisch relevanten Bereiche sind das inferoapikale (IA), postero-laterale (PL), basale (BA) und septale (SE) Segment der Herzkammer. Eine graphische Darstellung ist in Abb. 2.2.6.1 gezeigt, vgl. auch [SILBER et al. 1980, SAUER/SEBENING 1980, SCHICHA/EMRICH 1983].

Im Gegensatz zu Sektoren mit festen Winkeln werden die Grenzen der Sektoren nach Abb. 2.2.6.1 von Patient zu Patient variieren. In diesem Kapitel wird ein automatisches Verfahren zur Bestimmung der Bereiche nach Abb. 2.2.6.1 vorgestellt. Die aus diesem Verfahren resultierenden Regionen werden im folgenden als anatomische Sektoren bezeichnet. Für eine vollautomatische diagnostische Beurteilung einer Bildfolge, wie sie von dem hier beschriebenen System angestrebt wird, ist die Bestimmung der anatomischen Sektoren eine wichtige Voraussetzung. Eine Segmentierung der Fläche des linken Ventrikels auf der Basis anatomischer Sektoren nach Abb. 2.2.6.1 stellt keinen Gegensatz dar zur Verwendung von festen Sektoren wie in Abb. 2.2.5.1, 2.2.5.2 gezeigt. Vielmehr ergänzen sich beide Methoden. Bei der interaktiven Auswertung von Bildfolgen erfolgt die Bestimmung der anatomischen Sektoren und eine Zuordnung der zusätzlich ermittelten festen Sektoren üblicherweise durch den Operator. Die automatische Auswertung bei dem hier beschriebenen System verwendet sowohl anatomische Sektoren als auch Sektoren festen Winkels. Die Bereiche des ersten Typs werden dabei für eine feinere Differenzierung innerhalb der anatomischen Sektoren herangezogen. Wird z.B. eine Bewegungsstörung innerhalb des Sektors PL festgestellt, so kann durch Analyse derjenigen Sektoren festen Winkels, die einen nichtleeren Durchschnitt mit diesem anatomischen Sektor haben, das Zentrum der Störung festgestellt werden. Ebenso lässt sich unter Verwendung des Sektors festen Winkels, der die Grenze zweier benachbarter anatomischer Sektoren enthält, nachprüfen, ob eine Störung an dieser Grenze auftritt.

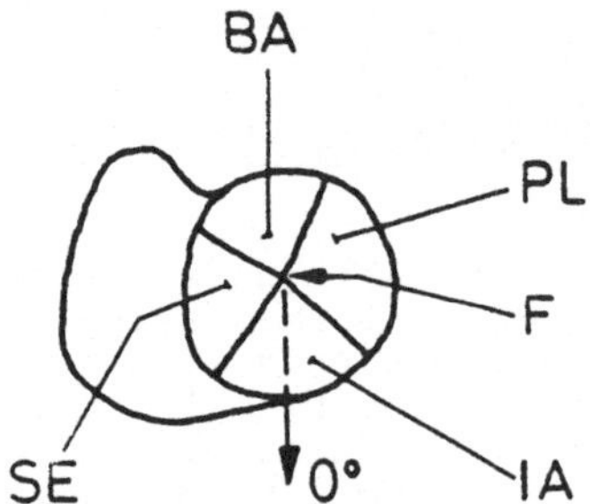

Abb. 2.2.6.1: Schematische Darstellung der vier anatomischen Sektoren IA, PL, BA und SE des linken Ventrikels; vgl. auch Abb. 2.2.1.3. F = Flächenschwerpunkt.

Die Bestimmung der Grenzen der anatomischen Sektoren beinhaltet ein prinzipielles Problem, da die exakte medizinische Definition der einzelnen Bereiche IA, PL, BA und SE von der Anordnung der Herzkranzgefässe abhängt und diese nicht direkt in den Bildern zum Ausdruck kommt. Somit müssen zur Bestimmung der Grenzen andere Kriterien herangezogen werden. Da die hier betrachteten Bildsequenzen unter bis zu einem gewissen Grad standardisierten

Bedingungen aufgenommen werden, existiert für jeden der anatomischen Sektoren ein Erwartungsbereich und eine Erwartungsrichtung. Beide Grössen beziehen sich dabei auf die Kontur des linken Ventrikels. Zur Illustration der folgenden Ausführungen kann wiederum Abb. 2.2.6.1 dienen.

Die erwarteten Konturrichtungen (Erwartungsrichtungen) für die vier anatomischen Sektoren sind in Abb. 2.2.6.2 angegeben. Hierbei wird von einer Kettencodedarstellung wie in Abb. 2.2.6.3 und einem Durchlauf der Kontur im Gegenuhrzeigersinn ausgegangen. Den Werten in Abb. 2.2.6.2 liegt die Vorstellung zugrunde, dass ein Punkt auf der Kontur des linken Ventrikels, dessen Nachfolgepunkt in der angegebenen Richtung liegt, dem in der Tabelle zugeordneten anatomischen Sektor mit hoher Sicherheit angehört. Umgekehrt ist die Zugehörigkeit zu einem anatomischen Sektor je unsicherer, desto mehr sich die Richtung des Nachfolgekonturpunktes von dem in Abb. 2.2.6.2 angegebenen Wert unterscheidet. Die exakten Werte in Abb. 2.2.6.2 wurden in Zusammenarbeit mit Medizinern unter Bezugnahme auf eine Stichprobe von Bildern ermittelt.

anatomischer Sektor	Erwartungsrichtung
IA	0.
PL	2.
BA	5.1
SE	6.2

Abb. 2.2.6.2: Erwartungsrichtungen für die anatomischen Sektoren

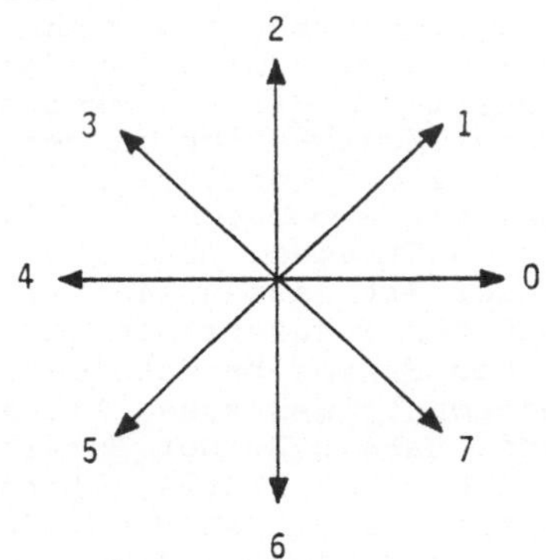

Abb. 2.2.6.3: Kettencode

Ausgehend von Abb. 2.2.6.2 lässt sich für jeden der anatomischen Sektoren eine Funktion definieren, welche die Uebereinstimmung eines jeden Konturpunktes mit der Erwartungsrichtung angibt. Sei $s \in \{IA, PL, BA, SE\}$ und x ein Punkt auf der Kontur des linken Ventrikels, so ist diese Funktion definiert als

$$d_s(x) = 8 - |(r(x)+\Delta) \bmod 8 - 4| ,$$
$$\Delta = (4-r_s) \bmod 8, \qquad (2.2.6.1)$$

man vgl. [EICHHORN 1983]. Hierbei bezeichnet r_s die in Abb. 2.2.6.2 angegebenen Richtung für den anatomischen Sektor $s \in \{IA, PL, BA, SE\}$. Die prinzipielle Idee hinter Gleichung (2.2.6.1) besteht darin, die Winkeldifferenz zwischen aktueller Konturrichtung r(x) und Erwartungsrichtung r_s zu messen und auf der Basis des Kettencodes auszudrücken. Da eine obere Schranke der maximal möglichen Differenz zweier Kettencodeelemente durch den Wert 8 vorgegeben ist, wird die aktuelle Abweichung von dieser oberen Schranke subtrahiert. Sind r(x) und r_s in Gleichung (2.2.6.1) identisch, so ergibt sich z.B. für $d_s(x)$ der Wert 8; haben r(x) und r_s entgegengesetzte Richtung, so liefert $d_s(x)$ den Wert 4. Man überlegt sich leicht, dass dieser Wert eine untere Schranke für $d_s(x)$ darstellt.

Als Beispiel sind in Abb. 2.2.6.4 die Funktionen $d_{IA}(x)$, $d_{PL}(x)$, $d_{BA}(x)$ und $d_{SE}(x)$ für die Kontur in Abb. 2.2.4.14 mit den Werten r_{IA}, r_{PL}, r_{BA} und r_{SE} nach Abb. 2.2.6.2 gezeigt. Die Länge der Kontur beträgt hier 77 Punkte. Die Konturpunkte sind in Abb. 2.2.6.4 auf der Abszisse aufgetragen. Der erste Konturpunkt entspricht dabei der Referenzlinie von 0° in Abb. 2.2.6.1; d.h. es handelt sich hier um den Punkt, der sich direkt unter dem Flächenschwerpunkt des linken Ventrikels befindet. Die folgenden Punkte auf der Abszisse entsprechen einem Durchlauf der Kontur des linken Ventrikels im Gegenuhrzeigersinn.

Man kann anhand von Abb. 2.2.6.4 erkennen, dass die Funktion $d_s(x)$, $s \in \{IA, PL, BA, SE\}$, für solche Konturpunkte x hohe Werte annimmt, die zum Bereich s gehören. Dies legt es nahe, eine Bestimmung der anatomischen Sektoren vorzunehmen, indem man für jeden Konturpunkt x denjenigen Bereich s bestimmt, für den $d_s(x)$ maximal ist unter $d_{IA}(x)$, $d_{PL}(x)$, $d_{BA}(x)$, $d_{SE}(x)$. Dieses einfache Vorgehen versagt, falls lokale Unregelmässigkeiten in der Kontur auftreten. Ein Beispiel ist in Abb. 2.2.6.5 gezeigt. Hier würde das Maximum für einen Punkt x in dem mit a bezeichneten Bereich der Kontur unter der Funktion $d_{IA}(x)$ auftreten, obwohl x dem Sektor SE zuzuordnen ist. Probleme dieser Art lassen sich vermeiden, wenn für die Zuordnung von Konturpunkten x zusätzlich ein Erwartungsbereich für jeden anatomischen Sektor berücksichtigt wird. So weiss man aufgrund der Tatsache, dass ausschliesslich LAo- Projektionen zu bearbeiten sind, dass z.B. der Bereich PL rechts vom Flächenschwerpunkt des linken Ventrikels auftreten muss. Für die Kontur des linken Ventrikels heisst dies, dass ein Punkt mit einem Winkel von $\pi/2$, ausgehend von der Referenzlinie in Abb. 2.2.6.1 im Gegenuhrzeigersinn, mit grosser Sicherheit zum Sektor PL gehört. Diese Aussage ist unabhängig von der Richtung, in welcher sich der Nachfolgekonturpunkt befindet.

Die Erwartungsbereiche für die anatomischen Sektoren lassen sich formal durch Funktionen $g_s(x)$, $s \in \{IA, PL, BA, SE\}$, repräsentieren. die in Abb. 2.2.6.6 dargestellt sind. Hier entspricht die Abszisse wiederum der Kontur des linken Ventrikels. Die Darstellung in Abb. 2.2.6.6 ist jedoch im Gegensatz zu Abb. 2.2.6.4 unabhängig von der aktuellen Zahl der Konturpunkte. Deshalb durchläuft die Variable auf der Abszisse den Bereich von 0° bis 360°. Hierbei entspricht der Wert 0° wiederum der Referenzlinie in Abb. 2.2.6.1 und es erfolgt ein Durchlaufen der Kontur im Gegenuhrzeigersinn. Die Funktionen $g_s(x)$ in Abb. 2.2.6.6 spiegeln die Sicherheit wieder, mit der ein Konturpunkt, der einen Winkel x relativ zur Referenzlinie in Abb. 2.2.6.1 aufweist, zum anatomischen Sektor s gehört. Es liegt hier kein wahrscheinlichkeitstheoretisches Modell zugrunde; vielmehr lassen sich die Funktionen $g_s(x)$ im Sinne der Theorie unscharfer Mengen ("fuzzy sets") nach [ZADEH 1965] verstehen. Der exakte Verlauf dieser Funktionen nach Abb. 2.2.6.6 stellt - ebenso wie die Erwartungsrichtungen in Abb. 2.2.6.2 - einen Teil des zur Bestimmung der anatomischen Sektoren verwendeten Vorwissens dar und wurde in Zusammenarbeit mit Medizinern unter Bezugnahme auf eine Stichprobe von Bildern festgelegt. Man beachte in Abb. 2.2.6.6, dass sich Funktionen $g_s(x)$, die benachbarten anatomischen Sektoren entsprechen, z.T. paarweise in solchen Bereichen überlappen, wo der Wert 1 angenommen wird. In derartigen Ueberlappungsbereichen wird somit a priori keine Bevorzugung bezüglich der Zuordnung zum einen oder andern anatomischen Sektor getroffen. (Die senkrechten Linien in den Funktionen $g_{PL}(x)$, $g_{BA}(x)$ und $g_{SE}(x)$ bei 90°, 230° und 280° entsprechen dem Kern des betrachteten Erwartungsgebiets und sind für die folgenden Betrachtungen nicht von Bedeutung.) Die Sicherheit, mit der ein Punkt der Kontur des linken Ventrikels zu einem bestimmten anatomischen Sektor s gehört, ist umso höher, je besser er bezüglich Richtung und Lage mit Erwartungsrichtung und Erwartungsbereich übereinstimmt. Zur Kombination der beiden Kriterien wird für jeden anatomischen Sektor s eine multiplikative Verknüpfung der Funktionen $d_s(x)$ und $g_s(x)$ durchgeführt; es ergibt sich somit die Funktion

$$e_s(x) = d_s(x) \cdot g_s(x), \quad s \in \{IA, PL, BA, SE\}. \qquad (2.2.6.2)$$

Hierbei wird das Intervall $[0,2\pi]$ in Abb. 2.2.6.6 der aktuellen Anzahl der Konturpunkte nach Abb. 2.2.6.4 angepasst. Der anatomische Sektor s, dem ein Konturpunkt x zugeordnet wird, ist definiert gemäss

$$e_s(x) = \max\{e_{IA}(x), e_{PL}(x), e_{BA}(x), e_{SE}(x)\}. \qquad (2.2.6.3)$$

Die Entscheidung nach Gleichung (2.2.6.3) wird für jeden Punkt x der Kontur des linken Ventrikels getroffen. Als Beispiel sind in Abb. 2.2.6.7 die aus Abb. 2.2.6.4 und 2.2.6.6 gemäss Gleichung (2.2.6.2) gebildeten Funktionen $e_s(x)$ gezeigt. Ihre Ueberlagerung ist in Abb. 2.2.6.8 dargestellt. Die Bestimmung derjenigen Funktion $e_s(x)$, unter welcher das Maximum für den Konturpunkt x auftritt, liefert schliesslich die in Abb. 2.2.6.9 gezeigten anatomischen Sektoren.

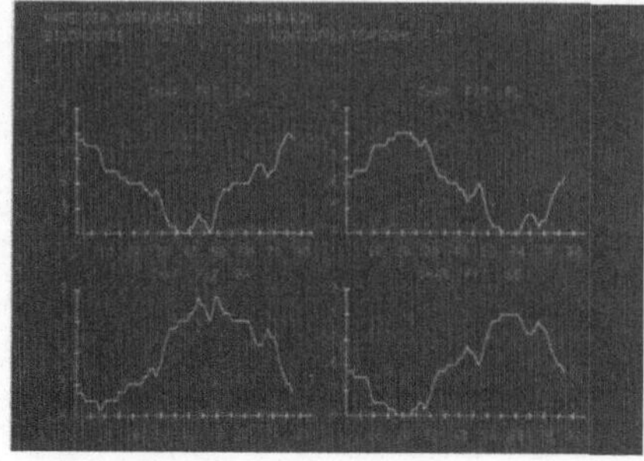

Abb. 2.2.6.4: Funktionen $d_s(x)$ nach Gleichung (2.2.6.1), $s\in\{IA, PL, SE, BA\}$.

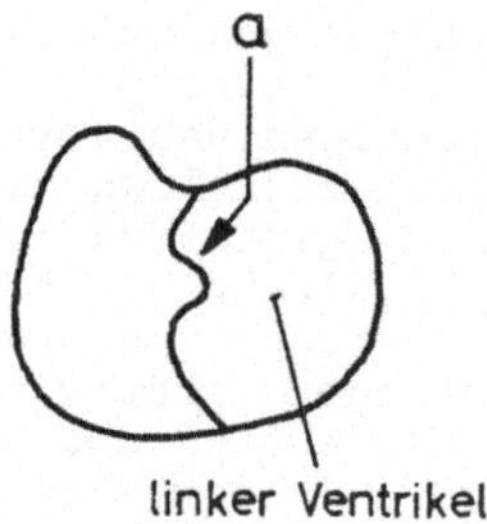

Abb. 2.2.6.5: Konturunregelmässigkeit (siehe Text)

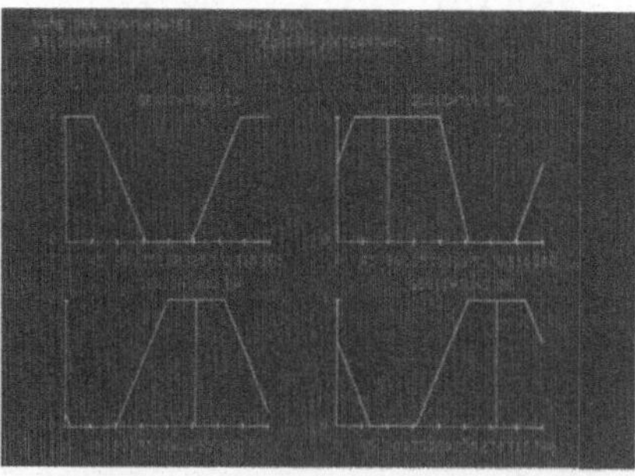

Abb. 2.2.6.6: Funktionen $g_s(x)$ zur Repräsentation von Erwartungsbereichen, $s\in\{IA, PL, SE, BA\}$.

Die Bearbeitung einer Bildfolge geschieht analog zu der in Kap. 2.2.5 beschriebenen Unterteilung in feste Sektoren.D.h., dass die anatomischen Sektoren mithilfe oben beschriebener Methoden für das erste Bild der Sequenz bestimmt werden; sodann erfolgt die Uebernahme der errechneten Grenzen zusammen mit dem für das erste Bild der Sequenz bestimmten Schwerpunkt als Referenzsystem für die restlichen Aufnahmen der Folge. Auf diese Weise ergeben sich die in Abb. 2.2.6.10 gezeigten anatomischen Sektoren.

Dadurch, dass die Referenzlinie in Abb. 2.2.6.1 jeweils vom Flächenschwerpunkt senkrecht nach unten gefällt wird, ist die diskutierte Segmentierungsmethode nicht rotationsinvariant. Die Eigenschaft der Rotationsinvarianz lässt sich jedoch erreichen, indem man z.B. die Hauptträgheitsachse [NIEMANN 1974] für die Fläche des linken Ventrikels bestimmt und diese mittels Rotation in eine Normrichtung, z.B. senkrecht, überführt. Eine detaillierte Beschreibung dieses Verfahrens findet sich in [EICHHORN 1983]. Jedoch haben Experimente mit dem vorhandenen Bildmaterial gezeigt, dass sich durch eine derartige Normierung die Grenzen der anatomischen Sektoren typischerweise um nicht mehr als zwei Bildpunkte verschieben. Da die Festlegung der anatomischen Sektoren durch einen menschlichen Auswerter nach subjektiven Masstäben erfolgt - die oben erwähnte Tatsache, dass die exakte medizinische Definition der anatomischen Sektoren von Kriterien abhängt, die nicht direkt auf den Bildern beobachtet werden können, stellt nicht nur für ein automatisches Verfahren, sondern auch für den menschlichen Auswerter Schwierigkeiten dar -,liegt dieser Unterschied innerhalb der typischen Inter- und Intraobservervarianz. Deshalb wird auf eine derartige Normierung in der momentanen Systemversion verzichtet.

Die Bestimmung der anatomischen Sektoren nach oben vorgeschlagener Methode beruht neben dem Erwartungsbereich auf dem Merkmal Konturrichtung. Im Rahmen der Entwicklungsarbeiten wurden auch andere Merkmale auf ihre Brauchbarkeit hin untersucht, nämlich der Abstand eines Konturpunktes zum Flächenschwerpunkt des linken Ventrikels sowie die in [GRIFFITH/GRANT/KAUFMAN 1974] zur Bestimmung der Herzspitze in RAo-Röntgenbildern vorgeschlagene Krümmung (Aenderung der Richtung) der Kontur. Der Radius für Abb. 2.2.4.14 ist in Abb. 2.2.6.11 gezeigt. Wegen der meist kreis- bis ellipsenförmigen Gestalt der linken Herzkammer unter LAo-Projektion besitzt der Radius keine gute Trennschärfe für die anatomischen Sektoren. Ebenso ist die Krümmung nicht so gut geeignet wie die Richtung.

Das Verfahren zur Bestimmung der anatomischen Sektoren wurde qualitativ durch visuelle Inspektion verifiziert. Eine quantitative Verifikation war nicht möglich, da das zu Vergleichszwecken zur Verfügung stehende halbautomatische Auswertungssystem die Bestimmung von anatomischen Sektoren nicht vorsieht und somit keine Referenzdaten zur Verfügung standen. Jedoch ergibt sich ein Hinweis auf die Güte des Verfahrens durch die in Kap. 2.6 berichteten Ergebnisse der modellbasierten Verarbeitung. Hierbei bilden die nach obiger Methode gewonnenen anatomischen Sektoren einen Teil der Eingabedaten. Nähere Angaben folgen in Kap. 2.6.

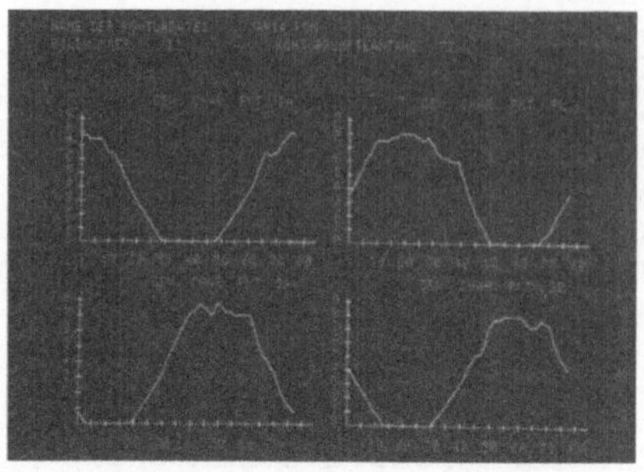

Abb. 2.2.6.7: Funktionen $e_s(x)$ nach Gleichung (2.2.6.3), $s \in \{IA, PL, SE, BA\}$

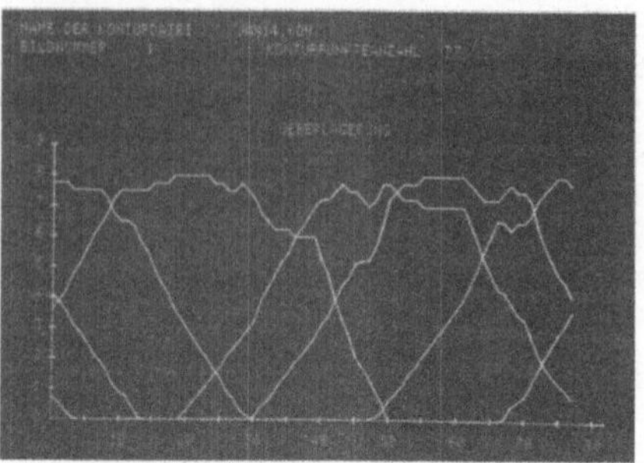

Abb. 2.2.6.8: Ueberlagerung der Funktionen in Abb. 2.2.6.7

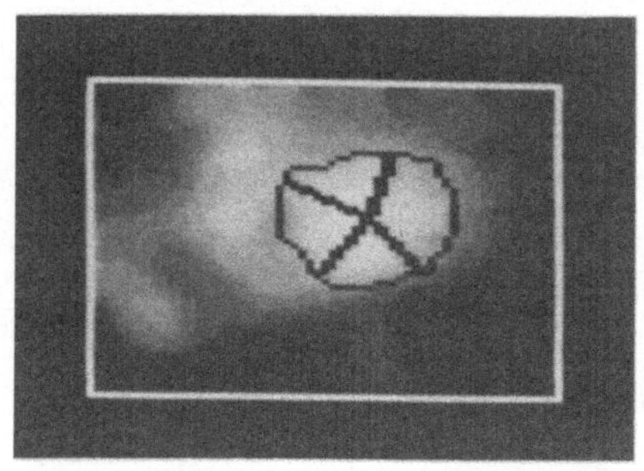

Abb. 2.2.6.9: Segmentierung von Abb. 2.2.4.14 gemäss Abb. 2.2.6.8

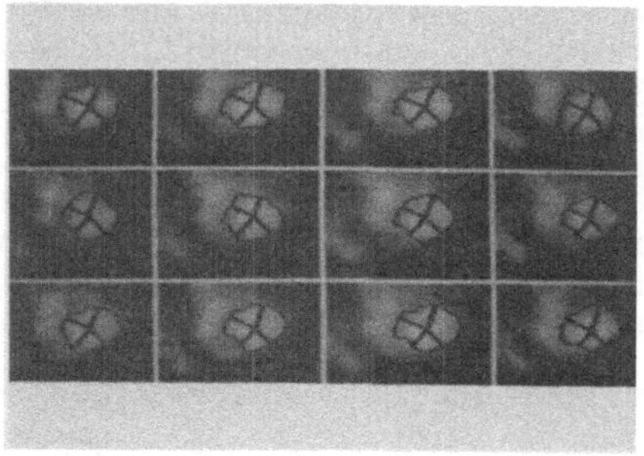

Abb. 2.2.6.10: Segmentierung der Sequenz von Abb. 2.2.4.12

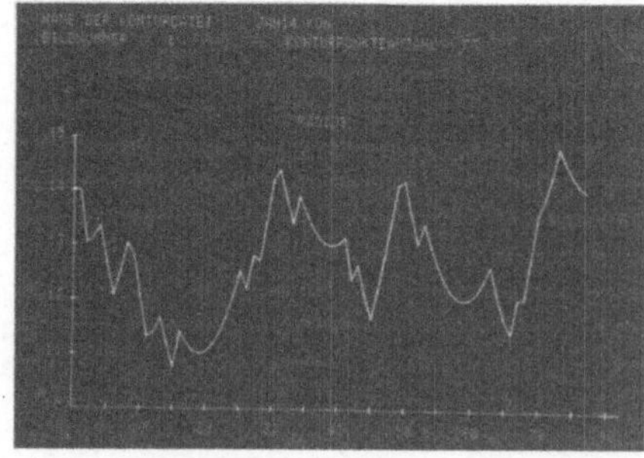

Abb. 2.2.6.11: Der Radius als Merkmal zur Segmentierung von Abb. 2.2.4.14

2.3. MODELL UND INSTANZEN

Im vorliegenden Kapitel wird zunächt der in Abb. 2.1.3.1 dargestellte Modul "Modell", welcher der Repräsentation des zur Analyse einer Bildfolge nötigen Wissens dient, genauer beschrieben. Das Modell stellt die Wissensbasis dar, auf welcher die Ableitung einer diagnostischen Interpretation zu einer vorgegebenen Eingabebildsequenz beruht. In Abschnitt 2.3.1 wird auf Modellsyntax und -implementierung eingegangen. Wie man Abb. 2.1.3.1 entnehmen kann, lässt sich das Modell in eine deklarative und eine prozedurale Komponente zerlegen. Das deklarative Wissen wird genauer in Abschnitt 2.3.2 beschrieben. Die Behandlung des prozeduralen Teils der Wissensbasis erfolgt in den Abschnitten 2.3.3-2.3.7. In Abschnitt 2.1.3 wurde bereits erläutert, dass der Modul "Instanzen" in Abb. 2.1.3.1 als Ergebnis- und Zwischenergebnisspeicher aufgefasst werden kann, welcher ähnlich wie das Modell strukturiert ist. Auf diesen Modul wird in Abschnitt 2.3.8 näher eingegangen. Eine detaillierte Beschreibung des Modells findet sich auch in [SAGERER 1985].

2.3.1 MODELLSYNTAX UND -IMPLEMENTIERUNG

Die folgenden Ausführungen stellen die im hier beschriebenen System verwendete Methode zur Wissensrepräsentation vor. Hierbei wird in Abschnitt 2.3.1 primär auf solche Aspekte eingegangen, die von der speziellen Anwendung, nämlich der Analyse nuklearmedizinisch gewonnener Bildfolgen, unabhängig sind. Die Entwicklung der dem Modell zugrundeliegenden Syntax sowie die Implementierung war zwar motiviert durch das hier betrachtete System, jedoch wurde von der konkreten Anwendung weitgehend abstrahiert, vor allem auch zu dem Zweck, einen genügend breiten Spielraum für eventuell später nötige Aenderungen oder Ergänzungen des Modells offenzuhalten.

Die Methode zur Wissensrepräsentation, d.h. der Formalismus, auf welchem das Modell nach Abb. 2.1.3.1 beruht, ist ein semantisches Netz im Sinne von Kap. 1.3.1. Ein semantisches Netz kann als Graph mit Knoten, den sog. Konzepten, und Kanten, welche Relationen zwischen Konzepten widerspiegeln, aufgefasst werden. Im Gegensatz zu herkömmlichen Graphen bilden die Konzepte keine atomaren Einheiten, sondern besitzen Unterkomponenten, die im folgenden noch genauer behandelt werden. Bei den Relationen sind zwei Standardtypen zu nennen, nämlich "Teil" und "Spezialisierung" mit ihren Inversen "Teil-von" und "Generalisierung". Sie bilden das Grundgerippe zur Strukturierung des Netzes.

Die Konzepte des Modells stellen die Basiseinheiten bei der Wissensrepräsentation dar. Jedes Konzept kann als Datenstruktur gemäss einer Syntax wie in Abb. 2.3.1.1 gezeigt aufgefasst werden. Der Name eines Konzepts ist eine Zeichenkette und dient dessen eindeutiger Identifikation. Bei der Metabeschreibung handelt es sich ebenfalls um eine Zeichenkette, die zur ausführlichen, umgangssprachlichen Charakterisierung eines Konzepts verwendet werden kann. Die Komponente "Instanzen" in Abb. 2.3.1.1 stellt einen Verweis auf eine Liste von Instanzen des aktuellen Konzepts dar. Wie bereits in Kap. 1.3.1 ausgeführt wurde, handelt es sich bei einem Konzept stets um einen von konkreten Eingabedaten unabhängigen Teil des Langzeitwissens, während die Instanz eines Konzepts im Kurzzeitspeicher angesiedelt ist und sich auf eine spezielle Eingabebildfolge bezieht. Somit ist im vorliegenden System der Verweis auf die Instanzenliste für jedes Konzept zu Beginn der Analyse leer. Die Aenderung dieses Verweises ist die einzige Schreiboperation, die während der Auswertung einer Bildfolge auf dem Modell ausgeführt wird. Alle anderen Operationen dienen ausschliesslich dem Lesen von Modellinformation. Besitzt das aktuelle Konzept eine Generalisierung, so wird deren Name in der entsprechenden Komponente angegeben. Analoges gilt für Spezialisierungen. Es wird davon ausgegangen, dass das Netz bezüglich der Relation "Spezialisierung" einen Baum darstellt. Auf diese Weise sind eventuelle Inkonsistenzen hinsichtlich des Vererbungsprinzips a priori ausgeschlossen. Das Vererbungsprinzip wurde bereits in Kap. 1.3.1 erläutert. Es besagt, dass ein Konzept alle diejenigen Teile, Attribute und Strukturen von seiner Generalisierung erbt, die nicht explizit neu definiert sind. (Zum Begriff der Struktur siehe später.) Beim Entwurf der Netzwerk-Syntax wurde eine Komponente "Aehnlichkeiten" vorgesehen, in der auf eine Liste ähnlicher Konzepte verwiesen werden kann. In der vorliegenden Anwendung wird jedoch von dieser Relation kein Gebrauch gemacht, so dass bei allen Konzepten des aktuell verwendeten Modells auf die leere Liste verwiesen wird.

KONZEPT

Name
Metabeschreibung
Instanzen
Generalisierung
Spezialisierungen
Aehnlichkeiten
Argument von
semantischer Teil von
semantische Teile
semantische Attribute
semantische Strukturen
notwendiger Teil von
notwendige Teile
notwendige Attribute
notwendige Strukturen
cf Berechnung

Abb. 2.3.1.1: Syntaktischer Rahmen für ein Konzept

"Spezialisierung" und "Generalisierung" sowie die noch zu erläuternden Relationen "Teil" und "Teil-von" bilden das Grundgerüst für beliebige Anwendungen semantischer Netze zur Wissensrepräsentation in der Bildanalyse. Diese Standardrelationen sind über die entsprechenden Komponenten fest in jedem Konzept des Netzes verankert. In der gegenwärtigen Modellversion wird von keinen weiteren Relationen Gebrauch gemacht. Bei der Entwicklung des hier beschriebenen Netzwerk-Formalismus wurde jedoch vorgesehen, dass neben die Standardrelationen weitere, vom Benutzer frei definierbare Relationen treten können. Diese Relationen sind in ihrer Syntax im Prinzip einem Konzpet nach Abb. 2.3.1.1 ähnlich; d.h. eine Relation ist definiert durch einen Namen, eine Metabeschreibung, eine Liste von Instanzen (auch Propositionen genannt) sowie verschiedene weitere Komponenten zur genaueren Charakterisierung. Eine derartige Komponente bei der Definition einer Relation ist die Liste der Argumente. Die Komponente "Argument von" in Abb. 2.3.1.1 spielt die inverse Rolle und verweist auf alle diejenigen Relationen, für welche das aktuelle Konzept ein Argument ist. Da in der Modellversion für die hier betrachtete Anwendung ausschliesslich von den Relationen "Spezialisierung", "Generalisierung", "Teil" und "Teil-von" Gebrauch gemacht wird, ist die Argumentliste für alle Konzepte leer.

Die folgenden acht Komponenten in Abb. 2.3.1.1 beziehen sich auf Teile, Attribute und Strukturen. Hierbei wird zwischen semantischen und notwendigen Komponenten unterschieden. Der Kategorie "semantisch" werden solche Komponenten zugeordnet, die im physikalischen Sinne (bezüglich des aktuellen Problemkreises) als direkter Teil des betrachteten Konzepts gelten. Als "notwendig" werden im Gegensatz dazu alle übrigen Komponenten bezeichnet, die zur Instanziierung des aktuellen Konzepts oder anderer Konzepte, von denen das aktuelle Konzept ein Teil ist, erforderlich sind. Wie in Kap. 2.4 noch ausführlicher dargestellt wird, macht der im System verwendete Kontrollalgorithmus keinen Unterschied zwischen semantischen und notwendigen Komponenten. Somit dient diese Unterscheidung in der Wissensbasis des hier beschriebenen Systems primär dazu, eine bessere Strukturierung zu erzielen und die Transparenz der Darstellung für den Benutzer zu erhöhen.

Die Komponente "semantischer Teil von" enthält eine Liste von Namen derjenigen Konzepte, von denen das betrachtete ein semantischer Teil ist. Die inverse Beziehung wird durch die Komponente "semantische Teile" zum Ausdruck gebracht. Ein semantisches Attribut ist über einer komplexen Datenstruktur definiert, welche Angaben enthält über den Namen des Attributs, den Definitionsbereich und die Dimension, den Namen einer Berechnungsprozedur, weitere Hilfsprozeduren sowie Defaultwerte. Letztere beiden Komponenten, nämlich Hilfsprozeduren und Defaultwerte finden bei der hier betrachteten Anwendung keinen Einsatz; die wesentliche Charakterisierung eines Attributs liegt in seiner Berechnungsprozedur. Eine semantische Struktur stellt eine Bedingung dar, welche über den Werten von Attributen definiert ist. Die Darstellung einer semantischen Struktur ist der eines Attributs ähnlich und erfolgt durch Angabe eines Namens, des Namens einer Berechnungsprozedur, eines Defaultwerts sowie einer Liste von Namen der zu testenden Attribute. Der Wert, den die Berechnungsprozedur als Ergebnis für bestimmte Argumente liefert, gibt an, wie gut die aktuellen Attributwerte der Bedingung genügen. (Einzelheiten hierzu werden in Kap. 2.3.7 erläutert.) Bei semantischen Strukturen wird - ebenso wie bei semantischen Attributen - davon ausgegangen, dass die Berechnung bottom-up bezüglich der Relation

"Teil" geschieht. D.h., dass Attribute, welche als Eingabeparameter für Attribut- oder Strukturberechnungen fungieren, entweder zum aktuellen Konzept gehören oder bezüglich der Relation "Teil" auf einer tieferen Ebene stehen. Somit müssen bei der Instanziierung eines Konzepts i.a. seine Teile bereits instanziiert sein. Die obigen Ueberlegungen zu den semantischen Teilen, Attributen und Strukturen sind ohne Einschränkung auch für die Komponenten "notwendiger Teil von", "notwendige Teile", "notwendige Attribute" und "notwendige Strukturen" gültig. Die Unterscheidung zwischen semantischen und notwendigen Komponenten ergibt sich - wie bereits erläutert - lediglich aus der Bedeutung die diesen Komponenten hinsichtlich eines bestimmten Problemkreises zukommt.

In der Komponente "cf Berechnung" wird der Name einer Prozedur angegeben, die dazu dient, bei der Instanziierung des aktuellen Konzepts einen Sicherheitsfaktor (certainty factor) zu berechnen. Dieser bringt zum Ausdruck, mit welcher Sicherheit die aktuelle Instanz aus den Eingabedaten abgeleitet wurde. Die Verwendung von Sicherheitsfaktoren ist insbesondere beim Auftreten von Mehrdeutigkeiten, die in verschiedenen konkurrierenden Instanzen für ein und dasselbe Konzept resultieren, wichtig. Der Sicherheitsfaktor berechnet sich aus den zur Instanz gehörigen Attribut- und Strukturwerten sowie aus den Sicherheitsfaktoren von semantischen und notwendigen Teilen.

Obige Ausführungen sollen anhand eines Beispiels verdeutlicht werden. In Abb. 2.3.1.2 ist ein Konzept aus der Wissensbasis des hier betrachteten Bildanalysesystems dargestellt. Der Name des Konzepts lautet "zvobj", eine Abkürzung für zeitvollständiges Objekt. Beim betrachteten Konzept handelt es sich um eine Abstraktion, d.h. eine Generalisierung einer Reihe von Objekten, die auf den vorliegenden Bildern beobachtet werden können. Das Adjektiv "zeitvollständig" bringt zum Ausdruck, dass das betreffende Objekt auf allen Bildern einer Sequenz in Erscheinung tritt.

Die ersten beiden Zeilen der Konzeptdefinition in Abb. 2.3.1.2 geben den Konzeptnamen und die Metabeschreibung an. Der Eintrag "10" direkt hinter dem Namen "zvobj" in der ersten Zeile der Konzeptdefinition bezieht sich auf die Gesamtzahl der existierenden Subkomponenten, d.h. die Gesamtzahl von semantischen und notwendigen Teilen, Attributen und Strukturen. Die Kennzeichnung "Ebene 100" gehört zur Metabeschreibung und korrespondiert mit der in Kap. 2.3.2 noch detaillierter diskutierten Gliederung des Netzes in konzeptionelle Ebenen. "Zeitvollständiges Objekt" ist schliesslich die umgangssprachliche Charakterisierung des betrachteten Konzepts. Der Eintrag "UNDEFINIERT" in der Komponente "Instanzen" besagt, dass zum betrachteten Zeitpunkt keine Instanzen des Konzepts existieren. Aehnlich bringt der Eintrag "NIL" zum Ausdruck, dass das Konzept zvobj keine Generalisierung besitzt. Hingegen existieren 23 Spezialisierungen. Es handelt sich um konkrete Objekte, die auf den zu analysierenden Bildfolgen zu beobachten sind. Z.B. bezeichnen "zvlv", "zviat", "zvplt", "zvbt" und "zvst" die Objekte "zeitvollständiger linker Ventrikel", "zeitvollstän-

```
@ ***********************************************************************
@ ***********************************************************************
@
@
@
BEGINNE_KONZEPTDEFINITION( zvobj , 10 ,
   EBENE 100 ; zeitvollsteandiges Objekt )

   INSTANZEN( UNDEFINIERT )

   GENERALISIERUNG( NIL )

   SPEZIALISIERUNGEN( zvhz , zvhol, zvlv , zviat , zvplt , zvbt ,
                      zvst , zv01 , zv02 , zv03 , zv04 , zv05 ,
                      zv06 , zv07 , zv08 , zv09 , zv10 , zv11 ,
                      zv12 , zv13 , zv14 , zv15 , zv16 )

   AEHNLICHKEITEN( NIL )

   ARGUMENT_VON( NIL )

   SEMANTISCHER_TEIL_VON( NIL )

   START_SEMANTISCHE_TEILE( 0 )
   ENDE_SEMANTISCHE_TEILE

   START_SEMANTISCHE_ATTRIBUTE( 5 )
      SEMANTISCHES_ATTRIBUT( or_rand ,
         DEFINITIONSBEREICH( INTEGER*1 , -1 , 64 ),
         DIMENSION( 256 ),
         WERTBERECHNUNG: 1100 ,
         RESTRIKTIONEN: NEIN ,
         SPEZIALISIERT: NEIN ,
         MODIFIZIERTE_BERECHNUNG: NEIN ,
         DEFAULTWERTE: NEIN )
      SEMANTISCHES_ATTRIBUT( or_flaeche ,
         DEFINITIONSBEREICH( INTEGER , 0 , 4096 ),
         DIMENSION( 1 ),
         WERTBERECHNUNG: 1101 ,
         RESTRIKTIONEN: NEIN ,
         SPEZIALISIERT: NEIN ,
         MODIFIZIERTE_BERECHNUNG: NEIN ,
         DEFAULTWERTE: NEIN )
      SEMANTISCHES_ATTRIBUT( schwerpunkt ,
         DEFINITIONSBEREICH( INTEGER , 0 , 64 ),
         DIMENSION( 2 ),
         WERTBERECHNUNG: 1110 ,
         RESTRIKTIONEN: NEIN ,
         SPEZIALISIERT: NEIN ,
         MODIFIZIERTE_BERECHNUNG: NEIN ,
         DEFAULTWERTE: NEIN )
      SEMANTISCHES_ATTRIBUT( flaechenverlauf ,
         DEFINITIONSBEREICH( INTEGER , 0 , 4096 ),
         DIMENSION( 32 ),
         WERTBERECHNUNG: 1120 ,
         RESTRIKTIONEN: NEIN ,
         SPEZIALISIERT: NEIN ,
         MODIFIZIERTE_BERECHNUNG: NEIN ,
         DEFAULTWERTE: NEIN )
```

Abb. 2.3.1.2: Beispiel für ein Konzept

```
      SEMANTISCHES_ATTRIBUT( differenzschwerpkte ,
         DEFINITIONSBEREICH( INTEGER , -64 , 64 ),
         DIMENSION( 2 , 32 ),
         WERTBERECHNUNG: 1130 ,
         RESTRIKTIONEN: NEIN ,
         SPEZIALISIERT: NEIN ,
         MODIFIZIERTE_BERECHNUNG: NEIN ,
         DEFAULTWERTE: NEIN )
   ENDE_SEMANTISCHE_ATTRIBUTE

   START_SEMANTISCHE_STRUKTUREN( 0 )
   ENDE_SEMANTISCHE_STRUKTUREN

   NOTWENDIGER_TEIL_VON( basbew )

   START_NOTWENDIGE_TEILE( 2 )
      NOTWENDIGES_TEIL( interface ,
         DEFINITIONSBEREICH( KONZEPT , itf ),
         DIMENSION( 1 ),
         WERTBERECHNUNG: UNDEFINIERT ,
         RESTRIKTIONEN: NEIN ,
         SPEZIALISIERT: NEIN ,
         MODIFIZIERTE_BERECHNUNG: NEIN ,
         DEFAULTWERTE: NEIN )
      NOTWENDIGES_TEIL( zeit ,
         DEFINITIONSBEREICH( KONZEPT , zeitrf ),
         DIMENSION( 1 ),
         WERTBERECHNUNG: UNDEFINIERT ,
         RESTRIKTIONEN: NEIN ,
         SPEZIALISIERT: NEIN ,
         MODIFIZIERTE_BERECHNUNG: NEIN ,
         DEFAULTWERTE: NEIN )
   ENDE_NOTWENDIGE_TEILE

   START_NOTWENDIGE_ATTRIBUTE( 1 )
      NOTWENDIGES_ATTRIBUT( anzahl_bilder ,
         DEFINITIONSBEREICH( INTEGER , 2 , 32 ),
         DIMENSION( 1 ),
         WERTBERECHNUNG: 1150 ,
         RESTRIKTIONEN: NEIN ,
         SPEZIALISIERT: NEIN ,
         MODIFIZIERTE_BERECHNUNG: NEIN ,
         DEFAULTWERTE: NEIN )
   ENDE_NOTWENDIGE_ATTRIBUTE

   START_NOTWENDIGE_STRUKTUREN( 2 )
      NOTWENDIGE_STRUKTUR( vollstaendig ,
         RELATION: r1001 ,
         DEFAULTWERT: 1.0 ,
         MIT_DEN_KOMPONENTEN( anzahl_bilder , flaechenverlauf ) )
      NOTWENDIGE_STRUKTUR( zusammenhaengend ,
         RELATION: r1002 ,
         DEFAULTWERT: 1.0 ,
         MIT_DEN_KOMPONENTEN( or_rand ) )
   ENDE_NOTWENDIGE_STRUKTUREN

   CF_PROZEDUR( cf1000 )

BEENDE_KONZEPTDEFINITION( zvobj )
```

Abb. 2.3.1.2 (Forts.)

diger inferoapikaler Teil", "zeitvollständiger posterolateraler Teil", "zeitvollständiger basaler Teil" und "zeitvollständiger septaler Teil", die mithilfe der in Kap. 2.2 beschriebenen Methoden automatisch in einer Bildfolge detektiert werden können. Die Konzepte "zv01", "zv02",...,"zv16" bezeichnen die Sektoren festen Winkels nach Kap. 2.2.5. (Das Modell sieht hier maximal 16 Sektoren festen Winkels vor; in der gegenwärtigen Systemversion werden jedoch nur 12 derartige Sektoren verwendet.) Wie oben erläutert, ist bei den Komponenten "Aehnlichkeiten" und "Argument von" jeweils ein Verweis auf die leere Liste eingetragen. Das betrachtete Konzept ist nicht semantischer Teil eines anderen Konzepts und besitzt selbst keine semantischen Teile.

Für das in Abb. 2.3.1.2 gezeigte Konzept "zvobj" existieren fünf semantische Attribute, deren Namen "or rand", "or fläche", "schwerpunkt", "flächenverlauf" und "differenzschwerpunkte" lauten. Beim ersten dieser Attribute handelt es sich z.B. um die Kettencode-Darstellung des Randes der Region, die sich durch Ueberlagerung der Fläche, welche das betrachtete Objekt auf den einzelnen Bildern der Sequenz einnimmt, ergibt. Der Kettencode enthält die Koordinaten eines Startpunktes und die Richtung, in der jeweils ein Nachfolgepunkt liegt, vgl. Kap. 1.2.7. Das Ende der Folge der Richtungselemente wird durch den Wert -1 dargestellt. Auf diese Weise ergibt sich der in Abb. 2.3.1.2 angegebene Definitionsbereich. Die Abspeicherung des Kettencodes erfolgt in einem Feld, für welches 256 Speicherplätze reserviert werden. Der Eintrag "1100" in der Attribut-Komponente "Wertberechnung" dient der Identifikation der Prozedur, mit deren Hilfe die Kettencodedarstellung berechnet wird. Die Einträge unter "Restriktionen", "spezialisiert", "modifizierte Berechnung" und "Defaultwerte" dienen einer möglichen genaueren Definition der Prozedur zur Werteberechnung. Die restlichen vier semantischen Attribute in Abb. 2.3.1.2 sind analog.

Das Konzept "zvobj" besitzt zwei notwendige Teile, nämlich ein Konzept namens "itf" (Interface) und ein Konzept mit dem Namen "zeitrf" (zeitliches Referenzsystem). In "itf" sind alle diejenigen Grössen konzentriert, die vom Modul "Methoden" nach Abb. 2.1.3.1 geliefert werden, vgl. Kap. 2.2. Das Konzept "zeitrf" definiert die Anzahl der Bilder in einer Folge. Beide Konzepte stellen Eingabeparameter für die Berechnung der semantischen Attribute des Konzepts "zvobj" bereit. Im Gegensatz zu Attributen muss generell bei Teilen keine Prozedur in der Komponente "Wertberechnung" referenziert werden.

Das notwendige Attribut "Anzahl Bilder" entspricht dem Konzept "zeitrf". Mittels der in Abb. 2.3.1.2 auftretenden notwendigen Strukturen werden Plausibilitätstests durchgeführt. So erfolgt bei der Struktur "vollständig" eine Prüfung, ob die Anzahl der Objekte in der Bildfolge dem im Konzept "zeitrf" angegebenen Wert (der in das Attribut "Anzahl Bilder" übernommen wird) entspricht. Die Struktur "zusammenhängend" dient einer Ueberprüfung, ob der dem semantischen Attribut "or rand" entsprechende Kettencode eine geschlossene Region repräsentiert.

Die Darstellung eines semantischen Netzes erfolgt üblicherweise graphisch oder textuell auf der Basis einer vorgegebenen Syntax. Beispiele für beide Möglichkeiten sind in Abb. 1.3.1.6 und 2.3.1.2 gezeigt. Bei der Realisierung eines wissensbasierten Systems kommt noch eine dritte, rechnerinterne Darstellungsform hinzu, welche sich aus der Implementierung einer Struktur wie in Abb. 2.3.1.1 ergibt. Aus Gründen, die in Kap. 2.6.1 noch genauer erläutert werden, erfolgte die Realisierung des hier beschriebenen Bildanalysesystems in FORTRAN. Somit war es nötig, für dieses System die Implementierung einer Datenstruktur wie in Abb. 2.3.1.1 gezeigt auf die in FORTRAN zur Verfügung stehenden Datentypen zurückzuführen. Im hier betrachteten System ist das Modell als eindimensionales Feld im Sinne von FORTRAN intern dargestellt. Namen von Konzepten sind hierbei als Zeiger, d.h. als Adressen entsprechender Feldelemente, realisiert. Beginnend bei der dem Namen entsprechenden Adresse sind in einem Verwaltungsblock die relativen Adressen aller Komponenten des betrachteten Konzepts eingetragen. Je nach Typ einer Komponente ist diese als Feld fester Länge, als verkettete Liste oder wiederum mithilfe eines Verwaltungsblocks organisiert. Weiterführende Einzelheiten finden sich in [HOFMANN/ OTTO 1981].

Die Ueberführung des Modells von einer für den Benutzer lesbaren Form wie in Abb. 2.3.1.2 in die rechnerinterne Darstellung erfolgt im hier beschriebenen System unter Zuhilfenahme eines Makrogenerators und eines RATFOR-Präprozessors [KERNIGHAN/PLAUGER 1976]. Die prinzipielle Vorgehensweise ist in Abb. 2.3.1.3 gezeigt.

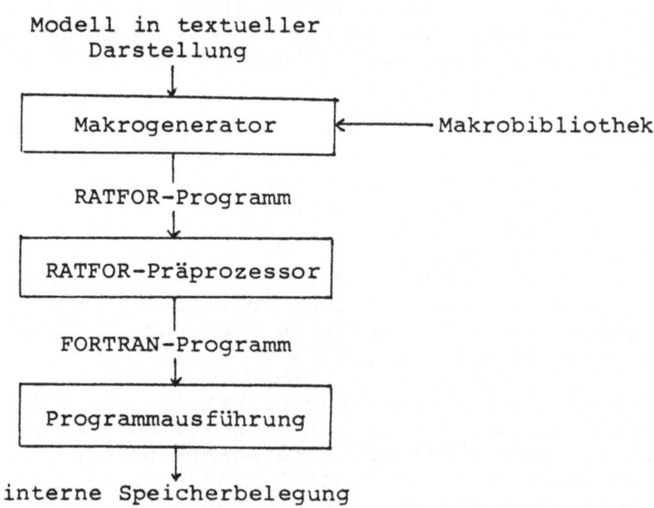

Abb. 2.3.1.3: Prinzipielle Schritte bei der Modellübersetzung

Ein Konzept in einer Darstellung nach Abb. 2.3.1.2 wird mittels einer für die Syntax nach Abb. 2.3.1.1 und 2.3.1.2 entwickelten Makrobibliothek in ein RATFOR-Programm überführt. Der Uebersetzungsprozess beruht auf Textersetzungsoperationen des Makrogenerators nach [KERNIGHAN/PLAUGER 1976]. Eine Einführung in die Programmiersprache RATFOR (RATIONAL FORTRAN) findet sich ebenfalls in [KERNIGHAN/PLAUGER 1976]. Das resultierende RATFOR-Programm kann unter Verwendung eines geeigneten Präprozessors (z.B. nach [KERNIGHAN/PLAUGER 1976]) in ein FORTRAN-Programm transformiert werden. Die Ausführung dieses FORTRAN-Programmes führt schliesslich eine Belegung des Speichers mit dem Modell durch.

Die im hier beschriebenen System verwendeten Software-Hilfsmittel zur Modellerstellung lassen eine modulare Ueberführung Konzept für Konzept in die rechnerinterne Darstellung zu. Aus Aufwandsgründen wurde darauf verzichtet, eine Ueberprüfung der Eingabe auf syntaktische Korrektheit zu realisieren. Statt dessen erfolgte die Entwicklung von Software-Hilfsmitteln, die den syntaktischen Rahmen nach Abb. 2.1.3.2 sowie häufig auftretende Besetzungen von Komponenten eines Konzepts fest vorgeben. Dies trägt auch zu einer Reduzierung des Aufwandes bei der Modellerstellung bei. Bezüglich weiterführender Einzelheiten sei auf [BUNKE/SAGERER 1983a, SAGERER 1985] verwiesen.

2.3.2 DEKLARATIVES WISSEN

Gemäss Abb. 2.1.3.1 kann die Wissensbasis des hier betrachteten Systems, d.h. das semantische Netz, dessen Syntax in Kap. 2.3.1 diskutiert wurde, in einen deklarativen und einen prozeduralen Teil untergliedert werden. Im folgenden soll unter dem deklarativen Teil das gesamte Netz verstanden werden mit Ausnahme der Prozeduren, welche der Berechnung semantischer und notwendiger Attribute und Strukturen sowie der Sicherheitsfaktoren dienen. Diese Prozeduren werden als prozedurales Wissen bezeichnet und sind genauer in Kap. 2.3.3-2.3.7 beschrieben. Das deklarative Wissen dient in erster Linie der Repräsentation von Wissen qualitativer Natur, d.h. hier wird angegeben, welche Begriffe und Fakten im betrachteten Problemkreis relevant sind und welche Abhängigkeiten zwischen den einzelnen Elementen der Wissensbasis existieren. Im Gegensatz dazu bringt der prozedurale Teil der Wissensbasis algorithmische und quantitative Zusammenhänge zum Ausdruck. Im vorliegenden Kapitel wird eine inhaltliche Charakterisierung des deklarativen Wissens gegeben.

Eine übersichtsartige Darstellung des Netzes, welches die Wissensbasis des hier dargestellten Bildanalysesystems bildet, ist in Abb. 2.3.2.1 gezeigt. Die Einfachpfeile, welche primär in vertikaler Richtung verlaufen, zeigen hierbei die Relation "notwendiger Teil" an, während die horizontalen Doppelpfeile die Relation "Spezialisierung" repräsentieren. Bezüglich der "notwendiger Teil"-Relation können acht Ebenen im Netz unterschieden werden. Diese sind über die Nummern am linken Rand von Abb. 2.3.2.1

identifizierbar. Bezüglich der Relation "Spezialisierung" kann jede der Ebenen in maximal drei Stufen unterteilt werden. Obwohl die Pfeile in Abb. 2.3.2.1 jeweils nur in eine Richtung zeigen, liegt in der rechnerinternen Darstellung des Modells jeweils eine Doppelverzeigerung in beiden Richtungen vor. (Man vergleiche hierzu auch Abb. 2.3.1.2, aus der hervorgeht, dass zu jeder Relation die inverse Relation existiert.)

Die in Abb. 2.3.2.1 mit Grossbuchstaben dargestellten Bezeichnungen stehen für jeweils ein Konzept, d.h. es existiert z.B. ein Konzept "Zeitreferenz", ein Konzept "zeitvollständiges Objekt" (vgl. Abb. 2.3.1.2) etc. Die in Kleinbuchstaben dargestellten Textketten bezeichnen hingegen jeweils ganze Gruppen von Konzepten. D.h., dass z.B. die Bezeichnung "spezielle zeitvollständige Objekte" oder "spezielle Basisbewegungen" für jeweils mehrere Konzepte im Netz steht. Verschiedene Konzepte innerhalb einer derartigen Gruppe sind untereinander mittels der Relation "semantischer Teil" verbunden. Somit liegt in Abb. 2.3.2.1 nur eine übersichtsartige Darstellung des verwendeten semantischen Netzes vor. Insgesamt enthält die Wissensbasis ca. 170 verschiedene Konzepte.

Aus inhaltlicher Sicht lassen sich drei Kategorien von Konzepten unterscheiden. Auf den Ebenen 1 und 2 befinden sich Konzepte, welche Objekten entsprechen. Die Konzepte der Ebenen 4, 5 und 6 beschreiben Bewegungen. Schliesslich beziehen sich die Konzepte auf den Ebenen 3, 7 und 8 auf diagnostische Interpretationen. Letztere Kategorie kann man nochmals unterteilen. Auf der Ebene 3 befinden sich ausschliesslich Konzepte, die eine diagnostische Interpretation bezüglich statischer Aspekte definieren, während das dynamische Verhalten des Herzens mittels der Konzepte der Ebenen 7 und 8 beurteilt wird.

Die Strukturierung des in Abb. 2.3.2.1 gezeigten Netzes bezüglich der Relationen "notwendiger Teil" und "semantischer Teil" orientiert sich an dem bereits in Kap. 2.3.1 erwähnten Grundgedanken, dass die Berechnung von Attributen, Strukturen und Sicherheitsfaktoren bottom-up erfolgt, startend bei Ebene 1 in Richtung Ebene 8. Um ein Konzept auf Ebene i berechnen, d.h. instanziieren zu können, müssen seine Teile, die sich auf den Ebenen 1,...,i-1 befinden, instanziiert sein, $2 \leq i \leq n$. Somit finden sich diejenigen Konzepte, welche sich mittels weniger Schritte aus den Eingabebildern bzw. den in Kap. 2.2 beschriebenen elementaren Bildbestandteilen ableiten lassen, auf tieferer Ebene im Netz, während abstraktere Konzepte, zu deren Instanziierung es einer längeren Ableitungsfolge bedarf, auf einer höheren Ebene im Netz angesiedelt sind. Die durch die Konzepte repräsentierten Objekte in Ebene 1 und 2 des Netzes ergeben sich mehr oder weniger direkt aus den Ergebnissen des Moduls "Methoden" nach Abb. 2.1.3.1. Aus diesen Objekten lassen sich direkt diagnostische Aussagen auf Ebene 3 über statische Verhältnisse, Form und Grösse des Herzens betreffend, ableiten. Weiterhin kann man aus einer Folge von Objekten Bewegungen auf Ebene 4,5 und 6 des Netzes bestimmen. Aus diesen Bewegungen ergeben sich schliesslich auf Ebene 7 und 8 diagnostische Schlüsse über das dynamische Verhalten des Herzens.

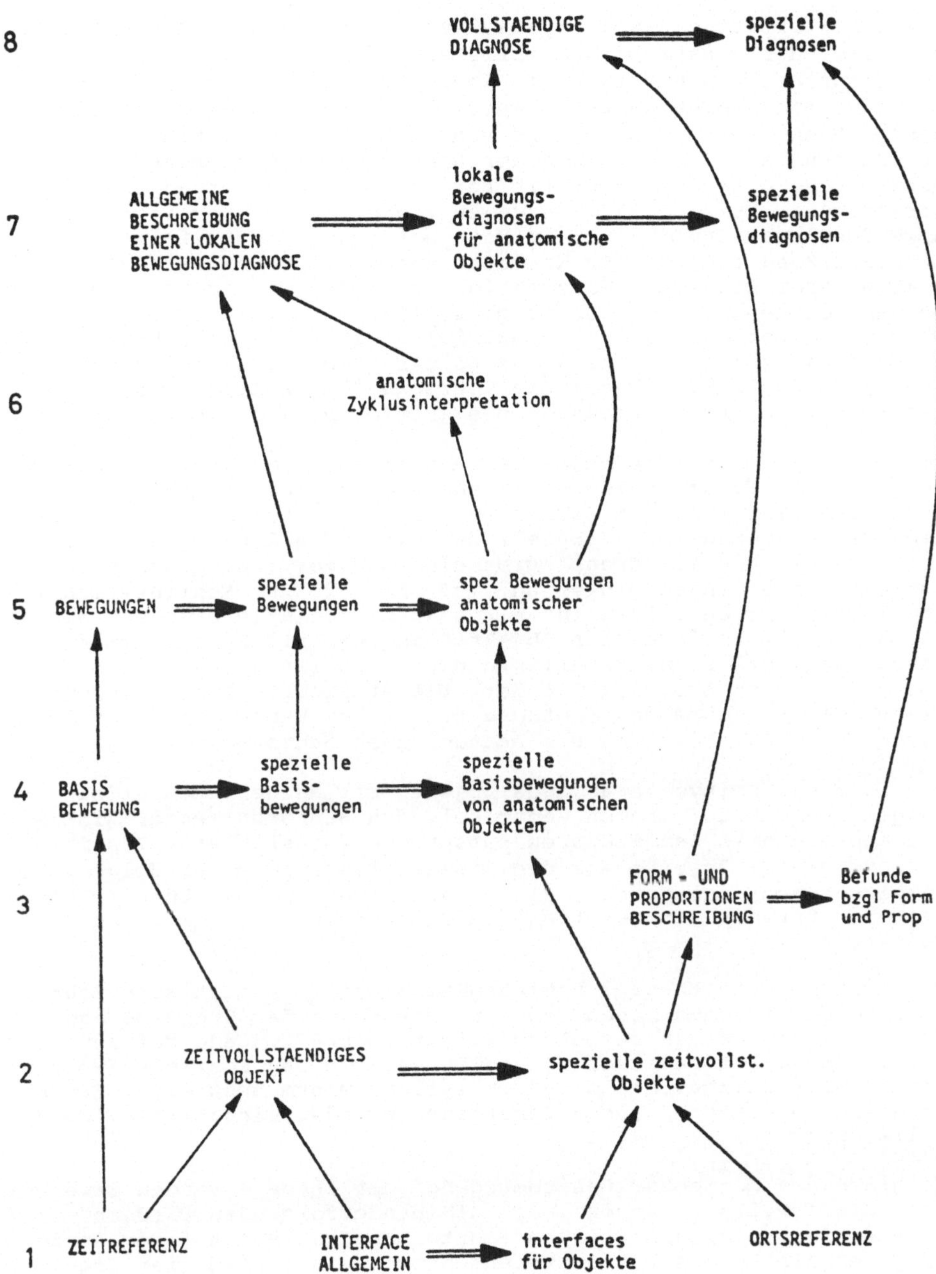

Abb. 2.3.2.1: Uebersichtsartige Darstellung des Netzes

Die Strukturierung des im System verwendeten semantischen Netzes bezüglich der Relation "Spezialisierung" orientiert sich am Vererbungsprinzip. D.h., dass ein Konzept als Prototyp oder Schablone für eine Reihe weiterer spezialisierter Konzepte aufgefasst werden kann. Der Prototyp legt generelle Teile, Attribute und Strukturen fest, welche jede der Spezialisierungen ebenfalls besitzt, ohne dass dies explizit bei der Spezialisierung angegeben werden muss. Bei Spezialisierungen treten in der vorliegenden Anwendung zwei Grundmuster im Netz auf. Zum einen erfolgt eine Einschränkung allgemeiner Konzepte wie z.B. "Bewegung" auf spezielle Typen wie z.B. "Kontraktion" oder "Expansion". Zum anderen werden Konzepte, die in ihrer generellen Form für beliebige Objekte zutreffend sind, auf spezielle Objekte eingeschränkt; z.B. findet sich in Ebene 5 des Netzes eine Spezialisierung des Konzepts "Kontraktion" auf die Konzepte "Kontraktion des linken Ventrikels" oder "Kontraktion des infero-apikalen Sektors".

Im folgenden wird eine genauere inhaltliche Charakterisierung der Konzepte des Netzes gegeben, welche sich an der in Abb. 2.3.2.1 gezeigten Einteilung in Ebenen und Gruppen orientiert. Das Konzept "Zeitreferenz" auf Ebene 1 definiert die Anzahl der Bilder pro Sequenz. "Ortsreferenz" gibt die den vier anatomischen Sektoren entsprechenden Winkel an, vgl. Kap. 2.2.6. Schliesslich stellt "interface allgemein" mit seinen Spezialisierungen, die in der Gruppe "interfaces für Objekte" in Abb. 2.3.2.1 zusammengefasst sind, die Schnittstelle zu den Ergebnissen des Moduls "Methoden" nach Abb. 2.1.3.1 dar. Die Attribute dieser Konzepte dienen der Aufnahme der Konturen des linken Ventrikels, der Sektoren festen Winkels und der anatomischen Sektoren.

Das Konzept "zeitvollständiges Objekt" mit seinen Spezialisierungen, welche dem linken Ventrikel, den Sektoren fester Winkel und den anatomischen Sektoren entsprechen, stellt eine Zusammenfassung dieser Objekte aus den Einzelbildern zu einer Folge in jeweils einem Konzept dar. Als wesentliche, aus der Ebene 1 abgeleitete Attribute treten hier die Flächenverläufe einzelner Objekte auf.

Die Konzepte auf Ebene 3 beziehen sich auf eine statische Beurteilung der aufgenommenen Sequenz. Hierzu werden Grössen- und Formverhältnisse auf einzelnen Bildern geprüft. Jede der auf dieser Ebene auftretenden Spezialisierungen des Konzepts "Form- und Proportionenbeschreibung" entspricht einem speziellen Befund. Insgesamt existieren sechs derartige Befunde, einschliesslich des Falls "normal".

Mithilfe des Konzepts "Basisbewegung" auf Ebene 4 werden Bewegungen, die jeweils zwischen zwei aufeinanderfolgenden Bildern stattfinden, beurteilt. Diese Beurteilung basiert auf der Aenderung der Fläche des betrachteten Objekts. Es treten vier Spezialisierungen innerhalb der Gruppe "spezielle Basisbewegungen" auf, nämlich "Basiszyklus", "Basiskontraktion", "Basisexpansion" und "Basisstagnation". In den Konzepten "Basiskontraktion", "Basisexpansion" und "Basisstagnation" wird jede Flächenänderung zwischen zwei aufeinanderfolgenden Bildern jeweils als Kontraktion, Expansion oder Stagnation interpretiert und mit einer Bewertung versehen. (Details hierzu folgen in Kap. 2.3.4). "Basiszyklus" enthält eine Zusammenfassung der Einzelbeurteilungen neben anderen, daraus abgeleiteten Informationen. In einer zweiten Spezialisierungsstufe werden die Basisbewegungen jeweils für spezielle Objekte betrachtet. Bei diesen Objekten handelt es sich um den linken Ventrikel und die anatomischen Sektoren nach Kap. 2.2.6.

Auf der Ebene 5 erfolgt mithilfe der Bewegungs-Konzepte eine Zusammenfassung der Basisbewegungen der Ebene 4 zu längeren Bewegungseinheiten. Bei den in der Gruppe "spezielle Bewegungen" auftretenden Spezialisierungen handelt es sich analog zu Ebene 4 um die Konzepte "Kontraktion", Expansion", "Stagnation" und "Zyklus". In strenger Analogie zu Ebene 4 erfolgt weiterhin in Ebene 5 eine zweite Spezialisierung auf die Objekte linker Ventrikel und anatomische Sektoren. Um für die diagnostische Interpretation auf höheren Ebenen des Netzes einen breiteren Spielraum offenzuhalten, werden Ueberlappungen und uninterpretierte Teilphasen, d.h. Mehrdeutigkeiten, innerhalb des Zyklus eines Objekts auf dieser Ebene toleriert.

Die Konzepte auf Ebene 5 stellen eine Interpretation des Bewegungsverhaltens des linken Ventrikels und seiner anatomischen Sektoren auf der Basis der speziellen Bewegungen Kontraktion, Expansion und Stagnation dar. Daneben kann ein Zyklus, d.h. der Verlauf der Fläche eines Objekts über der Zeit, aber auch nach anderen, anatomischen Kriterien interpretiert werden. Bei einer derartigen Interpretation kann eine Expansionsphase beispielsweise unterschiedliche Bedeutung besitzen, je nach ihrem zeitlichen Auftreten innerhalb eines Zyklus. Eine Interpretation des Bewegungsverhaltens nach derartigen anatomischen Kriterien wird auf Ebene 6 des Netzes vollzogen. Dabei bezieht sich die Interpretation lediglich auf das Objekt "linker Ventrikel". Diese Einschränkung ist aufgrund medizinischer Gegebenheiten motiviert. Das Ergebnis der anatomischen Interpretation auf Ebene 6 ist eine Zerlegung des Zyklus des linken Ventrikels in bestimmte anatomische Bewegungsphasen, z.B. Systole und Diastole. Diese Phasen des linken Ventrikels werden auf den Ebenen 7 und 8 des Netzes als Referenz verwendet, um eventuelle Phasenverschiebungen einzelner anatomischer Sektoren aufzuspüren. Details hierzu folgen in Kap. 2.3.5.

Auf Ebene 7 des Netzes werden lokale Bewegungsdiagnosen bereitgestellt. Der Terminus "lokal" bringt hierbei zum Ausdruck, dass eine Beurteilung des Bewegungsverhaltens individuell für verschiedene Objekte, nämlich linker Ventrikel und anatomische Sektoren, erfolgt. Insbesondere gilt, dass zur Beurteilung eines anatomischen Sektors das Bewegungsverhalten der Nachbarsektoren nicht in Betracht gezogen wird. (Dies erfolgt erst auf Ebene 8 des Netzes). Das Konzept "allgemeine Beschreibung einer lokalen Bewegungsdiagnose" kann als Prototyp aufgefasst werden, welcher generelle Teile, Attribute und Strukturen definiert. Es existieren Spezialisierungen dieses Prototyps, die in der Gruppe "lokale Bewegungsdiagnosen für anatomische Objekte" in Abb. 2.3.2.1 zusammengefasst sind. Hier werden die einzelnen Objekte, nämlich linker Ventrikel und die anatomischen Sektoren getrennt betrachtet. Als weitere Spezialisierungsstufe tritt in Abb. 2.3.2.1 die Gruppe "spezielle Bewegungsdiagnosen" auf. In dieser Gruppe werden die verschiedenen Objekte auf spezielle Bewegungsstörungen, einschliesslich des Falls normalen Bewegungsverhaltens untersucht. Wie aus den in Abb. 2.3.2.1 angegebenen Relationen "notwendiger Teil" ersichtlich ist, beruht die Ableitung einer lokalen Bewegungsdiagnose auf Ebene 7 auf Attributen, die auf den Ebenen 5 und 6 des Netzes berechnet werden.

In den Konzepten der Ebene 8 werden verschiedene Ergebnisse, die auf tieferen Ebenen im Netz anfallen, zu einer vollständigen Diagnose kombiniert. Für die Aufstellung einer derartigen vollständigen Diagnose werden sowohl Aussagen über statische Verhältnisse, die durch Ebene 3 repräsentiert sind, als auch die auf Ebene 7 ermittelten lokalen Bewegungsdiagnosen herangezogen. Dabei erfolgt insbesondere auch eine Analyse aneinandergrenzender anatomischer Sektoren sowie der Sektoren festen Winkels zur Gewinnung einer differenzierten Diagnose. Wurde z.B. im anatomischen Sektor $A \in \{IA, PL, BA, SE\}$ (vgl. Kap. 2.2.6) auf Ebene 7 eine Bewegungslosigkeit und in dem an A grenzenden anatomischen Sektor B eine Einschränkung der Beweglichkeit festgestellt, so kann letztere Tatsache u.U. lediglich eine Folge der Bewegungslosigkeit von Sektor A sein, da der Herzmuskel einer bestimmten mechanischen Trägheit unterliegt. Zur genaueren Abklärung wird die Beweglichkeit der Sektoren festen Winkels, die einen nichtleeren Durchschnitt mit Sektor B besitzen, geprüft. Tritt die stärkste Einschränkung der Beweglichkeit innerhalb von B an der Grenze zu Sektor A auf, so handelt es sich bei der Einschränkung der Beweglichkeit von B mit hoher Sicherheit um eine Folge des Defekts in Sektor A. Neben dem generellen Konzept "vollständige Diagnose" treten auf Ebene 8 des Netzes 12 spezielle Diagnosen auf, einschliesslich der Konzepte "normal" und "undefiniert".

Im folgenden sollen exemplarisch die Ebenen 4 und 5 des Netzes etwas detaillierter betrachtet werden, wobei zunächst die in Abb. 2.3.2.1 dargestellte Zusammenfassung von Konzepten zu Gruppen erläutert wird. Eine ausführlichere Darstellung der Ebenen 4 und 5 des Netzes ist in Abb. 2.3.2.2 gegeben. Man erkennt, dass sich die in Abb. 2.3.2.1 als "spezielle Bewegungen" bezeichnete Gruppe aus vier Konzepten, nämlich "Zyklus", "Kontraktion", "Expansion" und "Stagnation" zusammensetzt, wobei "Kontraktion", "Expansion" und "Stagnation" jeweils einen semantischen Teil des Konzepts "Zyklus" darstellen.D.h., dass sich ein Zyklus aus Teilbewegungsphasen, nämlich "Kontraktion", "Expansion" und "Stagnation" aufbaut. Jedes dieser Konzepte ist eine Spezialisierung von "Bewegung". Die Verhältnisse sind analog auf der Ebene 4 bei den Konzepten "Basisbewegung", "Basiszyklus", "Basiskontraktion", "Basisexpansion" und "Basisstagnation". Wie man sieht, ist "Basiszyklus" ein notwendiger Teil von "Zyklus". D.h., dass das

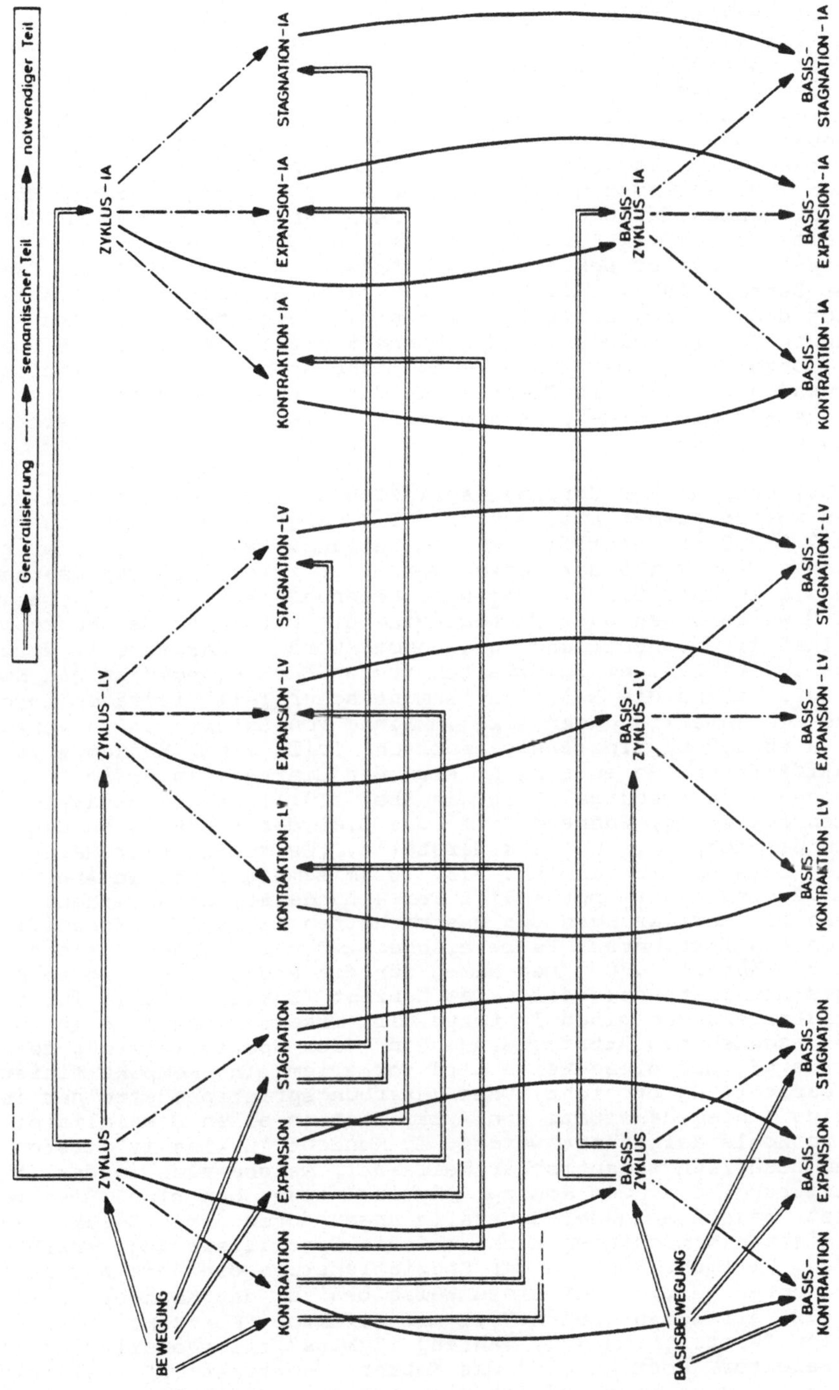

Abb. 2.3.2.2: Detailliertere Darstellung der Ebenen 4 und 5

Konzept "Basiszyklus" in physikalischem oder konzeptuellem Sinn kein Teil eines "Zyklus" ist, dass aber ein Basiszyklus Attribute besitzt, die für die Instanziierung des Konzepts "Zyklus" notwendig sind. Diese Beziehung gilt auch für die Konzeptpaare "Kontraktion"-"Basiskontraktion", "Expansion"-"Basisexpansion" und "Stagnation"-"Basisstagnation". Jedes der Konzepte "Zyklus", "Kontraktion", "Expansion" und "Stagnation" besitzt Spezialisierungen für bestimmte Objekte. In Abb. 2.3.2.2 sind nur die Spezialisierungen für die Objekte "linker Ventrikel" (LV) und "inferoapikaler Sektor" (IA) angegeben. Die übrigen Objekte sind "postero-lateraler Sektor" (PL), "basaler Sektor" (BA) und "septaler Sektor" (SE), vgl. Kap. 2.2.6. Ihre Anordnung im Netz ist analog den in Abb. 2.3.2.2 aufgeführten Konzepten. Für eben erwähnte Spezialisierungen der Ebene 5 existieren wiederum analoge Konzepte auf der Ebene 4 und diese stehen in der Relation "notwendiger Teil" mit Ebene 5 wie dies für die Konzepte "Zyklus"-"Basiszyklus", "Kontraktion"-"Basiskontraktion" etc. erläutert wurde.

Zur Erläuterung des Vererbungsprinzips wird obiges Beispiel noch etwas weiter ausgeführt. Abb. 2.3.2.3 zeigt einen Ausschnitt aus Abb. 2.3.2.2 in detaillierter Darstellung. Es wurde hier der graphischen Wiedergabe der Vorzug vor einer textuellen Repräsentation wie in Abb. 2.3.1.2 gegeben. Gegenüber Abb. 2.3.2.2 treten zwei Erweiterungen auf. Erstens sind die Attribute des Konzepts "Zyklus" in die Abbildung aufgenommen worden, dargestellt durch gestrichelte Linien. Zum zweiten treten Markierungen an den Kanten auf, welche die Relation "semantischer Teil" repräsentieren. Diese Kantenmarkierungen sind im Sinne von Selektoren zu verstehen, die es erlauben, einzelne semantische Teile eines Konzepts zu identifizieren. So entspricht etwa der Eintrag "interface" in der Komponente "notwendige Teile" in Abb. 2.3.1.2 einer derartigen Kantenmarkierung, während "itf" das Ziel der Kante, also den Namen des notwendigen Teils darstellt. (Es spielt hier keine Rolle, dass es sich in Abb. 2.3.2.3 um semantische, in Abb. 2.3.1.2 hingegen um notwendige Teile handelt.) Entsprechend dienen die Markierungen der gestrichelten Kanten der Identifikation von Attributen. Es bezeichnet z.B. "min-fläche" einen Selektor, während "4200" den Namen für die Prozedur zur Berechnung dieses Attributs darstellt. Das Konzept "Zyklus" stellt für seine Spezialisierungen einen Prototyp dar, insofern als alle in "Zyklus" angegebenen Attribute auch in jeder Spezialisierung definiert sind. Auf diese Weise wird vor allem eine Kompaktifizierung der Darstellung erreicht. Ohne Vererbungsprinzip müsste der in "Zyklus" angegebene Satz von Attributen in allen Spezialisierungen nochmals aufgeführt werden. Im Konzept "Zyklus lv" treten Selektoren bezüglich semantischer Teile auf, welche auch in der Generalisierung, d.h. dem Konzept "Zyklus" angegeben sind. Dies bedeutet, dass die in der Generalisierung durch diese Selektoren definierten Komponenten nicht auf die Spezialisierung vererbt werden. Vielmehr sind in der Spezialisierung die dort angegebenen Komponenten gültig. Auf diese Weise besitzt das Konzept "Zyklus lv" z.B. als semantischen Teil mit Selektor "Kontraktion" das Konzept "Kontraktion lv", während "Zyklus" als semantischen Teil mit Selektor "Kontraktion" das Konzept "Kontraktion" besitzt. Das Konzept "Kontraktion lv" ist wiederum eine Spezialisierung von "Kontraktion".

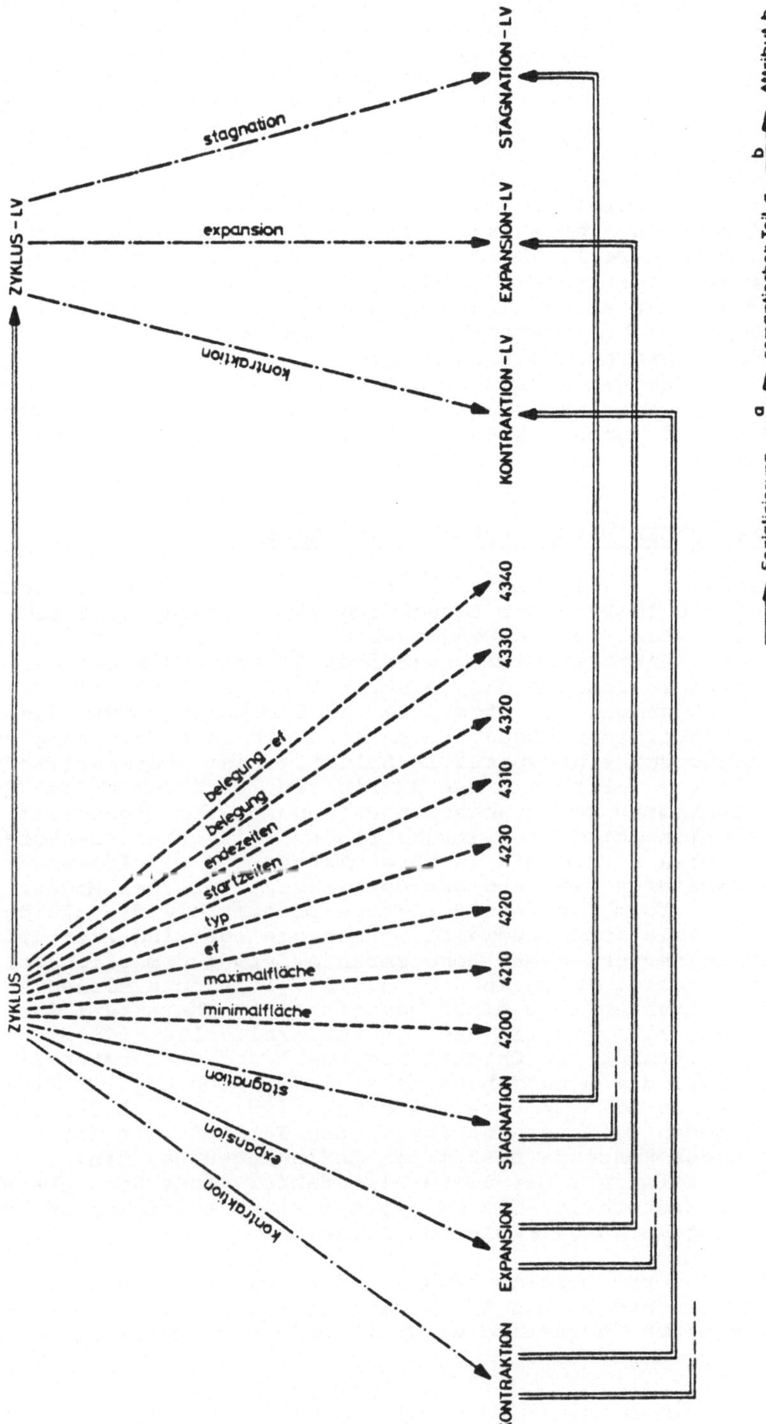

Abb. 2.3.2.3: Ein Netzausschnitt mit Attributen

Die Konzepte in den Abbildungen 2.3.2.1-2.3.2.3 entsprechen exakt dem in der aktuellen Systemversion verwendeten Modell. Im folgenden soll kurz die Bedeutung der in Abb. 2.3.2.3 auftretenden Attribute erläutert werden. "min-Fläche" bzw. "max-Fläche" bezeichnen die minimale bzw. maximale Fläche, die ein bestimmtes Objekt (z.B. linker Ventrikel oder anatomischer Sektor) innerhalb einer Sequenz auf den Bildern einnimmt. Das Attribut "ef" ("ejection fraction" bzw. Auswurffraktion [FEISTEL 1982]) gibt die Differenz zwischen minimaler und maximaler Fläche bezogen auf die maximale Fläche an. Der entsprechende Wert bildet einen wichtigen Hinweis auf die Beweglichkeit eines Objekts; (vgl. auch Kap. 2.6.2). Es existieren verschiedene Zyklus-Typen; durch das Attribut "Typ" wird der aktuell betrachtete Typ festgelegt, vgl. Kap. 2.3.4. Die Attribute "Startzeiten", "Endzeiten" und "Belegung" spiegeln die einzelnen Teilbewegungsphasen, nämlich Kontraktion, Expansion und Stagnation zusammen mit ihren Anfangs- und Endzeiten innerhalb eines Zyklus wieder. Die Stärke dieser Teilbewegungsphasen wird durch das Attribut "Belegungs ef" zum Ausdruck gebracht.

2.3.3 PROZEDURALES WISSEN - ALLGEMEINE ASPEKTE

Als prozedurales Wissen werden hier alle diejenigen Prozeduren verstanden, die im Netz zur Berechnung von Attributen, Strukturen und Sicherheitsfaktoren verwendet werden. Attribute, Strukturen und Sicherheitsfaktoren sind diejenigen Grössen, die wesentlich zur quantitativen Beschreibung einer Bildfolge beitragen. So bildet die Berechnung der Attribute und Strukturen sowie des Sicherheitsfaktors den eigentlichen Kern der Instanziierung eines jeden Konzepts und eine spezielle Bildfolge ist charakerisiert durch die Werte, welche die den Attributen, Strukturen und Sicherheitsfaktoren entsprechenden Prozeduren als Ergebnisse liefern. Es stellen Attribute, Strukturen und Sicherheitsfaktoren diejenigen Grössen dar, die in ihren Werten von Bildfolge zu Bildfolge variieren, während der deklarative Teil des Modells in instanziierter Form für jede Bildfolge prinzipiell die gleichen Konzepte und Relationen aufweist. (Unterschiede sind hier lediglich aufgrund verschiedener Benutzeranforderungen möglich; eine genauere Diskussion folgt in Kap. 2.5.1.) Attribute dienen in ihrer instanziierten Form einer quantitativen Charakterisierung von Konzepten; z.B. besitzt das Konzept "zeitvollständiges Objekt" als Attribut den Objektschwerpunkt auf dem ersten Bild der Folge sowie die Aenderungen in x- und y-Richtung, denen dieser in den folgenden Bildern unterworfen ist (vgl. Abb. 2.3.1.2). Strukturen geben in ihrer instanziierten Form an, wie gut die Attribute eines Konzepts bestimmten Bedingungen genügen. Schliesslich definiert der Sicherheitsfaktor eines Konzepts ein Mass für die Sicherheit, mit der eine bestimmte Instanz aus den aktuellen Eingabedaten abgeleitet wurde.

In Kap. 2.3.2 wurde bereits erwähnt, dass die Berechnung von Attributen, Strukturen und Sicherheitsfaktoren bottom-up bezüglich der Relation "semantischer Teil" und "notwendiger Teil" geschieht. D.h., dass Attribute, Strukturen und Sicherheitsfaktoren auf den Ebenen 1,...,i im Netz die möglichen Eingabeparameter für die Attribute, Strukturen und Sicherheitsfaktoren auf der Ebene i+1 bilden, $1\leq i\leq 7$; vgl. Abb. 2.3.2.1. Dies bedeutet, dass der deklarative Teil des Modells mit seinen Konzepten sowie den Relationen "semantischer Teil" und "notwendiger Teil" als abstrakter Datenflussplan aufgefasst werden kann, der festlegt, in welcher Reihenfolge die bei der Auswertung einer Bildfolge relevanten quantitativen Grössen, d.h. Attribute, Strukturen und Sicherheitsfaktoren, zu berechnen sind. Der in Kap. 2.4 genauer beschriebene Kontrollalgorithmus folgt genau diesem Prinzip. (Die Rolle der Relation "Spezialisierung" bei der Reihenfolge, in der die Attributauswertung erfolgt, wird noch genauer in Kap 2.4 behandelt.) Die Gliederung des Netzes in 8 verschiedene Ebenen bezüglich der Relation "notwendiger Teil" erfolgte in erster Linie, um eine gut strukturierte und übersichtliche Darstellung zu erreichen, die dem Problemkreis angepasst ist. Bezüglich der Reihenfolge, in der die Konzepte des Netzes instanziiert werden, kann diese Gliederung aber auch so verstanden werden, dass die Attribute, Strukturen und Sicherheitsfaktoren auf der Ebene i Zwischenergebnisse darstellen, die bei der Berechnung von Attributen, Strukturen oder Sicherheitsfaktoren auf einer Ebene $j>i$ weiterverarbeitet werden, falls das entsprechende Konzept auf der Ebene i ein notwendiger (oder sematischer) Teil des Konzepts auf der Ebene j ist.

Die Berechnung von Strukturen und Sicherheitsfaktoren wird detaillierter in Kap. 2.3.7 beschrieben. Eine Vorstellung der Methoden zur Berechnung der wichtigsten Attribute der Ebenen 4-8 erfolgt in Kap. 2.3.4-2.3.6. Die wesentlichen Attribute auf Ebene 1 des Netzes bilden die Konturen des linken Ventrikels, der Sektoren festen Winkels und der anatomischen Sektoren, einschliesslich der die Sektoren definierenden Winkel und der Anzahl der Bilder pro Sequenz. Letzteres Attribut ist eine Grösse, welche bei der Modellgenerierung angegeben wird. Die Berechnung der übrigen Attribute auf Ebene 1 erfolgt durch die in Kap. 2.2. beschriebenen Methoden zur Extraktion elementarer Bildbestandteile.

Auf Ebene 2 des Netzes treten als Attribute durchwegs Grössen auf, die sich mittels einfacher, wohlbekannter Verfahren aus den als Attribute in Ebene 1 auftretenden Konturen ableiten lassen. Hierzu sei nochmals auf das Konzept "zeitvollständiges Objekt" in Abb. 2.3.1.2 verwiesen, das als Protyp für diese Ebene angesehen werden kann. Es besitzt z.B. Flächen und Schwerpunkte als Attribute, zu deren Berechnung Verfahren nach [NIEMANN 1974, PAVLIDIS 1982] verwendet werden.

Die Attribute der Ebene 3 werden zu einer diagnostischen Beurteilung des Herzens bezüglich statischer Eigenschaften, Form und Grösse betreffend, verwendet. Hierzu erfolgt - wiederum auf der Basis der Konturen - die Berechnung von Grössen wie z.B. Fläche, Konturlänge, Hauptachsen, Flächen- sowie Achsenverhältnisse. Ebenso wie auf Ebene 2 beruhen die diesbezüglichen Berechnungen auf wohlbekannten Algorithmen, wie z.B. in [NIEMANN 1974, PAVLIDIS 1982] beschrieben. Bezüglich einer ausführlicheren Beschreibung sei hier auf [SAGERER 1985] verwiesen.

2.3.4 BASISBEWEGUNGEN UND BEWEGUNGEN

Auf Ebene 4 des Netzes sind Basisbewegungen angesiedelt. Sie sind elementare Einheiten, welche Veränderungen zwischen einem Bild und dem unmittelbaren Nachfolger beschreiben. Der Natur der Eingangsdaten entsprechend wird eine Bildsequenz zyklisch betrachtet, d.h. das erste Bild gilt als zeitlicher Nachfolger des letzten Bildes. Im generellen Konzept "Basisbewegung" werden verschiedene Attribute festgelegt, die - ähnlich wie in Kap. 2.3.2 diskutiert - für alle anderen als Spezialisierung auftretenden Konzepte auf dieser Ebene Gültigkeit besitzen. Diese Attribute definieren Flächenänderungen, Bewegungsrichtungen und Bewegungsstärken. In einer ersten Stufe der Spezialisierung finden sich die Konzepte "Basiszyklus", "Basiskontraktion", "Basisexpansion" und "Basisstagnation", wobei die letzteren drei Konzepte jeweils semantischer Teil von "Basiszyklus" sind, vgl. Abb. 2.3.2.2. In einer weiteren Stufe werden diese vier Konzepte auf verschiedene Objekte, nämlich linker Ventrikel und die vier anatomischen Sektoren spezialisiert. Das vorliegende Kapitel beschäftigt sich zunächst mit den Algorithmen zur Berechnung der auf Ebene 4 auftretenden Attribute. Hierbei soll jedoch auf die in "Basisbewegung" definierten Attribute wie Flächenänderung etc. nicht weiter eingegangen werden, da ihre Berechnung mithilfe wohlbekannter Verfahren ähnlich den Attributen der Ebene 2 und 3 erfolgt. Eine detaillierte Beschreibung der entsprechenden Algorithmen findet sich in [BECK 1983]. Im folgenden erfolgt eine Konzentration der Betrachtung auf solche Algorithmen, die speziell im Rahmen der Entwicklung des hier betrachteten Systems konzipiert wurden und die der Zuordnung einer Basisbewegung zu den Klassen "Basiskontraktion", "Basisexpansion" oder "Basisstagnation" dienen.

In den Konzepten "Basiskontraktion", "Basisexpansion" und "Basisstagnation" wird jede Flächenänderung eines Objekts zwischen zwei aufeinanderfolgenden Bildern als Kontraktion, Expansion bzw. Stagnation interpretiert. Hierfür existiert das Attribut "Bewertung", welches ein Mass für die Sicherheit angibt, mit der es sich bei einer Flächenänderung um eine Kontraktion, Expansion bzw. Stagnation handelt. Der Beurteilung zugrunde liegen die drei in Abb. 2.3.4.1 angegebenen Funktionen. Auf der Abszisse ist die Flächenänderung von Bild i nach Bild i+1 aufgetragen, während die Ordinate dem Sicherheitsmass entspricht. Eine Sicherheit liegt im Intervall [0,1]. Die konkreten Werte, welche den Verlauf der Funktionen in Abb. 2.3.4.1 festlegen, wurden in einer Serie von Tests an konkretem Datenmaterial bestimmt. Weitere Experimente mit anderen Typen von Funktionen sind in [EICHHORN 1984] beschrieben. Wie man Abb. 2.3.4.1 entnehmen kann, wird eine Flächenänderung zwischen zwei aufeinanderfolgenden Bildern im Intervall [-a,a] auf mindestens zwei verschiedene Arten mit einer Sicherheit von jeweils grösser als Null interpretiert. Dieses Vorgehen hat sich als sinnvoll erwiesen, da die Konturen, auf denen die Werte für die Flächenänderungen von Bild zu Bild beruhen, teilweise mit lokalen Störungen behaftet sind. Durch das Zulassen mehrerer Interpretationen für ein und denselben Flächenänderungswert ist es möglich, diese lokalen Störungen in späteren Verarbeitungsschritten unter Einbeziehung von mehr Kontext zu korrigieren. Die Funktionen in Abb. 2.3.4.1 können in Analogie zu Abb. 2.2.6.6 im Sinne der Theorie der unscharfen Mengen nach [ZADEH 1965] aufgefasst werden. Man beachte, dass - im Gegensatz zu einem wahrscheinlichkeitstheoretischen Modell - nicht gefordert wird, dass für einen festen Flächenänderungswert die Summe aus den Sicherheiten für Kontraktion, Expansion und Stagnation den Wert 1 liefert. Die Bewertungen, welche sich gemäss Abb. 2.3.4.1 für eine Bildsequenz ergeben, stellen in syntaktischer Hinsicht Werte eines Attributs dar und sind zu unterscheiden vom Sicherheitsfaktor eines Konzepts, vgl. Abb. 2.3.1.1, 2.3.1.2. Aus inhaltlicher Sicht sind sich jedoch beide Grössen ähnlich. Eine genauere Diskussion der Sicherheitsfaktoren folgt in Kap. 2.3.7.

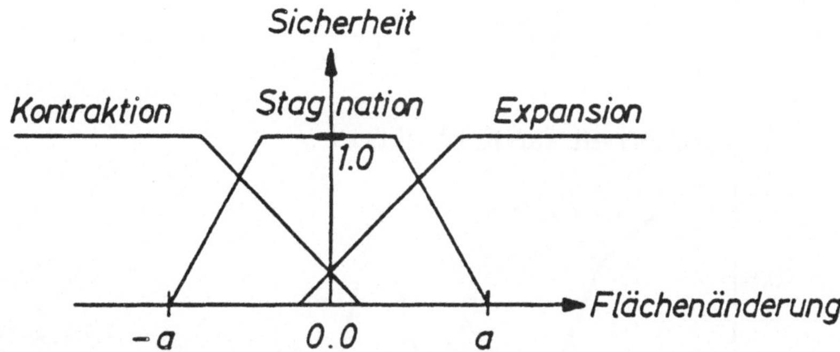

Abb. 2.3.4.1: Sicherheiten bei der Interpretation von Flächenänderungen

Als Beispiel ist in Abb. 2.3.4.2a der Flächenverlauf eines Objekts über der Zeit gezeigt. In Abb. 2.3.4.2b,c,d sind die Sicherheiten angegeben, die sich aus Abb. 2.3.4.2a mittels der Funktionen von Abb. 2.3.4.1 ergeben. Somit entspricht die Funktion in Abb. 2.3.4.2b dem Attribut "Bewertung" des Konzepts "Basiskontraktion". Entsprechendes gilt für die Funktionen in Abb. 2.3.4.2c,d bezüglich der Konzepte "Basisexpansion" und "Basisstagnation".

Im Konzept "Basiszyklus" ist für jede Flächenänderung zwischen zwei aufeinanderfolgenden Bildern eine Entscheidung zu treffen, ob es sich um eine Kontraktion, Expansion oder Stagnation handelt. Man könnte hier zunächst daran denken, diese Entscheidung durch Bestimmung der maximalen Bewertung in den semantischen Teilen "Basiskontraktion", "Basisexpansion" und "Basisstagnation" entsprechend Abb. 2.3.4.2b,c,d zu treffen. Ein derartiges Vorgehen würde jedoch ausschliesslich auf lokalen Kriterien beruhen und von keinerlei globaler Information Gebrauch machen. Aus dem medizinischen Grundwissen über das menschliche Herz ist jedoch bekannt, dass Kontraktionen, Expansionen und Stagnationen nicht in beliebiger Folge in einem Zyklus auftreten können. Vielmehr existiert ein grundlegender Prototyp für den Flächen- oder Volu-

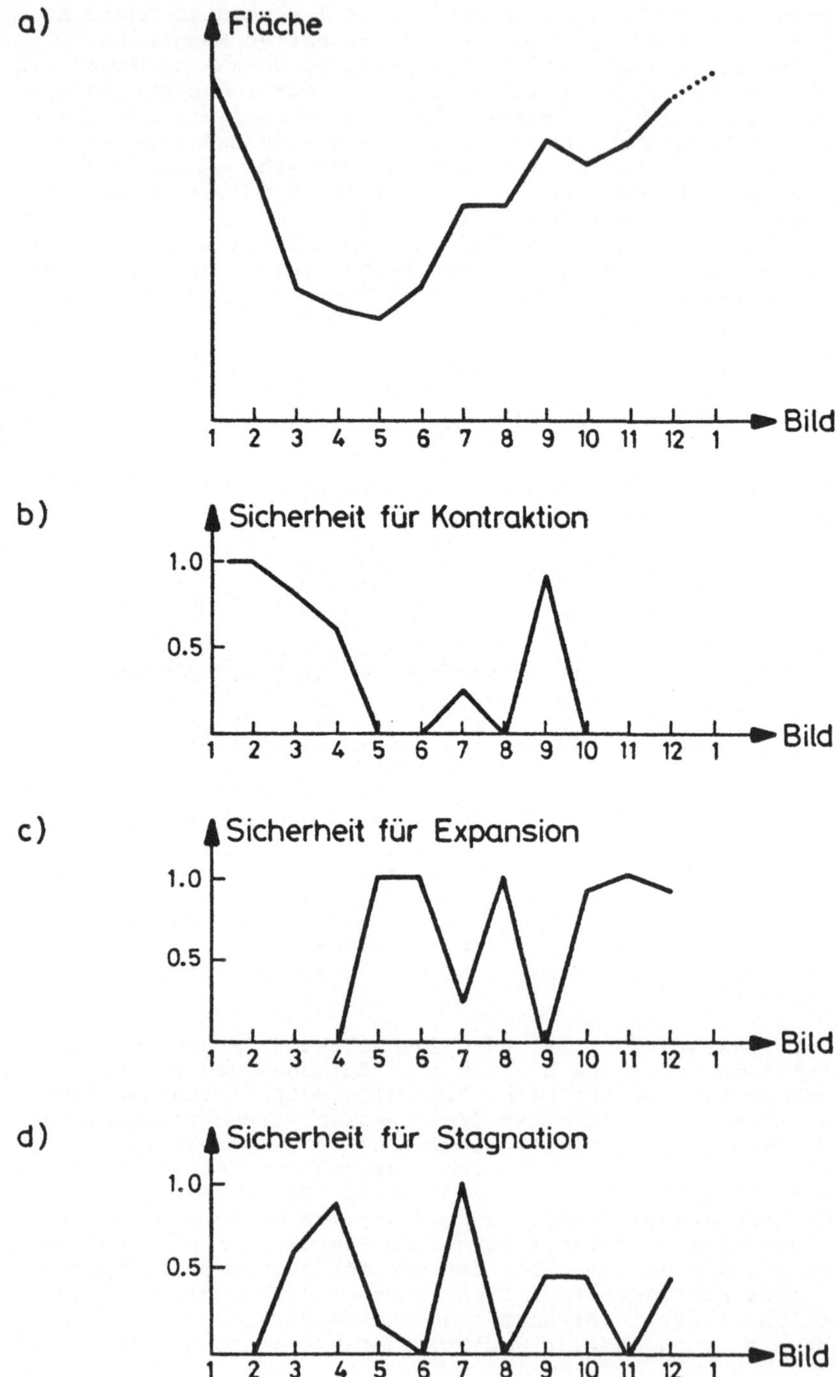

Abb. 2.3.4.2: Flächenverlauf eines Objekts und abgeleitete Sicherheiten

menverlauf während eines Zyklus, der festlegt, in welcher Reihenfolge Kontraktionen, Expansionen und Stagnationen aufeinander folgen. Dieser Prototyp ist in Abb. 2.3.4.3 gezeigt [SAUER/SEBENING 1980]. Die Darstellung in Abb. 2.3.4.3 besagt, dass zu Beginn des Zyklus eine Kontraktionsphase vorliegen sollte, gefolgt von einer Expansions-, Stagnations- und einer weiteren Expansionsphase. Man vergleiche auch Abb. 2.1.2.2. Abb. 2.3.4.3 zeigt einen Prototyp für den gesamten linken Ventrikel und alle vier anatomischen Sektoren für den Fall, dass keine Bewegungsstörung vorliegt. Aufgrund mehr oder minder stark ausgeprägter Störungen können aber auch Abfolgen von Kontraktionen, Expansionen und Stagnationen auftreten, die von Abb. 2.3.4.3 abweichen. Das Repertoire aller möglicher derartiger Abfolgen ist in Abb. 2.3.4.4 gezeigt. Die Entscheidung im Konzept "Basiszyklus", ob eine Kontraktion, Expansion oder Stagnation zwischen zwei aufeinanderfolgenden Bildern der Sequenz vorliegt, wird nun unter Bezugnahme auf die in Abb. 2.3.4.4 gezeigten neun Typen getroffen. Aus formaler Sicht besteht die Aufgabe darin, denjenigen Typen in Abb. 2.3.4.4 zu finden, der die beste Uebereinstimmung mit dem aktuellen Flächenverlauf bietet. Ferner ist die aktuelle Länge der in diesem Typ auftretenden Teilbewegungsphasen Kontraktion, Expansion und Stagnation zu bestimmen. Hieraus ergibt sich dann für jede Flächenänderung die gewünschte Entscheidung. Die Güte der Uebereinstimmung eines Typen mit dem aktuellen Flächenverlauf beruht auf den Funktionen in Abb. 2.3.4.1, d.h. die Güte berechnet sich auf der Basis von Bewertungen wie in Abb. 2.3.4.2b,c,d gezeigt.

Im folgenden wird ein syntaktischr Ansatz zur Lösung des oben dargestellten Problems vorgestellt. Die Ausführungen lehnen sich dabei an [GREBNER 1984, BUNKE/GREBNER/SAGERER 1984] an. Zunächst erfolgt die Formulierung der Lösungsmethode aus allgemeiner Sicht, anschliessend wird die Anwendung auf die spezielle Aufgabenstellung geschildert.

Sei $T = \{t_1, \ldots, t_m\}$ ein Alphabet von terminalen Symbolen nach Gleichung (1.3.3.1). Im folgenden werden Folgen von Symbolen der Länge n betrachtet. Hierbei entspricht jedoch die Position i in der Folge nicht einem bestimmten Symbol $t \in T$, sondern einem Vektor

$$c_i = (c_i(t_1), \ldots, c_i(t_m))_t, \qquad (2.3.4.1)$$

wobei $c_i(t_j)$ eine Sicherheit darstellt, mit welcher das Symbol t_j an der Position i korrekt ist. Die Darstellung ist ähnlich der bei der Relaxation auftretenden Wahrscheinlichkeitsbelegung, vgl. Kap. 1.4.4; jedoch wird nicht gefordert, dass sich die Einzelwerte $c_i(t_j)$ in Gleichung (2.3.4.1) zum Wert 1 aufsummieren. Es gilt lediglich $0 \leq c_i(t_j) \leq 1$. Die Werte 0 und 1 stellen also eine untere bzw. obere Schranke für eine Sicherheit dar. Ein Beispiel für eine Folge im oben definierten Sinn ist in Abb. 2.3.4.5 dargestellt für das Alphabet $T = \{k, e, s\}$. Jede Spalte in der Tabelle in Abb. 2.3.4.5 repräsentiert einen Vektor nach Gleichung (2.3.4.1). Die betrachtete Folge hat die Länge n = 12. Aus einer Tabelle mit m Zeilen und n Spalten wie in Abb. 2.3.4.5 dargestellt lassen sich m^n verschiedene Zeichenketten im herkömmlichen Sinn konstruieren, wobei jedes Symbol t_j in einer Kette eine Sicherheit $c_i(t_j)$ besitzt, nämlich den in der Tabelle in der j-ten Zeile und i-ten Spalte angegebenen Wert. Somit entspricht die Darstellung in Abb. 2.3.4.5 insgesamt 3^{12} verschiedenen Zeichenketten mit zugeordneten Sicherheiten. Ein Beispiel für eine derartige Zeichenkette ist

kkkkeeseeeee bzw.
k(1.0)k(1.0)k(0.8)k(0.58)e(1.0)e(1.0)s(1.0)e(1.0) e(o.o)e(0.91)e(1.0)e(0.91) (2.3.4.2)

wenn die zu jedem Symbol gehörige Sicherheit in Klammern angegeben wird. Auf der Basis der jedem Symbol zugeordneten Sicherheit lässt sich die Sicherheit einer Symbolkette berechnen gemäss

$$c(t_{i1}\dots t_{in}) = \sum_{j=i1}^{in} c(t_j) \qquad (2.3.4.3)$$

D.h. die Sicherheit einer Symbolkette ist die Summe der Sicherheit der Einzelsymbole. Für die Kette in Gleichung (2.3.4.2) ergibt sich z.B. der Wert 10.2 als Sicherheit.

Im folgenden wird von einer formalen Sprache ausgegangen, die durch einen regulären Ausdruck der Form

$$A = s_1^+ s_2^+ \dots s_r^+ \text{ mit}$$
$$s_i \in T,\ s_i^+ = \underbrace{s_i s_i \dots s_i}_{k\text{-mal},\ k \geq 1} \qquad (2.3.4.4)$$

definiert ist. Die betrachtete Aufgabenstellung besteht darin, aus den m^n verschiedenen Zeichenketten, die sich aus einer Darstellung wie in Abb. 2.3.4.5 ergeben, diejenige zu finden, welche erstens zu der gemäss Gleichung (2.3.4.4) definierten Sprache gehört und zweitens die maximale Sicherheit gemäss Gleichung (2.3.4.3) unter allen anderen Elementen der Sprache besitzt. Als Beispiel soll im folgenden

$$A = k^+e^+s^+e^+ \ , T = \{k,e,s\} \qquad (2.3.4.5)$$

dienen. Die Aufgabenstellung lässt sich für einen fest vorgegebenen regulären Ausdruck A und feste Länge n als Suchproblem nach Abb. 2.3.4.6 darstellen. Am linken Rand ist in Abb. 2.3.4.6 der Ausdruck A nach Gleichung (2.3.4.5) angegeben. In horizontaler Richtung sind die einzelnen Positionen 1,...,n der betrachteten Eingabekette dargestellt. Offensichtlich entspricht jeder Pfad, der in der linken oberen Ecke startet und in der rechten unteren Ecke endet, einer syntaktisch korrekten Eingabekette nach Gleichung (2.3.4.5). Durch Summation der in Abb. 2.3.4.5 angegebenen Sicherheiten entlang eines Pfades erhält man für jeden der Pfade in Abb. 2.3.4.6 eine Sicherheit. Das Problem lautet somit, den Pfad mit maximaler Sicherheit zu finden, wobei von einer Tabelle wie in Abb. 2.3.4.5 und einem Ausdruck wie in Gleichung (2.3.4.4) bzw. dem korrespondierenden Suchraum nach Abb. 2.3.4.6 ausgegangen wird.

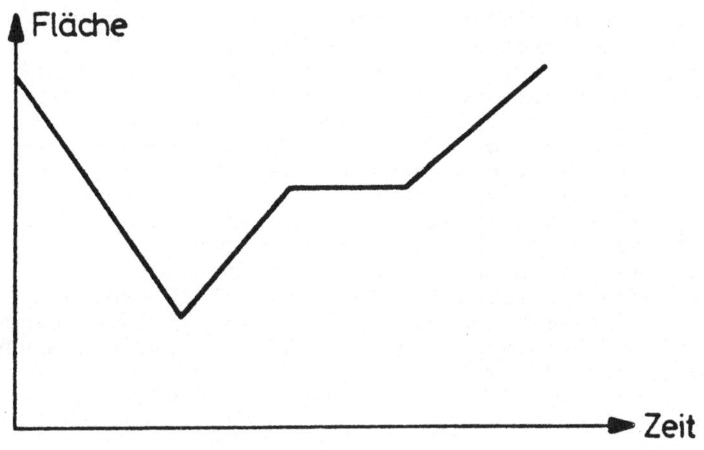

Abb. 2.3.4.3: Prototyp für Flächen- oder Volumenverlauf

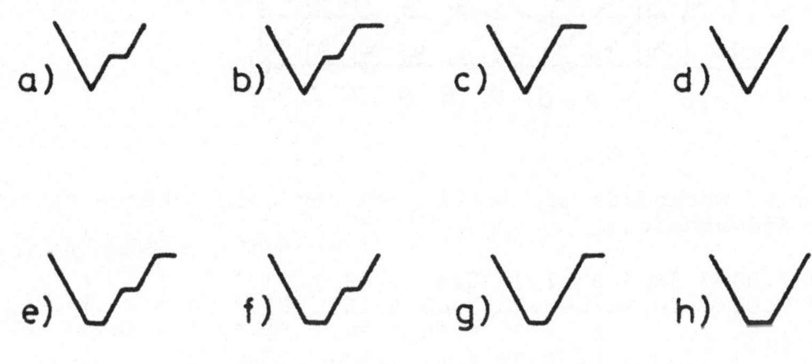

i) ——

Abb. 2.3.4.4: Menge von Typen für Flächen- oder Volumenverlauf

	Bildnummer											
	1	2	3	4	5	6	7	8	9	10	11	12
k	1.00	1.00	0.80	0.58.	0.00	0.00	0.25	0.00	0.91	0.00	0.00	0.00
s	0.00	0.00	0.60	0.89	0.16	0.00	1.00	0.00	0.45	0.45	0.00	0.45
e	0.00	0.00	0.00	0.00	1.00	1.00	0.25	1.00	0.00	0.91	1.00	0.91

Abb. 2.3.4.5: Sicherheiten terminaler Symbole in einer Eingabekette

Die Suche des optimalen Pfades ist ähnlich der Bestimmung des Abstandes zweier Zeichenketten [LU/FU 1978], vgl. auch Kap. 1.3.3, und lässt sich - analog der Kontursuche in Kap. 2.2.4 - mittels dynamischer Programmierung wie in Kap. 1.4.1, Gleichung (1.4.1.4, 1.4.1.5) dargestellt lösen. Der Suchraum in Abb. 2.3.4.6 wird spaltenweise von links nach rechts abgearbeitet. In jedem Knoten addiert man die Sicherheit des aktuellen Symbols zur akkumulierten Sicherheit des Vorgängerknotens, der maximal bezüglich der akkumulierten Sicherheit ist, und setzt einen Zeiger auf diesen Vorgängerknoten. Durch Rückverfolgung der Zeiger vom untersten Knoten in der am weitesten rechts stehenden Spalte ergibt sich der gesuchte Pfad. Als Beispiel ist in Abb. 2.3.4.7 der Pfad gezeigt, der sich für die in Abb. 2.3.4.5 angegebenen Sicherheiten und den Suchraum nach Abb. 2.3.4.6 bzw. den Ausdruck nach Gleichung (2.3.4.5) ergibt.

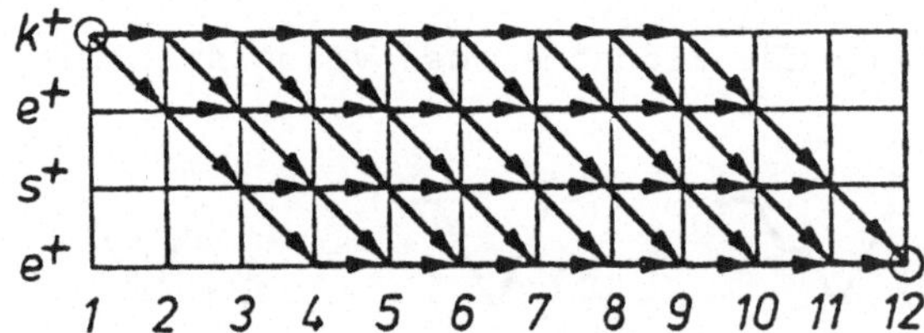

Abb. 2.3.4.6: Suchpfade zur Bestimmung der Zeichenkette mit maximaler Sicherheit

```
1.00—2.00—2.80—3.38\ 3.38 3.38 3.63 3.63 4.45 *    *    *
*    1.00 2.00 2.80 \4.38—5.38\ 5.63 6.63 6.63 7.54 *    *
*    *    1.60 2.89 3.05 4.38 \6.38\ 6.38 7.08 7.53 7.54 *
*    *    *    1.60 3.89 4.89 5.14 \7.38—7.38—8.29—9.29—10.2
```

Abb. 2.3.4.7: Optimaler Pfad in dem in Abb. 2.3.4.6 definierten Suchraum bezüglich der Sicherheiten in Abb. 2.3.4.5

Die dargestellte Methode zum Auffinden einer syntaktisch korrekten Zeichenkette mit maximaler Sicherheit kann nun zur Bestimmung der Kontraktionen, Expansionen und Stagnationen in einem Basiszyklus verwendet werden. Bezeichnet man eine Kontraktion, Expansion bzw. Stagnation zwischen zwei aufeinanderfolgenden Bildern einer Sequenz mit den Symbolen k, e bzw. s, so lassen sich die in Abb. 2.3.4.4 dargestellten Flächenverlaufsformen durch die in Abb. 2.3.4.8 gezeigten regulären Ausdrücke beschreiben. Für jeden dieser Ausdrücke wird nun separat der optimale Pfad analog Abb. 2.3.4.7 bestimmt. Als Sicherheiten für die Zeichen der Eingabeketten gemäss Abb. 2.3.4.5 werden die Bewertungen in den Konzepten "Basiskontraktion", "Basisexpansion" und "Basisstagnation" herangezogen, entsprechend den Funktionen in Abb. 2.3.4.2. D.h., dass diese Funktionen den Zeilen der Tabelle in Abb. 2.3.4.5 entsprechen. Der optimale Pfad, der für jeweils einen Ausdruck in Abb. 2.3.4.8 bestimmt wird, besitzt eine Sicherheit, nämlich die Summe der Sicherheiten der einzelnen Pfadelemente, die in der rechten unteren Ecke in Abb. 2.3.4.7 auftritt. Durch Maximumsbildung über alle Ausdrücke in Abb. 2.3.4.8 lässt sich derjenige Typ nach Abb. 2.3.4.4 finden, welcher dem aktuellen Flächenverlauf am besten entspricht. Der zugehörige optimale Pfad definiert insbesondere die Länge der einzelnen Kontraktions-, Expansions- und Stagnationsphasen innerhalb des betrachteten Zyklus. Als Beispiel ist in Abb. 2.3.4.9 nochmals der Flächenverlauf von Abb. 2.3.4.2a zusammen mit den resultierenden Phasen für den Typ nach Abb. 2.3.4.4a gezeigt. Dieser Typ stellt die beste Approximation unter allen Möglichkeiten in Abb. 2.3.4.4 dar.

a) $k^+e^+s^+e^+$, b) $k^+e^+s^+e^+s^+$, c) $k^+e^+s^+$, d) k^+e^+
d) $k^+s^+e^+s^+e^+$, f) $k^+s^+e^+s^+e^+s^+$ g) $k^+s^+e^+s^+$ h) $k^+s^+e^+$
i) s^+

Abb. 2.3.4.8: Die mit Abb. 2.3.4.4 korrespondierenden regulären Ausdrücke

Nach oben geschilderter Methode wird innerhalb des Konzepts "Basiszyklus" für jede Flächenänderung zwischen zwei aufeinanderfolgenden Bildern entschieden, ob es sich um eine Kontraktion, Expansion oder Stagnation handelt. Da innerhalb von Teilregionen des linken Ventrikels, nämlich des infero-apikalen, postero-lateralen, basalen und septalen Sektors (vgl. Kap. 2.2.6), Phasenverschiebungen auftreten können, müssen für die entsprechenden Spezialisierungen zusätzlich zyklische Verschiebungen betrachtet werden. D.h., dass der Anfang eines regulären Ausdrucks nach Abb. 2.3.4.8 nicht notwendig mit der Flächenänderung von Bild 1 auf Bild 2, d.h. der ersten Position in der Funktion in Abb. 2.3.4.2a zusammenfallen muss. Das in der gegenwärtigen Systemversion realisierte Verfahren beruht darauf, den Flächenverlauf nach Abb. 2.3.4.2a als konstant zu betrachten und die regulären Ausdrücke nach Abb. 2.3.4.8 zu variieren. Anstelle eines Ausdrucks werden alle durch zyklische Verschiebung erzeugbaren Ausdrücke betrachtet, z.B. anstelle von $k^+e^+s^+e^+$ die Ausdrücke $k^+e^+s^+e^+$, $k^+e^+s^+e^+k^+$, $e^+s^+e^+k^+$, $e^+s^+e^+k^+e^+$, $s^+e^+k^+e^+$, $s^+e^+k^+e^+s^+$, $e^+k^+e^+s^+$ sowie $e^+k^+e^+s^+e^+$ und es wird jeweils der optimale Pfad mittels dynamischer Programmierung berechnet. Bei der Bestimmung der maximalen Sicherheit über die Typen nach Abb. 2.3.4.8 müssen dann diese Verschiebungen gleichfalls berücksichtigt werden. In [GREBNER 1984] findet sich eine detaillierte Beschreibung. Zusätzlich wurden in dieser Arbeit andere Ansätze zur Lösung des Problems theoretisch und experimentell untersucht, nämlich Algorithmus A* (siehe Kap. 1.4.1) und Relaxation (siehe Kap. 1.4.4). Die oben geschilderte Methode auf der Basis der dynamischen Programmierung hat sich dabei als den anderen Verfahren bezüglich Rechenzeit und Speicherbedarf überlegen herausgestellt.

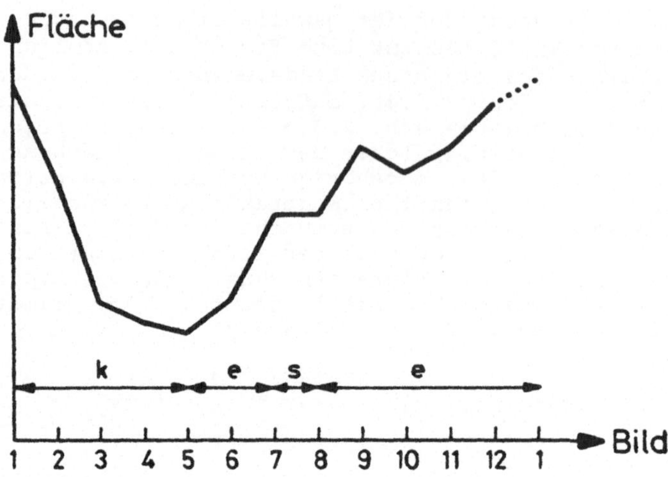

Abb. 2.3.4.9: Flächenverlauf nach Abb. 2.3.4.2 mit zugehöriger Interpretation

Wie man anhand von Abb. 2.3.2.2 erkennt, ist die Ebene 5 des Modells in strenger Analogie zu Ebene 4 organisiert. Inhaltlich liegt der Unterschied zwischen beiden Ebenen darin, dass auf Ebene 4 im wesentlichen eine Bild-zu-Bild Beurteilung erfolgt, während auf Ebene 5 längere Bewegungsfolgen betrachtet werden. Auch bei den Attributen und den Algorithmen zu ihrer Berechnung existieren auf beiden Ebenen weitgehende Aehnlichkeiten. So liegt das prinzipielle Ziel, das bei der Instanziierung des Konzepts "Zyklus" auf Ebene 5 verfolgt wird, wieder darin, Kontraktions-, Expansions- und Stagnationsphasen innerhalb eines Zyklus festzustellen. Als Unterschied zum Basiszyklus auf Ebene 4 sind hierbei jedoch Ueberlappungen zwischen Kontraktionen, Expansionen und Stagnationen erlaubt. Desgleichen sind auch uninterpretierte Teilbewegungsphasen innerhalb eines Zyklus erlaubt. Dem liegt die folgende Motivation zugrunde. Auf Ebene 4 erfolgt unter Bezugnahme auf globale Kriterien, nämlich die Typen in Abb. 2.3.4.4, eine Interpretation einer jeden Flächenänderung als Kontraktion, Expansion oder Stagnation. U.U. ist diese Interpretation inkonsistent mit den zu bestimmten Zeitpunkten gemessenen Flächenänderungen. Um für derartige Fälle einen breiteren Spielraum bei der anschliessenden diagnostischen Beurteilung offenzuhalten, wird im Konzept "Zyklus" eine weitere Bearbeitung der im Konzept "Basiszyklus" bestimmten Bewegungsphasen vorgenommen. Die grundlegende Idee besteht darin, Folgen von Kontraktionen, Expansionen oder Stagnationen jeweils nach links oder rechts zu verlängern, wenn dies mit den in den Konzepten "Basiskontraktion", "Basisexpansion" und "Basisstagnation" vorliegenden Bewertungen verträglich

a)

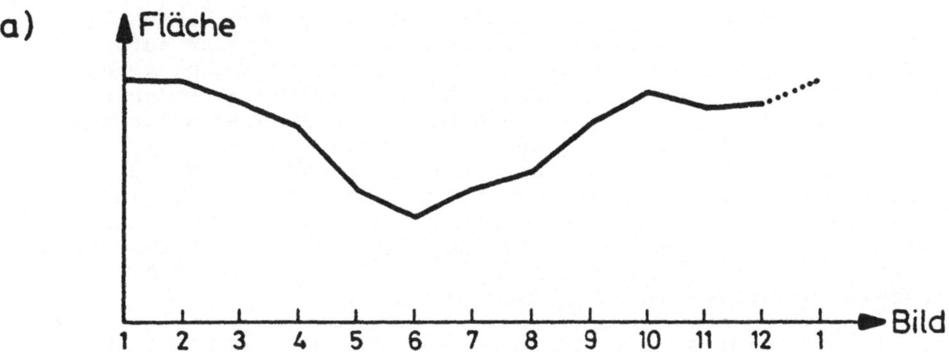

b)

c)

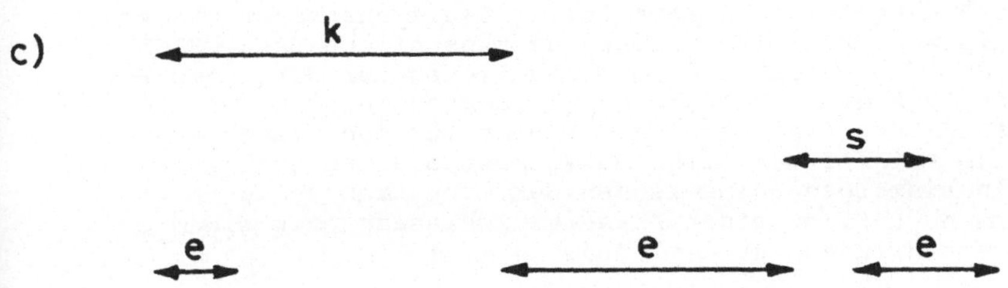

Abb. 2.3.4.10: a) Flächenverlauf des linken Ventrikels; b) Interpretation auf Ebene 4 (analog Abb. 2.3.4.9); c)Interpretation auf Ebene 5

ist. So kann es zu den oben erwähnten Ueberlappungen kommen. In ähnlicher Weise wird eine zu einem bestimmten Zeitpunkt aufgrund der Typen in Abb. 2.3.4.4 erzwungene Interpretation zurückgenommen, falls sie in krassem Widerspruch zu den entsprechenden Bewertungen steht. Die generelle Vorgehensweise kann so aufgefasst werden, dass auf Ebene 4 eine erste, starrere Interpretation der Daten erfolgt, die anschliessend auf Ebene 5 anhand individuellerer Kriterien nachbearbeitet wird. Das spezielle Verfahren zur Realisierung der geschilderten Operationen beruht wiederum auf dynamischer Programmierung und besitzt Aehnlichkeit mit dem für das Konzept "Basiszyklus" verwendeten Ansatz. Eine detaillierte Beschreibung findet sich in [EICHHORN 1984].

Ein Beispiel zeigt Abb. 2.3.4.10. Der Flächenverlauf des linken Ventrikels in einer Bildfolge ist in Abb. 2.3.4.10a gegeben. Abb. 2.3.4.10b zeigt die Zerlegung auf Ebene 4 des Modells analog Abb. 2.3.4.9. In Abb. 2.3.4.10c sind schliesslich die für das Konzept "Zyklus" auf Ebene 5 berechneten Phasen gezeigt. Wie oben erläutert ist hier eine Ueberlappung von Teilbewegungen erlaubt. Dies ermöglicht die Betrachtung verschiedener Alternativen auf den Ebenen 7 und 8 bei der Ableitung einer Diagnose.

2.3.5 ANATOMISCHE ZYKLUSINTERPRETATION

In Ebene 4 und 5 des Netzes werden die aktuell in einem Zyklus auftretenden Bewegungen, nämlich Kontraktions-, Expansions- und Stagnationsphasen festgestellt. Dabei werden i.a. verschiedene Objekte betrachtet, nämlich linker Ventrikel und die vier anatomischen Sektoren nach Kap. 2.2.6. Zur Ableitung einer diagnostischen Beurteilung erfolgt auf Ebene 7 und 8 ein Vergleich der Bewegungsphasen der Ebene 5 mit Referenzdaten von Ebene 6. Das vorliegende Kapitel beschäftigt sich mit der Gewinnung dieser Referenzdaten.

Der Volumen- bzw. Flächenverlauf des linken Ventrikels kann in verschiedene sog. anatomische Phasen eingeteilt werden. Eine graphische Darstellung ist in Abb. 2.3.5.1 gezeigt. Zunächst unterscheidet man zwischen Systole und Diastole. Diese beiden Phasen lassen sich dann jeweils weiter untergliedern. Die Unterteilung des Flächenverlaufs nach Abb. 2.3.5.1 entstammt wiederum dem medizinischen Grundwissen über das menschliche Herz [SAUER/ SEBENING 1980] und entspricht im wesentlichen der durch den Prototyp in Abb. 2.3.4.3 zum Ausdruck gebrachten Information. Das Grundschema für den Flächenverlauf bleibt für den linken Ventrikel global im Prinzip bei allen Bewegungsstörungen enthalten. Lediglich in einzelnen anatomischen Sektoren kann es zu Abweichungen kommen, z.B. zu einer Phasenverschiebung oder einem annähernden Verschwinden der Amplitude.

Eine detaillierte Darstellung von Ebene 6 des Netzes, die in Abb. 2.3.2.2 lediglich durch die Gruppe "anatomische Zyklusinterpretation" dargestellt ist, zeigt Abb. 2.3.5.2. Die Gliederung bezüglich der Relation "semantischer Teil" entspricht dabei genau der Darstellung in Abb. 2.3.5.1. Es muss hier erwähnt werden, dass sich die Konzepte von Ebene 6 ausschliesslich auf den linken Ventrikel beziehen und dass die entsprechenden Bewegungsphasen hinsichtlich Startzeit und Dauer als Referenz verwendet werden, um in den Ebenen 7 und 8 eventuelle Bewegungsabnormalitäten der anatomischen Sektoren aufzuspüren. Die wesentlichen Attribute der Konzepte in Abb. 2.3.5.2 sind Anfangszeitpunkt und Dauer der anatomischen Bewegungsphasen und die auftretenden Flächenänderungen. Die zentrale Aufgabe bei der Attributberechnung besteht somit in der Bestimmung von Anfang und Ende der Phasen in Abb. 2.3.5.1. Eine zeitliche Auflösung von 12 Bildern pro Sequenz erscheint - gemessen an den sechs verschiedenen Phasen in Abb. 2.3.5.1-relativ grob. Diese grobe zeitliche Auflösung wird jedoch zugunsten einer feineren örtlichen Auflösung in Kauf genommen, vgl. Kap. 2.1.2. Generell ist das durch die Konzepte in Ebene 6 dargestellte Wissen von der örtlichen und zeitlichen Auflösung einer Bildfolge unabhängig. Einzelne Phasen in Abb. 2.3.5.1 können bei einem konkreten Flächenverlauf u.U. fehlen.

Bei der Berechnung von Anfang und Länge der Bewegungsphasen nach Abb. 2.3.5.1 werden als Eingabedaten Anfang, Dauer und Stärke der in Ebene 5 berechneten Kontraktions-, Expansions- und Stagnationsphasen verwendet. Die Berechnungsmethode geht von dem in Abb. 2.3.5.1 dargestellten Sachverhalt aus. An Einzelinformation wird verwendet:

a) Der dominierende Typ und die Länge der Bewegung, nämlich Kontraktion, Expansion oder Stagnation, während einer anatomischen Bewegungsphase,

b) der Typ der Bewegung in der vorhergehenden und nachfolgenden Phase,

c) die zeitliche Lage im Zyklus.

Zur Bestimmung der anatomischen Phase "Ejection-Periode" sucht man z.B. eine Kontraktionsphase einer bestimmten Mindestlänge in der ersten Hälfte des Zyklus, der eine Stagnations- oder Expansionsphase vorausgeht, und die von einer Stagnations- oder Expansionsphase gefolgt wird. Entsprechend wird für die anderen anatomischen Phasen verfahren. Der in der gegenwärtigen Systemversion verwendete Algorithmus kombiniert obige Kriterien in heuristischer Weise, ohne dass dabei optimale Suchtechniken wie z.B. dynamische Programmierung in Ebene 4 und 5 des Netzes zum Einsatz kommen. Als Beispiel ist in Abb. 2.3.5.3a nochmals der Flächenverlauf nach Abb. 2.3.4.10a gezeigt. In Abb. 2.3.5.3b sind die resultierenden anatomischen Phasen dargestellt, wobei in diesem Fall die Phase PEP fehlt, d.h. nicht ermittelt werden konnte.

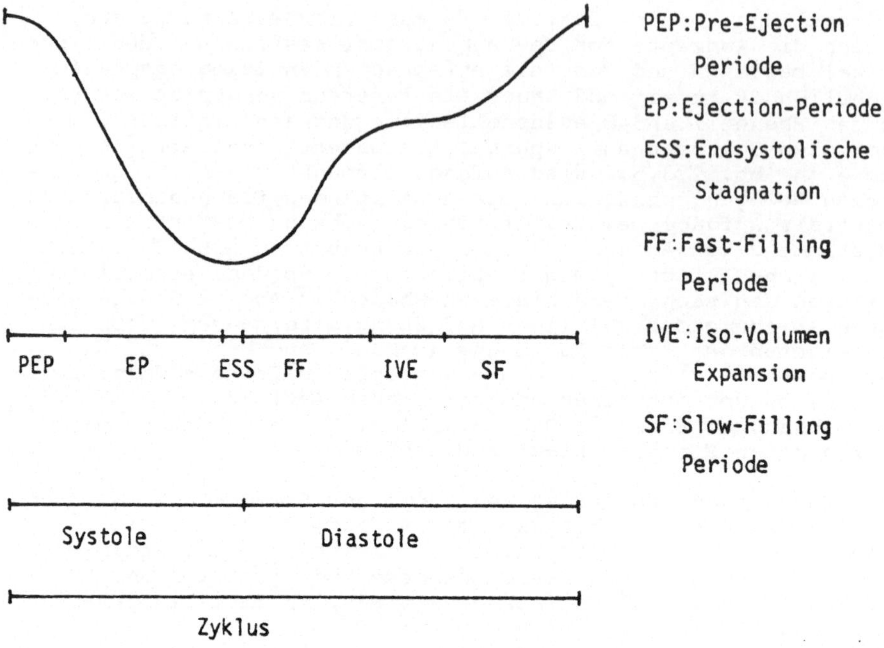

Abb. 2.3.5.1: Anatomische Phasen eines Zyklus

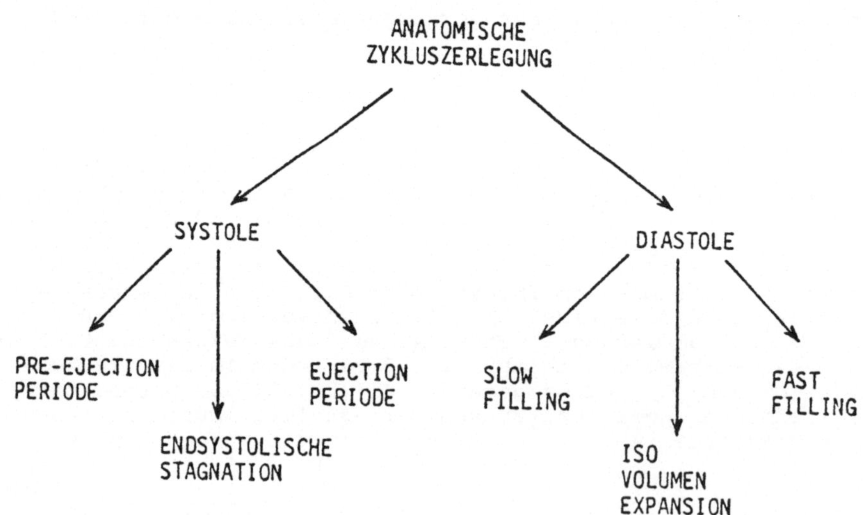

Abb. 2.3.5.2: Detaillierte Darstellung von Ebene 6 in Abb. 2.3.2.2

a)

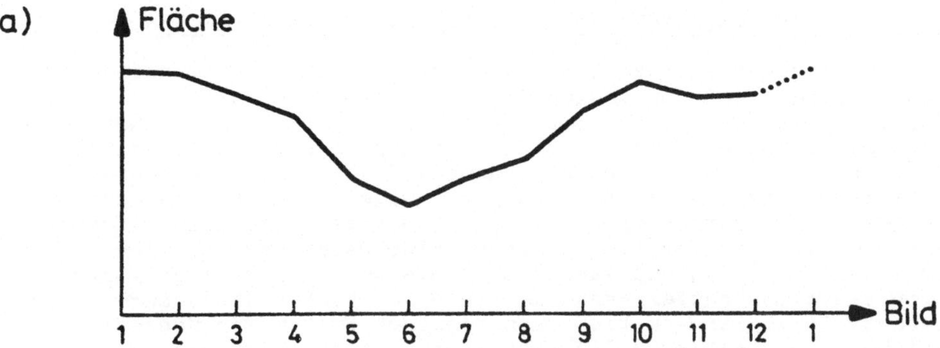

b)

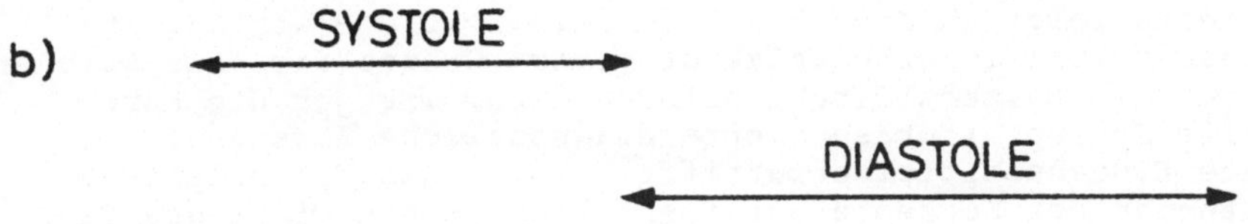

c)

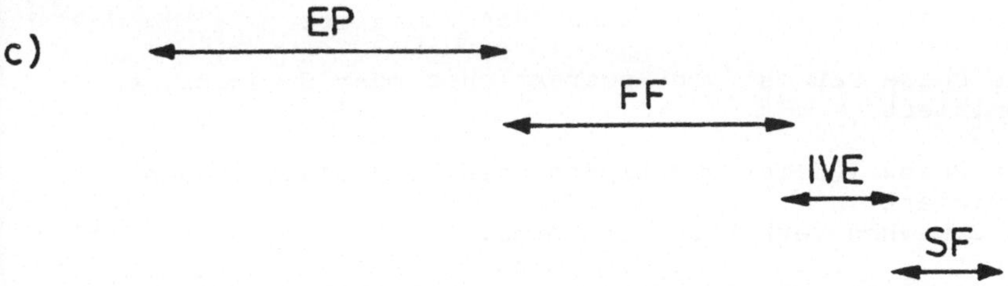

Abb. 2.3.5.3: Beispiel zur anatomischen Zyklusinterpretation

2.3.6 EIN PRODUKTIONENSYSTEM ZUR ABLEITUNG VON DIAGNOSEN

Das vorliegende Kapitel beschreibt die Ableitung diagnostischer Beurteilungen auf den Ebenen 7 und 8 des Netzes nach Abb. 2.3.2.1. Die wesentliche Idee, welcher die Struktur des Netzes auf diesen Ebenen folgt, ist die Bereitstellung jeweils eines Konzepts für eine spezielle Diagnose. Jedes derartige Konzept besitzt ein bestimmtes Attribut, im folgenden Bewertung genannt, welches zum Ausdruck bringt, wie gut die entsprechende Diagnose auf die Eingabebildfolge zutrifft. Eine Bewertung ist eine Zahl im Intervall [0,1] und kann formal als Wert einer Mitgliedsfunktion einer unscharfen Menge im Sinne von [ZADEH 1965] aufgefasst werden. Somit kann im hier beschriebenen System ein Konzept, welches eine bestimmte Diagnose repräsentiert, in jedem Fall instanziiert werden, auch dann, wenn die entsprechende Diagnose nicht auf die aktuelle Eingabebildsequenz zutrifft. In diesem Fall besitzt lediglich die entsprechende Instanz eine Bewertung nahe oder gleich Null. Die Bewertung eines Konzepts bzw. einer Instanz, welche eine diagnostische Interpretation repräsentiert, ist zu unterscheiden von dem in Kap. 2.3.1 erwähnten Sicherheitsfaktor (certainty factor). Letztere Grösse besitzt zwar auch einen Wert aus dem Intervall [0,1] und kann im Sinne der Theorie unscharfer Mengen interpretiert werden, sie wird jedoch systemintern benutzt und zwar dazu, um im Fall mehrerer möglicher konkurrierender Instanzen eines Konzepts eine Auswahl zu treffen. Näheres hierzu folgt in Kap. 2.3.7 und 2.4.2. Die Bewertung stellt - im Gegensatz zum Sicherheitsfaktor - eine Grösse dar, aus welcher der Benutzer des Systems direkt ablesen kann, wie gut die durch das aktuelle Konzept repräsentierte diagnostische Aussage auf die betrachtete Eingabebildfolge zutrifft. D.h., dass die Ableitung der Bewertungen der Konzepte auf Ebene 7 und 8 ein wichtiges Ziel bei der Analyse einer Bildfolge darstellt. Die Ableitung einer diagnostischen Interpretation bedeutet somit im wesentlichen die Ableitung der Bewertung für das entsprechende Konzept.

```
IF    'der Parameter "ef" liegt im Normalbereich'
      UND
      'der Anteil der Stagnationen im Zyklus liegt im Normalbereich'
      UND
      'die Phase EP ist von Kontraktionen dominiert'
      UND
      'die Phase FF ist von Expansionen dominiert'
      UND
      'die Phase SF ist von Expansionen dominiert'
      UND
      'die Phase PEP ist von Kontraktionen oder Stagnationen
       dominiert'
      UND
      'die Phase IVE ist von Expansionen oder Stagnationen
       dominiert'
THEN 'das Bewegungsverhalten ist normal'
```

Abb. 2.3.6.1: Regel für Bewegungs-Normalverhalten

Die in Abb. 2.3.2.1 dargestellte Relation "notwendiger Teil" bringt zum Ausdruck, auf welchen unmittelbaren Eingabedaten die Ableitung einer diagnostischen Beurteilung beruht. Es sind dies auf Ebene 7 des Netzes die Bewegungen der Ebene 5 und die anatomische Zyklusinterpretation der Ebene 6. Bei der vollständigen Diagnose auf Ebene 8 werden neben Ebene 7 die Befunde bezüglich Form und Proportionen der Ebene 3 berücksichtigt.

Zur Ableitung von diagnostischen Interpretationen auf den Ebenen 7 und 8 des Netzes wird ein Produktionensystem verwendet, vgl. Kap. 1.3.2. Für jede diagnostische Interpretation, d.h. für jedes Konzept, existiert eine bestimmte Regel. Ein Beispiel für eine Regel aus der Gruppe "spezielle Bewegungsdiagnosen" in Ebene 7 in Abb. 2.3.2.1 ist in Abb. 2.3.6.1 gezeigt. Diese Regel definiert das Normalverhalten des linken Ventrikels oder eines anatomischen Sektors. Der Parameter "ef" repräsentiert die maximale Flächenänderung des betrachteten Objekts innerhalb der Sequenz. Er steht als Attribut des Konzepts "Zyklus" bzw. der entsprechenden Spezialisierung in Ebene 5 des Netzes zur Verfügung. Die übrigen Bedingungen im IF-Teil der Regel verwenden weitere Attribute, die in den Ebenen 5 und 6 in den Bewegungskonzepten und der anatomischen Zyklusinterpretation berechnet werden, z.B. die Phasen EP, FF etc. sowie Kontraktionen, Expansionen und Stagnationen.

Wie erwähnt, besteht das Ziel bei der Analyse einer Bildfolge darin, eine Bewertung für eine diagnostische Interpretation abzuleiten. Auf das Beispiel in Abb. 2.3.6.1 bezogen bedeutet dies, dass nicht die Ableitung der Aussage "das Bewegungsverhalten ist normal" das Analyseziel darstellt, sondern die Ableitung einer Bewertung für diese Aussage. Deshalb sind die im System verwendeten Regeln nicht in der Form von Abb. 2.3.6.1, sondern auf der Basis von Bewertungen für Aussagen dargestellt. Im folgenden werden einige spezielle Notationen zur Darstellung der Regeln eingeführt. Sei

$$B \subseteq \{k, e, s\}$$
$$P \in \{PEP, EP, ESS, FF, IVE, SF, SYSTOLE, DIASTOLE, ZYKLUS\} \quad (2.3.6.1)$$

mit

k = Kontraktion
e = Expansion   nach Kap. 2.3.4
s = Stagnation

PEP = Pre-Ejection Periode
EP = Ejection Periode
ESS = Endsystolische Stagnation
FF = Fast-Filling Periode   nach Kap. 2.3.5
IVE = Iso-Volumen-Expansion Periode
SF = Slow-Filling Periode

so bezeichnet

$$t(B,P) \in [0,1] \quad (2.3.6.2)$$

den relativen Anteil, welchen die in der Menge B angegebenen Bewegungen innerhalb der Bewegungsphase P besitzen. Für jedes der Objekte linker Ventrikel, infero-apikaler Sektor, postero-lateraler Sektor, basaler Sektor und septaler Sektor kann jeweils ein Ausdruck t(B,P) betrachtet werden. Z.B. bedeutet

$$t(\{k,s\}, EP) = 0.8$$

dass das betrachtete Objekt während der Ejection Periode zu 80 % kontrahiert oder stagniert.

Sei D eine Diagnose innerhalb der Gruppe "spezielle Bewegungsdiagnosen" in Ebene 7 des Netzes und sei K eines der beiden Kriterien "Stagnationsanteil" (SA) oder "Parameter ef" (EF), so bezeichnet

$$0 \leq u(D,K;x) \leq 1 \qquad (2.3.6.3)$$

eine Funktion wie in Ab. 2.3.6.2 dargestellt. Mithilfe einer derartigen Funktion wird dargestellt, ob der durch den Wert x gegebene Anteil der Stagnationen in einem Zyklus (K=SA) oder der durch den Wert x gegebene Parameter ef (K=EF) im Normalbereich für die Diagnose D liegt. Der Normalbereich entspricht dem Intervall [b,c] in Abb. 2.3.6.2. Hier liefert die Funktion u(D,K;x) jeweils den Wert 1. Ist der Wert von x mit der Diagnose D absolut unverträglich, so ergibt sich jeweils der Wert u(D,K;x)=0; dies ist für $x \leq a$ und $x \geq d$ der Fall. In den Uebergangsbereichen $a<x<b$ und $c<x<d$ gilt jeweils $0<u(D,K;x)<1$. Eine Funktion u(D,K;x) liefert jeweils einen Einzelbeitrag bei der Bestimmung einer Bewertung für die Diagnose D. Für jede Diagnose D und für jeden der beiden Fälle K=SA und K=EF existiert jeweils eine Funktion u(D,K;x), charakterisiert durch jeweils verschiedene Parameter a,b,c und d. Diese Parameter wurden zum Teil aus der medizinischen Literatur übernommen [SILBER/SCHWAIGER/KLEIN/ RUDOLPH 1980], zum Teil aber auch durch Experimente anhand einer Stichprobe bestimmt. Die Funktionen u(D,K;x) nach Abb. 2.3.6.2 sind ähnlich der Funktion für Sicherheiten nach Abb. 2.3.4.1 und können wiederum im Sinne der Theorie unscharfer Mengen nach [ZADEH 1965] aufgefasst werden. Als weiteres Beispiel ist in Abb. 2.3.6.3 die Funktion u(NORMAL_LV, EF;x) gezeigt. Hier gilt $c=d=\infty$, vgl. Abb. 2.3.6.2. Die Darstellung in Abb. 2.3.6.3 lässt sich so interpretieren, dass ein Wert grösser als b für den Parameter "ef" einen sicheren Hinweis auf die Diagnose "normales Bewegungsverhalten des linken Ventrikels" darstellt. Ein Wert kleiner als a ist mit dieser Diagnose unverträglich. Zwischen den Werten a und b liegt ein Uebergangsbereich vor. Ein Wert t(B,P) nach Gleichung (2.3.6.2) kann die Rolle der Variablen x in Gleichung (2.3.6.3) übernehmen. Z.B. gibt dann

$$u(NORMAL,SA;t(\{S\},ZYKLUS))$$

an, mit welcher Sicherheit aufgrund des durch $t(\{S\},ZYKLUS)$ gegebenen Stagnationsanteils auf ein normales Bewegungsverhalten des betrachteten Objekts geschlossen werden kann.

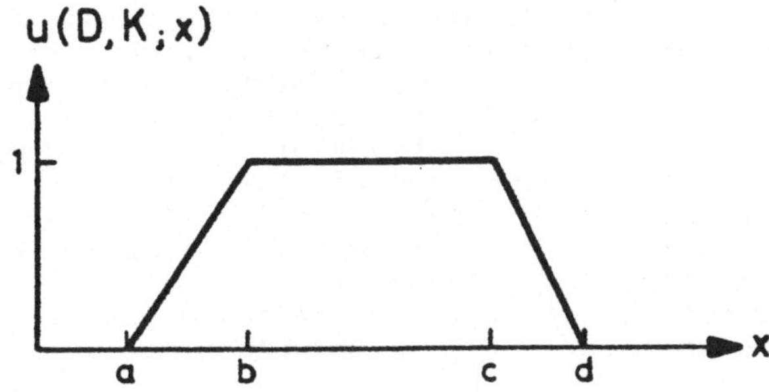

Abb. 2.3.6.2: Bewertungsfunktion

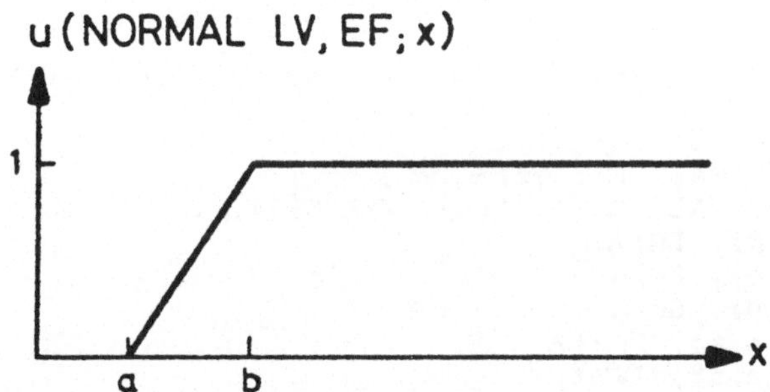

Abb. 2.3.6.3: Ein Spezialfall von Abb. 2.3.6.2

Die konkrete Darstellung von Regeln im Modell erfolgt nun nicht in einer Form wie in Abb. 2.3.6.1 gezeigt, sondern auf der Basis von Bewertungen unter Verwendung von Funktionen u(D,K;x) und t(B,P) nach Abb. 2.3.6.2 und Gleichung (2.3.6.2). Die logischen Konnektoren $\wedge$, $\vee$ und $\neg$ werden in Funktionen MIN, MAX und 1-X gemäss Abb. 2.3.6.4 überführt. Die Funktion β(A) gibt hierbei die Bewertung für die Aussage A an, wobei A beliebig im IF-Teil oder THEN-Teil einer Regel auftreten kann. Eine Bewertung für eine Einzelaussage im IF-Teil kann aber auch direkt durch die Funktionen u(D,K;x) oder t(B,P) zum Ausdruck gebracht werden. Die Repräsentation einer Regel der Form

IF $(A \vee B) \wedge \neg C$ THEN D

erfolgt z.B. durch

$$(D) := \mathrm{MIN}\,(\mathrm{MAX}(\beta(A),\ \beta(B)),\ 1-\beta(C)).$$

Diese Darstellungsform bildet die direkte Grundlage für die Implementierung. Im folgenden sollen aus Gründen der Uebersichtlichkeit weiterhin die Konnektoren $\wedge$, $\vee$ und $\neg$ verwendet werden. Somit ergibt sich für die Regel in Abb. 2.3.6.1 die Darstellung in Abb. 2.3.6.5. Die Bewertung für die Aussage "die Phase EP ist von Kontraktionen dominiert" korrespondiert hier direkt mit $t(\{K\},EP)\in[0,1]$; d.h., dass sich ein Wert ergibt, der umso näher bei 1 liegt, je höher der relative Anteil der Kontraktionen während der Bewegungsphase EP ist. Analoges gilt für die Phasen FF, SF, PEP und IVE. Die Bewertungen für die Aussagen "der Parameter "ef" liegt im Normalbereich" sowie "die Anzahl der Stagnationen im Zyklus liegt im Normalbereich" erfolgt mithilfe der Funktionen u(NORMAL, EF;x) und u(NORMAL, SA;x), wobei als Variable x der Wert des Parameters "ef" bzw. der relative Anteil $t(\{S\},ZYKLUS)$ der Stagnationen am Zyklus verwendet wird.

Logischer Ausdruck	korrespondierende Funktion
$A \wedge B$	$MIN(\beta(A), \beta(B))$
$A \vee B$	$MAX(\beta(A), \beta(B))$
$\neg A$	$1 - \beta(A)$

Abb. 2.3.6.4: Logische Konnektoren und korrespondierende Funktionen

$$\begin{aligned}\beta(NORMAL) := \; & u(NORMAL, EF; ef) \wedge \\ & u(NORMAL, SA; t(\{s\}, ZYKLUS)) \wedge \\ & t(\{k\}, EP) \wedge \\ & t(\{e\}, FF) \wedge \\ & t(\{e\}, SF) \wedge \\ & t(\{k,s\}, PEP) \wedge \\ & t(\{e,s\}, IVE)\end{aligned}$$

Abb. 2.3.6.5: Darstellung der Regel von Abb. 2.3.6.1 auf der Basis von Bewertungen

Bei der Anwendung einer Regel wird davon ausgegangen, dass sich die Werte im IF-Teil einer Regel direkt aus bereits berechneten Grössen ableiten lassen. Die Bewertung der Aussage des THEN-Teils stellt das eigentliche Ziel der Berechnung dar. Für jedes diagnostische Konzept D in Ebene 7 und 8 des Netzes existiert eine Regel, mittels welcher eine Bewertung für D berechnet wird. Aus formaler Sicht ist diese Bewertung ein Attribut und die Regel selbst fungiert als Berechnungsprozedur für dieses Attribut (vgl. Kap. 2.3.1). Insgesamt existieren auf Ebene 7 und 8 im Netz 45 Konzepte, welche jeweils eine diagnostische Interpretation repräsentieren. Im folgenden sollen exemplarisch einige dieser diagnostischen Interpretationen anhand ihrer Regeln diskutiert werden. Eine ausführlichere Behandlung findet sich in [BUNKE/ HOFMANN/SAGERER 1984, SAGERER 1985].

In Abb. 2.3.6.6, 2.3.6.7 ist die im Modell für eine regionale Diskinesie verwendete Regel dargestellt. Der Begriff "regional" bringt zum Ausdruck, dass sich die Diskinesie auf einen der vier anatomischen Sektoren nach Kap. 2.2.6 bezieht. Bei Normalverhalten bewegt sich jeder der vier anatomischen Sektoren phasengleich mit dem linken Ventrikel; d.h., dass bei Kontraktion des linken Ventrikels global auch eine Kontraktion des betrachteten anatomischen Sektors auftritt. Eine regionale Diskinesie liegt vor, wenn sich der betrachtete anatomische Sektor phasenkonträr zum linken Ventrikel global bewegt. Dies bedeutet im wesentlichen, dass diejenigen Bewegungsphasen, bei denen bei Normalverhalten Expansionen vorliegen, Kontraktionen aufweisen und umgekehrt. Die Regel in Abb. 2.3.6.6, 2.3.6.7 bringt genau diesen Sachverhalt zum Ausdruck. Der Wert des Parameters "ef" sowie der Anteil der Stagnation am Zyklus ist für die Diagnose "regionale Diskinesie" nicht relevant. Die gezeigte Regel stellt einen Prototypen dar, für den es vier konkrete Ausprägungen im Modell gibt, nämlich für die vier anatomischen Sektoren IA, PL, SE und BA (vgl. Kap. 2.2.6).

IF 'es treten keine Kontraktionen während der Phase EP auf'
UND
'es treten keine Expansionen während der Phase FF aus'
UND
'es treten keine Expansionen während der Phase SF auf'
UND
'die Phase EP ist von Expansionen dominiert'
UND
'die Phase FF ist von Kontraktionen dominiert'
UND
'die Phase SF ist von Kontraktionen oder Stagnationen dominiert'
UND
'die SYSTOLE ist von Expansionen oder Stagnationen dominiert'
UND
'die DIASTOLE ist von Kontraktionen oder Stagnationen dominiert'
THEN 'es liegt eine regionale Diskinesie vor'

Abb. 2.3.6.6: Regel für regionale Diskinesie

$$
\begin{aligned}
\beta(\text{regionale Diskinesie}) := \; & \neg t(\{k\},EP) \wedge \\
& \neg t(\{e\},FF) \wedge \\
& \neg t(\{e\},SF) \wedge \\
& t(\{e\},EP) \wedge \\
& t(\{k\},FF) \wedge \\
& t(\{k,s\},SF) \wedge \\
& t(\{e,s\},SYSTOLE) \wedge \\
& t(\{k,s\},DIASTOLE)
\end{aligned}
$$

Abb. 2.3.6.7: Darstellung der Regel von Abb. 2.3.6.6 auf der Basis von Bewertungen

In den Regeln von Abb. 2.3.6.6, 2.3.6.7 treten lediglich die logischen Konnektoren $\wedge$ und $\neg$ auf. Die Regel für die Diagnose "regionale Akinesie", welche in Abb. 2.3.6.8, 2.3.6.9 gezeigt ist, enthält darüberhinaus den Konnektor $\vee$. Eine regionale Akinesie liegt vor, wenn der betrachtete Sektor annähernd oder vollständig bewegungslos ist. Dies bedeutet, dass Kontraktionen und Expansionen schwach ausgeprägt sind und dass Stagnationen im

Zyklus dominieren. Entsprechend muss der Parameter "ef" einen typischen Wert (deutlich kleiner als z.B. bei normalem Bewegungsverhalten) aufweisen. Mittels der angegebenen Regel werden zunächst der Parameter "ef" und der Stagnationsanteil geprüft. Sodann erfolgt eine Prüfung der Phasen EP, FF und SF auf das Auftreten von Stagnationen. Da auf Ebene 5 des Netzes Ueberlagerungen von Kontraktionen, Expansionen und Stagnationen, insbesondere aber auch uninterpretierte Bewegungsphasen auftreten können, genügt die Forderung nach dem Vorhandensein von Stagnationen allein nicht; vielmehr wird in Ergänzung dazu geprüft, ob keine Kontraktionen oder Expansionen auftreten. Dieses Kriterium gilt ebenso wie das Vorhandensein von Stagnationen als Hinweis auf eine regionale Akinesie und die entsprechenden Einzelaussagen werden jeweils mittels des Konnektors $\vee$ verknüpft, was einer Maximumsbildung der entsprechenden Bewertungen entspricht. Um eine schärfere Abgrenzung gegen die Diagnose "regionale Diskinesie" als dies durch den Parameter "ef" und den Stagnationsanteil allein möglich ist zu gewährleisten, werden die Bedingungen (6) - (8) der Regel verwendet. Mittels der Bedingungen (9) und (10) werden schliesslich die Phasen PEP und IVE getestet.

Die Regeln in Abb. 2.3.6.5, 2.3.6.7 und 2.3.6.9 gehören zu Ebene 7 des Netzes und beziehen sich jeweils auf ein spezielles Objekt, nämlich den linken Ventrikel global oder die vier anatomischen Sektoren nach Kap. 2.2.6. Als weiteres Beispiel ist in Abb. 2.3.6.10 eine Regel der Ebene 8 des Netzes gezeigt. Es handelt sich hierbei um die vollständige Diagnose "normal". Sie setzt sowohl normales Bewegungsverhalten (Bedingungen (1)-(5)) als auch normale Grössen und Formverhältnisse voraus (Bedingung (6)). Die Anwendung dieser Regel liefert - analog zu den anderen Regeln - eine Bewertung für die vollständige Diagnose "normal". Diese Bewertung ergibt sich durch Minimumsbildung aus den Bewertungen für die Diagnosen LV-NORMAL, IA-NORMAL usw. Die Berechnung der zugehörigen Sicherheiten β(LV-NORMAL), β(IA-NORMAL), β(BA-NORMAL) und β(SE-NORMAL) erfolgt auf Ebene 7 bzw. auf Ebene 3 für β(FORM-NORMAL). Die Diagnosen in den Bedingungen (1)-(5) in Abb. 2.3.6.10, 2.3.6.11 entsprechen jeweils einer Ausprägung der in Abb. 2.3.6.1 bzw. 2.3.6.5 gezeigten Regel für ein konkretes Objekt, nämlich den linken Ventrikel global, sowie den inferoapikalen, postero-lateralen, basalen und septalen Sektor.

Als letztes Beispiel ist in Abb. 2.3.6.12, 2.3.6.13 die Regel für die vollständige Diagnose "Akinesie" der Ebene 8 gezeigt. Eine Akinesie liegt vor, wenn wenigstens einer der anatomischen Sektoren ein akinetisches Bewegungsverhalten aufweist. (Ein akinetisches Verhalten des linken Ventrikels global tritt auf den Bildern nicht auf, da dies einem Herzstillstand gleichkäme.) Die letzte Bedingung der Regel besagt, dass zusätzlich zur Akinesie in wenigstens einem der anatomischen Sektoren eine Abschwächung des Bewegungsverhaltens global vorhanden sein muss (als Folge der Bewegungslosigkeit eines Teilbereiches). Die Diagnosen IA-AKINESIE,...,BA-AKINESIE gehören wiederum zu Ebene 7 des Netzes und stellen konkrete Ausprägungen der Regel in Abb. 2.3.6.9 für die anatomischen Sektoren dar. Auf die genauere Erläuterung der Diagnose LV-SCHWACH, welche ebenfalls der Ebene 7 angehört,soll hier verzichtet werden.

IF 'der Parameter "ef" liegt im für eine Akinesie typischen Bereich' (1)
UND
'der Anteil der Stagnationen im Zyklus liegt im für eine Akinesie typischen Bereich' (2)
UND
('die Phase EP ist von Stagnationen dominiert' ODER
'es treten keine Kontraktionen und keine Expansionen während der Phase EP auf') (3)
UND
('die Phase FF ist von Stagnationen dominiert' ODER
'es treten keine Kontraktionen und keine Expansionen während der Phase FF aus') (4)
UND
('die Phase SF ist von Stagnationen dominiert' ODER
'es treten keine Kontraktionen und keine Expansionen während der Phase SF auf') (5)
UND
'es treten keine Expansionen während der Phase EP auf' (6)
UND
'es treten keine Kontraktionen während der Phase FF auf' (7)
UND
'es treten keine Kontraktionen während der Phase SF auf' (8)
UND
'es treten keine Kontraktionen während der Phase PEP auf' (9)
UND
'es treten keine Expansionen während der Phase IVE auf' (10)
THEN 'es liegt eine regionale Akinesie vor'

Abb. 2.3.6.8: Regel für regionale Akinesie

$$
\begin{array}{lll}
\beta((\text{regionale})\ \text{Akinesie}) := & u(\text{AKINESIE, EF; ef}) \wedge & (1) \\
 & u(\text{AKINESIE, SA}; t(\{S\}, \text{ZYKLUS})) \wedge & (2) \\
 & [t(\{S\}, \text{EP}) \vee t(\{k,e\}, \text{EP})] \wedge & (3) \\
 & [t(\{s\}, \text{FF}) \vee t(\{k,e\}, \text{FF})] \wedge & (4) \\
 & [t(\{s\}, \text{SF}) \vee t(\{k,e\}, \text{SF})] \wedge & (5) \\
 & \neg t(\{e\}, \text{EP}) \wedge & (6) \\
 & \neg t(\{k\}, \text{FF}) \wedge & (7) \\
 & \neg t(\{k\}, \text{SF}) \wedge & (8) \\
 & \neg t(\{k\}, \text{PEP}) \wedge & (9) \\
 & \neg t(\{e\}, \text{IVE}) & (10)
\end{array}
$$

Abb. 2.3.6.9: Darstellung der Regel von Abb. 2.3.6.8 auf der Basis von Bewertungen

```
IF    'der linke Ventrikel global zeigt normales Bewegungs-
       verhalten'                                           (1)
      UND
      'der infero-apikale Sektor zeigt normales Bewegungs-
       verhalten'                                           (2)
      UND
      'der postero-laterale Sektor zeigt normales Bewegungs-
       verhalten'                                           (3)
      UND
      'der basale Sektor zeigt normales Bewegungsverhalten' (4)
      UND
      'der septale Sektor zeigt normales Bewegungsverhalten'(5)
      UND
      'die Form- und Grössenverhältnisse sind normal'       (6)
THEN  'die vollständige Diagnose lautet "normal"'
```

Abb. 2.3.6.10: Regel für die vollständige Diagnose "normal"

```
β(vollständige Dia-
  gnose "normal"): = β(LV-NORMAL) ∧                         (1)
                     β(IA-NORMAL) ∧                         (2)
                     β(PL-NORMAL) ∧                         (3)
                     β(BA-NORMAL) ∧                         (4)
                     β(SE-NORMAL) ∧                         (5)
                     β(FORM-NORMAL)                         (6)
```

Abb. 2.3.6.11: Darstellung der Regel nach Abb. 2.3.6.10 auf der Basis von Bewertungen

```
IF'   ('es liegt eine infero-apikale Akinesie vor' ODER     (1)
       'es liegt eine postero-laterale Akinesie vor' ODER   (2)
       'es liegt eine basale Akinesie vor' ODER             (3)
       'es liegt eine septale Akinesie vor' )               (4)
      UND
       'das Bewegungsverhalten des linken Ventrikels global
        ist abgeschwächt'                                    (5)
THEN  'die vollständige Diagnose lautet "Akinesie"'
```

Abb. 2.3.6.12: Regel für die vollständige Diagnose "Akinesie"

```
β(AKINESIE): = β(IA-AKINESIE) ∧                             (1)
               β(PL-AKINESIE) ∧                             (2)
               β(BA-AKINESIE) ∧                             (3)
               β(SE-AKINESIE) ∧                             (4)
               β(LV-SCHWACH)                                (5)
```

Abb. 2.3.6.13: Darstellung der Regel von Abb. 2.3.6.12 auf der Basis von Bewertungen

Im Gegensatz zu den Ausführungen von Kap. 1.3.2 ist für oben diskutierte Regeln kein spezieller Interpreter nötig. Vielmehr sind die Regeln formal als Prozedur zur Berechnung jeweils eines Attributs, nämlich der Bewertung einer Diagnose, in den Konzepten des semantischen Netzes, welches die Wissensbasis des hier betrachteten Systems bildet, verankert. Die Anwendung einer Regel erfolgt somit bei der Instanziierung des jeweiligen Konzepts auf Initiative des Kontrollmoduls nach Abb. 2.1.3.1.

2.3.7 SICHERHEITSFAKTOREN UND STRUKTUREN

In Kap. 2.3.6 wurde erläutert, dass man jede Regel als Prozedur zur Berechnung einer Bewertung für eine diagnostische Aussage auffassen kann. Eine derartige Bewertung repräsentiert eine Sicherheit, mit welcher sich die zur Regel gehörige Diagnose aufgrund der Eingabebildfolge ableiten lässt. Die Bewertungen sind als Attribute von Konzepten im Netz verankert. Jedes Konzept auf Ebene 7 und 8 des Netzes besitzt genau eine Bewertung. Aus syntaktischer Sicht sind den Bewertungen die Sicherheitsfaktoren ("certainty factor", cf) ähnlich. Sie sind wie Attribute in den Konzepten des Netzes verankert. In ihrer Bedeutung (d.h. insbesondere aus der Sicht des Kontrollmoduls) spielen jedoch Sicherheitsfaktoren eine andere Rolle als Bewertungen. Während Bewertungen Grössen sind, die auf Ebene 7 und 8 im Netz auftreten und nach aussen dem Benutzer die Sicherheit für eine bestimmte Diagnose mitteilen, werden Sicherheitsfaktoren systemintern, und zwar auf allen Ebenen des Netzes, verwendet. Mit ihrer Hilfe trifft der Kontrollalgorithmus eine Auswahl unter verschiedenen konkurrierenden Instanzen ein und desselben Konzepts.

In Kap. 2.3.4 wurde erläutert, wie aus einem fest vorgegebenen Flächenverlauf verschiedene Unterteilungen in die Bewegungsphasen Kontraktion, Stagnation und Expansion resultieren können. Diese verschiedenen Unterteilungen sind als konkurrierende Instanzen im oben erwähnten Sinne zu verstehen. Für jede der konkurrierenden Instanzen existiert ein Sicherheitsfaktor cf, der angibt, wie gut die aktuelle Instanz mit dem durch das Konzept repräsentierten prototypischen Sachverhalt übereinstimmt. Der Sicherheitsfaktor für das Konzept "Basiszyklus" in Ebene 4 des Netzes berechnet sich z.B. aus dem Wert, der am rechten unteren Ende eines optimalen Pfades wie in Abb. 2.3.4.7 gezeigt auftritt.

Sei A ein Konzept mit semantischen und notwendigen Teilen $A_1,\dots,A_n$ sowie semantischen und notwendigen Strukturen $a_1,\dots,a_m$, so ist die generelle Form der Funktion zur Berechnung des Sicherheitsfaktors für A gegeben durch

$$cf\,(A) = f(cf(A_1),\dots,cf(A_n),a_1,\dots,a_m) \qquad (2.3.7.1)$$

wobei f eine beliebige monotone Funktion in allen Argumenten ist, d.h.

$$f(x_1,\dots,x_{i-1},x_i,x_{i+1},\dots,x_n) \leq f(x_1,\dots,x_{i-1},x_i',x_{i+1},\dots,x_n)$$

falls $x_i \leq x_i'$ für $1 \leq i \leq n$

Die Forderung der Monotonie ist motiviert durch den im Kontrollmodul verwendeten Suchalgorithmus (Algorithmus A* nach Kap. 1.4.1) und gewährleistet insbesondere ein effektives Auffinden derjenigen Instanzen, die global die maximale Sicherheit gewährleisten. Details folgen in Kap. 2.4. Ein typisches Beispiel für eine Funktion f nach Gleichung (2.3.7.1) ist die Minimum-Funktion die bei der überwiegenden Anzahl der Konzepte im Netz zur Berechnung des Sicherheitsfaktors verwendet wird. Aufgrund der Monotonie ergibt sich eine monoton fallende Folge von Sicherheitsfaktoren, wenn man Instanzen von Konzepten betrachtet, die auf einem Pfad bezüglich der "Teil-von"-Relation, der im Netz von unten (d.h. Ebene 1) nach oben (d.h. in Richtung Ebene 8) führt, liegen.

Der Sicherheitsfaktor für ein Konzept berechnet sich gemäss Gleichung (2.3.7.1) auf der Basis der Teile und der für dieses Konzept angegebenen Strukturen. Wie bereits erwähnt wurde, stellen notwendige und semantische Strukturen Bedingungen über den Werten von Attributen eines Konzepts dar. Aus Normierungsgründen wird für den Wert einer Struktur gefordert $a \in [0,1]$. Es werden sowohl binäre Strukturen als auch Strukturen im Sinne der Theorie unscharfer Mengen nach [ZADEH 1965] im System verwendet. Im ersten Fall gilt $a=1$, falls das Wertetupel der betrachteten Attribute die vorgegebene Bedingung erfüllt und $a=0$ andernfalls. Strukturen im Sinn der Theorie unscharfer Mengen können dagegen beliebige Werte aus dem Intervall $[0,1]$ annehmen, in Abhängigkeit des Grades, mit dem die Bedingung erfüllt ist. Ein Beispiel für eine binäre Struktur ist die Bedingung VOLLSTÄNDIG, mit deren Hilfe auf der Ebene 2 des Netzes geprüft wird, ob bestimmte Attribute für alle Bilder in der aktuell bearbeiteten Sequenz existieren. Es handelt sich hier also um einen Test, der die vom Modul "Methoden" gelieferten Daten auf Vollständigkeit prüft. Ein Beispiel für den zweiten Fall ist die Struktur FLÄCHENGLEICH, über welche u.a. geprüft wird, ob die Summe aus den Flächen der vier anatomischen Sektoren oder die Summe aus den Flächen der Sektoren festen Winkels gleich der Gesamtfläche des linken Ventrikels ist. Hier muss aufgrund von Rundungsungenauigkeiten, welche durch die diskrete Natur der beteiligten Flächen entstehen, die Relation der Gleichheit weiter als im üblichen Sinn gefasst werden, z.B. wiederum mittels einer Funktion wie in Abb. 2.3.6.2 gezeigt.

2.3.8 INSTANZEN

Das Modell mit seiner deklarativen und prozeduralen Komponente spielt im hier betrachteten Bildanalysesystem die Rolle eines Langzeitspeichers, in welchem Wissen über den betrachteten Problemkreis abgelegt ist. Der Terminus "Langzeitspeicher" soll zum Ausdruck bringen, dass das Wissen genereller Natur ist und sich nicht auf eine konkrete, zu analysierende Bildsequenz bezieht. Parallel zum Modell existiert der Instanzenmodul, in welchem sog. Kurzzeitwissen, d.h. Wissen über die aktuell analysierte Bildfolge, abgelegt wird. Der Instanzenmodul kann somit als Kurzzeitspeicher zur Aufbewahrung von Ergebnissen und Zwischenergebnissen angesehen werden.

Der Instanzen-Modul des Systems ist im Prinzip in der gleichen Weise wie das Modell strukturiert. Dies bedeutet, dass bei den Instanzen die gleichen Relationen wie im Modell auftreten. Besitzt etwa ein Konzept A die Teile Al,...,An und die Spezialisierungen Bl,...,Bm, so existieren die gleichen Relationen zwischen den Instanzen von A,Al,...,An,Bl,...,Bm. D.h. die Instanz I(A) des Konzepts A besitzt als Teile Instanzen I(Al),...,I(An) der Konzepte Al,...An und als Spezialisierungen Instanzen I(Bl),...,I(Bm) der Konzepte Bl,...,Bm. Die Unterschiede zwischen Modell und Instanzen-Modul sind die folgenden:

1) Prozedurale Wissensquellen, nämlich Attribute, Strukturen und Sicherheitsfaktoren sind im Modell durch Prozeduren dargestellt. Diesen Prozeduren entsprechen bei den Instanzen Werte, welche sich bei der Ausführung ergeben.

2) Zu einem Konzept im Modell können im Instanzen-Modul u.U. verschiedene (miteinander konkurrierende) Instanzen existieren.

Die Generierung von Instanzen für ein Konzept, auch Instanziierung eines Konzepts genannt, besteht nun im wesentlichen daraus, die Prozeduren zur Attribut-, Struktur- und Sicherheitsfaktorberechnung auszuführen und die so erhaltenen Werte in struktureller Analogie zum Modell im Instanzenspeicher zu verankern. Die prinzipielle Vorgehensweise bei der Generierung von Instanzen zu einem vorgegebenen Konzept zeigt Abb. 2.3.8.1. Der Schritt "generiere Rohinstanz" bezieht sich auf den deklarativen Teil und beinhaltet eine Reservierung von Platz im Instanzenspeicher für die anschliessend zu berechnenden Attribute, Strukturen und den Sicherheitsfaktor sowie die Uebertragung der zugehörigen Selektoren (vgl. Kap. 2.3.2, Abb. 2.3.2.3) und der Verweise unter den Relationen "notwendiger Teil", "semantischer Teil", "notwendiger Teil-von", "semantischer Teil-von", "Generalisierung" sowie "Spezialisierung" aus dem Modell, soweit sie die zu generierende Instanz als Quelle oder Ziel besitzen. Ergeben sich bei einer Berechnung mehrere Alternativen, wie z.B. die in Kap. 2.3.4 diskutierten verschiedenen Zykluszerlegungen, so werden die entsprechenden Schritte für jede der Alternativen durchgeführt. Auf diese Weise entstehen $n \geq 1$ konkurrierende Instanzen für das gleiche Konzept. Diese konkurrierenden Instanzen sind als Liste im Instanzenspeicher organisiert, wobei vom Modell aus auf das erste Element dieser Liste verwiesen wird.

Auf Grund des Vererbungsprinzips ist ein Konzept i.a. nicht vollständig durch die lokal angegebene Information bestimmt, sondern besitzt darüberhinaus Teile, Attribute und Strukturen, die von Konzepten, welche entlang von Generalisierungs-Kanten erreichbar sind, geerbt werden. Dieser Tatsache muss bei der Instanzengenerierung Rechnung getragen werden. D.h., dass es die Instanziierung eines Konzepts i.a. erforderlich macht, Generalisierungen zu prüfen und diese gegebenenfalls partiell zu instanziieren. Die partielle Instanziierung bedeutet, dass lediglich diejenigen Attribute und Strukturen zu berechnen sind, die tatsächlich auf die Spezialisierung vererbt werden. Als Beispiel sei auf Abb. 2.3.2.3

verwiesen. Dort sind für das Konzept ZYKLUS LV keine Attribute angegeben. Bei der Instanziierung von ZYKLUS LV kommt somit zunächst nur der Schritt "generiere Rohinstanz" von Abb. 2.3.8.1 zur Anwendung. Es wird jedoch eine Reihe von Attributen des Konzepts ZYKLUS auf ZYKLUS LV vererbt. Somit ist eine Teilinstanz des Konzepts ZYKLUS zu erstellen, bei der genau eine Berechnung derjenigen Attribute, die auf ZYKLUS-LV vererbt werden, erfolgt. Da in Abb.2.3.2.3 alle Attribute von ZYKLUS auf ZYKLUS-LV vererbt werden, kommt dies einer vollständigen Instanziierung von ZYKLUS gleich.

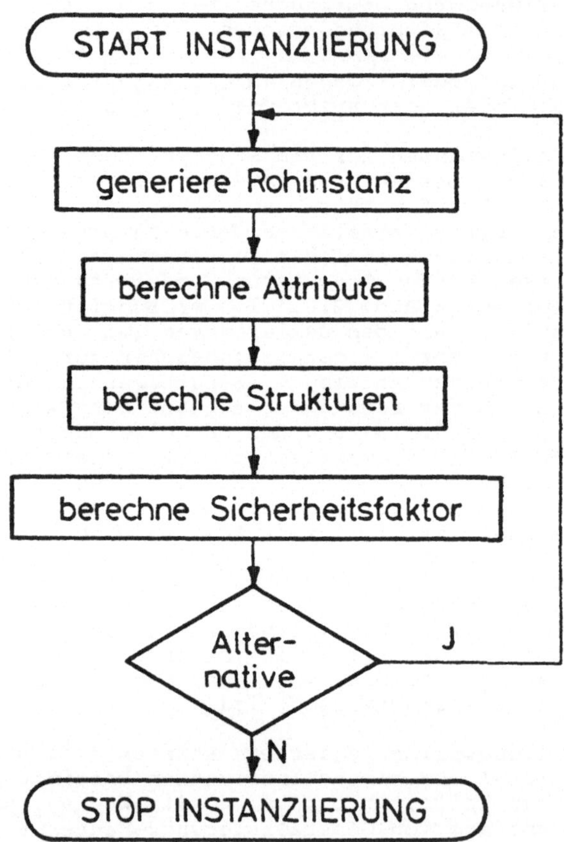

Abb. 2.3.8.1: Generelles Vorgehen bei der Generierung von Instanzen

2.4 KONTROLLE

Ebenso wie die Hardware-Komponenten einer Rechenanlage für sich allein ein Instrumentarium darstellen, das ohne zugehörige Software-Unterstützung i.a. nicht sinnvoll einsetzbar ist, erfährt die Wissensbasis des Systems nach Abb. 2.1.3.1 erst durch Bereitstellung eines Kontrollmoduls ihre Nutzbarkeit. Ferner ist die Bedeutung des Inhalts der Wissensbasis erst durch das Zusammenspiel mit dem Kontrollalgorithmus klar definiert. Die Aufgabe des Kontrollmoduls im hier beschriebenen System liegt in der Wissensnutzung. Die Kontrolle steuert die Auswertung einer Bildsequenz unter Zugriff auf das im Modell gespeicherte Wissen, wobei eine geeignete Aktivierung des prozeduralen Teils des Modells sowie der Methoden zur Extraktion elementarer Bildbestandteile erfolgt.

Der im hier beschriebenen System verwendete Ansatz zur Kontrolle orientiert sich lediglich an der syntaktischen Struktur der verwendeten Wissensbasis und ist vom speziellen Modellinhalt unabhängig. D.h., dass eine Aenderung oder Ergänzung der Wissensbasis des Systems keine Modifikation des Kontrollmoduls nach sich zieht und dass der Kontrollmodul im Rahmen eines vollständig anderen Problemkreises der Bildanalyse eingesetzt werden könnte, wenn das zur Wissensrepräsentation verwendete Netz die gleiche syntaktische Struktur besitzt. Im folgenden sollen nochmals die für den Kontrollalgorithmus wesentlichen Eigenschaften des Netzes aufgeführt werden (man vergleiche Kap. 2.3.1).

Die Wissensbasis ist als semantisches Netz organisiert mit Knoten, den sog. Konzepten, und den beiden Relationen "Generalisierung" und "Teil" mit ihren Umkehrungen "Spezialisierung" und "Teil-von". Es wird aus der Sicht des Kontrollalgorithmus nicht zwischen notwendigen und semantischen Teilen unterschieden. (Diese Unterscheidung dient im hier beschriebenen System lediglich einer intuitiv-subjektiv klareren Strukturierung der Wissensbasis.) Ein Konzept besitzt verschiedene Unterkomponenten zu seiner genaueren Charakterisierung, nämlich einen Namen, eine bestimmte Menge von Attributen und Strukturen sowie einen Sicherheitsfaktor. Die in Kap. 2.3.1 diskutierte Metabeschreibung wird vom Kontrollalgorithmus nicht benutzt und dient nur der Erhöhung der Transparenz der Darstellung für den Benutzer. Ein Attribut ist im wesentlichen durch einen Selektor und eine Berechnungsfunktion definiert. Strukturen sind ebenfalls durch einen Selektor und eine Berechnungsfunktion charakterisiert. Sie spiegeln Bedingungen an die Attribute des betrachteten Konzepts wieder. Als Ergebnis liefert die Berechnungsfunktion für eine Struktur einen Wert im Intervall [0,1], wobei 0 bzw. 1 die Erfülltheit bzw. Nichterfülltheit der Bedingung zum Ausdruck bringen. Neben dem binären Fall sind auch Bedingungen im Sinne der Theorie unscharfer Mengen zulässig [ZADEH 1965]. Wie bei den Teilen eines Konzepts erfolgt aus der Sicht des Kontrollalgorithmus keine Unterscheidung zwischen notwendigen und semantischen Attributen und Strukturen. Als weitere Komponente besitzt jedes Konzept einen Sicherheitsfaktor, welcher wie ein Attribut oder eine Struktur durch eine Prozedur definiert ist. Ein Sicherheitsfaktor repräsentiert für jede Instanz eines Konzepts ein Mass für die Sicherheit, mit welcher diese aus den Eingabedaten abgeleitet werden kann. Der Sicherheitsfaktor ist eine Grösse, über welche systemintern eine Auswahl unter verschiedenen konkurrierenden Instanzen getroffen wird.

Während ein Konzept im generischen Sinn zu verstehen ist, d.h. i.a. einen prototypischen Sachverhalt darstellt, der als Schablone für verschiedene spezifische Objekte oder Situationen dienen kann, handelt es sich bei der Instanz eines Konzepts um eine konkrete Ausprägung eines Konzepts, die sich aus speziellen Eingabedaten ergibt. Eine Instanz unterscheidet sich vom zugehörigen Konzept dadurch, dass an die Stelle von Prozeduren für die Attribute, Strukturen und den Sicherheitsfaktor die Ergebniswerte dieser Prozeduren treten. Zu einem Konzept können verschiedene alternative, miteinander konkurrierende Instanzen gehören. Jedes Konzept enthält einen Zeiger auf einer Liste von Instanzen. Diese Liste ist zu Beginn der Analyse leer.

Die Organisation des Netzes für den hier beschriebenen Algorithmus zur Wissensnutzung folgt dem Vererbungsprinzip. D.h., dass ein Konzept diejenigen Teile, Attribute und Strukturen auf seine Spezialisierungen vererbt, die dort nicht explizit neu definiert sind. Ein Konzept kann zusätzliche, in der Generalisierung nicht vorhandene Teile, Attribute und Strukturen besitzen.

In Abb. 2.1.3.1 ist der Kontrollmodul durch drei Teilaufgaben charakterisiert, nämlich Netzwerkexpansion, Instanzengenerierung und heuristische Suche. Die ersten beiden dieser Teilaufgaben - sie stellen quasi das Grundaufgaben-Repertoire für den Kontrollalgorithmus dar - werden in Kap. 2.4.1 erläutert. Eine heuristische Suche wird durchgeführt, um beim Auftreten von mehreren alternativen Instanzen von Konzepten eine kombinatorische Explosion, die beim Verfolgen aller sich ergebender Kombinationen zu befürchten wäre, zu vermeiden. Diese Problematik und der insgesamt resultierende Kontrollalgorithmus werden in Kap. 2.4.2 vorgestellt.

2.4.1 TOP-DOWN NETZWERKEXPANSION UND BOTTOM-UP INSTANZIIERUNG

Neben einer Netzwerkstruktur wie zu Beginn von Kap. 2.3 geschildert existiert eine weitere wichtige Voraussetzung für den im folgenden beschriebenen Kontrollalgorithmus. Es ist die Forderung, dass die Berechnung von Attributen und Strukturen im Netz bottom-up erfolgt. Der Begriff "bottom-up" bezieht sich dabei auf eine Gliederung des Netzes bezüglich der Teil-Relation in Ebenen wie in Abb. 2.3.2.1 gezeigt. D.h., dass zur Berechnung von Attributen und Strukturen der Ebene $i, i \geq 2$, Eingabeparameter verwendet werden, die auf der Ebene $i-1$ als Attribute auftreten und somit dort berechnet werden. Als Konsequenz ergibt sich, dass die Instanziierung der Konzepte des Netzes notwendigerweise bottom-up erfolgen muss. Die Attribute auf der untersten Ebene des Netzes ($i=1$) werden hierbei von den Methoden zur Extraktion elementarer

Bildbestandteile bereitgestellt. Wie in Kap. 2.2 erläutert, handelt es sich dabei um die Konturen des linken Ventrikels, der anatomischen Sektoren und der Sektoren festen Winkels.

Man könnte zunächst daran denken, in jedem Analyselauf das gesamte Netz jeweils nach dem gleichen Schema bottom-up zu instanziieren. Von dieser Idee wurde jedoch kein Gebrauch gemacht. Vielmehr dient das Netz als allgemeine Wissensbasis, von der in einem Analyselauf typischerweise nur ein bestimmter Ausschnitt relevant ist und somit der Instanziierung bedarf. Der relevante Netzausschnitt kann von Analyselauf zu Analyselauf variieren. Die Konzentration auf einen Teil des Netzes entspricht einer Fokussierung des Systems im Sinne der "sketchmap" nach [BALLARD/BROWN/FELDMAN 1978]. Beim hier beschriebenen Kontrollalgorithmus ist vorgesehen, dass der Benutzer interaktiv ein bestimmtes Konzept aus dem Netz, das sog. Zielkonzept, welches von einem Analyselauf zum anderen variieren kann, auswählt und dem System mitteilt. Aufgabe des Systems ist es dann, das vorgegebene Zielkonzept unter Bezugnahme auf die aktuellen Eingabebilder zu instanziieren. Dieser Ansatz schliesst als Spezialfall ein, dass jeweils das gleiche Konzept als Analyseziel ausgewählt wird und dass die Instanziierung des Netzes nach jeweils dem gleichen Schema stattfindet. Ueber die Stellung des Zielkonzepts bezüglich der Relationen "Teil" und "Spezialisierung" innerhalb des Netzes werden keine einschränkenden Annahmen gemacht, d.h. das Zielkonzept darf an beliebiger Stelle im Netz stehen.

Die interaktive Auswahl eines Zielkonzepts und dessen anschliessende Instanziierung steht in Einklang mit der Aufgabe der Ableitung der diagnostischen Interpretation aus einer Eingabebildfolge. Der Ansatz ist jedoch keineswegs auf diese Anwendung beschränkt. Vielmehr kann es sich beim Zielkonzept z.B. um ein Objekt oder Ereignis beliebiger Natur handeln, nach dessen Vorkommen im Eingabebild oder der Eingabebildfolge zu suchen ist. Das Zielkonzept kann auch die Bedeutung einer allgemeinen oder partiellen Szenen- oder Szenenfolgenbeschreibung besitzen. Bei der Analyse nuklearmedizinischer Bildfolgen unter Verwendung der in Kap. 2.3 beschriebenen Wissensbasis wird es sich beim Zielkonzept typischerweise um ein Konzept der Ebene 7 oder 8 nach Abb. 2.3.2.1 handeln. Wird z.B. das Konzept "vollständige Diagnose" auf Ebene 8 des Netzes als Ziel spezifiziert, so ist dieses Konzept mit allen seinen Spezialisierungen zu instanziieren. Bei den Spezialisierungen handelt es sich um konkrete Diagnosen wie z.B. 'Normal' oder 'Akinesie', vgl. Abb. 2.3.6.10-2.3.6.13. Jede erzeugte Instanz besitzt eine Bewertung (vgl. Kap. 2.3.6) und somit erhält man als Ergebnis eines Analyselaufs für jede mögliche Diagnose eine Aussage über die Sicherheit ihres Zutreffens. Zusätzlich stehen alle übrigen Attribute und Strukturen des Zielkonzepts 4 und anderer Konzepte, die zur Instanziierung des Zielkonzepts ebenfalls instanziiert werden mussten, zur Verfügung. Wird als Zielkonzept eine konkrete Diagnose, die keine Spezialisierung besitzt, ausgewählt, so ist nur dieses eine Konzept zu instanziieren, was ebenfalls die Berechnung einer Bewertung einschliesst. (Die Aufgabe einer speziellen Diagnose spart Rechenzeit gegenüber der Instanziierung mehrerer Diagnosen und kann für verschiedene Fälle ausreichen, z.B. bei der periodischen Ueberwachung von Patienten, wo schon eine weitgehend vollständige Diagnose vorliegt, die nur in einigen speziellen Punkten zu ergänzen oder zu verifizieren ist.) Der Normalfall im Umgang mit dem hier beschriebenen System wird die Auswahl eines Konzepts auf der Ebene 7 oder 8 als Zielkonzept sein. Jedoch ist aus der Sicht des Kontrollalgorithmus jedes andere Konzept auf einer beliebigen darunterliegenden Ebene als Ziel der Analyse wählbar. Ebenso wie der Kontrollalgorithmus ist die Wahl des Zielkonzepts vom Inhalt des Netzes unabhängig.

Aus den beiden Rahmenbedingungen, nämlich Vorgabe eines Zielkonzepts aus dem Modell und Berechnung von Attributen und Strukturen von unten nach oben lässt sich das Grundgerüst des Kontrollalgorithmus ableiten. Da bei der Instanziierung eines Konzepts zur Berechnung seiner Attribute und Strukturen die Attribute von Teilen benötigt werden, müssen diese Teile instanziiert sein, bevor das betrachtete Konzept selbst instanziierbar ist. Die benötigten Teile besitzen ihrerseits wiederum Teile, die vorher zu instanziieren sind u.s.w. Gesamtziel bei der Analyse ist die Instanziierung des Zielkonzepts. Somit ergibt sich als Teilaufgabe für den Kontrollalgorithmus zunächst ein sukzessives Bereitstellen von Teilen, ausgehend vom Zielkonzept. Dieses Bereitstellen wird im folgenden auch als Netzwerkexpansion bezeichnet. Da - beginnend mit dem Zielkonzept - sukzessive zu Teilen, Teilen von Teilen u.s.w. übergegangen wird, vollzieht sich der Expansionsprozess top-down bezüglich einer Gliederung des Netzes in Ebenen wie in Abb. 2.3.2.1. Die Netzwerkexpansion stoppt, wenn ein sog. primitives Konzept erreicht wird. Primitive Konzepte sind dadurch definiert, dass sie möglicherweise Attribute und Strukturen, jedoch keine Teile besitzen. Mit anderen Worten, primitive Konzepte befinden sich auf unterster Ebene im Netz, bezüglich der Teil-Relation. Wie bereits erwähnt, wird davon ausgegangen, dass primitive Konzepte mithilfe von Methoden zur Extraktion elementarer Bildbestandteile instanziierbar sind, vgl. Kap. 2.2. Sind die primitiven Konzepte instanziiert, so können sukzessive von unten nach oben Konzepte auf höheren Ebenen des Netzes instanziiert werden, bis schliesslich das Zielkonzept erreicht ist. Mit der Instanziierung des Zielkonzepts ist das Ziel der Analyse erreicht und der Kontrollalgorithmus stoppt.

Der Algorithmus zur top-down Netzwerkexpansion und bottom-up Instanziierung der auf obigen Ueberlegungen basiert, ist in Abb. 2.4.1.1 gezeigt. Es wird eine Datenstruktur EXPANDED MODEL verwendet, in welcher alle bei der Netzwerkexpansion sukzessive bereitgestellten Teile des Zielkonzepts gespeichert werden. Die Initialisierung des EXPANDED MODEL erfolgt in Zeile 2; die Operation zur Expansion ist in Zeile 13 angegeben. Eine Expansion erfolgt immer dann, wenn das für die Instanziierung ausgewählte AKTUELLE KONZEPT noch nicht instanziiert werden kann, da Teile existieren, die noch nicht ins EXPANDED MODEL aufgenommen wurden und somit noch nicht instanziiert sind. Bei der Instanziierung in den Zeilen 7 und 10 liegen jeweils verschiedene Operationen zugrunde. In Zeile 7 handelt es sich um die Instanziierung eines primitiven Konzepts, d.h. hier erfolgt eine Uebernahme der Ergebnisse der Methoden zur Extraktion elementarer Bildbestandteile. Diese bilden die Grundlage für die sukzessive Instanziierung von Konzepten auf höheren Ebenen des Netzes. Die Instanziierung in Zeile 10 ist dagegen analog dem Ablauf nach Abb. 2.3.8.1. Hier bedeutet die Instanziierung die Berechnung von Attributen, Strukturen und Sicherheitsfaktoren eines Konzepts auf den Ebenen $i \geq 2$ des Netzes, einschliesslich der Eingliederung der erzeugten Instanz in den Instanzenspeicher. Zunächst soll in Kap. 2.4.1 angenommen werden, dass keine konkurrierenden Instanzen existieren. D.h., dass von genau einer Instanz für jedes betrachtete Konzept ausgegangen wird. (Wobei ein niedriger Sicherheitsfaktor u.U. andeuten kann, dass die Instanz in ihrer Bedeutung fragwürdig ist.) Der Fall mehrerer alternativer Instanzen für ein Konzept wird in Kap. 2.4.2 behandelt.

```
1 begin
2   initialisiere EXPANDED MODEL mit ZIELKONZEPT;
3   while (nicht alle Konzepte in EXPANDED MODEL instanziiert)
4     do wähle ein Konzept als AKTUELLES KONZEPT aus dem
         EXPANDED MODEL;
5        if (AKTUELLES KONZEPT noch nicht instanziiert)
6        then (if(AKTUELLES KONZEPT primitiv)
7              then (instanziere AKTUELLES KONZEPT;
8                    erweitere EXPANDED MODEL um alle Speziali-
                     sierungen des AKTUELLEN KONZEPTS);
9              if (AKTUELLES KONZEPT nicht primitiv und alle
                  Bestandteile instanziiert)
10             then (instanziiere AKTUELLES KONZEPT;
11                   erweitere EXPANDED MODEL um alle Speziali-
                     sierungen des AKTUELLEN KONZEPTS);
12             if (AKTUELLES KONZEPT nicht primitiv und nicht
                  vollständig expandiert)
13             then expandiere AKTUELLES KONZEPT)
14    end do
15 end
```

Abb. 2.4.1.1: Top-down Netzwerkexpansion und bottom-up Instanziierung

Bei den Prüfungen in Zeile 6, 9 und 12, ob ein Konzept primitiv ist, muss jeweils beachtet werden, dass u.U. lokal keine Teile angegeben sind, dennoch aber Teile von Generalisierungen geerbt werden; in diesem Fall handelt es sich nicht um ein primitives Konzept. Gemäss den Ausführungen von Kap. 2.3.8 schliesst die Generierung einer Instanz möglicherweise eine partielle Instanziierung von Generalisierungen ein, nämlich gerade in dem Fall, dass Attribute oder Strukturen von dort geerbt werden.

Unmittelbar nach der Instanziierung des AKTUELLEN KONZEPTS werden in den Zeilen 8 und 11 alle Spezialisierungen in das EXPANDED MODEL aufgenommen. D.h., dass die Instanziierung eines Konzepts auch die Instanziierung aller Spezialisierungen impliziert. Diese Eigenschaft kann als Besonderheit des hier vorgestellten Kontrollalgorithmus angesehen werden, der bei der Strukturierung des Netzes Rechnung getragen werden muss. Die ursprüngliche Motivation für die Instanziierung der Spezialisierungen zusammen mit einem betrachteten Konzept ist durch die Anwendung in der medizinischen Diagnostik begründet. D.h., dass z.B. bei Wahl eines Konzepts wie "vollständige Diagnose" alle speziellen Diagnosen überprüft werden. Um die Unabhängigkeit vom Inhalt des Netzes zu gewährleisten, wird das Vorgehen auf alle Ebenen des Netzes ausgedehnt und findet nicht nur bei der Instanziierung des Zielkonzepts, sondern auch bei der Behandlung aller übrigen zur Instanziierung des Zielkonzepts nötigen Konzepte Anwendung. Generell lässt sich feststellen, dass die Methode, neben der Ueberprüfung bzw. Behandlung eines durch ein Konzept repräsentierten Sachverhalts alle möglichen Spezialisierungen zu betrachten, sicher auch für viele andere Problemkreise sinnvoll ist.

Der Algorithmus in Abb. 2.4.1.1 legt nicht eindeutig fest, nach welcher Strategie die Auswahl des AKTUELLEN KONZEPTS in Zeile 4 erfolgt. Hier ist eine depth-first, breath-first, zufällige etc. Strategie denkbar. In der implementierten Version des Kontrollalgorithmus im hier beschriebenen System erfolgt eine depth-first Auswahl. Ein abstraktes Beispiel für die Arbeitsweise des Algorithmus nach Abb. 2.4.1.1 unter Verwendung dieser Auswahlstrategie ist in Abb. 2.4.1.2 gezeigt. Durch die depth-first Auswahl des AKTUELLEN KONZEPTS ergibt sich ein stetiger Wechsel zwischen Expansions- und Instanziierungsschritten gemäss Zeile 13 bzw. Zeile 7 oder Zeile 10. In Abb. 2.4.1.2 treten nur Teile eines Konzepts auf, angedeutet durch die durchgezogenen Pfeile, jedoch keine Attribute und Strukturen. Ferner wurde hier auf Generalisierungen bzw. Spezialisierungen verzichtet. Ein gestrichelter Pfeil verweist von einem Konzept auf die zugehörige Instanz. Primitive Konzepte sind durch Kleinbuchstaben, nichtprimitive Konzepte durch Grossbuchstaben dargestellt. Man beachte, dass die Teil-Relation sowohl zwischen Konzepten als auch Instanzen existiert, wobei - wie in Kap. 2.3.8 diskutiert - die Strukturierung der Instanzen spiegelbildlich zu den zugehörigen Konzepten erfolgt. Nach zwei Expansionsschritten wird in Abb. 2.4.1.2d das primitive Konzept c erreicht, welches in Schritt 3 instanziiert wird. Bevor Konzept B in Schritt 6 instanziiert werden kann, muss in Schritt 4 Teil d durch Expansion bereitgestellt und in Schritt 5 instanziiert werden. Nach Bereitstellung und Instanziierung von Konzept e kann schliesslich Zielkonzept A in Schritt 9 instanziiert werden.

Ein etwas umfangreicheres Beispiel unter Einbeziehung von Generalisierungen/Spezialisierungen ist in Abb. 2.4.1.3 gezeigt, wobei die graphische Darstellung analog Abb. 2.4.1.2 ist. Die Spezialisierungs-Relation wird in Abb. 2.4.1.3 durch Doppelpfeile zum Ausdruck gebracht. Die Markierung der die Teil-Relation repräsentierenden Einfachpfeile mit "1", "2" und "3" ist im Sinn von Selektoren zu verstehen, man vgl. Abb. 2.3.2.3. (Aus Gründen der Vereinfachung wurde in Abb. 2.4.1.2 auf diese Selektoren verzichtet.) Wie in Abb. 2.4.1.2 sei das Ziel durch das Konzept A

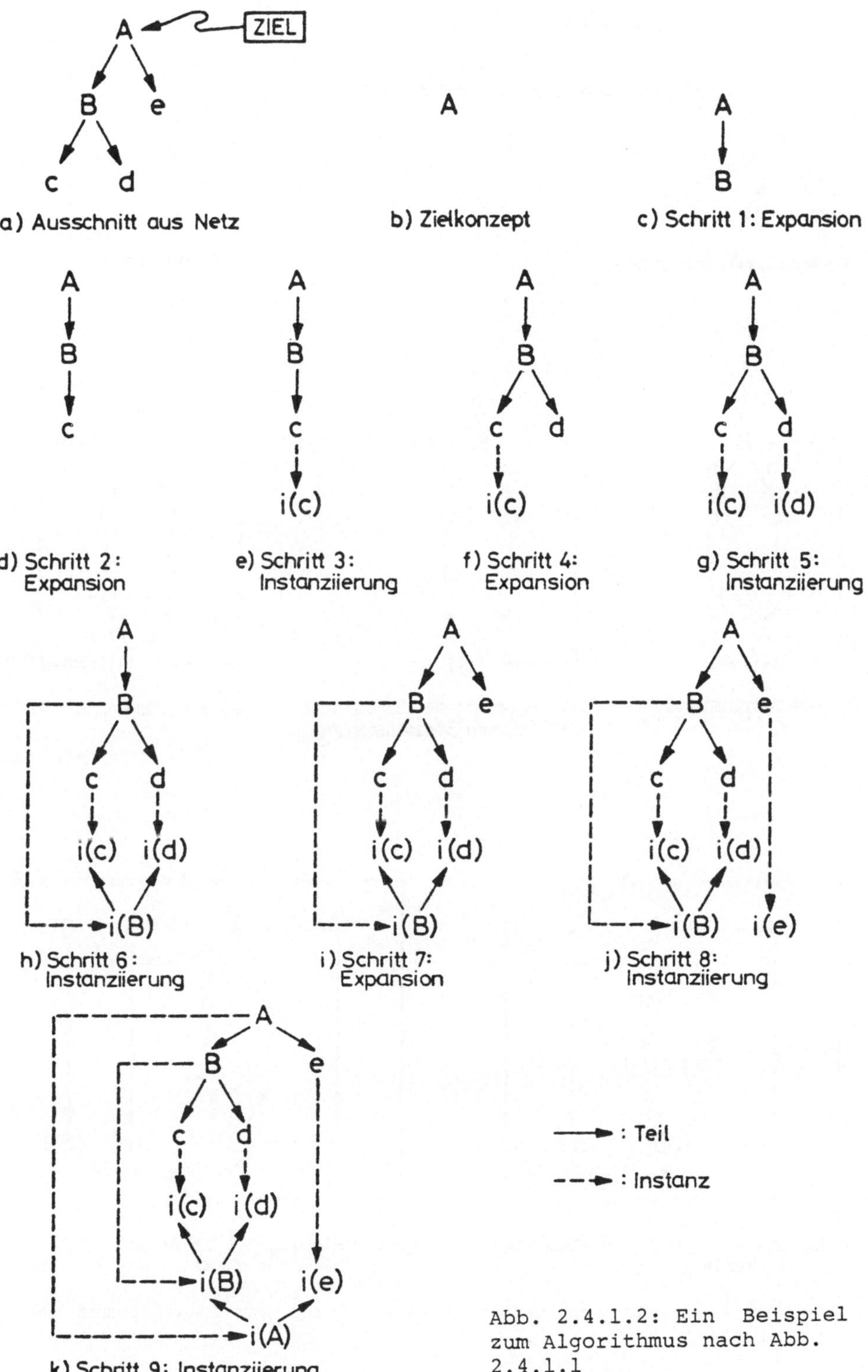

Abb. 2.4.1.2: Ein Beispiel zum Algorithmus nach Abb. 2.4.1.1

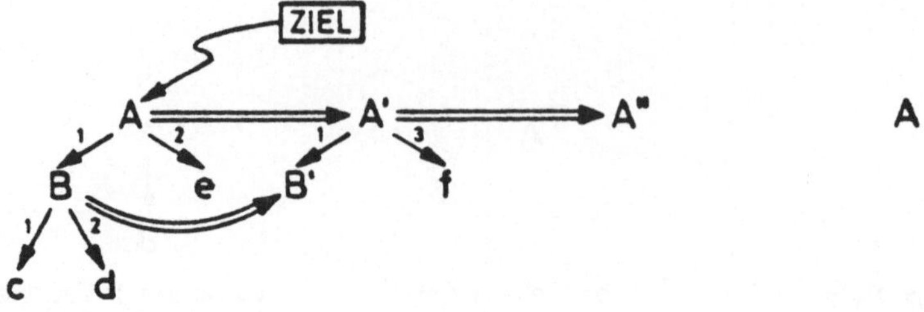

a) Ausschnitt aus einem Netz

b) Zielkonzept

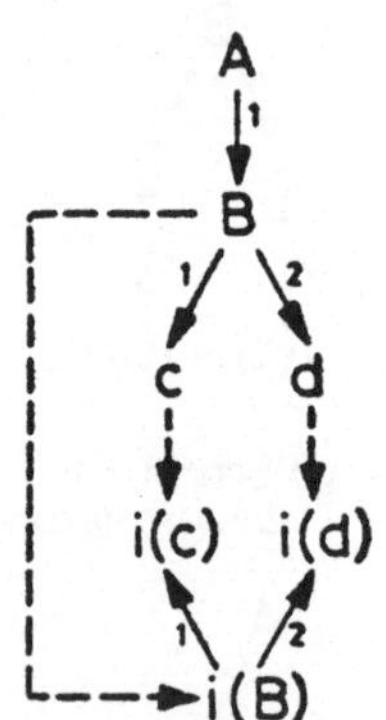

c) Zwischenzustand analog Abb. 2.4.1.2 h

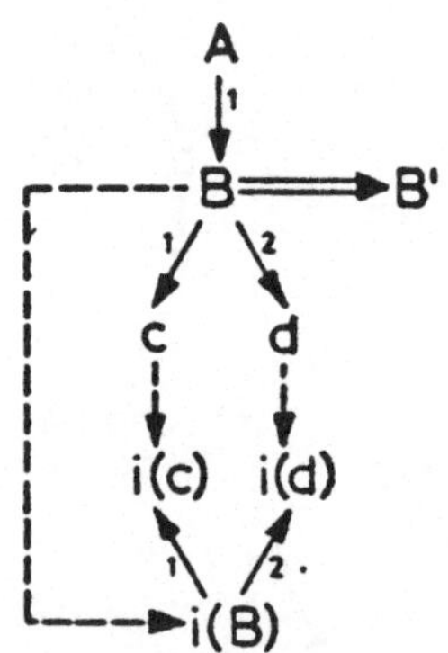

d) Erweiterung des EXPANDED MODEL um Spezialisierung

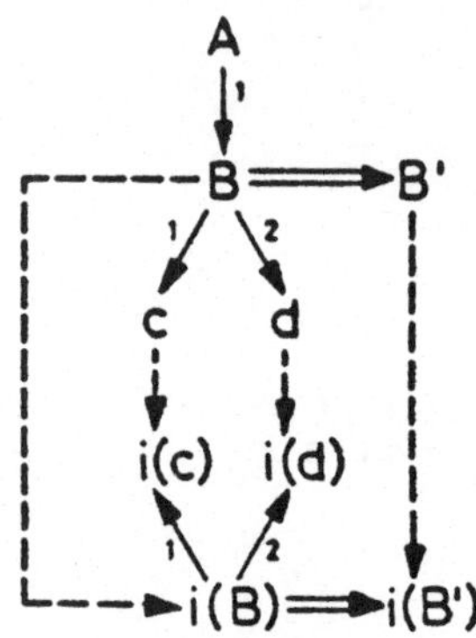

e) Instanziierung von B'

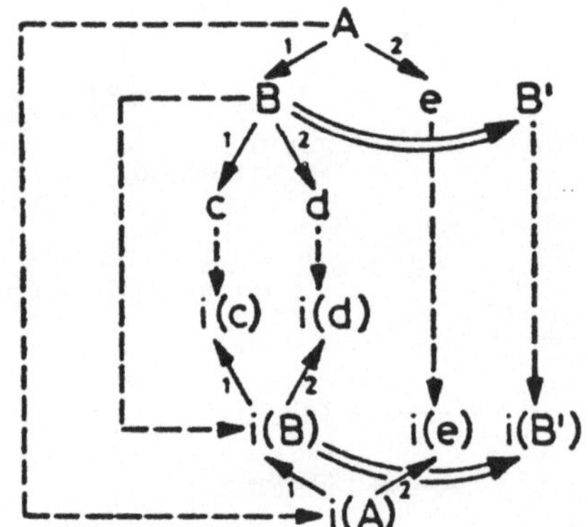

f) Expansion von A und Instanziierung von e und A

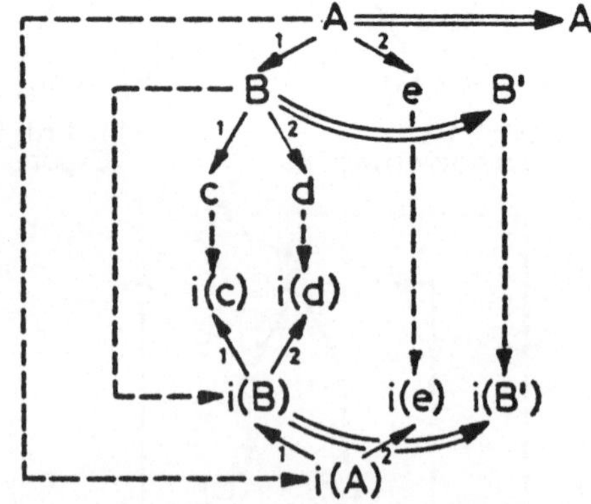

g) Erweiterung des EXPANDED MODEL um Spezialisierung

Abb. 2.4.1.3: Ein ausführlicheres Beispiel zum Algorithmus nach Abb.2.4.1.1

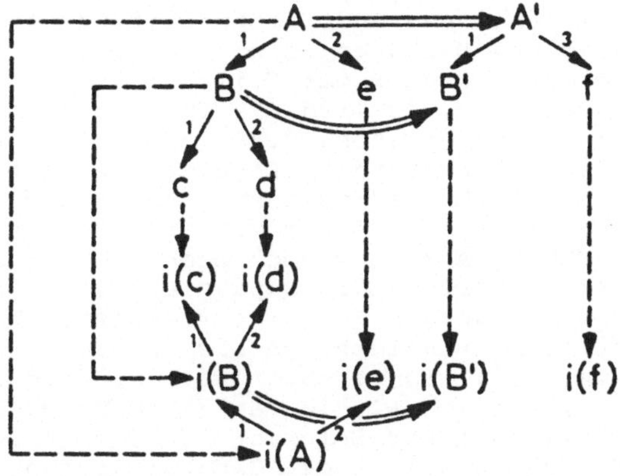

h) Expansion von A' und Instanziierung von f

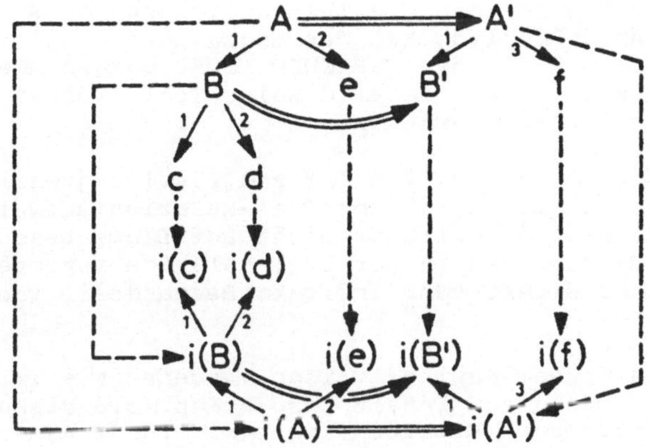

i) Instanziierung von A'

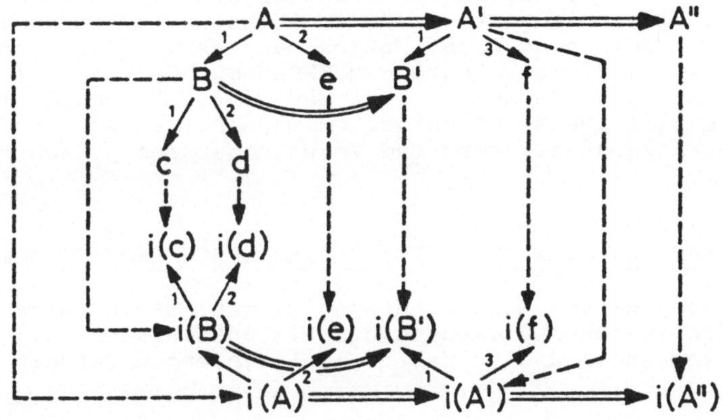

Abb. 2.4.1.3 (Forts.)

j) Erweiterung des EXPANDED MODEL um Spezialisierung und Instanziierung

gegeben. Die ersten Expansions- und Instanziierungsschritte, die bis zur Instanziierung von B führen, sind in diesem Beispiel analog Abb. 2.4.1.2. Anschliessend kommt Zeile 11 im Algorithmus von Abb. 2.4.1.1 zum Tragen, d.h. es wird die Spezialisierung B' in das EXPANDED MODEL aufgenommen (Abb. 2.4.1.3d). B' erbt die Teile c und d von seiner Generalisierung B. Da diese Teile bereits instanziiert sind, kann sofort die Instanziierung von B' erfolgen (Abb. 2.4.1.3e). Somit verbleibt A als einziges uninstanziiertes Konzept im EXPANDED MODEL. A kann jedoch noch nicht instanziiert werden, da es noch nicht vollständig expandiert ist. Die Expansion von A führt im vorliegenden Fall zur Bereitstellung von e, nach dessen Instanziierung schliesslich die Instanz von A erzeugt werden kann (Abb. 2.4.1.3f). Nun erfolgt abermals die Aufnahme einer Spezialisierung, nämlich A', in das EXPANDED MODEL (Abb. 2.4.1.3g). Da in A' als Teil mit Selektor "1" das Konzept B' angegeben ist, wird B nicht als Teil der Generalisierung A geerbt. Hingegen erbt A' das Konzept e von A. Als zusätzlicher Teil tritt in A' das primitive Konzept f auf. In Abb. 2.4.1.3g existieren bereits Instanzen von B' und e. Somit muss lediglich noch das Konzept f durch Expansion bereitgestellt und instanziiert werden (Abb. 2.4.1.3h). Sodann kann die Instanziierung von A' erfolgen (2.4.1.3i). In Abb. 2.4.1.3j ist der Endzustand gezeigt. Es wurde die Spezialisierung A" in das EXPANDED MODEL aufgenommen. A" kann direkt instanziiert werden, da alle seine Teile von A' bzw. A geerbt und bereits instanziiert sind.

Obwohl die Beispiele in Abb. 2.4.1.2 und 2.4.1.3 jeweils eine baumförmige Struktur bezüglich der Teil-Relation aufweisen, ist der hier beschriebene Algorithmus nicht auf Bäume beschränkt. Es sind lediglich Rekursionen in der Teil-Relation verboten, d.h. ein Konzept darf nicht direkt oder indirekt Bestandteil von sich selbst sein.

Die Beispiele in diesem Kapitel weisen - ebenso wie im folgenden Kapitel - keinen Bezug zum Inhalt des in Kap. 2.3 diskutierten semantischen Netzes auf. Hierfür sind zwei Gründe massgeblich. Erstens soll durch die abstrakten Beispiele nochmals die Unabhängigkeit des Kontrollalgorithmus vom speziellen Inhalt der Wissensbasis demonstriert werden. Zweitens sind die im Rahmen von Tests mit realen Daten durchgeführten Analyseläufe bezüglich expandierter Netzwerkknoten zu umfangreich, um im Rahmen eines Beispiels hier erläutert werden zu können. (Testläufe mit einem Zielkonzept auf Ebene 7 des Netzes nach Abb. 2.3.2.1 umfassen typischerweise 200-300 Knoten im EXPANDED MODEL bzw. im SUCHBAUM; zur Datenstruktur SUCHRAUM siehe Kap. 2.4.3.). Jedoch treten alle bei Läufen mit realen Daten vorkommende Fälle bezüglich Expansion, Instanzengenerierung und Vererbungsprinzip auch bei obigen Beispielen auf.

2.4.2 BEHANDLUNG VON MEHRDEUTIGKEITEN DURCH HEURISTISCHE SUCHE

Die Aufgabe bei der Wissensnutzung besteht darin, eine Zuordnung zu treffen zwischen Elementen der Wissensbasis und Objekten, Ereignissen etc., die in den zu analysierenden Bildern beobachtet werden können. Dabei tritt allgemein das Problem von Mehrdeutigkeiten auf. Dieses Problem existiert unabhängig davon, ob die Wissensnutzung modellgesteuert (top-down) oder datengetrieben (bottom-up) erfolgt. Im ersten Fall wird i.a. ein Objekt oder Ereignis aus der Wissensbasis vorliegen, zu dem es mehrere mögliche, miteinander konkurrierende Vorkommen im betrachteten Bild oder der Bildfolge gibt, während im zweiten Fall ein bestimmtes Objekt oder Ereignis, das mittels geeigneter Methoden extrahiert wurde, mit mehr als einem Konzept der Wissensbasis potentiell korrespondiert.

Beim hier betrachteten Ansatz zur Wissensdarstellung und -nutzung treten Mehrdeutigkeiten in Form von verschiedenen, alternativen Instanzen für das gleiche Konzept auf. Als Beispiel sei hier an die Basisbewegungen von Kap. 2.3.4 erinnert. Aufgrund der Sicherheiten nach Abb. 2.3.4.1 kann eine bestimmte, auf den Bildern beobachtete Flächenänderung auf verschiedene Weise aufgefasst werden. Liegt z.B. die Flächenänderung im Intervall [-a,a] in Abb. 2.3.4.1, so wird sie auf mindestens zwei verschiedene Arten mit jeweils einer Sicherheit grösser als Null interpretiert. Ein weiteres Beispiel ist die in Abb. 2.3.4.9 dargestellte Einteilung einer Flächenverlaufskurve in Kontraktions-, Stagnations- und Expansionsphasen. Auch hier gibt es i.a. zu ein und derselben Kurve verschiedene mögliche Einteilungen.

Verschiedene Instanzen für ein und dasselbe Konzept sind als miteinander konkurrierend anzusehen, d.h., dass vom Kontrollalgorithmus eine Entscheidung zu treffen ist, für jeweils genau eine unter den verschiedenen Alternativen. Die Entscheidung beim hier vorgestellten Ansatz basiert auf dem Sicherheitsfaktor, vgl. Kap. 2.3.7. Er gibt ein Mass für die Sicherheit an, mit welcher die betrachtete Instanz aus den Eingabedaten ableitbar ist bzw. abgeleitet wurde. Gemäss Gleichung (2.3.7.1) hängt der Sicherheitsfaktor in seiner allgemeinsten Form ab von den Sicherheitsfaktoren, die für die Teile der betrachteten Instanz berechnet wurden, sowie von den Strukturen, d.h. von der Güte, mit welcher die Werte der Attribute bestimmten Bedingungen genügen. Man könnte nun daran denken, jeweils unter den konkurrierenden Instanzen diejenige mit höchstem Sicherheitsfaktor auszuwählen. Jedoch wird dieses Vorgehen nicht immer voll befriedigen, da sich die lokal bestbewertete Instanz, d.h. die Instanz mit höchstem Sicherheitsfaktor, u.U. in grösserem Kontext als weniger geeignet herausstellt als einer der Konkurrenten mit niedrigerem Sicherheitsfaktor. Hier bietet sich nun an, jeweils diejenige Instanz unter allen Konkurrenten zu wählen, welche bezüglich des Zielkonzepts am vielversprechendsten ist, d.h. welche zu einer Maximierung des Sicherheitsfaktors des Zielkonzepts beiträgt. Dieses Vorgehen erscheint sinnvoll, da die Instanz des Zielkonzepts letztlich das Ziel der Analyse darstellt und man an derjenigen Instanz interessiert ist, welche die bestmögliche Sicherheit gewährleistet.

Die Forderung, unter verschiedenen konkurrierenden Instanzen diejenige auszuwählen, die zu einer Maximierung des Sicherheitsfaktors des Zielkonzepts beiträgt, bringt bei der praktischen Realisierung Schwierigkeiten mit sich, da zu dem Zeitpunkt, zu dem die Auswahl zu treffen ist, i.a. noch nicht alle Grössen zur Verfügung stehen, die zur Berechnung des Sicherheitsfaktors des Zielkonzepts nötig sind. Dies soll an einem Beispiel verdeutlicht werden. Abb. 2.4.2.1a zeigt ein einfaches semantisches Netz. Die graphische Darstellung folgt hierbei Abb. 2.4.1.2. Zielkonzept sei A. Unter der Annahme, dass für das Konzept b zwei konkurrierende Instanzen, nämlich $i_1(b)$ und $i_2(b)$ existieren, sind sowohl Abb. 2.4.2.1b als auch Abb. 2.4.2.1b' als Zwischenzustände bei der Instanzierung von A möglich. Aufbauend auf Abb. 2.4.2.1b ergeben sich die in Abb. 2.4.2.1c, 2.4.2.1d gezeigten Zustände, während es unter Verwendung von $i_2(b)$ zu den in Abb. 2.4.2.1c' und Abb. 2.4.2.1d' gezeigten Situationen kommt. Der Sicherheitsfaktor für das Zielkonzept A ist erst mit Vorliegen der Instanz $i_1(A)$ oder $i_2(A)$ in Abb. 2.4.2.1d bzw. Abb. 2.4.2.1d' bekannt und steht zum Zeitpunkt der Instanziierung des Konzepts b in Abb. 2.4.2.1b bzw. 2.4.2.1b' noch nicht zur Verfügung. Somit lautet das Problem, nach welchen Kriterien in Abb. 2.4.2.1b,b' die Auswahl zwischen $i_1(b)$ und $i_2(b)$ zu treffen ist.

Zur Lösung des Problems käme zunächst einmal das Abarbeiten aller Möglichkeiten von Konzept-Instanz Paarungen, die aufgrund konkurrierender Instanz exitieren, in Frage. D.h. man würde sämtliche Schritte, die den Konfigurationen in Abb. 2.4.2.1a - 2.4.2.1d' entsprechen, ausführen und im Nachhinein diejenige Alternative unter $i_1(b)$ und $i_2(b)$ wählen, für welche sich der höhere Sicherheitsfaktor für das Konzept A ergibt. D.h. die Wahl würde auf $i_1(b)$ fallen, falls der Sicherheitsfaktor von $i_1(A)$ grösser als der von $i_2(A)$ ist; andernfalls wäre $i_2(b)$ zu bevorzugen. Dieses volle Ausschöpfen aller Möglichkeiten bringt Schwierigkeiten mit sich, wenn viele Konzepte mit vielen konkurrierenden Instanzen auftreten. Unter der Annahme von n konkurrierenden Instanzen für Konzept b und jeweils m konkurrierenden Instanzen für Konzept c ergeben sich in Abb. 2.4.2.1 nm verschiedene Kombinationen von Instanzen, auf deren Grundlage jeweils A instanziierbar ist. Existieren für jede derartige Kombination wiederum k konkurrierende Instanzen für A, so erhält man insgesamt nmk verschiedene Möglichkeiten, Instanzen mit Konzepten zu paaren; d.h., es existieren nmk verschiedene Instanzen des Zielkonzepts A. Offensichtlich wächst die Anzahl der verschiedenen Instanzen des Zielkonzepts exponentiell mit der Anzahl der für das Zielkonzept benötigten Konzepte.

Um ein volles Ausschöpfen aller Kombinationen beim Auftreten konkurrierender Instanzen zu vermeiden - im hier betrachteten System zur Analyse nuklearmedizinisch gewonnener Bildfolgen umfasst das Netz ca. 170 Konzepte; für verschiedene Konzepte wurden bei Experimenten über 20 konkurrierende Instanzen in einem Analyselauf gezählt - wird im folgenden ein Suchverfahren vorgestellt, das eine spezielle Version von Algorithmus A* (vgl. Kap. 1.4.1) darstellt. Mithilfe dieses Ansatzes wird eine Auswahl unter den jeweils vielversprechendsten Alternativen beim Auftreten konkurrierender Instanzen getroffen. Das Entscheidende ist, dass i.a. nur ein Teil aller möglichen Konzept-Instanz Paarungen aktuell durchgeführt werden muss und dass dennoch diejenige Kombination

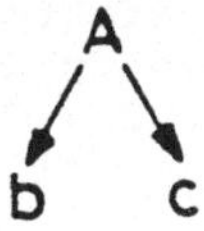

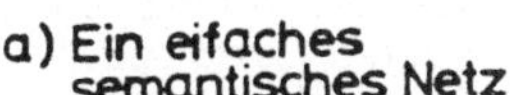

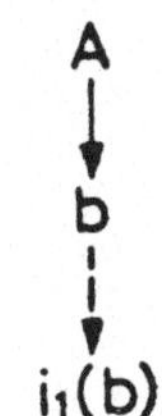

A
b c
a) Ein eifaches semantisches Netz
A
b
i1(b)
b) Expansion von A und Instanziierung von b
A
b
i2(b)
b') Konkurrierende Instanz für Konzept b
A
b c
i1(b) i(c)
c) Expansion von A und Instanziierung von c
A
b c
i2(b) i(c)
c') Expansion von A und Instanziierung von c
A
b c
i1(b) i(c)
i1(A)
d) Instanziierung von A unter Verwendung von i1(b)
A
b c
i2(b) i(c)
i2(A)
d') Instanziierung von A unter Verwendung von i2(b)

Abb. 2.4.2.1: Ein einfaches Beispiel zum Auftreten konkurrierender Instanzen

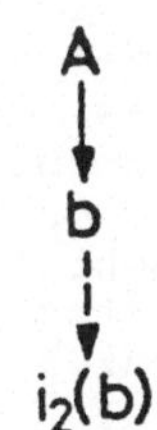

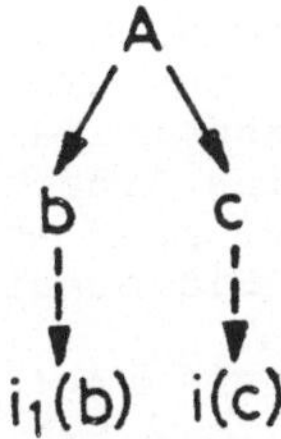

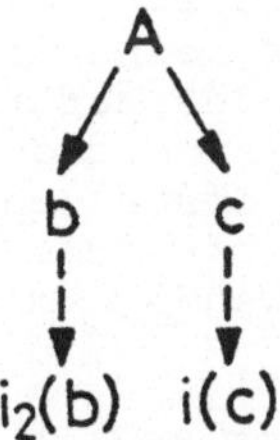

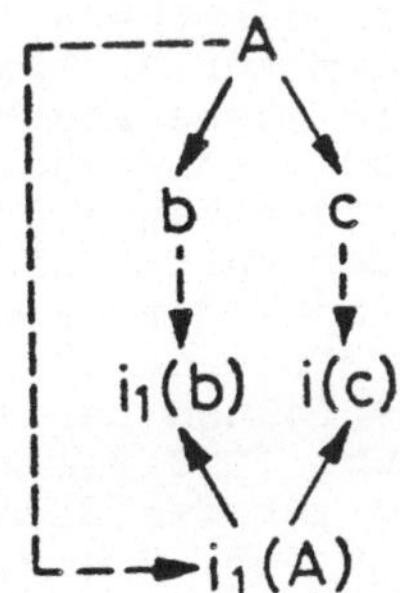

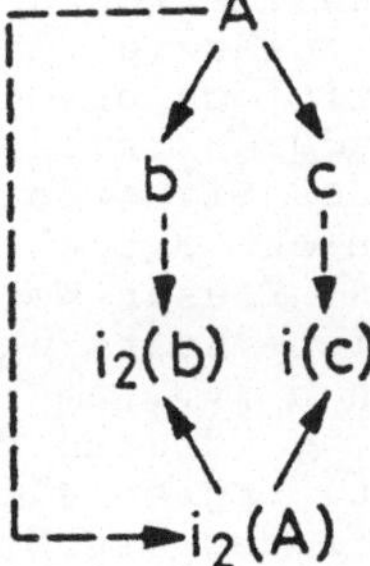

gefunden wird, bei welcher sich der maximale Sicherheitsfaktor für das Zielkonzept ergibt. Alle Ueberlegungen zur top-down Netzwerkexpansion und bottom-up Instanziierung, die in Kap. 2.4.1 getroffen wurden, behalten ihre volle Gültigkeit. Das im folgenden schrittweise erläuterte Verfahren stellt eine Erweiterung des Algorithmus von Abb. 2.4.1.1 dar zur Behandlung konkurrierender Instanzen.

Vor der Erläuterung des eigentlichen Suchverfahrens soll zunächst der Begriff des Suchraumzustandes definiert werden. Ein Suchraumzustand ist eine Konfiguration bestehend aus einem Teil des zugrundeliegenden semantischen Netzes zusammen mit Instanzen, welche durch Expansions- und Instanziierungsschritte aus einem vorgegebenen Zielkonzept hervorgegangen ist. Hierbei ist mindestens ein Konzept instanziiert und zu keinem Konzept existiert mehr als eine Instanz. Nach dieser Definition kann jede der Abbildungen 2.4.1.2e - 2.4.1.2k, 2.4.1.3c - 2.4.1.3j und 2.4.2.1b - 2.4.2.1d' als Suchraumzustand aufgefasst werden. Ein Suchraumzustand charakterisiert somit einen Zwischenzustand bei der Analyse einer Bildfolge, nachdem wenigstens ein Konzept instanziiert wurde. Die Tatsache, dass zu keinem Konzept mehr als eine Instanz auftritt, d.h., dass keine konkurrierenden Instanzen innerhalb eines Suchraumzustandes auftreten, ist so zu verstehen, dass ein Suchraumzustand gerade dadurch charakterisiert ist, dass im Fall konkurrierender Instanzen für jedes Konzept genau eine Alternative ausgewählt wurde. Bei der ausgewählten Alternative muss es sich nicht notwendig um diejenige mit dem höchsten Sicherheitsfaktor handeln.

Der Begriff des Sicherheitsfaktors nach Kap. 2.3.7 ist im Zusammenhang mit dem hier vorgestellten Suchverfahren auf Suchraumzustände auszudehnen. Zunächst soll nochmals daran erinnert werden, dass Sicherheitsfaktoren bisher für Konzepte bzw. deren Instanzen eingeführt wurden. Sicherheitsfaktoren existieren gleichermassen für primitive wie nichtprimitive Konzepte. Man beachte, dass in Gleichung (2.3.7.1) ein Teil der Argumentliste, nämlich cf(A1),...,cf(An), grundsätzlich leer ist, falls A ein primitives Konzept ist, da in diesem Fall keine Teile A1,...,An existieren. Der Sicherheitsfaktor eines Suchraumzustandes ist nun definiert als obere Abschätzung für den Sicherheitsfaktor eines zugehörigen Zielkonzepts. Prinzipiell ist hier jede obere Abschätzung zulässig. Im hier beschriebenen System zur Analyse nuklearmedizinisch gewonnener Bildfolgen wird die obere Abschätzung einfach dadurch realisiert, dass für alle Grössen, die zur Berechnung des Sicherheitsfaktors des Zielkonzepts nötig sind und die noch nicht aktuell zur Verfügung stehen, der Wert 1 eingesetzt wird. Dieser Wert stellt eine obere Schranke dar, sowohl für die Sicherheitsfaktoren cf(A1),...,cf(An) als auch für die Strukturen a1,...,am in Gleichung (2.3.7.1). Aufgrund der Monotoniebedingung, die an die Funktion f in Gleichung (2.3.7.1) geknüpft ist, ergibt sich eine obere Abschätzung für den Sicherheitsfaktor des Zielkonzepts. Als Beispiel kann Abb. 2.4.2.1b dienen. Sei der Sicherheitsfaktor für das Konzept A gegeben durch

cf(A) = f(cf(b), cf(c), a1...,am),

wobei a1,...,am beliebige Strukturen des Konzepts A bezeichnen mögen, so ergibt sich eine obere Abschätzung für den Sicherheitsfaktor gemäss

$$\overline{cf}(A) = f(cf_1(b),1,\underbrace{1,\ldots,1}_{m\text{-mal}}).$$

Dieser Wert dient als Sicherheit des in Abb. 2.4.2.1b dargestellten Suchraumzustandes. Man beachte, dass in Abb. 2.4.2.1b für das Konzept A die Instanz $i_1(b)$ relevant ist; $cf_1(b)$ bezeichnet in obiger Abschätzung den Sicherheitsfaktor von b bezüglich dieser Instanz. Alle übrigen Grössen, welche für die Berechnung von cf(A) nötig sind, d.h. cf(c) und die Strukturen a1,...,am stehen in Abb. 2.4.1.2b noch nicht zur Verfügung und werden deshalb gleich 1 gesetzt. Erstreckt sich die Teile-Hierarchie über n>1 Stufen, so ist die Substitution des Wertes 1 für noch nicht berechnete Grössen u.U. mehrfach verschachtelt durchzuführen. Als Beispiel kann Abb. 2.4.1.2e dienen. Es sei

$$cf\ (A) = f(cf(B),\ cf(e),\ a1,\ldots,am),$$
$$cf\ (B) = f'(cf(c),\ cf(d),\ b1,\ldots,b_k).$$

Der Sicherheitsfaktor des Suchraumzustandes in Abb. 2.4.1.2e ergibt sich somit als

$$\overline{cf}\ (A) = f(f'(cf(c),\ 1,\underbrace{1,\ldots,1}_{k\text{-mal}}),1,\underbrace{1,\ldots,1}_{m\text{-mal}}).$$

Ein Suchraumzustand stellt einen bestimmten Abarbeitungszustand bei der Analyse einer Bildfolge dar. Hierbei ist i.a. eine Reihe von Netzwerk-Expansionen und Instanziierungen durchgeführt worden und es erfolgte eine Auswahl jeweils einer Alternative im Fall mehrerer konkurrierender Instanzen. Instanziierte Konzepte eines Suchraumzustandes besitzen jeweils einen Sicherheitsfaktor. Der Sicherheitsfaktor des gesamten Suchraumzustandes ist gegeben durch eine obere Abschätzung des Sicherheitsfaktors des Zielkonzepts. Der Sicherheitsfaktor eines Suchraumzustandes stellt somit eine Schätzung des Sicherheitsfaktors dar, der sich bestenfalls für das Zielkonzept unter Verwendung der bisher ausgewählten Instanzen erzielen lässt. Die Grundidee bei dem hier erläuterten Suchverfahren besteht darin, beim Auftreten mehrerer konkurrierender Instanzen verschiedene Suchraumzustände zu generieren und zwar für jede der konkurrierenden Instanzen genau einen neuen Suchraumzustand. Es erfolgt dann für den Fortgang der Analyse die Auswahl desjenigen Suchraumzustandes, der die beste Bewertung aufweist. Auf diese Weise lässt sich die Instanz des Zielkonzepts mit maximalem Sicherheitsfaktor bestimmten, ohne dass i.a. alle möglichen Kontraktionen von Konzept-Instanz Paarungen durchgespielt werden müssen.

Das Suchverfahren soll zunächst informell an einem Beispiel erläutert werden. Es wird ausgegangen von Abb. 2.4.1.2 und der dort angegebenen Reihenfolge, in der die Teile von Konzepten bei der Expansion angeliefert werden. Als Erweiterung gegenüber Abb. 2.4.1.2 wird das Auftreten verschiedener konkurrierender Instan-

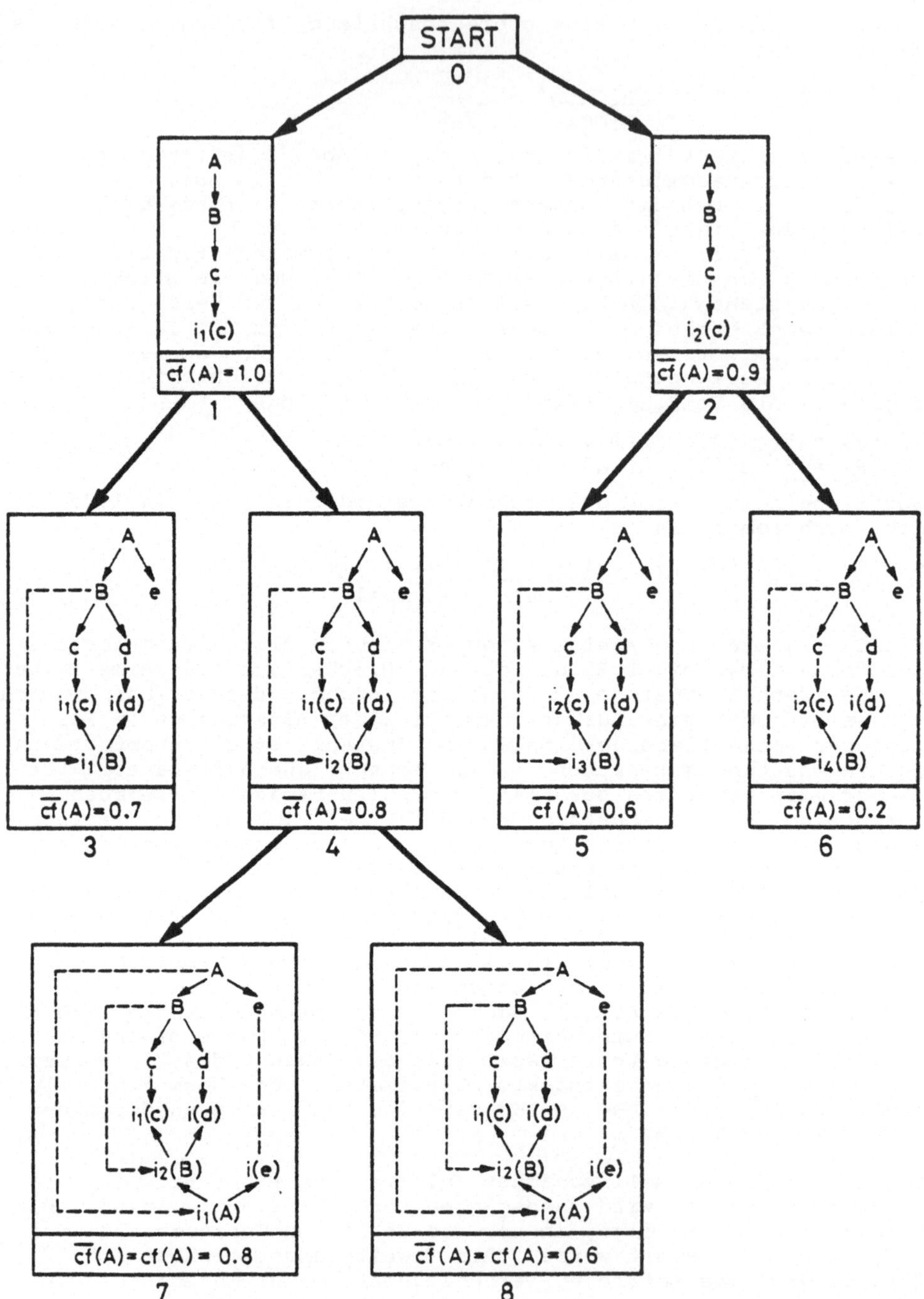

Abb. 2.4.2.2: Suchraum beim Auftreten konkurrierender Instanzen in Abb. 2.4.1.2

zen angenommen. Der so entstehende Suchraum mit seinen Zuständen ist in Abb. 2.4.2.2 gezeigt. Entstehen bei Schritt 3 in Abb. 2.4.1.2 zwei konkurrierende Instanzen $i_1(c)$ und $i_2(c)$, so führen diese zu den in Abb. 2.4.2.2 gezeigten Suchraumzuständen 1 und 2, die beide unmittelbare Nachfolger des Startzustandes sind. Für jeden Suchraumzustand ist in Abb. 2.4.2.2 der zugehörige Sicherheitsfaktor $\overline{cf}$ (A), die obere Abschätzung des Sicherheitsfaktors des Zielkonzeptes A, angegeben. Auf die konkrete Berechnung von $\overline{cf}$(A) wird in diesem Beispiel nicht eingegangen. Vielmehr wird von hypothetischen Zahlenwerten ausgegangen. Nach dem Generieren der Zustände 1 und 2 wird im Suchraum unter den noch nicht weiterverarbeiteten Zuständen, in diesem Fall 1 und 2, derjenige mit maximalem Sicherheitsfaktor gesucht; in Abb. 2.4.2.2 ist das Zustand 1. Auf der Basis dieses Zustandes erfolgt die Netzwerkexpansion und Instanziierung wie in Abschnitt 2.4.1 beschrieben. Treten in einem Instanziierungsschritt $n > 1$ konkurrierende Instanz auf, so führt dies im Suchraum zu n Nachfolgern des aktuellen Zustandes. In Abb. 2.4.2.2 wurde angenommen, dass zu Konzept d nur eine Instanz i(d), zu Konzept B aber zwei Instanzen $i_1(B)$ und $i_2(B)$ existieren. Dies führt dann in Abb. 2.4.2.2 zu den Zuständen 3 und 4. Nun ist der Zustand mit maximalem Sicherheitsfaktor unter allen unverarbeiteten Zuständen, d.h. den Zuständen 2,3 und 4 zu suchen. Dies ist Zustand 2. Bei der weiteren Verarbeitung wird also von Zustand 2 ausgegangen. Dies bedeutet, dass erneut die Konzepte d und B zu instanziieren sind, diesmal jedoch nicht unter Verwendung von $i_1(c)$ wie in den Zuständen 3 und 4, sondern auf der Basis von $i_2(c)$. Existieren abermals zwei konkurrierende Instanzen $i_3(B)$ und $i_4(B)$, so führt dies zu den Zuständen 5 und 6 in Abb. 2.4.2.2. Ergeben sich auf der Basis von Zustand 4 eine Instanz von e und zwei konkurrierenden Instanzen für A, so entstehen die Zustände 7 und 8. In Abb. 2.4.2.2 ist 7 der Zielzustand, d.h. die dort vorliegende Instanz $i_1(A)$ ist die gesuchte Instanz des Zielkonzeptes A. Der Sicherheitsfaktor cf(A) beim Zielzustand 7 ist identisch mit dem Sicherheitsfaktor von $i_1(A)$. Die in Abb. 2.4.2.2 auftretende Eigenschaft, dass die Sicherheitsfaktoren der Suchraumzustände entlang eines beim Startknoten beginnenden Pfades monoton fallend sind, ist eine direkte Folge der Monotoniebedingung, die an die Funktion f in Gleichung (2.3.7.1) geknüpft ist. Grundsätzlich kann von einer baumförmigen Struktur des Suchraumes wie in Abb. 2.4.2.2 gezeigt ausgegangen werden.

Der anhand von Abb. 2.4.1.2 und 2.4.2.2 erläuterte Algorithmus entspricht dem Kontrollmodul gemäss Abb. 2.1.3.1 im hier dargestellten Bildanalysesystem. Eine formale Darstellung ist in Abb. 2.4.2.3 gezeigt. Es handelt sich um eine Erweiterung des Algorithmus in Abb. 2.4.1.1. Die zusätzlich auftretenden Zeilen sind mit *1,...,*10 gekennzeichnet und beziehen sich ausschliesslich auf die Behandlung konkurrierender Instanzen. Es wird als zusätzliche Datenstruktur der SUCHBAUM entsprechend Abb. 2.4.2.2 verwendet. Die Arbeitsweise des Algorithmus von Abb. 2.4.2.3 ist identisch mit der des Algorithmus von Abb. 2.4.1.1 solange, bis die ersten $n>1$ konkurrierenden Instanzen auftreten. In diesem Fall werden $n>1$ Nachfolger des AKTUELLEN ZUSTANDES erzeugt. Bei

```
     begin
        initialisiere EXPANDED MODEL mit ZIELKONZEPT;
*1      initialisiere SUCHBAUM;
*2      AKTUELLER ZUSTAND = EXPANDED MODEL;
        while (nicht alle Konzepte in EXPANDED MODEL instanziiert)
          do wähle ein Konzept als AKTUELLES KONZEPT aus dem
             EXPANDED MODEL;
             if (AKTUELLES KONZEPT noch nicht instanziiert)
             then (if (AKTUELLES KONZEPT primitiv)
                   then (instanziiere AKTUELLES KONZEPT;
                         erweitere EXPANDED MODEL um alle Speziali-
                         sierungen des AKTUELLEN KONZEPTS;
*3                       if (n>1 konkurrierende Instanzen)
*4                       then (generiere n Nachfolgerknoten des
                         AKTUELLEN ZUSTANDS im SUCHBAUM;
*5                       AKTUELLER ZUSTAND = Blattknoten des
                         SUCHBAUMS mit höchstem Sicherheitsfaktor;
*6                       exit do ));
                   if (AKTUELLES KONZEPT nicht primitiv und alle
                      Bestandteile instanziiert)
                   then (instanziierte AKTUELLES KONZEPT;
                        erweitere EXPANDED MODEL um alle Speziali-
                        sierungen des AKTUELLEN KONZEPTS;
*7                      if (n>1 konkurrierende Instanzen)
*8                      then (generiere n Nachfolgerknoten des
                        AKTUELLEN ZUSTANDS im SUCHBAUM;
*9                      AKTUELLER ZUSTAND = Blattknoten des
                        SUCHBAUMS mit höchstem Sicherheitsfaktor;
                        exit do));
                   if (AKTUELLES KONZEPT nicht primitiv und nicht
                      vollständig expandiert)
                   then expandiere AKTUELLES KONZEPT)
           end do
        end
```

Abb. 2.4.2.3: Kontrollalgorithmus

der Wahl des Suchraumzustandes mit höchstem Sicherheitsfaktor in Zeile *5 bzw. *9 werden nur Blätter des SUCHBAUMES berücksichtigt, vgl. die Ausführungen zu Abb. 2.4.2.2. Die Anweisung exit do in Zeile *6 bzw. *10 führt an den Beginn der while-Schleife, d.h. hier wird wiederum getestet, ob noch uninstanziierte Konzepte im EXPANDED MODEL existieren. Bei diesem Test kann sich jedoch aufgrund der Anweisung in Zeile *5 bzw. *9 das EXPANDED MODEL gegenüber dem letzten Eintritt in die while-Schleife geändert haben.

Wie man leicht nachprüfen kann, handelt es sich beim vorgestellten Suchverfahren um eine spezielle Variante von Algorithmus A*, vgl. Kap. 1.4.1. Die Aufgabe bei der Anwendung von Algorithmus A* besteht darin, einen optimalen Pfad von einem Start- zu einem Zielzustand zu finden. Zur Beurteilung eines Zustandes werden Kosten verwendet, die sich als Summe aus einem zurückliegenden und zukünftigen Anteil ergeben, so dass sich insgesamt eine untere Schranke für die Kosten des Suchraumzustandes ergibt. An Stelle von Kosten werden bei der vorliegenden Methode Sicherheitsfaktoren verwendet, wobei der Minimierung der Kosten die Maximierung des Sicherheitsfaktors entspricht. Eine untere Kostenabschätzung korrespondiert mit einer oberen Abschätzung des Sicherheitsfaktors. Während sich bei Algorithmus A* die Kosten eines Zustandes additiv aus dem zurückliegenden und zukünftigen Anteil ergeben, wird im vorliegenden Fall lediglich die Verknüpfung mittels einer monotonen Funktion gemäss Gleichung (2.3.7.1) gefordert. Aufgrund der Monotonie und der Verwendung von cf(A) = a = 1 für jedes noch nicht instanziierte Konzept A und Struktur a ist garantiert, dass der Sicherheitsfaktor eines jeden Zustandes eine obere Schranke des Sicherheitsfaktors des Zielzustandes ist. Somit sind beim vorliegenden Suchverfahren die Eigenschaften von Algorithmus A* garantiert: es wird die optimale Lösung gefunden und i.a. wird nicht der gesamte Suchraum ausgeschöpft. Ein volles Ausschöpfen des Suchraumes würde z.B. in Abb. 2.4.2.2 bedeuten, dass auch die Zustände 3, 5 und 6 weiterverarbeitet würden.

2.5 BENUTZERSCHNITTSTELLE

Der Modul "Dialog" in Abb. 2.1.3.1 stellt die Benutzerschnittstelle im hier beschriebenen Bildanalysesystem dar. Die Funktion dieses Moduls lässt sich durch drei Teilaufgaben charakterisieren, nämlich Steuerung der interaktiven Auswahl des Zielkonzepts durch den Benutzer (Benutzeranforderung) vor einem aktuellen Analyselauf sowie Lesen und Ausgabe von Instanzen nach vollzogener Analyse. Diese drei Teilaufgaben werden im vorliegenden Kapitel näher erläutert, wobei die Festlegung des Zielkonzepts in Kap. 2.5.1 und das Lesen und die Ausgabe der Instanzen in Kap. 2.5.2 behandelt werden.

2.5.1 INTERAKTIVE AUSWAHL DES ZIELKONZEPTS

In Kap. 2.4 wurde erläutert, dass die Analyse einer Bildsequenz nicht fest nach dem gleichen Schema abläuft, sondern dass der Benutzer ein bestimmtes Konzept, das sog. Zielkonzept, auswählt, welches es zu instanziieren gilt. Somit werden bei einem Analyselauf i.a. nicht alle Konzepte des Netzes, sondern nur eine Untermenge daraus instanziiert. Diese Untermenge enthält genau das Zielkonzept mit allen seinen direkten und indirekten Teilen und Spezialisierungen. Konzepte hingegen, welche das gewählte Zielkonzept als direkten oder indirekten Teil oder als Spezialisierung besitzen, werden nicht instanziiert.

In dieser einfachsten Form könnte die Auswahl des Zielkonzepts durch den Benutzer lediglich durch die Angabe des Konzeptnamens erfolgen. Zum Zweck der einfacheren Bedienbarkeit wurde in der gegenwärtig realisierten Version des Systems jedoch ein Dialog vorgesehen, der den Benutzer bei der Wahl des Zielkonzepts unterstützen soll. Dies geschieht in erster Linie dadurch, dass metasprachliche Information über die Bedeutung bzw. den Inhalt der einzelnen Konzepte des Netzes am Bildschirm ausgegeben wird.

Da das Netz mit einer Gesamtzahl von ca. 170 Konzepten zu gross ist, um in einem Schritt ausgegeben werden zu können, ist ein Kriterium nötig, anhand dessen eine Partitionierung der Konzepte für die Ausgabe am Bildschirm durchgeführt werden kann. Hier wurde entschieden, eine Strukturierung gemäss Abb. 2.3.2.1 vorzunehmen. D.h., dass die primäre Gliederung des Netzes durch Ebenen bezüglich der Relation "Teil/Teil-von" erfolgt. Innerhalb einer Ebene werden verschiedene Konzepte nach ihrer Stellung bezüglich der Relation "Generalisierung/Spezialisierung" zusammengefasst. Es sei hier nochmals daran erinnert, dass die mit Grossbuchstaben in Abb. 2.3.2.1 dargestellten Begriffe jeweils ein Konzept charakterisieren, während die Namen in Gross- und Kleinschreibung für jeweils eine Gruppe mit $n>1$ Konzepten stehen. Somit ergibt sich als grundsätzliche Vorgehensweise, zunächst eine Ebene des Modells festzulegen, anschliessend eine Gruppe von Konzepten zu selektieren und schliesslich das Zielkonzept zu wählen. Dieser Prozess wird in einem rechnergeführten Dialog abgewickelt.

Abb. 2.5.1.1 zeigt das Vorgehen bei der Auswahl des Zielkonzepts in Form eines Flussdiagrammes. Bei den Schritten "Wahl einer Ebene" und "Wahl einer Spezialisierungsstufe" erfolgt hierbei jeweils eine entsprechende Eingabe durch den Benutzer am Terminal. Abb. 2.5.1.2 zeigt als Beispiel das Protokoll eines Dialogs zur interaktiven Auswahl des Zielkonzepts für einen Analyselauf. Die vom Benutzer eingegebenen Antworten sind jeweils durch Unterstreichen markiert. Zunächst erfolgt in Abb. 2.5.1.2 eine kurze inhaltliche Charakterisierung der verschiedenen Ebenen des Modells. (Die Bezeichnung weicht hierbei - ebenso wie in Kap. 2.5.2 -geringfügig ab von Kap. 2.3 und 2.4 insofern als von Ebenen 0 bis 7 die Rede ist anstelle von 1 bis 8; es entspricht Ebene 0 in Kap. 2.5 der Ebene 1 in Kap. 2.3 und 2.4 usw.) Es wird vom Benutzer die Ebene 7 ausgewählt. Anschliessend erfolgt durch das System eine Uebersicht über die verschiedenen Spezialisierungsstufen, aus denen vom Benutzer die Stufe 1 ausgewählt wird. Sodann wird unter Beibehaltung der gleichen Modellebene zu Spezialisierungsstufe 0 übergegangen und das Konzept "vollständige Diagnose allgemeines Konzept" (identisch mit VOLLSTÄNDIGE DIAGNOSE nach Abb. 2.3.2.1) ausgewählt. Im sich anschliessenden Analyselauf gilt es, dieses Konzept als Ziel der Analyse wie in Kap. 2.4 erläutert zu instanziieren.

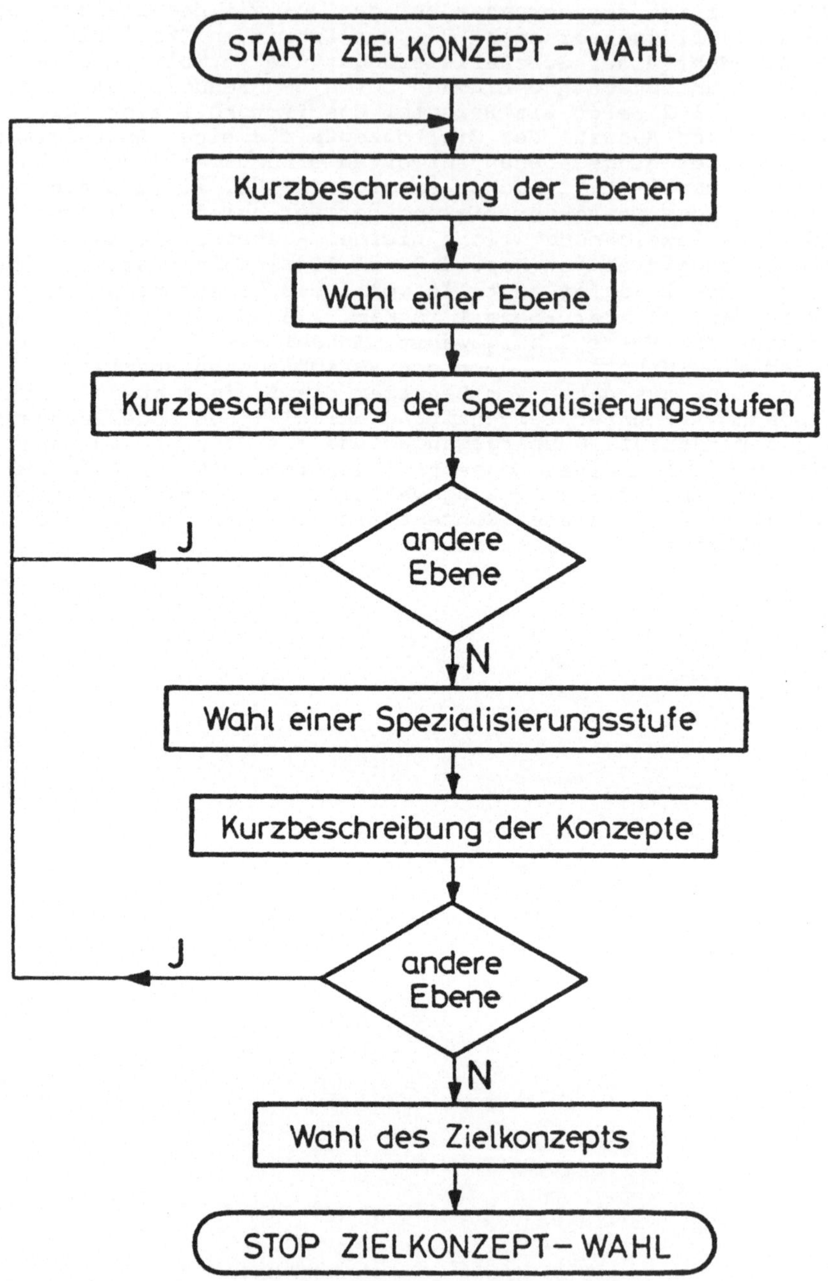

Abb. 2.5.1.1: Interaktive Wahl des Zielkonzepts

```
ES IST NUN DAS GEWUENSCHTE 'ZIELKONZEPT' ZU WAEHLEN :
------------------------------------------------------

DIE KONZEPTE LIEGEN AUF  8 VERSCHIEDENEN EBENEN :
*************************************************
7. EBENE:
VOLLSTAENDIGE INTERPRETATION
6. EBENE:
REGIONALE INTERPRETATIONEN
5. EBENE:
ANATOMISCHE INTERPRETATION DER BEWEGUNGEN DES LINKEN VENTRIKELS
4. EBENE:
BEWEGUNGEN.
3. EBENE:
BASISBEWEGUNGEN.
2. EBENE:
FORM- UND PROPORTIONENBESCHREIBUNG
1. EBENE:
ZEITVOLLSTAENDIGE OBJEKTE.
0. EBENE:
SCHNITTSTELLE ZU VORVERARBEITUNG
-------------------------------------------------------------
AUF WELCHER EBENE SOLL DAS 'ZIELKONZEPT' LIEGEN ? [ZAHL !]
7

DIE GEWAEHLTE EBENE ZERGLIEDERT SICH WIE FOLGT:
================================================

EINE ALLGEMEINSTE KLASSE ( 0.SPEZ ) :
VOLLSTAENDIGE INTERPRETATION

EINE  1. SPEZIALISIERUNGSSTUFE :
SPEZIELLE INTERPRETATION

-----------------------------------------------------------
BLEIBT ES BEI DER GEWAEHLTEN EBENE ?  [Y/N]

Y

WELCHER SPEZIALISIERUNGSSTUFE SOLL DAS KONZEPT ANGEHOEREN ?

1

DIE GEWAEHLTE KLASSE BESTEHT AUS FOLGENDEN 'KONZEPTEN' :
-----------------------------------------------------------
 1) EBENE 710 ; Akinesie
 2) EBENE 710 ; Aneurysma
 3) EBENE 710 ; linker Ventrikel bewegungsnormal
 4) EBENE 710 ; Diskinesie
 5) EBENE 710 ; global schwache Bewegung des linken Ventrikels
 6) EBENE 710 ; Hypokinesie
 7) EBENE 710 ; kongestive Kardiomyopathie
 8) EBENE 710 ; Zusaetzliche Kontraktionen und/oder Expansionen
 9) EBENE 710 ; linker Ventrikel deformiert
10) EBENE 710 ; alles normal
11) EBENE 710 ; Phasenverschiebung
12) EBENE 710 ; Bewegungsverhalten nicht beschrieben
```

Abb. 2.5.1.2: Beispiel-Protokoll zur interaktiven Wahl des Zielkonzepts

```
GEBEN SIE NUN DIE 'NUMMER' DES GEWUENSCHTEN ZIELKONZEPTS EIN:
( FALLS KEINES DIESER KONZEPTE GEWUENSCHT - BITTE 0 EINGEBEN
  - UM DIE VERSCHIEDENEN EBENEN ERNEUT AUFZULISTEN -   )
0

( ERNEUTES VORSTELLEN DES NETZES VON KONZEPTEN )

DIE KONZEPTE LIEGEN AUF  8 VERSCHIEDENEN EBENEN :
**********************************************************
7. EBENE:
VOLLSTAENDIGE INTERPRETATION
6. EBENE:
REGIONALE INTERPRETATIONEN
5. EBENE:
ANATOMISCHE INTERPRETATION DER BEWEGUNGEN DES LINKEN VENTRIKELS
4. EBENE:
BEWEGUNGEN.
3. EBENE:
BASISBEWEGUNGEN.
2. EBENE:
FORM- UND PROPORTIONENBESCHREIBUNG
1. EBENE:
ZEITVOLLSTAENDIGE OBJEKTE.
0. EBENE:
SCHNITTSTELLE ZU VORVERARBEITUNG
------------------------------------------------------------
AUF WELCHER EBENE SOLL DAS 'ZIELKONZEPT' LIEGEN ? [ZAHL !]
7

DIE GEWAEHLTE EBENE ZERGLIEDERT SICH WIE FOLGT:
=================================================

EINE ALLGEMEINSTE KLASSE ( 0.SPEZ ) :
VOLLSTAENDIGE INTERPRETATION

EINE  1. SPEZIALISIERUNGSSTUFE :
SPEZIELLE INTERPRETATION

------------------------------------------------------------
BLEIBT ES BEI DER GEWAEHLTEN EBENE ?  [Y/N]
Y

WELCHER SPEZIALISIERUNGSSTUFE SOLL DAS KONZEPT ANGEHOEREN ?
0

DIE GEWAEHLTE KLASSE BESTEHT AUS FOLGENDEN  KONZEPTEN' :
------------------------------------------------------------
 1) EBENE 700 ; vollstaendige Interpretation allgemeines Konzept

GEBEN SIE NUN DIE 'NUMMER' DES GEWUENSCHTEN ZIELKONZEPTS EIN:
( FALLS KEINES DIESER KONZEPTE GEWUENSCHT - BITTE 0 EINGEBEN
  - UM DIE VERSCHIEDENEN EBENEN ERNEUT AUFZULISTEN -
1
 *****  K O N T R O L L A U S G A B E  *****
 Als ZIEL wurde das Konzept  COMDIA  gewaehlt:
EBENE 700 ; vollstaendige Interpretation allgemeines Konzept
```

Abb. 2.5.1.2 (Forts.)

2.5.2 LESEN UND AUSGABE VON INSTANZEN

In der zeitlichen Abfolge der verschiedenen Aktivitäten bei der Analyse einer Bildsequenz wählt zunächst der Benutzer interaktiv ein Zielkonzept wie in Kap. 2.5.1 geschildert. Sodann erfolgt die Extraktion elementarer Bildbestandteile nach Kap. 2.2 und die Instanziierung des Zielkonzepts unter der Regie des Kontrollmoduls wie in Kap. 2.4 dargestellt. Als Ergebnis erhält man eine Instanz des Zielkonzepts. Diese Instanz mit ihren Attribut- und Strukturwerten kann als primäres Endergebnis der Analyse betrachtet werden. Des weiteren stehen jedoch auch Instanzen derjenigen Konzepte zur Verfügung, die notwendigerweise im Laufe der Analyse als direkte oder indirekte Teile oder Spezialisierungen des Zielkonzepts bearbeitet wurden. Sie stellen ein sekundäres Ziel der Analyse dar. Wurden mehrere konkurrierende Instanzen des Zielkonzepts einschliesslich der zugehörigen Suchraumzustände, d.h. Instanzen von Teilen und Spezialisierungen, erzeugt, so wird man i.a. das Interesse auf diejenige mit höchstem Sicherheitsfaktor konzentrieren. Prinzipiell sind aber auch die anderen Alternativen Bestandteile des Analyseergebnisses.

Bei der Ausgabe der Ergebnisse existieren im Prinzip wieder verschiedene Möglichkeiten. So könnte man etwa daran denken, die berechneten Werte von Attributen, Strukturen und eventuell auch von Sicherheitsfaktoren für alle erzeugen Instanzen auszugeben. Dies würde jedoch im Normalfall eine Flut von Information bedeuten, von der nur ein geringer Teil für den Benutzer des Systems von Interesse ist. Deshalb wurde einer Version der Vorzug gegeben, bei welcher der Benutzer gezielt auf einzelne Informationen, nämlich Attributwerte, Strukturen und Sicherheitsfaktoren einzelner Konzepte, zugreifen kann. Die Auswahl der Konzepte sowie ihrer Attribute, Strukturen und Sicherheitsfaktoren erfolgt wieder im Dialog. Das Zugreifen auf die Instanzen und das Lesen der gewünschten Werte erfolgt über Konzeptnamen und Selektoren von Attributen und Strukturen.

Das prinzipielle Vorgehen bei der Ausgabe der Instanzen zeigt Abb. 2.5.2.1. Bei der Wahl der aktuellen Instanz unterscheidet sich der Ansatz von dem in Kap. 2.5.1. Dort wurde das Netz nach Ebenen und Spezialisierungsstufen gegliedert und die Auswahl des interessierenden Konzepts erfolgte anhand dieser Einteilung. Beim interaktiven Ausgeben der Instanzen nach Abb. 2.5.2.1 wird jedoch am Anfang die Instanz des Zielkonzepts betrachtet. Sie bildet das primäre Ziel der Analyse und es kann davon ausgegangen werden, dass sie den Benutzer am meisten interessiert. Zunächst besteht die Möglichkeit, alle Information über diese Instanz, nämlich Attribute, Strukturen und den Sicherheitsfaktor, aus dem Instanzenspeicher auszulesen und am Bildschirm darzustellen. Sodann kann die aktuelle Instanz geändert werden, indem zu einem Teil der zuletzt betrachteten Instanz, der Instanz des Zielkonzepts oder einer anderen beliebigen Instanz übergegangen wird. In der momentanen Version des Dialogprogramms existiert die Einschränkung, dass jeweils nur eine Alternative im Fall konkurrierender Instanzen für ein Konzept verfügbar ist. Hierbei handelt es sich um die Instanz, die für die bestbewertete Alternative des Zielkonzepts verwendet wurde.

Ein Beispiel zur Instanzenangabe ist in Abb. 2.5.2.2 gezeigt. Dort liegt das gleiche Zielkonzept wie in Abb. 2.5.1.2 zugrunde, nämlich "vollständige Diagnose allgemeines Konzept". Zunächst erfolgt die Ausgabe eines zu diesem Konzept gehörigen Attributs. Hierbei handelt es sich um die Bewertung für die Diagnose "lv beweg schwach" (Bewegungsschwäche des linken Ventrikels global), welche den Wert 0.33 besitzt. Anschliessend wird im Dialog zu einem Teil der aktuellen Instanz übergegangen, nämlich zum Konzept "lokale Motilitätsdiagnose des infero-apikalen Segments". Dort wird - ähnlich wie bei der vorhergehenden Instanz - die Bewertung für die Diagnose Hypokinesie (bezogen auf das inferoapikale Segment) ausgegeben. Der Wert beträgt hier 0.5. Nach Angabe des Sicherheitsfaktors für die aktuelle Instanz wird eine Stufe weiter nach unten bezüglich der Teil-Hierarchie nach Abb. 2.3.2.1 verzweigt und dort können ähnlich wie für die vorherigen beiden Ebenen Attribute, Strukturen oder Sicherheiten ausgegeben werden.

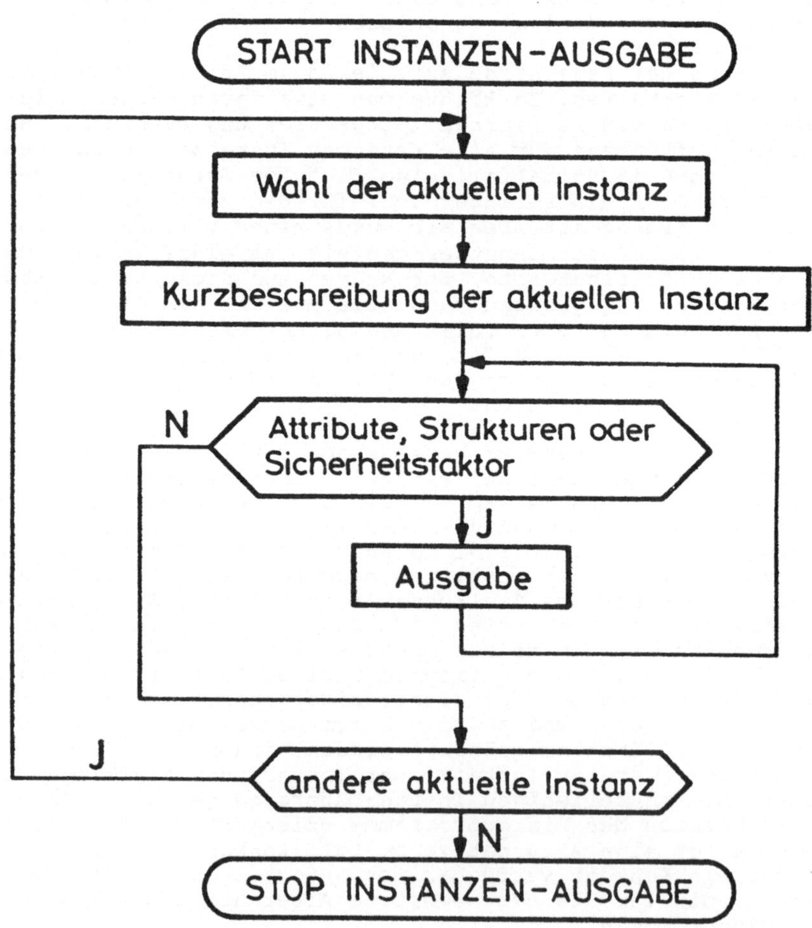

Abb. 2.5.2.1: Interaktive Ausgabe der Instanzen

```
*************************************************************
*****  A U S G A B E  D E R  I N S T A N Z E N  *****
*************************************************************
Das Dialogprogramm MENUINST gibt auf Wunsch alle INSTANZEN
des Instanzenspeichers aus, wobei fuer jede Instanz deren
semantische und notwendige Attribute und Strukturen so-
wie ihr Sicherheitsfaktor ['CF'] betrachtet werden
koennen.
Ausgehend von einer momentan fixierten Instanz kann
jeweils zu einer Instanz uebergegangen werden, die
semantisches oder notwendiges Teil ist bzw. auf
dem optimalen Analysepfad liegt.
                  - - - - -
Durch ein Hilfsprogramm  HELP  hat man die Moeglichkeit,
den bisher durch den Instanzenspeicher zurueckgelegten
Pfad d.h. alle bisher betrachteten Instanzen auf dem
Bildschirm auflisten zu lassen.
HELP kann an jeder beliebigen Stelle des Dialogs, wo
der Benutzer um eine Antwort gebeten wird, durch Ein-
gabe von  'HELP'  oder auch nur des Zeichens  'H'
aufgerufen werden.
-------------------------------------------------------
[ Weiter mit  RETURN ]

AKTUELL FIXIERTE  INSTANZ  ==>>  'comdia' :
EBENE 700 ; vollstaendige Diagnose allgemeines Konzept
=================================================================
 ( IN DIESEM FALL DER AUSGANGSPUNKT  'ZIELINSTANZ' )

WERDEN INFORMATIONEN INNERHALB DER INSTANZ GEWUENSCHT ? [Y/N]
Y
WERDEN 'ATTRIBUTE' DER INSTANZ GEWUENSCHT ? [Y/N]
Y
WIRD EIN SEMANTISCHES  ATTRIBUT  GEWUENSCHT ? [Y/N]
Y
ES EXISTIEREN FOLGENDE 23 SEMANTISCHEN  ATTRIBUTE :
 1. ATTRIBUT:
 :
 :
 :
 :
 :
13. ATTRIBUT:
DER SELEKTORTEXT LAUTET: lv_beweg_schwach
14. ATTRIBUT:
DER SELEKTORTEXT LAUTET: lv_bewegungslos
15. ATTRIBUT:
DER SELEKTORTEXT LAUTET: lv_gross
-------------------------------------------------------
 WELCHES DIESER  ATTRIBUTE  SOLL BETRACHTET WERDEN ?
 ( BITTE ENTSPRECHENDE NUMMER ANGEBEN : [nur wenn eingetragen !]
 -  0 FALLS KEINES DER BISHER GENANNTEN GEWUENSCHT WIRD )
 [ ANMERKUNG: ES EXISTIEREN NOCH WEITERE. ]
```

Abb.2.5.2.2: Beispiel-Protokoll zur interaktiven Instanzenausgabe

```
13
***  Es wurde das Attribut  'lv_beweg_schwach'  gewaehlt  ***
=========================================================================
SEMAN. ATTRIBUT:  lv_beweg_schwach
KONZEPT:  EBENE 700 ; vollstaendige Interpretation allgemeines K
onzept

- MAXIMALE ZAHL VON WERTEN (DIMENSIONS-PRODUKT):      1 ;
- DIMENSIONEN DER WERTE-MATRIX:   W =   1 ;   X =   1 ;

- UNTER- UND OBERGRENZE (def.Bereich) DER  W E R T E
  [ vom Datentyp REAL ] :       0.000      1.000
 DIE ATTRIBUT-WERTE ( **** => nicht im Def.bereich ) SIND:
    :  0.33

 WIRD NOCH EINES DIESER  ATTRIBUTE  GEWUENSCHT ? [Y/N]
N

 WIRD EIN NOTWENDIGES  ATTRIBUT  GEWUENSCHT ? [Y/N]
N

 WERDEN 'STRUKTUREN' DER INSTANZ GEWUENSCHT ? [Y/N]
N

 WIRD DER  'CF'-WERT  DER INSTANZ GEWUENSCHT ? [Y/N]
N
 WO SOLL DIE AUSGABE FORTGESETZT WERDEN ?
  [ AUSGEHEND VON DER AKTUELL FIXIERTEN INSTANZ 'comdia':
    EBENE 700 ; vollstaendige Diagnose allgemeines Konzept   ]
 ----------------------------------------------------------------
 1) EIN SEMANTISCHES ODER NOTWENDIGES  TEIL
 3) RUECKKEHR ZUR  START- BZW. ZIELINSTANZ  'comdia'
 4) BELIEBIGE INSTANZ DES ANALYSEPFADS

 RETURN)  BEI DER  S O E B E N  BETRACHTETEN INSTANZ

 ODER: 0) BEENDEN DER KOMMUNIKATION BZW. DES PROGRAMMS
 ----------------------------------------------------------------
  BITTE DIE NUMMER DER GEWUENSCHTEN MOEGLICHKEIT EINGEBEN :
1

 WIRD EIN SEMANTISCHES  TEIL  GEWUENSCHT ? [Y/N]
Y
  ES EXISTIEREN KEINE DERARTIGEN  TEILE !

 WIRD EIN NOTWENDIGES  TEIL  GEWUENSCHT ? [Y/N]

Y
 ES EXISTIEREN FOLGENDE ` 6 NOTWENDIGEN  TEILE :
  1. TEIL:
 SELEKTORTEXT: 'linker_ventrikel' ;  KONZEPTNAME: 'lmdlv '  ==>>
 EBENE 610 ; Motilitaetsdiagnose linker Ventrikel als Ganzes
  2. TEIL:
 SELEKTORTEXT: 'inferioapikal' ;  KONZEPTNAME: 'lmdia '  ==>>
 EBENE 610 ; lokale Motilitaetsdiagnose inferoapikales Segmen
  3. TEIL:
   :
   :
```

Abb.2.5.2.2 (Forts.)

```
---------------------------------------------------------------
 WELCHES DIESER  TEILE  SOLL BETRACHTET WERDEN ?
 ( BITTE ENTSPRECHENDE NUMMER ANGEBEN : [nur wenn eingetragen !]
 -  0 FALLS KEINES DER BISHER GENANNTEN GEWUENSCHT WIRD )
 [ ANMERKUNG: ES EXISTIEREN NOCH WEITERE. ]
2
AKTUELL FIXIERTE  INSTANZ  ==>>  'lmdia ' :
EBENE 610 ; lokale Motilitaetsdiagnose inferoapikales Segmen
=====================================================================

WERDEN INFORMATIONEN INNERHALB DER INSTANZ GEWUENSCHT ? [Y/N]
Y
WERDEN 'ATTRIBUTE' DER INSTANZ GEWUENSCHT ? [Y/N]
Y
WIRD EIN SEMANTISCHES  ATTRIBUT  GEWUENSCHT ? [Y/N]
Y
ES EXISTIEREN FOLGENDE  9 SEMANTISCHEN  ATTRIBUTE :
 1. ATTRIBUT:
DER SELEKTORTEXT LAUTET: normal
 2. ATTRIBUT:
DER SELEKTORTEXT LAUTET: hypokinesie
 3. ATTRIBUT:
 .
 .
 .
 .
---------------------------------------------------
 WELCHES DIESER  ATTRIBUTE  SOLL BETRACHTET WERDEN ?
 ( BITTE ENTSPRECHENDE NUMMER ANGEBEN : [nur wenn eingetragen !]
 -  0 FALLS KEINES DER BISHER GENANNTEN GEWUENSCHT WIRD )
 [ ANMERKUNG: ES EXISTIEREN NOCH WEITERE. ]
2
***  Es wurde das Attribut  'hypokinesie'  gewaehlt  ***
=======================================================================
SEMAN. ATTRIBUT:  hypokinesie
KONZEPT:  EBENE 610 ; regionale Motilitaetsdiagnose inferioapika
les Segmen

- MAXIMALE ZAHL VON WERTEN (DIMENSIONS-PRODUKT):      1 ;
- DIMENSIONEN DER WERTE-MATRIX:   W =   1 ;    X =   1 ;

- UNTER- UND OBERGRENZE (def.Bereich) DER  W E R T E
  [ vom Datentyp REAL ] :      0.000     1.000
 DIE ATTRIBUT-WERTE ( **** => nicht im Def.bereich ) SIND:
    !  0.50
  WIRD EINE GRAPHISCHE AUSGABE GEWUENSCHT? [Y/N]
N
 WIRD NOCH EINES DIESER  ATTRIBUTE  GEWUENSCHT ? [Y/N]
N
 WIRD EIN NOTWENDIGES  ATTRIBUT  GEWUENSCHT ? [Y/N]
N
 WERDEN 'STRUKTUREN' DER INSTANZ GEWUENSCHT ? [Y/N]
N
```

Abb. 2.5.2.2 (Forts.)

```
 WIRD DER  'CF'-WERT  DER INSTANZ GEWUENSCHT ? [Y/N]
Y
DER 'CF'-WERT (Sicherheitsfaktor) BETRAEGT:        0.538
 WO SOLL DIE AUSGABE FORTGESETZT WERDEN ?
  [ AUSGEHEND VON DER AKTUELL FIXIERTEN INSTANZ 'lmdia ':
    EBENE 610 ; lokale Motilitaetsdiagnose inferoapikales Segmen ]
 ------------------------------------------------------------------
 1) EIN SEMANTISCHES ODER NOTWENDIGES  TEIL

 2) RUECKKEHR ZUR LETZT BETRACHTETEN  INSTANZ  'comdia' :
    EBENE 700 ; vollstaendige Diagnose allgemeines Konzept
 3) RUECKKEHR ZUR  START- BZW. ZIELINSTANZ  'comdia'
 4) BELIEBIGE INSTANZ DES ANALYSEPFADS

 RETURN)  BEI DER  S O E B E N  BETRACHTETEN INSTANZ

 ODER: 0) BEENDEN DER KOMMUNIKATION BZW. DES PROGRAMMS
 ------------------------------------------------------------
  BITTE DIE NUMMER DER GEWUENSCHTEN MOEGLICHKEIT EINGEBEN :
1

 WIRD EIN SEMANTISCHES  TEIL  GEWUENSCHT ? [Y/N]
Y
  ES EXISTIEREN KEINE DERARTIGEN  TEILE !

 WIRD EIN NOTWENDIGES  TEIL  GEWUENSCHT ? [Y/N]
Y

 ES EXISTIEREN FOLGENDE  12 NOTWENDIGEN  TEILE :
  1. TEIL:
 SELEKTORTEXT: 'kontraktion' ;  KONZEPTNAME: 'kontia'  ==>>
 EBENE 420 ; Kontraktion inferoapikales Segment
  2. TEIL:
 SELEKTORTEXT: 'expansion' ;  KONZEPTNAME: 'expia '  ==>>
 EBENE 420 ; Expansion inferoapikales Segment
  3. TEIL:
 SELEKTORTEXT: 'stagnation' ;  KONZEPTNAME: 'staia '  ==>>
 EBENE 420 ; Stagnation inferoapikales Segmen
  4. TEIL:
 SELEKTORTEXT: 'staia' ;  KONZEPTNAME: 'zyklia'  ==>>
 EBENE 421 ; Zyklus inferoapikales Segmen
  5. TEIL:
 SELEKTORTEXT: 'pre_ejection' ;  KONZEPTNAME: 'pep '  ==>>
 EBENE 500 ; Pre Ejection Period des Linken Ventrikel
 ------------------------------------------------------------
  WELCHES DIESER  TEILE  SOLL BETRACHTET WERDEN ?
  ( BITTE ENTSPRECHENDE NUMMER ANGEBEN : [nur wenn eingetragen !]
  -  0 FALLS KEINES DER BISHER GENANNTEN GEWUENSCHT WIRD )
  [ ANMERKUNG: ES EXISTIEREN NOCH WEITERE. ]
2

  .
  .
  .
  .
  .
  .
```

Abb. 2.5.2.2 (Forts.)

2.6 EXPERIMENTELLE ERGEBNISSE UND ERFAHRUNGEN

Das im zweiten Teil dieser Arbeit beschriebene System zur Analyse nuklearmedizinisch gewonnener Bildfolgen des menschlichen Herzens wurde auf einem weit verbreiteten Kleinrechner implementiert und getestet. Das vorliegende Kapitel beschreibt die bisher gewonnenen experimentellen Ergebnisse und Erfahrungen. Kap. 2.6.1 enthält einige Angaben zur Implementierung. Eine Beurteilung der erzielten Ergebnisse erfolgt in Kap. 2.6.2 und 2.6.3. Vorschläge für weiterführende Arbeiten finden sich in Kap. 2.6.4.

2.6.1 ALLGEMEINES

Die Implementierung beruht auf den Programmiersprachen FORTRAN und RATFOR [KERNIGHAN/PLAUGHER 1976]. Bei RATFOR handelt es sich um eine FORTRAN-Erweiterung, insbesondere um Kontrollstrukturen, welche die strukturierte Programmierung unterstützen. Die Uebersetzung und Ausführung eines RATFOR-Programms erfolgt gemäss der beiden unteren Blöcke in Abb. 2.3.1.3. D.h., dass ein RATFOR-Programm zunächst unter Verwendung des in [KERNIGHAN/PLAUGHER 1976] beschriebenen Makrogenerators in ein FORTRAN-Programm transformiert wird, welches dann in der üblichen Weise nach Uebersetzung und Binden ausgeführt werden kann.

Zunächst ist festzustellen, dass verschiedene Gründe existieren, die gegen die Verwendung von FORTRAN und auch gegen die Verwendung von RATFOR sprechen. Vor allem ist dies die Inadäquatheit der Kontrollstrukturen in FORTRAN (die allerdings in RATFOR weitgehend beseitigt ist) sowie das Fehlen geeigneter Sprachelemente zur Definition von Datenstrukturen in beiden Sprachen. Die Entscheidung für FORTRAN und RATFOR beruht letztlich darauf, dass die Entwicklung des hier beschriebenen Systems geprägt war vom Ziel eines klinischen Einsatzes. In der Nuklearmedizin beruht die überwiegende Zahl der kommerziell erhältlichen und gebräuchlichen Softwaresysteme zur interaktiven Auswertung von Bildfolgen auf der Sprache FORTRAN. Hier wurde der Kompatibilität ein höheres Gewicht eingeräumt als der Verwendung einer dem Problem besser angepassten Programmiersprache. Der Begriff "Kompatibilität" soll in diesem Zusammenhang bedeuten, dass das hier vorgestellte Bildanalysesystem in einer klinischen Umgebung auf der gleichen Anlage wie eventuell schon vorhandene Softwaresysteme zur interaktiven Bildauswertung lauffähig sein soll und dass es prinzipiell möglich sein soll, einzelne Moduln des einen Systems in das andere System zu integrieren.

Das hier beschriebene Bildanalysesystem hat einen Speicherbedarf von über 3 MByte. Dieser Platzbedarf verteilt sich auf die einzelnen Systemmoduln gemäss der Darstellung in Abb. 2.6.1.1. Die Grösse des Systems von über 3 MByte steht in krassem Widerspruch zu dem an der verwendeten Maschine hardwaremässig vorhandenen Hauptspeicher von 256 KByte mit einem von einem Programm her addressierbaren Bereich von 64 KByte. Das Problem wurde gelöst durch eine Aufgliederung des Gesamtsystems in verschiedene, miteinander kommunizierende Einzelprozesse unter der Regie des Betriebssystems, welches für Realzeit- und Prozessanwendungen verwendbar ist. Die so resultierenden Einzelprozesse besitzen alle einen Speicherbedarf von maximal 64 KByte, bzw. wurden unter Verwendung der Ueberlagerungstechnik ("overlay") auf diese Grösse reduziert. Diesbezügliche Details zur Implementierung finden sich in [HOFMANN/OTTO 1983].

Modul	Platzbedarf (MByte)
Modell (deklarativ)	0.2
Modell (prozedural)	1.3
Instanzen	1.0
Kontrolle	0.1
Dialog	0.1
Methoden	0.5

Abb. 2.6.1.1: Platzbedarf der einzelnen Systemmoduln

Der deklarative Teil des Modells sowie der Grossteil der zu einem Zeitpunkt während eines Analyselaufs nichtaktiven Prozesse ist auf Hintergrundspeicher ausgelagert. Deshalb kommt es während der Analyse einer Bildfolge zu zahlreichen Prozesswechseln und Zugriffen auf den Hintergrundspeicher. Dies führt in der momentanen Systemversion zu relativ hohen Laufzeiten. Die aktuelle Laufzeit für einen Analyselauf variiert in Abhängigkeit vom Zielkonzept, das der Benutzer wählt, und der Anzahl der erzeugten konkurrierenden Instanzen, welche von den vorliegenden Eingabedaten abhängt. Typisch ist eine Laufzeit von ca. 3h für einen kompletten Analyselauf bei Auswahl eines Zielkonzepts auf der Ebene 8 des Netzes. Hiervon nimmt die Extraktion elementarer Bildbestandteile nach Kap. 2.4 ca. 50 min ein. Die angegebenen Zeiten beruhen auf der Verwendung eines Halbleiterspeichers einer Kapazität von 4 MByte, der anstelle einer Platte als Hintergrundspeicher im gegenwärtigen System verwendet wird. Dieser Speicher gewährleistet aufgrund seiner schnelleren Zugriffszeit eine Laufzeitverkürzung gegenüber dem Einsatz einer Platte. Eine Portierung des Systems auf einen Rechner mit einem Hauptspeicher genügender Kapazität, der das Gesamtsystem aufnehmen könnte, würde zu einer weiteren erheblichen Reduktion der Laufzeit führen.

2.6.2 BEURTEILUNG DER KONTUREN DES LINKEN VENTRIKELS

Eine wesentliche Aufgabe bei der Entwicklung eines Bildanalysesystems besteht in einer Ueberprüfung der Korrektheit der vom System gelieferten Ergebnisse. In verschiedenen Anwendungsgebieten kann eine entsprechende Beurteilung direkt anhand der Eingabedaten des Systems ohne grössere Schwierigkeiten vorgenommen werden, insbesondere dann, wenn sich eine Bildbeschreibung auf Objekte und Relationen bezieht, die dem Systementwickler bekannt sind. Als Beispiel kann die Analyse von Szenen der natürlichen Umgebung oder Werkstücken dienen. Bei anderen Anwendungen lässt sich jedoch eine Verifikation der Ergebnisse nicht direkt anhand der vorliegenden Eingabedaten vollziehen, da der Systementwickler kein Experte im betreffenden Problemkreis ist. Dies trifft zu für viele Bereiche der medizinischen Bildauswertung und insbesondere für das hier betrachtete System zur Analyse nuklearmedizinisch gewonnener Bildfolgen.

Im Laufe der Entwicklung des hier beschriebenen Systems wurde eine Datenbasis mit verschiedenen Bildfolgen gesammelt. Alle Bildsequenzen wurden einer diagnostischen Beurteilung durch einen Mediziner unterzogen, wobei die getroffenen Aussagen protokollarisch festgehalten wurden. Die Entwicklung der im System verwendeten Algorithmen, insbesondere der prozeduralen Wissensquellen und der Verfahren zur Extraktion elementarer Bildbestandteile, erfolgte inkrementell in enger Zusammenarbeit mit dem medizinischen Partner anhand der Stichprobe. Im vorliegenden Kapitel wird über Ergebnisse berichtet, die sich auf die quantitative Verifikation der verwendeten Algorithmen zur Detektion der Kontur des linken Ventrikels beziehen. Kap. 2.6.3 beschäftigt sich mit einer Beurteilung der vom System gelieferten diagnostischen Interpretationen.

Auf der untersten Ebene des Modells treten die mithilfe der im System vorhandenen Bildverarbeitungs- und Segmentierungsverfahren automatisch detektierten Konturen des linken Ventrikels auf. Alle weiteren Berechnungen in einem Analyselauf, die durchgeführt werden mit dem Ziel, eine diagnostische Beschreibung der Eingabebildfolge zu ermitteln, beruhen auf diesen Konturen. Somit ist eine wesentliche Aufgabe beim Testen des Systems die Validierung der Methoden zur Konturdetektion.

Eine subjektiv-visuell durchgeführte Analyse der Ergebnisse der Konturdetektion zeigte, dass bei einer Stichprobe von 420 Einzelbildern insgesamt 390 Bilder korrekt verarbeitet worden waren. Dies entspricht einer Rate von 93 %. Beispiele für derartige als korrekt verarbeitet eingestufte Bilder sind in Abb. 2.2.4.12, 2.2.4.23 gezeigt. Inkorrekt bearbeitete Bilder sind z.B. die Aufnahmen 6-8 in Abb. 2.2.4.15. Man beachte, dass diejenigen Bilder, die als korrekt eingestuft werden, u.U. eine automatische Korrektur wie in Abschnitt 2.2.4G beschrieben erfahren haben.

Aus der subjektiv-visuell durchgeführten Klassifikation lässt sich mit Sicherheit nur schliessen, dass mindestens 7 % aller Bilder fehlerhaft bearbeitet wurden. Inwieweit die als korrekt empfundenen Konturen den tatsächlichen Konturverlauf wiederspiegeln wurde in einer weiteren detaillierten Analyse untersucht, die im folgenden beschrieben wird.

Aus der Literatur sind verschiedene Ansätze bekannt zur Validierung von Methoden für die automatische Organfindung in medizinischen Bildern. Die Betrachtung wird im folgenden konzentriert auf Ansätze für Bildfolgen vom menschlichen Herzen. In [TASTO/

FELGENDREHER/SPIESBERGER/SPILLER 1976] wird berichtet über den Vergleich von Konturen, die auf verschiedene Art, z.T. automatisch, z.T. durch manuelles Einzeichnen, gewonnen wurden. Das Vergleichskriterium ist die durchschnittliche Abweichung in x-Richtung zwischen Konturpunkten mit gleicher y-Koordinate. Die Intra- und Interobservervarianz bei der manuellen Bearbeitung durch verschiedene Mediziner beträgt nach [TASTO/FELGENDREHER/SPIESBERGER/SPILLER 1976] durchschnittlich ca. 2 bzw. ca. 4 Bildpunkte bei einer Auflösung von 256x256 Pixel. Die Abweichung zwischen Mensch und Maschine ist etwa gleich der Interobservervarianz. Das Vergleichsverfahren wurde für Konturen des linken Ventrikels in Cineangiokardiogrammen, d.h. Röntgenbildern, unter einer RAo-Projektion entwickelt und ist nicht direkt auf die hier betrachteten Bilder anwendbar, da nicht a priori klar ist, welche Bildpunkte in den zu vergleichenden Konturen miteinander korrespondieren. Der Vergleich von Konturen auf der Basis von enddiastolischem und endsystolischem Volumen wird in [SAUER/SEBENING 1980] beschrieben. Eng verwandt damit ist die Konturverifikation unter Verwendung des Parameters "Auswurffraktion" ("ejektion-fraction", "ef"). Hierbei handelt es sich um eine Methode, die weitgehende Verbreitung gefunden hat [ADAMS/TARKOWSKA/BITTER/STAUCH/GEFFERS 1979, SAUER/SEBENING 1980, GERBRANDS/HOEK/REIBER/LIE/SIMOONS 1981, FEISTEL 1982].

Die Auswurffraktion ef wurde bereits in Kap. 2.3.6 erwähnt. Sie stellt einen klinisch relevanten Parameter dar, der hohe Aussagekraft bezüglich der Motilität des linken Ventrikels besitzt. Es wurden verschiedene Methoden zur Berechnung der Auswurffraktion ef in der Literatur vorgeschlagen, z.B. [SAUER/SEBENING 1980]:

$$ef = \frac{EDV-ESV}{EDV} \qquad (2.6.2.1)$$

EDV = enddiastolisches Volumen
ESV = endsystolisches Volumen

oder

$$ef = \frac{EDC-ESC}{EDC-B} \qquad (2.6.2.2)$$

EDC = enddiastolische Zählrate
ESC = endsystolische Zählrate
B = Hintergrund-Zählrate

Es sei hier nochmals daran erinnert, dass die Enddiastole bzw. Endsystole den Zeitpunkt maximaler Expansion bzw. Kontraktion des linken Ventrikels während eines Zyklus bezeichnet. Bei Gleichung (2.6.2.1) wird davon ausgegangen, dass EDV und ESV separat auf der Basis der enddiastolischen und endsystolischen Kontur bestimmt werden, während bei Gleichung (2.6.2.2) sowohl EDC als auch ESC über der enddiastolischen Fläche gemessen werden. Für den grössten Teil der bei der Entwicklung des Systems zur Verfügung stehenden Stichprobe war die Auswurffraktion gemäss Gleichung (2.6.2.1) bei der Untersuchung des Patienten routinemässig berechnet worden. Hierbei waren die nötigen enddiastolischen und endsystolischen Konturen manuell durch den Mediziner bestimmt worden, und als endsystolisches bzw. enddiastolisches Volumen diente die Gesamtzahl der innerhalb dieser Flächen registrierten Impulse, vgl. [FEISTEL 1982]. Deshalb wurde die Validierung der automatisch berechneten Konturen auf der Basis der Auswurffraktion nach Gleichung (2.6.2.1) durchgeführt.

Entsprechend Gleichung (2.6.2.1) ist zur Berechnung der Auswurffraktion auf der Basis automatisch ermittelter Konturen zunächst das enddiastolische und endsystolische Bild zu bestimmen. Das enddiastolische Bild (Zustand maximaler Expansion des linken Ventrikels) tritt aufnahmetechnisch bedingt immer auf dem ersten Bild einer Sequenz auf. Zur Bestimmung des endsystolischen Bildes (Zustand maximaler Kontraktion, d.h. minimales Volumen des linken Ventrikels) wurden zwei verschiedene Methoden verwendet:

a) Bestimmung des endsystolischen Bildes durch visuelle Begutachtung der Bildfolge bei kinematografischer Darstellung.

b) Das endsystolische Bild ergibt sich als das Bild, bei dem das minimale Volumen in der Bildfolge auftritt, wobei zur Volumenbestimmung die automatisch ermittelten Konturen zugrunde gelegt werden.

Die Methode nach a) ist an das Vorgehen des Mediziners angelehnt, wobei allerdings die Bestimmung der Konturen im enddiastolischen und endsystolischen Bild automatisch erfolgt, während bei Methode b) die Auswurffraktion vollautomatisch ohne jeglichen Eingriff eines Operateurs berechnet wird.

Zur quantitativen Bestimmung der Güte der automatisch bestimmten Konturen wurde der Korrelationskoeffizient für den Parameter ef zwischen automatischer un manueller Konturfindung bestimmt. Beide Methoden zur Bestimmung der Endsystole zeigten keine signifikanten Abweichungen. Eine grafische Darstellung der Ergebnisse ist in Abb. 2.6.2.1 (Enddiastole nach Methode a) und Abb. 2.6.2.2 (Enddiastole nach Methode b) gegeben. Es ergaben sich Korrelationskoeffizienten von r = 0,93 in beiden Fällen. Andere vergleichbare Werte aus der Literatur, die sich auf die Ermittlung der Auswurffraktion mittels unterschiedlicher Verfahren beziehen, liegen zwischen r = 0,8 und r = 0,97 [ADAMS/TARKOWSKA/BITTER/STAUCH/GEFFERS 1979, FEISTEL 1982]. Daraus kann auf eine zufriedenstellende Uebereinstimmung zwischen den manuell und automatisch bestimmten Konturen im hier betrachteten System geschlossen werden.

Eine quantitative Validierung der Methode zur Bestimmung der anatomischen Sektoren nach Kap. 2.2.6, z.B. auf der Basis der lokalen, den einzelnen Sektoren entsprechenden Auswurffraktion, war nicht möglich, da entsprechende Referenzdaten aus einer manuellen

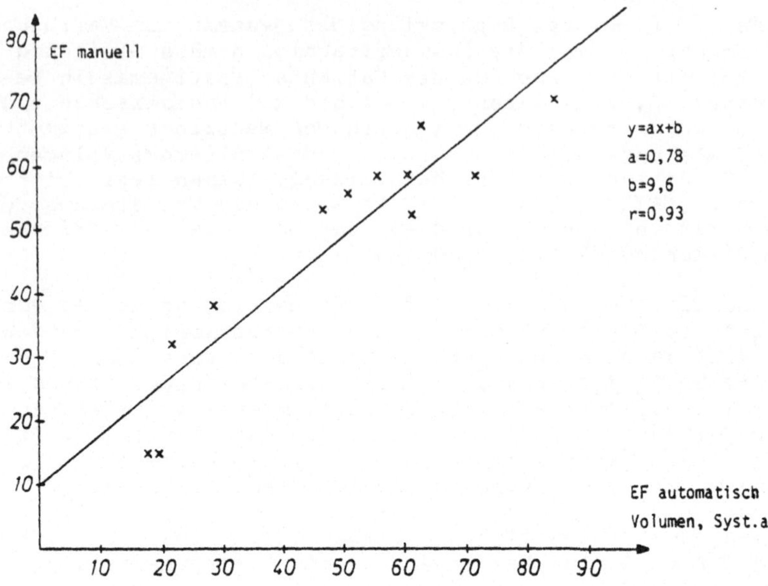

Abb.2.6.2.1: Vergleich zwischen manuell und automatisch bestimmten Konturen, siehe Text

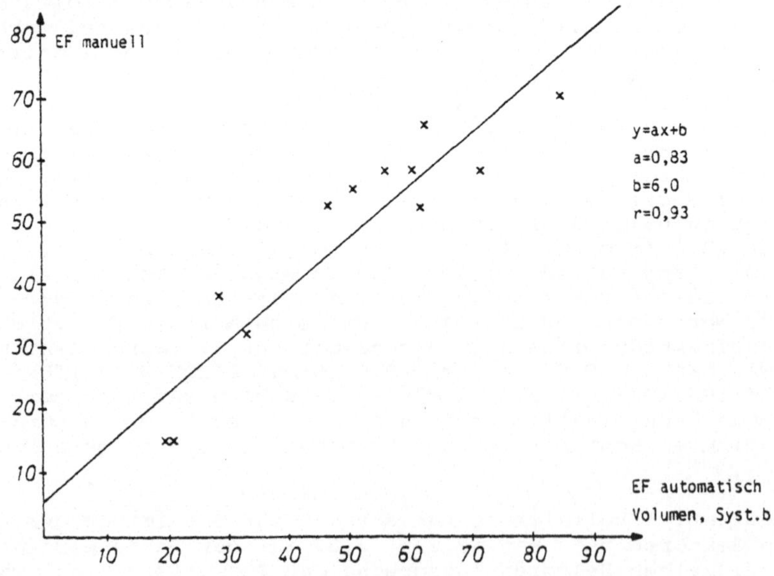

Abb.2.6.2.2: Vergleich zwischen manuell und automatatisch bestimmten Konturen, siehe Text

Auswertung nicht zur Verfügung standen. So beruht die bezüglich dieser Methode durchgeführte Validierung auf einer qualitativ-subjektiven visuellen Begutachtung durch den Mediziner. Hierbei wurden die Ergebnisse bei allen beurteilten Testbildern als akzeptabel bis gut eingestuft. Ein weiterer Hinweis auf die Korrektheit des Verfahrens zur Bestimmung der anatomischen Sektoren ergibt sich aus den in Kap. 2.6.3 berichteten Ergebnissen bei der Ableitung einer Diagnose, für welche u.a. von der Kontur der anatomischen Sektoren ausgegangen wird.

2.6.3 BEURTEILUNG DER ABGELEITETEN DIAGNOSEN

Zur Beurteilung der Korrektheit der vom System gelieferten diagnostischen Interpretationen wurden 20 Bildsequenzen herangezogen. Für jede dieser Bildfolgen lag eine von einem Mediziner im herkömmlichen interaktiven Auswertungsprozess gewonnene Diagnose vor. Die diagnostische Beurteilung einer Bildfolge bezieht sich z.T. auf den linken Ventrikel global, z.T. auch auf einzelne anatomische Sektoren, je nach Art der auftretenden Bewegungsstörung und dem aktuellen Anlass, auf Grund dessen die Diagnose gefällt wurde. Die in den ärztlichen Diagnosen protokollierten Bewegungsstörungen sind "global eingeschränkte Beweglichkeit", "Akinesie" (Bewegungslosigkeit), "Hypokinesie" (Einschränkung der Beweglichkeit), "Diskinesie" (Phasenverschiebung) und der Befund "Normal", d.h. keine Bewegungsstörung. Hierbei bezieht sich eine global eingeschränkte Beweglichkeit auf den gesamten linken Ventrikel, während sich Akinesie, Hypokinesie und Diskinesie jeweils auf anatomische Sektoren des linken Ventrikels beziehen. So liegt z.B. bei Sequenz 6 in Abb. 2.6.3.1 die ärztliche Diagnose "Akinesie des infero-apikalen Sektors" (Schreibweise ak(IA)) vor. Bei Sequenz 2 wurde das Vorliegen einer Hypokinesie vom Mediziner festgestellt, ohne dass genauer angegeben ist, welcher anatomische Sektor betroffen ist. In einigen Fällen tritt eine Bewegungsstörung in mehr als einem anatomischen Sektor auf, z.B. bei Sequenz 1, wo eine Akinesie im postero-lateralen und im septalen Sektor diagnostiziert wurde. Bei anderen Sequenzen treten verschiedene Bewegungsstörungen kombiniert auf, z.B. bei Sequenz 10, wo eine global eingeschränkte Beweglichkeit und eine Diskinesie im infero-apikalen Bereich festgestellt wurden.

Die Tabelle in Abb. 2.6.3.1 zeigt das Ergebnis einer Reihe von Testläufen, die bisher mit dem System durchgeführt worden sind. Die Einträge in der Spalte "Mediziner" entsprechen den oben diskutierten ärztlichen Diagnosen während die übrigen Spalten LV,...,SE Ergebnisse darstellen, die vom System geliefert wurden. Die Zahlenwerte geben die Bewertungen an, die mithilfe der in Kap. 2.3.6 beschriebenen Regeln für einzelne Diagnosen abgeleitet wurden. Aus Zeitgründen konnten nicht alle Testläufe durchgeführt werden, die nötig gewesen wären, um die Tabelle in Abb. 2.6.3.1 vollständig zu besetzen. So ist etwa nur die Hälfte der Plätze in der Tabelle belegt. Bei der überwiegenden Anzahl der Sequenzen wurde jeweils nur für einzelne anatomische Sektoren oder den linken Ventrikel eine Diagnose abgeleitet. Beispielsweise wurde

Sequenz	Mediziner	System LV	IA	PL	BA	SE
1	ak(PL,SE)	eb 0.33		ak 0.5	nm 0.63 hy o.4	hy 0.75
2	hy	eb 0.16	hy 0.32 ak 0.24	hy 0.14 ak 0.62		hy 0.23
3	ak(IA,PL)		ak 1.0	ak 1.0		
4	hy	nm 0.6 eb 0.33	nm 0.09 hy 0.5	hy 0.75	nm 0.5	nm 0.18 hy 0.54
5	eb	eb 0.37	hy 0.13	hy 0.13		ak 1.0
6	ak(IA)		ak 0.73		ak 0.63	
7	nm		nm 0.18	nm 0.33		nm 0.33
8	eb,di	hy 0.49 ak 0.33 di 0.25 eb 0.33	hy 0.49 ak 0.49	nm 0.76 di 0.25	nm 0.67	
9	nm	nm 0.12				hy 0.01
10	eb di(IA)	eb 0.33 nm 0.16	hy 0.33 ak 0.6 di 0.3	nm 0.48 hy 0.5	nm 0.33 hy 0.25	hy 0.07 ak 0.4
11	hy(IA)		hy 0.48 ak 0.08			
12	ak(IA)		hy 0.12 ak 0.45			
13	ak(IA)		hy 0.1 ak 0.48			
14	nm	nm 0.3	nm 0.7 hy 0.32			
15	nm	nm 0.66 eb 0.3				
16	hy(IA,SE)		hy 0.16			hy 0.17
17	hy(SE)					nm 0.11 hy 0.23

IA: infero-apikal, PL: postero-lateral, BA: basal, SE: septal
LV: linker Ventrikel global
hy: Hypokinesie, ak: Akinesie, nm: normal, eb: global eingeschränkte Beweglichkeit, di: Diskinesie

Abb. 2.6.3.1: Diagnosen für 17 Testsequenzen

bei Sequenz 1 lediglich für die Sektoren PL, BA und SE sowie für den linken Ventrikel global, nicht jedoch für den Sektor IA eine Diagnose erstellt. Eine vollständige Behandlung erfuhren lediglich die Sequenzen 4 und 10. In den Positionen der Tabelle in Abb. 2.6.3, die besetzt sind, wurden lediglich solche Bewertungen angegeben, die grösser als Null sind. So wurden im Rahmen der Testläufe z.B. für die Sequenz 1 auch Bewertungen für die Diagnose Hypokinesie, Diskinesie und Normal für den postero-lateralen Bereich abgeleitet, die jedoch nicht in der Tabelle angegeben sind, da sie alle den Wert 0 besitzen.

Auf Ebene 7 und 8 in Abb. 2.6.3.1 existiert jeweils ein Konzept "undefiniert", welches mit einer hohen Bewertung instanziiert wird, wenn für eine Bildfolge kein anderes diagnostisches Konzept zutrifft. Bei drei der verwendeten 20 Testsequenzen wurde dieses Konzept mit einer hohen Bewertung instanziiert, was einer Rückweisung dieser Sequenz durch das System gleichkommt. Die drei zurückgewiesenen Testsequenzen sind nicht in der Tabelle in Abb. 2.6.3.1 enthalten. Hier muss in zukünftigen Untersuchungen noch genauer geklärt werden, ob sich Verbesserungen erzielen lassen durch Veränderung verschiedener Parameter, auf denen die Ableitung von Bewertungen mittels der Regeln nach Kap. 2.3.6 beruht, vgl. Abb. 2.3.6.2, 2.3.6.3. Bei allen 17 Sequenzen, die in Abb. 2.6.3.1 aufgeführt sind, besitzt das Konzept "undefiniert" jeweils eine Bewertung gleich 0.

Eine in Abb. 2.6.3.1 angegebene Bewertung ist nicht als absolute Grösse, sondern jeweils relativ zu den anderen alternativen Bewertungen zu interpretieren. (Dass hier kein wahrscheinlichkeitstheoretisches Modell zugrunde liegt, bei dem sich komplementäre Bewertungen jeweils zu 1 aufsummieren, wurde schon verschiedentlich im vorhergehenden Text erläutert.) So besitzt etwa für Sequenz 1 der Befund "Akinesie" für den anatomischen Sektor PL die Bewertung 0.5. Alle übrigen Befunde für diesen Sektor (z.B. "Normal" besitzen der Wert 0, so dass das abgeleitete Ergebnis als relativ sichere Entscheidung für eine Akinesie im Sektor PL gelten kann. Der Eintrag im der Spalte BA für die Sequenz 1 lässt sich umgangssprachlich etwa interpretieren als überwiegend normales Verhalten mit einer Tendenz zu einer Hypokinesie. Eine Alternative zur Darstellung in Abb. 2.6.3.1, welche die gleiche Information widerspiegeln würde, wäre eine Normierung aller für einen anatomischen Sektor auftretenden Bewertungen so, dass dem Maximum der Wert 1 zugeordnet wird und eine Veränderung aller anderen Bewertungen im entsprechenden Verhältnis erfolgt.

Zusammenfassend lässt sich aus der Tabelle in Abb. 2.6.3.1 eine gute Uebereinstimmung zwischen den ärztlichen Diagnosen und den Ergebnissen des Systems ablesen. So wurde bei den Sequenzen 2,3,4,5,6,9,14 und 16 genau die Diagnose des Mediziners auch vom System getroffen. Wie im vorherigen Abschnitt diskutiert sind die Bewertungen von bestimmten Diagnosen im Verhältnis zu den Bewertungen der anderen möglichen Diagnosen zu sehen. In diesem Sinn lässt sich z.B. die Bewertung von 0.12 immer noch als klare Entscheidung für die Diagnose Normal für Sequenz 9 interpretieren. Die vom Arzt gelieferte Diagnose Hypokinesie für die Sequenz 2 und 4 bedeutet jeweils das Auftreten einer Hypokinesie in mindestens einem der anatomischen Sektoren IA, PL, BA oder SE. Dieser Sachverhalt kommt in den in der Tabelle angegebenen Bewertungen zum Ausdruck.

Bei den übrigen Sequenzen liegen jeweils kompatible Aussagen zwischen Mediziner und System vor. So ergibt sich etwa bei Sequenz 1 keine perfekte Uebereinstimmung, da vom Mediziner für den Sektor SE eine Akinesie, vom System jedoch eine Hypokinesie diagnostiziert wurde. Jedoch existiert ein fliessender Uebergang zwischen beiden Befunden (Akinesie = Bewegungslosigkeit, Hypokinesie = Einschränkung der Beweglichkeit), so dass hier das Ergebnis des Systems immer noch als akzeptabel bezeichnet werden kann. Aehnlich ist die Situation z.B. bei Sequenz 11, wo vom System eine Hypokinesie mit einer leichten Tendenz zu einer Akinesie für den Sektor IA festgestellt wurde, während in der ärztlichen Diagnose lediglich die Hypokinesie angegeben ist.

Das Vorliegen einer bestimmten ärztlichen Aussage schliesst das Zutreffen weiterer diagnostischer Aussagen nicht aus. Es wurde z.B. für Sequenz 5 die Diagnose "global eingeschränkte Beweglichkeit" gefällt. Eine derartige Einschränkung muss einhergehen mit einer Einschränkung der Beweglichkeit (Hypokinesie) oder sogar einer Bewegungslosigkeit (Akinesie) in mindestens einem der anatomischen Sektoren IA, PL, BA oder SE. Genau dieser Sachverhalt ist in Abb. 2.6.3.1 angegeben. Der umgekehrte Fall liegt z.B. bei Sequenz 1 vor. Hier wurde vom Arzt eine Bewegungslosigkeit in den Sektoren PL und SE festgestellt. Eine derartige Bewegungslosigkeit muss eine Einschränkung der Beweglichkeit des linken Ventrikels global nach sich ziehen, was vom System auch diagnostiziert wurde.

Bezüglich der Grössen und Formverhältnisse wurden in keiner der verwendeten Testsequenzen Abnormalitäten in der ärztliche Diagnose festgestellt und hier wurde auch in jedem Fall der Befund Normal mit der maximal möglichen Bewertung von 1 vom System abgeleitet.

Es muss hier noch darauf hingewiesen werden, dass die in der Tabelle in Abb. 2.6.3.1 dargestellten Bewertungen im Rahmen dieses Abschnitts zum Vergleich der vom System gelieferten Interpretationen mit den Befunden eines Arztes herangezogen wurden. Diese Bewertungen stellen nicht das einzige Ergebnis eines Analyselaufs dar (wie es etwa typischerweise bei einem rein statistischen Auswertungsverfahren der Fall wäre). Vielmehr stehen nach vollzogener Analyse - wie in Kap. 2.5.2 erläutert - die Werte sämtlicher berechneter Attribute, Strukturen und Sicherheitsfaktoren in strukturierter Form im Instanzenspeicher zur Verfügung und können von Benutzer in einem rechnergestützten Dialog ausgegeben werden.

2.6.4. VORSCHLÄGE FÜR WEITERE ARBEITEN

Die in Kap. 2.6.2 und 2.6.3 beschriebenen Resultate mit der bisherigen Systemversion können insgesamt als zufriedenstellend angesehen werden. Dennoch kristallisiert sich aus den bisher gewonnenen Erfahrungen eine Reihe von Verbesserungs- und Erweiterungsmöglichkeiten heraus, die in folgenden Arbeiten berücksichtigt werden könnten.

Zunächst einmal bietet sich an, das System in grösserem Rahmen in einer klinischen Umgebung zu testen. Hierbei könnte eine Verifikation der verwendeten Algorithmen auf der Basis eines wesentlich umfangreicheren Datenmaterials durchgeführt werden. Ferner könnte der Dialogmodul auf seine Brauchbarkeit für den klinischen Routinebetrieb von einer grösseren Anzahl von Benutzern überprüft werden.

Im Rahmen einer klinischen Anwendung wäre die Bereitstellung einer Schnittstelle zwischen dem hier beschriebenen Bildanalysesystem und einer Datenbank eine sinnvolle Aktivität. Datenbanken finden zunehmende Verbreitung in der medizinischen Informatik zur Archivierung von Primärdaten und daraus abgeleiteten Befunden. Hier könnten die vom System gelieferten diagnostischen Interpretationen zusammen mit den zu analysierenden Bildern sinnvoll eingegliedert werden. So könnte die Grundlage für eine Automatisierung bei der Evaluation der Leistungsfähigkeit des Systems auf der Basis einer umfangreicheren Patientenstichprobe geschaffen werden.

Wie bereits in Kap. 2.6.4.1 angedeutet wurde, könnte der Zeitbedarf für einen Analyselauf signifikant verringert werden durch die Portierung auf einen Rechner mit einem Speicher, der eine genügend grosse Kapazität besitzt, um das Gesamtsystem aufzunehmen. Die Zeitersparnis ergibt sich daraus, dass eine Vielzahl von Prozesswechseln und Zugriffen auf den Hintergrundspeicher entfallen könnte. Eine derartige Portierung dürfte ohne grössere Schwierigkeiten durchführbar sein, indem die momentanen betriebssystemspezifischen Kommandos zur Aktivierung und Deaktivierung von Prozessen durch entsprechende Unterprogrammaufrufe ersetzt werden.

Eine Erweiterung der momentan verwendeten Wissensbasis wurde in [BUNKE 1984] vorgeschlagen und befindet sich momentan in Arbeit. Die beabsichtigte Erweiterung soll es ermöglichen, Paare von Bildsequenzen, die vor bzw. unmittelbar nach einer physischen Belastung des Patienten aufgenommen wurden, auszuwerten. Es sind verschiedene pathologische Störungen möglich, die sich (vom Mediziner) nur durch eine derartige Analyse eines Bildsequenz-Paares mit hinreichender Sicherheit diagnostizieren lassen. Die geplante Erweiterung soll somit eine engere Nachbildung der Arbeitsweise des Mediziners durch das System erlauben und die Anwendungsmöglichkeiten im klinischen Bereich erweitern. Ferner kann an einem konkreten, nichttrivialen Beispiel untersucht werden, welchen praktischen Aufwand eine Ergänzung der Wissensbasis eines Systems wie des hier beschriebenen mit sich bringt und inwieweit die Eigenschaft der Modularität auf die einzelnen Bestandteile des Systems tatsächlich zutrifft.

Ein weiterer naheliegender Schritt wäre eine Erweiterung des Modells um Wissen, welches bei der Extraktion elementarer Bildbestandteile zum Einsatz kommen könnte. Momentan ist dieses Wissen implizit durch die im Methoden-Modul verwendeten Algorithmen repräsentiert. Zur weiteren Reduzierung der Fehlerrate bei der Konturdetektion (vgl. Kap. 2.6.2) könnte man jedoch die vorhandenen Algorithmen erweitern und in einer solchen Weise in das Modell integrieren, dass z.B. beim Auftreten von Mehrdeutigkeiten die Steuerung bei der Auswahl von Alternativen vom Kontrollalgorithmus übernommen wird. Des weiteren wäre wünschenswert, dass es im Falle von Fehlern bei der Konturdetektion zu einer automatischen Rückweisung durch das System kommt. In der momentanen Version muss eine derartige Rückweisung durch den Benutzer erfolgen.

In der Einleitung zum zweiten Teil dieser Arbeit wurde ausgeführt, dass das hier beschriebene System die Rolle eines Subexperten zur Bildauswertung im Rahmen eines komplexen Expertensystems übernehmen könnte. Die Eingliederung des vorliegenden Systems in ein bestehendes Expertensystem zur Herzdiagnostik oder die Erweiterung des existierenden Bildanalysesystems hin zu einem allgemeinen Expertensystem bieten breiten Raum für zukünftige Arbeiten. Im Bereich der automatischen Bildauswertung ist hier zunächst ein "Multisensor"-Analysesystem denkbar, welches verschiedene Typen von Bildern, z.B. Szintigramme, Röntgenaufnahmen oder Sonogramme zur Gewinnung einer (partiellen) Diagnose heranzieht. Dieses Diagnosesystem, welches ausschliesslich bildhafte Information auswertet, liesse sich erweitern um Komponenten, welche z.B. EKG, Patientenvorgeschichte und aktuelle Beschwerden in den Ableitungsprozess einbeziehen. Weitere mögliche Forschungsaktivitäten bei der Entwicklung eines derart komplexen Expertensystems könnten sich beziehen auf eine Erklärungskomponente, auf "online" verfügbare Hilfen zur Bedienung des Systems für ungeübte Benutzer sowie auf Methoden und Softwarehilfsmittel zur (teil)automatischen Wissensakquisition.

2.7 ZUSAMMENFASSUNG

Im zweiten Teil dieser Arbeit wurde ein an der Universität Erlangen-Nürnberg entwickeltes wissensbasiertes System zur Analyse nuklearmedizinisch gewonnener Bildfolgen des menschlichen Herzens detailliert vorgestellt. Das Ziel eines Analyselaufs des Systems ist die automatische Ableitung einer Diagnose aus einer vorgegebenen Bildfolge, welche einen Zyklus des menschlichen Herzens zeigt. Potentielle Anwendungen liegen im klinischen Bereich zur Entlastung des Mediziners sowie bei der Ausbildung. Durch den Einsatz eines automatischen Auswertungssystems ist eine volle Reproduzierbarkeit der Ergebnisse gewährleistet, was sich bei einem manuellen oder halbautomatischen Vorgehen erfahrungsgemäss nicht erzielen lässt.

Die Eingabedaten für das System sind Bildfolgen, die man gewinnt, indem man dem Patienten eine schwach radioaktive Substanz (Technetium-99m) verabreicht und die nach Gleichverteilung im Blut von der Körperoberfläche ausgehende Strahlung mittels einer Gammakamera misst. Zur Verbesserung der Bildqualität werden einige hundert Herzzyklen - getriggert durch das EKG - phasenrichtig addiert.

Das System ist modular aufgebaut aus den Komponenten Modell, Instanzen, Methoden, Kontrolle und Dialog. Der Modul "Modell" enthält das zur Analyse einer Bildfolge benötigte Wissen. Als Formalismus zur Wissensrepräsentation wurde ein semantisches Netz verwendet. Es enthält sowohl deklarative als auch prozedurale Komponenten. Beim Modell handelt es sich um einen Langzeitspeicher mit Wissen, das von einer konkreten Bildfolge unabhängig ist. Im Gegensatz dazu stellt der Instanzen-Modul einen Kurzzeitspeicher dar zur Aufnahme von Daten, die sich bei der Analyse einer konkreten Bildfolge ergeben. Im Modul "Methoden" werden Verfahren zur Extraktion elementarer Bildbestandteile bereitgestellt. Der Kontroll-Modul hat die Aufgabe, die Analyse einer Bildfolge zu steuern, unter Aktivierung der Methoden zur Extraktion elementarer Bildbestandteile und unter Zugriff auf das im Modell enthaltene Wissen. Die Schnittstelle zum Benutzer wird durch den Dialog-Modul bereitgestellt.

Der Modul "Methoden" enthält Verfahren zur Bildglättung, zur Extraktion der Kontur des linken Ventrikels und zur Segmentierung der vom linken Ventrikel eingenommenen Fläche in Sektoren. Diese Verfahren werden in sequentieller Reihenfolge angewendet. Zur Bildglättung wird ein Medianfilter im Ortsbereich auf jedes Bild der Sequenz angewendet. Hierdurch ergibt sich eine Glättung, welche die Intensitätsschwankungen in benachbarten Bildpunkten, die von der zufälligen Natur des Aussendens der von der Kamera registrierten Gammaquanten herrühren, weitgehend ausgleicht. Die Bildglättung bedeutet eine Verbesserung des subjektiven visuellen Eindrucks sowie eine Erleichterung der nachfolgenden Verarbeitungsschritte.

An die Bildglättung schliesst sich die Detektion der Kontur des linken Ventrikels an. Hier wurden zwei Klassen von Methoden experimentell untersucht, nämlich Schwellwertoperationen und gradientenorientierte Ansätze. Zweiter Typ von Verfahren hat sich als geeigneter herausgestellt. Der für die hier beschriebene Systemversion verwendete Ansatz geht von einer Bilddarstellung in Polarkoordinaten aus. Diese Darstellung wird automatisch aus den geglätteten Bildern erzeugt. Es erfolgt die Anwendung eines Gradientenoperators sowie die Detektion eines optimalen, der Kontur des linken Ventrikels entsprechenden Pfades im Polarraum. Durch Berücksichtigung des Konturverlaufs bei allen Bildern einer Sequenz können einzelne fehlerhafte Konturen teilweise korrigiert werden. Die endgültige Kontur des linken Ventrikels ergibt sich aus einer Rücktransformation in den x,y-Bereich und einer anschliessenden Konturglättung.

Nach der Detektion der Kontur des linken Ventrikels erfolgt eine Segmentierung der vom linken Ventrikel eingenommenen Fläche. Hierbei kommen zwei unterschiedliche, einander ergänzende Verfahren zur Anwendung. Im ersten Fall erfolgt eine Einteilung der Region des linken Ventrikels in Sektoren konstanten Winkels, wobei der Flächenschwerpunkt als Bezugspunkt dient. Bei der zweiten Art der Segmentierung wird eine Sektorisierung nach anatomischen Kriterien durchgeführt. Hierbei entstehen vier Sektoren, die i.a. von Patient zu Patient variieren. Beide Typen von Sektoren werden verwendet für eine regionale Beurteilung der Beweglichkeit des linken Ventrikels in einem späteren Stadium der Analyse. Als Endergebnis der Verarbeitungsschritte zur Extraktion der elementaren Bildbestandteile liegen die Konturen des linken Ventrikels und der beiden Typen von Sektoren für jedes Bild der auszuwertenden Sequenz vor.

Als Formalismus zur Wissensrepräsentation wurde ein semantisches Netz verwendet. Es besitzt als Grundbausteine Konzepte, welche über die Standardrelationen "Teil/Teil-von" und "Spezialisierung/ Generalisierung" miteinander verbunden sind. Für jedes Konzept existiert eine Reihe von Komponenten, nämlich Attribute, Strukturen und ein Sicherheitsfaktor, zur genaueren Charakterisierung. Diese Komponenten sind in prozeduraler Form im Netz verankert. Es wurde eine spezielle Syntax entwickelt zur textuellen Darstellung des Netzes. Sie ist von der konkreten Anwendung, nämlich der Analyse nuklearmedizinischer Bildfolgen, unabhängig. Ein Netz in textueller Form kann mithilfe spezieller Softwarehilfsmittel in eine rechnerinterne Form überführt werden.

Das zur Analyse nuklearmedizinisch gewonnener Bildfolgen verwendete Netz lässt sich bezüglich der Teil-Relation in insgesamt acht Ebenen untergliedern. Aus inhaltlicher Sicht lassen sich drei Kategorien von Konzepten unterscheiden. Auf der Ebene 1 und 2, den beiden untersten Ebenen, befinden sich Konzepte, welche Objekten entsprechen. Die Ebene 1 stellt die Schnittstelle zu den Ergebnissen der Methoden zur Extraktion elementarer Bildbestandteile dar. Die Konzepte von Ebene 4, 5 und 6 beziehen sich auf Bewegungen des linken Ventrikels und seiner Sektoren. Die restlichen Ebenen im Netz korrespondieren mit diagnostischen Interpretationen. Grundgedanke bei der Strukturierung des Netzes war, dass die Berechnung von Attributen und Strukturen, d.h. die Auswertung des prozeduralen Wissens, bottom-up fortschreitet, ausgehend von Ebene 1 in Richtung Ebene 8.

Die im System verankerten prozeduralen Wissensquellen dienen der Berechnung von Attributen, Strukturen und Sicherheitsfaktoren. Dabei lassen sich verschiedene Typen von derartigen prozeduralen Wissensquellen unterscheiden. Eine wichtige Rolle spielen auf der Ebene 3 und 4 des Netzes Verfahren auf der Basis der dynamischen Programmierung zur Bestimmung einzelner Bewegungsphasen innerhalb eines Zyklus. Auf Ebene 5 erfolgt mittels anderer prozeduraler Wissensquellen eine anatomische Zyklusinterpretation. Die Ableitung von diagnostischen Interpretationen auf den Ebenen 7 und 8 des Netzes erfolgt mithilfe der Regeln eines Produktionensystems. Hierbei werden auf der Basis der Theorie unscharfer Mengen Bewertungen für die den einzelnen Konzepten entsprechenden Diagnosen abgeleitet.

Parallel zum Modell existiert der Instanzen-Modul, in dem Kurzzeitwissen abgelegt wird. Die Instanzen sind im Prinzip in der gleichen Weise wie die zugehörigen Konzepte organisiert. D.h., dass zwischen zwei Instanzen die gleichen Relationen im Instanzen-Modul existieren wie zwischen den beiden zugehörigen Konzepten im Modell. Der Unterschied zwischen den Instanzen und dem Modell besteht darin, dass zu prozeduralem Wissen im Modell bei den Instanzen Werte korrespondieren, welche die prozeduralen Wissensquellen für aktuelle Eingabedaten liefern und dass ein Konzept u.U. mehrere konkurrierende Instanzen besitzen kann.

Der Kontrollalgorithmus des Systems ist durch drei Aufgaben charakterisiert, nämlich top-down Netzwerkexpansion, Generierung von Instanzen und heuristische Suche. Für einen Analyselauf wird jeweils vom Benutzer interaktiv ein bestimmtes Konzept des Netzes, das sog. Zielkonzept, ausgewählt dessen Instanziierung das konkrete Ziel der Analyse darstellt. Da für die Instanziierung eines Konzepts die Attribute seiner Teile benötigt werden, müssen diese Teile vorher in instanziierter Form vorliegen, wobei die benötigten Teile wiederum Teile besitzen u.s.w. Deshalb erfolgt durch den Kontrollalgorithmus zunächst eine top-down Netzwerkexpansion, ausgehend vom Zielkonzept bis zur untersten Ebene im Netz. Anschliessend werden die betrachteten Konzepte von unten nach oben instanziiert bis das Zielkonzept erreicht ist. Die Wahl des Zielkonzepts impliziert, dass bei einem Analyselauf i.a. jeweils nur ein Teil des Netzes relevant ist.

Es ist möglich, dass für ein Konzept mehrere konkurrierende Instanzen auftreten. Für jede Instanz wird ein Sicherheitsfaktor berechnet, auf welchem die Auswahl einer unter mehreren konkurrierenden Alternativen beruht. Eine lokal besser eingestufte Instanz kann sich u.U. in grösserem Kontext als schlechtere Alternative herausstellen. Um ein Durchspielen aller kombinatorisch möglichen Alternativen in einem grösseren Kontext zu vermeiden, wurde der Kontrollalgorithmus als spezielle Variante der heuristischen Graphsuche konzipiert. Hierbei wird diejenige Kombination von Instanzen für die einzelnen Konzepte des Netzes ausgewählt, welche die Instanz des Zielkonzepts mit maximalem Sicherheitsfaktor ergibt.

Die Auswahl des Zielkonzepts findet in einem rechnergeführten Dialog statt, bei dem der Benutzer online verfügbare Kurzinformation über die Inhalte der Konzepte des Netzes angeboten bekommt. Nach vollzogener Analyse kann - wiederum im Dialog - der Instanzenspeicher gelesen werden. Hierbei werden Attribute, Strukturen und Sicherheitsfaktoren am Sichtgerät ausgegeben. Es stehen nicht nur die zum Zielkonzept gehörigen Werte, sondern auch die Werte aller anderen, für das Zielkonzept benötigten Instanzen zur Verfügung. Dabei erfolgt die Traversierung des Instanzenspeichers entlang der Relation "Teil", "Spezialisierung" und "Generalisierung".

Das System wurde einer Reihe von Tests unterzogen. Zunächst wurde auf der Basis des Parameters "Auswurffraktion" überprüft, inwieweit die automatisch detektierten Konturen des linken Ventrikels mit entsprechenden manuell durch einen Mediziner eingezeichneten Organgrenzen übereinstimmen. Dabei ergab sich ein Korrelationskoeffizient von 93 % - ein Wert, der im Vergleich mit ähnlichen Untersuchungen anderer Autoren als zufriedenstellend bezeichnet werden kann. In weiteren Tests wurde die Uebereinstimmung der vom System gelieferten diagnostischen Interpretationen mit den von einem Mediziner in einem interaktiven Auswertungsprozess gewonnenen Aussagen verglichen. Bei diesen Untersuchungen zeigten sich ebenfalls zufriedenstellende Ergebnisse. Für drei der 20 betrachteten Sequenzen erfolgte eine Rückweisung durch das System. Bei den restlichen Fällen lagen entweder identische Diagnosen oder kompatible, weitgehend übereinstimmende Aussagen von Mediziner und System vor.

Die momentan existierende Version des Systems lässt breiten Raum für weitere Arbeiten, z.B. Weiterentwicklung auf klinischen Einsatz hin, einschliesslich umgangreicher Test in dieser Umgebung, oder Weiterentwicklung mit Blick auf ein Expertensystem, welches neben den momentan verwendeten Bildfolgen weitere Informationsquellen zur Ableitung einer Diagnose ausnützt.

Literatur

ADAM, W.E./ TARKOWSKA, A./ BITTER, F./ STAUCH, M./ GEFFERS, H., 1979.
Equilibrium (gated) radionuclide ventriculography, Cardiovascular Radiology 2, 161-173

AGGARWAL, J.K./ BADLER, N.I. (Hrsg.), 1980.
Motion and time varying imagery, Special issue IEEE Trans. PAMI-2

AGGARWAL, J.K./ DAVIS, L.S./ MARTIN, W.N., 1981.
Correspondence processes in dynamic scene analysis, Proc. of the IEEE 69, 562-572

AGGARWAL, J.K./ DUDA, R.O., 1975.
Computer analysis of moving polygonal images, IEEE Trans. C-24, 966-976

AGGARWAL, J.K./ MARTIN, W.N., 1983.
Dynamic scene analysis, in [HUANG 1983], 40-73

AHO, A.V., 1968.
Indexed grammars - an extension of context-free grammars, JACM 15, No. 4, 647-671

AHO, A.V./ PETERSON, T.G., 1972.
A minimum distance error-correcting parser for context-free languages, SIAM J. Comput.4, 305-312

AHO, A.V./ ULLMAN, J.D., 1972.
The theory of parsing translation and compiling, Vol.I, Parsing, Prentice Hall, Englewood Cliffs, N.J.

AKIN, O./ REDDY, R., 1977.
Knowledge acquisition for image understanding research, Comp. Graphics and Im. Proc. 6, 307-334

AKINNIYI, F.A./ WONG, A.K.C., 1983.
A new product graph based algorithm for subgraph isomorphism, Proc. IEEE Conf. on Comp. Vision and Pattern Recognition, Washington, D.C., 457-467

ALI, F./ PAVLIDIS, T., 1977.
Syntactic recognition of handwritten numerals, IEEE Trans. SMC-7, 537-541

ALLERMANN, G., 1982.
Abstand zwischen Graphen, Diplomarbeit, Lehrstuhl f. Informatik 5 (Mustererkennung), Universitaet Erlangen-Nuernberg

AMBLER, A.P./ BARROW, H.G./ BROWN, C.M./ BURSTALL, R.M./ POPPLESTONE, R.J., 1975.
A versatile computer-controlled assembly system, Art. Intell. 6, 129-156

ANDERSON, R.H., 1968.
Syntax-directed recognition of hand-printed two-dimensional mathematics, in KLERER, M./ REINFELDS, J. (Hrsg.): Interactive systems for experimental applied mathematics, Academic Press, New York, 436-459

ANDREWS, H.C./ HUNT, B.R., 1977.
Digital image restoration, Prentice Hall, Englewood Cliffs, N.J.

ASHKAR, G.P./ MODESTINO, J.W., 1978.
The contour extraction problem with biomedical applications, Comp. Graphics and Im. Proc., 331-335

BAJCSY, R./ JOSHI, A.K., 1978.
A partially ordered world model and natural outdoor scenes, in [HANSON/ RISEMAN 1978], 263-270

BAKER, H.H., 1982.
Depth from edge and intensity based stereo, Report No. StAN CS-82-930, Stanford University, Stanford, Ca.

BALLARD, D.H., 1976.
Hierarchic detection of tumors in chest radiographs, Birkhaeuser-Verlag, Basel

BALLARD, D.H., 1981.
Generalizing the hough transform to defect arbitrary shapes, Pattern Recognition 13, 111-122

BALLARD, D.H./ BROWN, C.M., 1982.
Computer vision, Prentice Hall, Englewood Cliffs, N.J.

BALLARD, D.H./ BROWN, C.M./ FELDMAN, J.A., 1978.
An approach to knowledge direcded image analysis, in [HANSON/RISEMAN 1978], 664-670

BARNARD, S.T./ THOMPSON, W.B., 1980.
Disparity analysis of images, IEEE Trans. PAMI-2, 333-340

BARR, A./ FEIGENBAUM, E.A. (Hrsg.), 1981
The handbook of artificial intelligence, Vol. 1, Pitman Books, London

BARR, A./ FEIGENBAUM, E.A. (Hrsg.), 1982.
The handbook of artificial intelligence, Vol. 2, Pitman Books, London

BARRETT, W.A., 1981.
An iterative algorithm for multiple threshold detection, Proc. IEEE Conf. on Pattern Recognition and Image Processing, Dallas, Tx., 273-278

BARROW, H.G./ AMBLER, A.P./ BURSTALL, R.M., 1972.
Some techniques for recognising structures in pictures , in WATANABE,S., (Hrsg.): Frontiers of Pattern Recognition, Academic Press, New York, 1-29

BARROW, H.G./ POPPLESTONE, R.J., 1971.
Relational description in picture processing, in MELTZER,B./ MICHIE,D.(Hrsg.): Machine Intelligence 6, Edinburgh University Press, Edinburgh, 377-396

BARROW, H.G./ TENNENBAUM, J.M., 1978.
Recovering intrinsic scene characteristics from images, in [HANSON/RISEMAN 1978], 61-80

BARROW, H.G./ TENNENBAUM, J.M., 1981.
Interpreting line drawings as three dimensional surfaces, Art. Intell. 17, 75-116

BARTSCH, B., 1980.
Inferenz und Analyse spezieller Graphgrammatiken fuer die syntaktische Mustererkennung, Arbeitsberichte des IMMD, Band 13, Nr. 6, Universitaet Erlangen-Nuernberg

BECK, R., 1983.
Bewertungsfunktionen fuer einen Kontrollalgorithmus zur Analyse nuklearmedizinisch gewonnener Bildfolgen, Diplomarbeit, Lehrstuhl f. Informatik 5 (Mustererkennung), Universitaet Erlangen-Nuernberg, 1983

BELLMAN, R.E./ DREYFUSS, S.E., 1962.
Applied dynamic programming, Princeton University Press, Princeton, N.J.

BERGE, C., 1973.
Graphs and hypergraphs, North-Holland Publ. Co., Amsterdam

BERTELSMEIER, R./ RADIG, B., 1977.
Kontextunterstuetzte Analyse von Szenen mit bewegten Objekten, in NAGEL, H.H. (Hrsg.): Digitale Bildverarbeitung, Informatik Fachberichte 8, Springer Verlag, Berlin, 101-128

BERZTISS, A.T., 1973.
A backtrack procedure for isomorphism of directed graphs, JACM 20, 365-377

BHARGAVA, B.K./ FU, K.S., 1974.
Transformations and inference of tree grammars for syntactic pattern recognition, Proc. IEEE Int. Conf. on Systems, Man and Cybernetics, Dallas, Tx., 330-333.

BIERMANN, A.W./ FELDMAN, J.A., 1972.
On the synthesis of finite-state machines from samples of their behaviour, IEEE Trans. C-21, 592-597

BINFORD, T.O., 1982.
Survey of model-based image analysis systems, Int. Journal of Robotics Research 1, 18-64

BINFORD, T.O./ BROOKS, R.A./ LOWE, D.G., 1980.
Image understanding via geometric models, Proc. 5th ICPR, Miami Beach, Fl., 364-369

BLAKE, R.E., 1982.
An approach to multi-sensor syntactic pattern recognition using affix grammars, Proc. 6th ICPR, Munich, 175-177

BLEY, H., 1982.
Vorverarbeitung und Segmentierung von Stromlaufplaenen unter Verwendung von Bildgraphen, Arbeitsberichte des IMMD, Band 15, Nr. 6, Universitaet Erlangen-Nuernberg

BLEY, H./ BUNKE, H., 1980.
Computer recognition of circuit diagrams, Proc. 1st Int. Workshop on Natural Communication with Computers, Warschau, 5-7

BOBROW, D.G./ WINOGRAD, T., 1977.
An overview of KLR, a Knowledge Representation Language, Cognitive Science 1, 3-46

BOBROW, D.G./ WINOGRAD, T., 1979.
KRL another perspective, Cognitive Science 3, 29-42

BOBROW, D.G./ KAPLAN, R.M./ KAY, M./ NORMAN, D.A/ THOMPSON, H./ WINDGRAD, T., 1977.
GUS, A frame-driven dialog system, Art. Intell. 8, 155-173

BOLLES, R., 1977.
Verification vision for programmable assembly, Proc. 5th IJCAI, Cambridge, Ma., 569-575

BONAMINI, R./ De MORI, R./ LETTERA, A./ ROGGERO, R./ SANDRETTO, E., 1982.
An electrocardiographic signal understanding system, in KITTLER, J./ FU, K.S./ PAU, L.F. (Hrsg.): Pattern recognition theory and applications, D. Reidel Publ. Co., Dodrecht, Holland, 443-464.

BRACHMAN, R.J., 1979
On the epistomological status of semantic networks, in [FINDLER 1979], 3-50

BRACHMAN, R.J., 1983.
What IS-A Is and Isn't: An analysis of taxonomic links in semantic networks, Computer 16, 30-36

BRACHMAN, R.J./ FIKES, R.E./ LEVESQUE, H.J., 1983.
KRYPTON: A functional approach to knowledge representation, Computer 16

BRADY, M., 1982.
Computional approaches to image understanding, Comp. Surveys 14, 3-71

BRAYER, J.M., 1975.
Web grammars and their application to pattern recognition, Technical Report TR-EE 75-1, Purdue Univ., West Lafayette, Ind.

BRAYER, J.M./ FU, K.S., 1977.
A note on the k-tail method of tree grammar inference, IEEE Trans. SMC-7, 293-300

BRAYER, J.M./ SWAIN, P.H./ FU, K.S., 1977.
Modeling of earth resources satellite data, in [FU 1977], 215-242

BRICE, C.R./ FENEMA, C.L., 1970.
Science analysis using regions, Art. Intell. 1, 205-266

BRIETZMANN, A., 1984.
Semantische und pragmatische Analyse im Erlanger Spracherkennungsprojekt, Arbeitsberichte des IMMD, Band 17, Nr. 5, Universitaet Erlangen-Nuernberg

BRODATZ, P., 1966.
Textures, Dover, New York

BROOKS, R., 1981.
Symbolic reasoning among 3-dimensional models and 2-dimensional images, Art. Intell. 17, 285-349

BROOKS, R.A./ GREINER, R./ BINFORD, T.O., 1977.
The ACRONYM model-based vision system, Proc. 5th IJCAI, Cambridge, Ma., 733-735

BROWNING, J.D./ TANIMOTO, S.L., 1982.
Segmentation of pictures into regions with a tile-by-tile method, Pattern Recognition 15, 1-10

BULLOCK, B.L., 1976.
Finding structures in outdoor scenes. In CHEN, C.H. (Hrsg.): Pattern recognition and artificial intelligence, Academic Press, New York, 61-85

BUNKE, H., 1977.
Syntaktische Methoden im Bereich der Bildanalyse, Interner Bericht, Lehrstuhl fuer Informatik 5 (Mustererkennung), Universitaet Erlangen-Nuernberg

BUNKE, H., 1978.
Programmed graph grammars. In [CLAUS/ EHRIG/ ROZENBERG 1978], 155-166

BUNKE, H., 1979.
Sequentielle und parallele programmierte Graph-Grammatiken. Arbeitsberichte des IMMD, Band 12, Nr. 3, Universitaet Erlangen-Nuernberg

BUNKE, H., 1981.
Attributed programmed graph-grammars as a tool for image interpretation, Technical Report TR-EE 81-22, Purdue University, West Lafayette, USA

BUNKE, H., 1981, a.
Programmierte Graph-Grammatiken zur Repraesentierung des a priori Wissens fuer die Interpretation von Linienzeichnungen. In [RADIG 1981a], 264-270

BUNKE, H., 1982.
Attributed programmed graph grammars and their application to schematic diagram interpretation, IEEE Trans. PAMI-4, 574-582

BUNKE, H., 1983.
Graph grammars as a generative tool in image understanding, in [EHRIG/ NAGL/ ROZENBERG 1983], 8-19

BUNKE, H., 1984.
Modellgesteuerte automatische Analyse nuklearmedizinisch gewonnener Bilder und Bildfolgen des menschlichen Herzens, DFG-Antrag, Lehrstuhl fuer Informatik 5 (Mustererkennung), Universitaet Erlangen-Nuernberg.

BUNKE, H./ ALLERMANN, G., 1981.
Probabilistic relaxation for the interpretation of electrical schematics, Proc. IEEE Conf. on Pattern Recognition and Image Processing, Dallas, Tx., 438-440

BUNKE, H./ ALLERMANN, G., 1982.
Understanding of circuit diagrams by means of probabilistic relaxation. Signal Processing 4, 169-180

BUNKE, H./ ALLERMANN, G., 1983.
Inexact graph matching for structural pattern recognition, Pattern Recognition Letters 1, 245-253

BUNKE, H./ ALLERMANN, G., 1983, a.
A metric on graphs for structural pattern recognition, in Proc. 2nd European Signal Processing Conf. EUSIPCO, Erlangen, 257-260

BUNKE, H./ FEISTEL, H./ HOFMANN, I./ NIEMANN, H./ SAGERER, G., 1984.
Ein wissensbasiertes System zur automatischen Auswertung von Bildsequenzen des menschlichen Herzens, in KROPATSCH, W. (Hrsg.): Mustererkennung 1984, DAGM-OeAGM Symposium, Graz, Informatik-Fachberichte 87, Springer-Verlag, Berlin

BUNKE, H./ FEISTEL, H./ NIEMANN, H./ SAGERER, G./ WOLF, F./ ZHOU, G.X., 1982.
Smoothing, thresholding and contour extraction in images from gated blood pool studies, Proc. 1st IEEE Comp. Soc. Int. Symposium on Medical Imaging and Image Interpretation, Berlin, 146-151

BUNKE, H./ FEISTEL, H./ NIEMANN, H./ SAGERER, G./ WOLF, I., 1984.
Artificial intelligence and image understanding methods in a system for the automatic diagnostic evaluation of technetium 99-m gated blood pool studies, Proc. IEEE Comp. Soc. Joint Int. Symp. on Medical Images and Icons, Arlington, Va., 417-423

BUNKE, H./ GREBNER, K./ SAGERER, G., 1984.
Syntactic analysis of noisy input strings with an application to the analysis of heart-volume curves, Proc. 7th ICPR, Montreal, 1145-1147

BUNKE, H./ HOFMANN, I./ SAGERER G., 1984.
Modellgesteuerte automatische Analyse nuklearmedizinisch gewonnener Bilder und Bildfolgen des menschlichen Herzens, DFG Arbeitsbericht, Lehrstuhl fuer Informatik 5 (Mustererkennung), Universitaet Erlangen-Nuernberg, 1984.

BUNKE, H./ SAGERER G., 1983.
A system for diagnostic evaluation of scintigraphic image sequences, in [Neumann 1983], 50-59

BUNKE, H./ SAGERER G., 1983, a.
Modellgesteuerte automatische Analyse nuklearmedizinisch gewonnener Bilder und Bildfolgen des menschlichen Herzens, DFG Arbeitsbericht, Lehrstuhl fuer Informatik 5 (Mustererkennung), Universitaet Erlangen-Nuernberg, 1983.

BUNKE, H./ SAGERER, G., 1984.
Use and representation of knowledge in image understanding based on semantic networks, Proc. 7th ICPR, Montreal, 1135-1137

BUNKE, H./ SAGERER G./ NIEMANN H., 1983.
Model based analysis of scintigraphic image sequences of the human heart, in [HUANG 1983], 725-740

BURR, D.J., 1980.
Elastic matching of line drawings, Proc. 5th ICPR, Miami Beach, Fl., 223-228

CARBONELL, J.R., 1970.
Mixed-initiative man-computer instructional dialogues, BBN Rep. No. 1971, Bolt Beranek and Newman. Inc., Cambridge, Mass.

CHANG, S.K., 1970.
A method for the structural analysis of two-dimensional mathematical expressions, Inf. Sciences 2, 253-272

CHANG, S.K., 1971.
Picture processing grammar and its applications, Inf. Sciences 3, 121-148

CHEN, P.C./ PAVLIDIS, T., 1979.
Segmentation by texture using a cooccurrence matrix and a split-and-merge technique, Comp. Graphics and Im. Proc. 10, 172-182

CHENG, J.K./ HUANG, T.S., 1980.
Algorithms for matching relational structures and their applications to image processing, Technical Report TR-EE 80-53, Purdue University, West Lafayette, Ind.

CHENG, J.K./ HUANG, T.S., 1984.
Image registration by matching relational structures, Pattern Recognition 17, 149-159

CHIEN, Y.P./ FU, K.S., 1974.
A decision function method for boundary detection. Comp. Graphics and Im. Proc. 3, 125-140

CHOU, S.M./ FU, K.S., 1975.
Transition network grammars for syntactic pattern recognition, Technical Report, TR-EE 75-39, Purdue University, West Lafayette, Ind.

CHOU, S.M./ FU, K.S., 1976.
Inference for transition network grammars, Proc. 3rd IJCPR, Coronado, Ca., 79-84

CHOW, G.K./ KANEKO, T., 1972.
Automatic boundary detection of the left ventricle from cine-angiograms, Comp. Biomed. Research 5, 388-410

CLANCEY, W.J., 1983.
The epistemology of a rule-based expert system - framework for explanation, Art. Intell. 20

CLAUS, V./ EHRIG, H./ ROZENBERG G. (Hrsg.), 1978.
Graph-grammars and their application to computer science and biology, Lecture Notes in Comp. Science 73, Springer Verlag, Berlin

CLOWES, M.B., 1971.
On seeing things, Art. Intell. 2, 79-116

COHEN, P.R./ FEIGENBAUM, E.A. (Hrsg.), 1982.
The handbook of artificial intelligence, Vol. 3, Pitman Books, London

CONNERS, R.W./ HARLOW, C.A./ DWYER, S.J., 1982.
Radiographic image analysis: past and present, Proc. 6th ICPR, Munich, 1152-1169

CORNEIL, D.G./ GOTLIEB, C.C., 1970.
An efficient algorithm for graph isomorphism, JACM 17, 51-64

DACEY, M.F., 1970.
The syntax of a triangle and some other figure, Pattern Recognition 21, 11-31

DAVIS, L.S., 1975.
A survey of edge detection techniques, Comp. Graphics and Im. Proc. 4, 248-270

DAVIS, L.S., 1979.
Shape matching using relaxation techniques, IEEE Trans. PAMI-1, 60-72

DAVIS, L.S., 1982.
Image texture analysis: recent developments, Proc. IEEE Conf. on Pattern Recognition and Image Processing, Las Vegas, Ne., 214-217

DAVIS, L.S./ MITICHE, A., 1980.
Edge detection in textures, Comp. Graphics and Im. Proc. 12, 25-39

DAVIS, L.S./ ROSENFELD, A., 1977.
Curve segmentation by relaxation labeling, IEEE Trans. C-26, 1053-1057

DAVIS, L.S./ ROSENFELD, A., 1978.
Hierarchical relaxation for waveform parsing, in [HANSON/RISEMAN 1978], 101-109

DAVIS, R., 1980.
Meta-rules: reasoning about control, Art. Intell. 15, 179-222

DAVIS, R./ KING, J., 1977.
An overview of production systems, in ELCOCK, E.W./ MICHIE, D. (Hrsg.): Machine Intelligence 8, Ellis Horwood, Chichester, England, 300-332

DECOMINCK, F./ LUYPAERT, R., 1982.
Design and evoluation of median filters for scintigraphic image filtering, Proc. 1st IEEE Comp. Soc. Int. Symp. on Medical Imaging and Image Interpretation, Berlin, 20-23

DEGUCHI, K./ MORISHITA, I., 1978.
Texture characterization and texture-based image partitioning using two-dimensional linear estimation techniques, IEEE Trans. C-27, 739-745

DEJONG, L.P./ SLAGER, C.J., 1975.
Automatic detection of the left ventricle in angiographs using television signal processing techniques, IEEE Trans. BME-22, 230-237

DELLA VIGNA, P./ GHEZZI, C., 1978.
Context-free graph grammars, Inf. Contr. 37, 207-233

DEO, N., 1974.
Graph theory with applications to engineering and computer sciences, Prentice Hall, Englewood Cliffs, N.J.

McDERMOTT, J./ FORGY, C., 1978.
Production system conflict resolution strategies, in [WATERMAN/ HAYES-ROTH 1978], 177-202

DEUTSCH, E.S./ BELKNAP, N.J., 1972.
Texture descriptors using neighborhood information, Comp. Graphics and Im. Proc. 1, 145-168

DRESCHLER, L., 1981.
Ermittlung markanter Punkte auf den Bildern bewegter Objekte und Berechnung einer 3-D Beschreibung auf dieser Grundlage, Bericht IfI-HH-B-83/81, Fachbereich Informatik, Universitaet Hamburg

DRESCHLER, L./ NAGEL, H.H., 1982.
Volumetric model and 3D trajectory of a moving car derived from monocular tv frame sequences of a street scene, Comp. Graphics and Im. Proc. 20, 199-228

DRESCHLER-FISCHER, L./ ENKELMANN, W./ NAGEL, H.H., 1983.
Lernen durch Beobachtung von Szenen mit bewegten Objekten: Phasen einer Systementwicklung, in Mustererkennung 1983, 5. DAGM-Symposium, VDE Fachberichte 35, VDE Verlag, Berlin, 29-34

DUERR, B./ HAETTICH, W./ TROPF, H./ WINKLER, G., 1979.
Verbesserte Mustererkennungssysteme aufgrund hybrider Verfahren, Forschungsbericht DV 70-04 Datenverarbeitung, Bundesministerium fuer Forschung und Technologie

DUERR, B./ HAETTICH, W./ TROPF, H./ WINKLER, G., 1980.
A combination of statical and syntactical pattern recognition-applied to classification of unconstrained handwritten numerals, Pattern Recognition 12, 183-199

DUDA, R.O./ GASCHNIG, J./ HART, P.E., 1979.
Model design in the PROSPECTOR consultant system for mineral exploration, in MICHIE, D. (Hrsg.): Expert systems in the micro-electronic age, Edinburgh University Press, Edinburgh, 153-167

DUDA, R.O./ HART, P.E., 1972.
Pattern classification and scene analysis, J.Wiley, New York

DUDA, R.O./ HART, P.E., 1972, a.
Use of the hough transformation to detect lines and curves in pictures, CACM 15, 11-15

DUDA, R.O./ HART, P.E./ NILSSON, N.J./ SUTHERLAND,G.L., 1978.
Semantic networks representation in rule-based inference systems, in [WATERMAN/ HAYES-ROTH 1978], 203-222

EARLEY, J., 1970.
An efficient context-free parsing algorithm, CACM 13, 94-102

EHRIG, R.W./ FOITH, J.P., 1978.
A view of texture topology and texture description, Comp. Graphics and Im. Proc. 8, 174-202

EHRIG, H./ NAGL, M./ ROZENBERG, G., 1983.
Graph Grammars and Their Applications to Computer Science, Lecture Notes in Comp. Science 153, Springer Verlag, Berlin

EICHHORN, W., 1983.
Segmentierung des linken Ventrikels in nuklearmedizinisch gewonnenen Bildern. Studienarbeit, Lehrstuhl fuer Informatik 5 (Mustererkennung), Universitaet Erlangen-Nuernberg

EICHHORN, W., 1984.
Berechnung von Attributen mittels Suchverfahren bei der wissensgesteuerten Bildauswertung, Diplomarbeit, Lehrstuhl f. Informatik 5 (Mustererkennung), Universitaet Erlangen-Nuernberg

EIHO, S., 1978.
Automatic processing of cineangiographic images of the left ventricle, Proc. 4th ICPR, Kyoto, Japan, 740-742

ELLIOT, H./ SRINIVASAN, L., 1981.
An application of dynamic programming to sequential boundary estimation, Comp. Graphics and Im. Proc. 17, 291-314

FAHLMAN, S.E., 1975.
Symbol-mapping and frames, SIGART Newsletters 53, 7-8

FAHLMAN, S.E., 1979.
NETL: A system for representing and using real-world knowledge, MIT Press, Cambridge, Ma.

FAN, T.I./ FU, K.S., 1979.
A syntactic approach to time-varying image analysis, Comp. Graph. and Im. Proc. 11, 138-149

FAUGERAS, O.D., 1980.
An overview of probabilistic relaxation theory and applications, in SIMON, J.C./ HARALICK, R.M. (Hrsg.): Digital Image Processing, D. Reidel Publ. Co., Dodrecht, Holland, 269-310

FAUGERAS, O.D./ BERTHOD, M., 1981.
Improving consistency and reducing ambiguity in stochastic labelling: an optimal approach, IEEE Trans. PAMI-3, 412-424

FAUGERAS, O.D./ PRICE, K.E., 1981.
Semantic description of aerial images using stochastic labeling, IEEE Trans. PAMI-3, 633-642

FEDER, T., 1971.
Plex languages, Inf. Sciences 3, 225-241

FEISTEL, H., 1982.
Nuklearmedizinische Herzfunktionsdiagnostische Untersuchungen waehrend der ersten Tracer-Passage und im Verteilungs-gleichgewicht, Dissertation, Universitaet Erlangen-Nuernberg

FEISTEL, H./ SAGERER, G., 1981.
Ein Beitrag zur orthogonalen Transformation von gated blood-pool studies, Compact News in Nuclear Medicine 12, 266-270

FELDMAN, J., 1972.
Some decidability results on grammatical inference and complexity, Inf. Contr. 20, 255-262

FELDMAN, J.A./ YAKIMOVSKY, Y., 1974.
Decision theory and artificial intelligence: a semantics-based region analyzer, Art. Intell. 5, 349-371

FENNEMA, C.L./ THOMPSON, W.B., 1979.
Velocity determination in scenes containing several moving objects, Comp. Graphics and Im. Proc. 9, 301-315

FEUERBACHER, U., 1982.
Automatische Schwellwertbestimmung in nuklearmedizinisch gewonnenen Bildfolgen, Studienarbeit, Lehrstuhl fuer Informatik 5 (Mustererkennung), Universitaet Erlangen-Nuernberg

FICHTE, H., 1983.
Automatische Detektion des linken Ventrikels in nuklear-medizinisch gewonnenen Bildern, Studienarbeit, Lehrstuhl fuer Informatik 5 (Mustererkennung), Univ. Erlangen-Nuernberg

FINDLER, N.V. (Hrsg.), 1979.
Associative networks, Academic Press, New York

FISCHLER, M.A./ ELSCHLAGER, R.A., 1973.
The representation and matching of pictorial structures, IEEE Trans. C-22, 67-92

FOITH, J.P. (Hrsg.), 1979.
Angewandte Szenenanalyse, Informatik Fachberichte 20, Springer Verlag, Berlin

FORNEY, G.D., 1973.
The viterbi algorithm, Proc. of the IEEE 61, 268-278

FRAM, J.R./ DEUTSCH, E.S., 1975
On the quantitative evaluation of edge detection schemes and their comparision with human performance, IEEE Trans. C-24, 616-628

FRANCK, R., 1978.
A class of linearly parsable graph grammars, Acta Informatica 10, 175-201

FREEMAN, H., 1974.
Computer processing of line drawing images, Comp. Surveys 6, 57-98

FREUDER, E.C., 1976.
Structural isomorphisms of picture graphs, in CHEN,C.H.(Hrsg.): Pattern Recognition and Artificial Intelligence, Academic Press, New York, 248-256

FREUDER, E.C., 1977.
Computer system for visual recognition using active knowledge, Proc. 5th IJCAI, Cambridge, Ma., 671-677

FU, K.S., 1973.
Stochastic languages for picture analysis, Comp. Graph. and Im. Proc. 2, 433-453

FU, K.S., 1974.
Syntactic methods in pattern recognition, Academic Press, New York

FU, K.S., (Hrsg.), 1977.
Syntactic pattern recognition, applications, Springer Verlag, Berlin

FU, K.S., 1982.
Syntactic pattern recognition and applications, Prentice Hall, Englewood Cliffs, N.J.

FU, K.S./ BHARGAVA, B.K., 1973.
Tree systems for syntactic pattern recognition, IEEE Trans. C-22, 1087-1099

FU, K.S./ BOOTH, T.L., 1975.
Grammatical inference: introduction and survey - Part I and II, IEEE Trans. SMC-5, 85-111 und 409-423

FU, K.S./ FAN, T.I., 1982.
Tree translation and its application to a time varying image analysis problem, IEEE Trans. SMC-12, 856-867

FU, K.S./ HUANG, T., 1972.
Stochastic grammars and languages, Int. Journal Comp. Inform. Sci. 1, 135-170

FU, K.S./ MUI, J.K., 1981.
A survey on image segmentation, Pattern Recognition 13, 3-16

FUNG, L.W./ FU, K.S., 1975.
Stochastic syntactic decoding for pattern recognition, IEEE Trans. C-24, 662-667

GABLER, R./ KESTNER, W./ NICOLIN, B., 1983.
Objektgruppierung in Luftbildern, in Mustererkennung 1983, 5. DAGM Symposium, VDE-Fachberichte 35, VDE Verlag, Berlin, 396-401

GALLOWAY, M.M., 1975.
Texture classification using gray level run length, Comp. Graphics and Im. Proc. 4, 172-179

GARVEY, T.D., 1976.
Perceptual strategies for purposive vision, Technical Note 117, Art. Intell. Center, Stanford Research Inst. Menlo Park, Ca.

GATTIS, J.L./ SCHMITT, N.M./ FRANKOWSKI, A.P., 1978.
Techniques for automatic extraction of the location of surgically implanted markers from radiographic images of the heart, Proc. 4th ICPR, Kyoto, Japan, 857-859

GENNERY, D.B., 1972.
A stereo vision system for an autonomous vehicle, Proc. 5th IJCAI, Cambridge, Ma., 576-582

GEORGEFF, M., 1982.
Procedural control in production systems, Art. Intell. 18, 175-201

GERBRANDS, J.J./ REIBER, J.H.C./ LIE, S.P./ SIMOONS, M.L., 1981.
Automated left ventricular boundary extraction from techneticum 99m gated blood pool scintigrams with fixed or moving region of interest, Proc. 2nd Int. Conf. on Visual Psychophysis and Medical Imaging, Bruessels, 155-159

GIPS, J., 1974.
A syntax-directed program that performes a three-dimensional perceptual task, Pattern Recognition 6, 189-200

GIPS, J., 1975.
Shape grammar and their use, Birkhaeuser Verlag, Basel

GINSBURGH, S./ SPANIER, E., 1968.
Control sets on grammars, Mathem. System Theory 2, 159-177

GIUSTINI, R.D./ LEVINE, M.D./ MALOWANY, A.S., 1978.
Picture generation using semantic nets, Comp. Graphics and Im. Proc. 7, 1-29

GOEBEL, M., 1984.
Abgrenzung des linken Ventrikels vom Rest des Herzens in nuklearmedizinisch gewonnenen Bildern, Studienarbeit, Lehrstuhl fuer Informatik 5 (Mustererkennung), Universitaet Erlangen-Nuernberg

GOLD, E.M., 1967.
Language identification in the limit, Inf. Contr. 10, 447-474

GOLDBERG, M./ KARAM, G./ ALVO, M., 1983.
A production rule-based expert system for interpreting multitemporal landsat imagery, Proc. IEEE Conf. on Comp. Vision and Pattern Recognition, Washington, D.C., 77-82

GOLDSTEIN, S./ ROBERTS, R.B., 1977
NUDGE: A knowledge-based scheduling program, Proc. 5th IJCAI, Cambridge, Ma., 257-263

GONZALES, R.C./ THOMASON, M.G., 1974.
On the inference of tree grammars for syntactic pattern recognition, Proc. IEEE Int. Conf. on Systems, Man and Cybernetics, Dallas, Tx., 311-315

GONZALES, R.C./ THOMASON, M. G., 1978.
Synactic pattern recognition, Addison-Wesley, Reading, Ma.

GONZALES, R.C./ WINTZ, P., 1977.
Digital image processing, Addison-Wesley, Reading, Ma.

GORIS, M.L./ McKILLOP, J.H./ BRIANDET, P.A., 1981.
A fully automated determination of the left ventricular region of interest in nuclear angiocardiography, Cardiovascular and International Radiology 4, 117-123

GRANLUND, G.H., 1980.
Description of texture using the general operator approach, Proc. 5th ICPR, Miami Beach, Fl., 776-779

GREBNER, K., 1984.
Strukturelle Analyse von Volumenkurven, Diplomarbeit, Lehrstuhl fuer Informatik 5 (Mustererkennung), Universitaet Erlangen-Nuernberg

GREIBACH, S./ HOPCROFT, J., 1969.
Scattered context grammars, Journal of Comp. and System Sciences 3, 233-247

GRIFFITH, R.L./ GRANT, C./ KAUFMAN, H., 1974.
An algorithm for locating the aortic valve and the apex in left-ventricular angiocardiograms, IEEE Trans. BME-21, 345-349

GRINAKER, S., 1980.
Edge based segmentation and texture separation, Proc. 5th ICPR, Miami Beach, Fl., 554-557

GUZMAN, A., 1968.
Decomposition of a visual scene into three-dimensional bodies, Proc. of Fall Joint Comp. Conf., 291-304

GUZMAN, A., 1971.
Analysis of curved line drawings using context and global information, in MELTZER, B./ MICHIE, D. (Hrsg.): Machine Intelligence 6, Edinburgh University Press, Edinburgh, 325-376

HABEL, C., 1983.
Logische Systeme und Repraesentationsprobleme, in [NEUMANN 1983], 118-142

HACHIMURA, K./ KUWAHARA, M./ KIWOSHITA, M., 1978.
Left ventricular contour extraction from radioisotope angiocardiograms and classification of left ventricular wall motion, Proc. 4th ICPR, Kyoto, Japan, 911-913

HAETTICH, W./ SCHWERDTMANN, W./ TROPF, H., 1982.
Experience with two hybrid systems for the recognition of overlapping workpieces, Proc. 6th ICPR, Munich, 1014-1017

HAHN, H., 1984.
Methoden zur Verarbeitung nuklear-medizinisch gewonnener Bilder unter Verwendung der Polarkoordinatentransformation, Studienarbeit, Lehrstuhl fuer Informatik 5 (Mustererkennung), Universitaet Erlangen-Nuernberg

HALL, P.A.N., 1973.
Equivalence between AND / OR graphs and context-free grammars, CACM 16, 444-445

HANSON, A.R./ RISEMAN, E.M., 1978.
Computer vision systems, Academic Press, New York

HANSON, A.R./ RISEMAN, E.M., 1978, a.
VISIONS: a computer system for interpreting scenes, in [HANSON/ RISEMAN 1978], 303-333

HANSON, A.R./ RISEMAN, E.M., 1978, b.
Segmentation of natural scenes, in [HANSON/ RISEMAN 1978], 129-162

HARALICK, R.M., 1979.
Statistical and structural approaches to textures, Proc. of the IEEE 67, 786-804

HARALICK, R.M., 1980.
Edge and region analysis for digital image data, Comp. Graphics and Im. Proc. 12, 60-73

HARALICK, R.M./ DAVIS, L.S./ ROSENFELD, A., 1978.
Reduction operations for constraint satisfaction, Inf. Sciences 14, 199-219

HARALICK, R.M./ ELLIOT, G.L., 1979.
Increasing tree search efficiency for constraint satisfaction problems. Proc. 6th IJCAI, Tokyo, 356-364

HARALICK, R.M./ MOHAMMED, J.L./ ZUCKER, S.W., 1980.
Compatibilities and the fixed points of arithmetic relaxation processes, Comp. Graphics and Im. Proc. 13, 242-256

HARALICK, R.M./ SHANMUGAM, K./ DINSTEIN, I., 1973.
Textural features for image classification, IEEE Trans. SMC-3, 610-621

HARALICK, R.M./ SHAPIRO, L.G., 1979.
The consistent labeling problem, Part I, IEEE Trans. PAMI-1, 173-184

HARALICK, R.M./ SHAPIRO, L.G., 1980.
The consistent labeling problem, Part II, IEEE Trans. PAMI-2, 193-203

HARLOW, C.A./ DWYER, S.J./ LODWICK, G., 1976.
On radiographic image analysis, in [ROSENFELD 1976], 67-150

HAUSMANN, G./ MADSEN, H., 1981.
Detektion homogener Bildregionen mit Hilfe histogrammadaptiver Quantisierung, in [RADIG 1981a], 234-240

HAWMAN, E.G., 1981.
Digital boundary detection techniques for the analysis of gated cardiac scintigrams, Optical Engineering 20, 719-725

HAYES-ROTH, F./ WATERMAN, D.A./ LENAT, D.B., 1983
Building Expert Systems, Addison Wesley, Reading, Ma.

HENDRIX, G.G., 1979.
Encoding knowledge in partioned networks, in [FINDLER 1979], 51-92

HERMAN, G.T./ LIU, H.K., 1978.
Dynamic boundary surface detection, Comp. Graphics and Im. Proc 7, 130-138

HERP, A./ NIEMANN, H./ PROBST, K.J., 1980.
Interactive evaluation of stereo X-Ray images from hip joint protheses, in GELSEMA,E.S./KANAL,L.N.(Hrsg.):
Pattern recognition in practice, North Holland Publ.Co., Amsterdam, 245-258

HESS, P., 1984.
Modellbildung und Wissensdarstellung in Bildanalysesystemen, Int. Bericht, Lehrstuhl f. Informatik 5 (Mustererkennung), Univ. Erlangen-Nuernberg

HINTON, G.E., 1979.
Relaxation and its role in vision, Ph.D. dissertation, Univ. Edinburgh

HOEHNE, K.H./ BOEHM, M., 1983.
Processing and analysis of radiographic image sequences, in [HUANG 1983], 602-623

HOER, G./ STANDKE, R., 1981.
Protokoll der 2. Sitzung der Arbeitsgruppe "Kardiovaskulaere Nuklearmedizin der Deutschen Gesellschaft fuer Nuklearmedizin", Frankfurt/Main

HOFMANN, I./ OTTO, M., 1981.
Umsetzung einer Syntax fuer assoziative Netze in FORTRAN IV, Studienarbeit, Lehrstuhl fuer Informatik 5 (Mustererkennung), Univ. Erlangen-Nuerberg

HOLDERMAN, F./ KAZMIERCZAK, H., 1972.
Preprocessing of gray-scale pictures, Comp. Graphics and Im. Proc. 1, 66-88

HOPCROFT, J.E./ ULLMAN, J.D., 1979.
Introduction to automata theory, languages and compilation, Addison-Wesley, Reading, Ma.

HORN, B.K.P., 1975.
Obtaining shape from shading information, in [WINSTON 1975], 115-155

HORN, B.K.P., 1977.
Understanding image intensities, Art. Intell. 8, 201-231

HORN, B.P.K./ SCHUNCK, B.G., 1981.
Determining optical flow, Art. Intell. 17, 185-203

HORN, W., 1983.
ESDAT - an expert system for primary medical care, in [NEUMANN 1983], 1-10

HOROWITZ, S.L./ PAVLIDIS, T., 1976.
Picture segmentation by a tree traversal algorithm, JACM 23, 368-388

HOROWITZ, S.L./ PAVLIDIS, T., 1978.
A graph theoretic approach to picture processing, Comp. Graphics and Im. Proc. 7, 282-291

HUANG, T.S. (HRSG.), 1981.
Image sequence analysis, Springer Verlag, Berlin

HUANG, T.S. (Hrsg.), 1983.
Image sequence processing and dynamic scene analysis, Springer Verlag, Berlin

HUANG, T.S./ FU, K.S., 1972.
Stochastic syntactic analysis for programmed grammars and syntactic pattern recognition, Comp. Graphics and Im. Proc. 1, 257-283

HUANG, T.S./ TSAI, R.Y., 1981.
Image sequence analysis: motion estimation, in [HUANG 1981], 1-18

HUANG, T.S./ YANG, G.J./ TANG, G.Y., 1979.
A fast two-dimensional median filtering algorithm, IEEE Trans. ASSP-27, 13-18

HUECKEL, M., 1971.
An operator which locates edges in digitized pictures, JACM 18, 113-125

HUECKEL, M., 1973.
A local visual operator which recognized edges and lines, JACM 20, 634-647

HUFFMAN, D.A., 1971.
Impossible objects as nonsense sentences, in MELTZER, B./ MICHIE, D. (Hrsg.), Machine Intelligence 6, Edingburgh Univ. Press, 295-323

HUFFMAN, D.A., 1977.
A duality concept for the analysis of polyhedral scenes, in ELOCK,E.W./MICHIE,D.(Hrsg.): Machine Intelligence 8, Ellis Horwood, Chichester, England, 475-492

HUMMEL, R.A., 1975.
Image enhancement by histogram transformation , Technical Report TR-411, University Maryland, College Park, Maryland

HUMMEL, R.A./ ZUCKER, S.W., 1980.
On the foundation of relaxation labeling processes, Proc. 5th ICPR, Miami Beach, Fl., 50-53

HUMMEL, R.A./ ZUCKER, S.W., 1983.
On the foundations of relaxation labeling processes, IEEE Trans. PAMI-5, 267-287

IKEUCHI, K./ HORN, B.P.K., 1981.
Numerical shape from shading and occluding boundaries, Art. Intell. 16, 141-184

INOKUCHI, S./ NITA, T./ MATSUDA, F./ SAKURAI, Y., 1982.
A three-dimensional edge-region operator for range pictures, Proc. 6th ICPR, Munich, 918-920

JACKINS, C.L./ TANIMOTO, S.L., 1980.
Oct-trees and their use in representing three-dimensional objects, Comp. Graphics and Im. Proc. 14, 249-270

JACOBUS, C.J./ CHIEN, R.T./ SELANDER, J.M., 1980.
Detection and analysis of matching graphs of intermediate-level primitives, IEEE Trans. PAMI-2, 495-510

JULEZ, B., 1975.
Experiments in the visual perception of texture, Scientific American 232, No. 4, 34-43

KANADE, T., 1977.
Model representation and control structures in image understanding, Proc. 5th IJCAI, Cambridge, Ma., 45-50

KANADE, T., 1980.
Region segmentation: signal vs. semantics, Comp. Graphics and Im. Proc. 13, 279-297

KANAL, L.N., 1979.
Problem-solving models and search strategies for pattern recognition, IEEE Trans. PAMI-1, 193-201

KASHYAP, R.L./ OOMMEN, B.J., 1982.
A geometrical approach to polygonal dissimilarity and shape matching, Proc. 6th ICPR, Munich, 472-479

KAUL, M., 1983.
Parsing of graphs in linear time, in [EHRIG/ NAGL/ ROZENBERG 1983], 206-218

KELLY, M.D., 1971.
Edge detection in pictures by computer using planing, in MELTZER, B./ MICHIE, D.,(Hrsg.): Machine Intelligence 6, Edinburgh, 397-409

KENDER, J., 1980.
Shape from texture, Technical Rpeort TR SMU-C5-81-102, Dept. Comp. Sci., Carnegie-Mellon Univ. Pittsburgh, Pa.

KERNIGHAN, B.W./ PLAUGER, P.J., 1976.
Software tools, Addison-Wesley, Reading, Ma.

KIRSCH, A., 1964.
Computer interpretation of english text and picture patterns, IEEE Trans. on Electronic Comp. 13, 363-376

KITCHEN, L./ ROSENFELD, A., 1979.
Discrete relaxation for matching relational structures, IEEE Trans. SMC-9, 869-874

KNUTH, D.E., 1968.
Semantics of context-free languages, Math. Syst. Theory 2, 127-146

KNUTH, D.E., 1971.
Top-down syntax analysis, Acta Informatica 1, 79-110

KOHLER, R.R./ HANSON, A.R., 1982.
The VISIONS image operating system, Proc. 6th ICPR, Munich, 71-74

KOSTER, C.H.A., 1971.
Affix-Grammars, in PECK, J.E.L. (Hrsg.): ALGOL-68-Implementation, North-Holland Publ. Co., Amsterdam, 95-109

KRAASCH, R./ RADIG, B./ ZACH, W., 1979.
Automatische dreidimensionale Beschreibung bewegter Gegenstaende, in [FOITH 1979], 208-215

KUIPERS, B.J., 1975.
A frame for frames: representing knowledge for recognition, in BOBROW, D.G./ COLLINS, A.M. (Hrsg.): Representation and understanding studies in cognitive science, Academic Press, New York, 151-184

KUNI, T./ WEYL, S./ TENENBAUM, J., 1974.
A relational data base schema for describing complex pictures with color and texture, Inform. Proc. 74, 310-316

KUWAHARA, M./ HACHIMURA, K./ EIHO, S./ KINOSHITA, M., 1976.
Processing of RI-Angiocardiographic images, in [PRESTON/ ONOE 1976], 187-202

LAWLER, E.W./ WOODS, D.E., 1966.
Branch-and-bound methods: a survey, Operations Research 14, 699-719

LEDLEY, R.S., 1962.
Programming and utilizing digital computers, McGraw Hill, New York

LEDLEY, R.S., 1964.
High-speed automatic analysis of biomedical pictures, Science 146, 216-223

LEE, H.C./ FU, K.S., 1983.
Generating object descriptions for model retrieval, IEEE Trans. PAMI-5, 462-471

LEE, R.T./ CHANG, C.L., 1971.
Some properties of fuzzy-logic, Inf. Contr. 19, 417-431

LEHMANN, E., 1984.
Expertensysteme- Ueberblick ueber den aktuellen Entwicklungsstand (1983), Ber. ZTI INF 131, Siemens AG, Muenchen

LENAT, D.B./ McDERMOTT, J., 1977.
Less than general production system architectures, Proc. 5th IJCAI, Cambridge, Ma., 928-932

LESSER, V.L./ ERMAN, L.D., 1977.
A retrospective view of the HEARSAY-II architecture, Proc. 5th IJCAI, Cambridge, Ma., 790-850

LESTER, J.M./ BRENNER, J.F./ SELLERS, W.D., 1980.
Local transforms for biomedical image analysis, Comp. Graphics and Im. Proc. 13, 17-30

LEUNG, L.S./ FU. K.S., 1983.
Error correcting parsing of attributed language for pattern recognition, Technical Report, TR-EE 83-6, Purdue University, West Lafayette, Ind.

LEVENSHTEIN, V.I., 1966.
Binary code capable of correcting deletions, insertions and reversals, Sov. Phys. Dokl. 10(8), 707-710

LEVESQUE, H./ MYLOPOULOS, J., 1979.
A procedural semantic for semantic networks, in [FINDLER 1979], 93-120

LEVINE, B., 1980.
The inference of tree systems using tree derivatives and a sample strength parameter, Proc. 5th ICPR, Miami Beach, Fl., 991-994

LEVINE, M.D., 1978.
A knowledge-based computer vision system, in [HANSON/RISEMAN 1978], 335-352

LEVINE, M.D./ NAZIF, A., 1982.
An experimental rule-based system for testing low level segmentation strategies, in PRESTON,K./UHR,L. (Hrsg.): Multicomputers and image processing: algorithms and programs, Academic Press, New York, 149-160

LEVINE, M.D./ SHAHEEN, S.I., 1981.
A modular computer vision system for picture segmentation and interpretation, IEEE Trans. PAMI-3, 540-556

LEWERENTZ, C., 1982.
Attributierte Graph-Ersetzungssysteme und eine Anwendung in der Mustererkennung, Diplomarbeit, Technische Univ., Muenchen

LIMB, J.O./ MURPHY, J.A., 1975.
Estimating the velocity of moving images in television signals, Comp. Graphics and Im. Proc 4, 311-327

LINDSAY, R.K./ BUCHANAN, B.G./ FEIGENBAUM, E.A./ LEDERBERG, J., 1980.
Applications of artificial intelligence for chemistry: The DENDRAL Project, Mc Graw Hill, New York

LIU, H.K., 1977.
Two-and three dimensional boundary detection, Comp. Graphics and Im. Proc. 7, 123-134

LOECKX, J., 1970.
The parsing for general phrase structure grammars, Inf. Contr. 16, 443-464

LOZANO-PEREZ, T., 1977.
Pasing intensity profiles, Comp. Graphics and Im. Proc. 6, 43-60

LU, S.Y., 1979.
A tree-to-tree distance and its application to cluster analysis, IEEE Trans. PAMI-1, 219-224

LU, S.Y./ FU, K.S., 1977.
Stochastic error-correcting syntax analysis for recognition of noisy patterns, IEEE Trans. C-26, 1268-1276

LU, S.Y./ FU, K.S., 1978.
A sentence-to-sentence clustering procedure for pattern analysis, IEEE Trans. SMC-8, 380-401

LU, S.Y./ FU, K.S., 1978, a.
A syntactic approach to texture analysis, Comp. Graphics and Im. Proc. 7, 303-330

LU, S.Y./ FU, K.S., 1978, b.
Error correction tree automata for syntactic pattern recognition, IEEE Trans.C-27, 1040-1053

LU, S.Y./ FU, K.S., 1979.
Stochastic tree grammar inference for texture synthesis and discrimination, Comp. Graphics and Im. Proc. 9, 234-245

MACKWORTH, A.K., 1973.
Interpreting pictures of polyhedral scenes. Art. Intell. 4, 121-137

MACKWORTH, A.K., 1977.
Consistency in networks of relations, Art. Intell. 8, 99-118

MANNA, Z., 1974.
Mathematical theory of computation, McGraw Hill, New York

MARR, D., 1978.
Representing visual information, in [HANSON/ RISEMAN 1978], 61-80

MARR, D., 1982.
Vision. W.H. Freeman and Co., San Francisco, Ca.

MARR, D./ POGGIO, T., 1976.
Cooperative computation of stereo disparity, Science 194, 283-287

MARTELLI, A., 1972.
Edge detection using heuristic search methods, Comp. Graphics and Im. Proc. 1, 169-182

MARTELLI, A., 1976.
An application of heuristic search methods to edge and contour detection, CACM 19, 73-83

MARTIN, W.A., 1979.
Descriptions and the specialization of concepts, in WINSON, P.H./ BROWN, R.H. (Hrsg.): Artificial Intelligence: An MIT Perspective, Vol. 1, MIT Press, Cambridge, Ma., 375-419

MARTIN, W.N./ AGGARWAL, J.K., 1978.
Dynamic scene analysis, Comp. Graphics and Im. Proc. 7, 356-374

MASSONE, L., 1983.
SYRIO: A knowledge-based approach to 2-D robotic vision, in [NEUMANN 1983], 60-68

MATSUYAMA, T./ MIURA, S.I./ NAGAO, M., 1983.
Structural analysis of natural texture by fourier transformation, Comp. Vision, Graphics and Im. Proc. 24, 347-362

MAURER, H., 1969.
Theoretische Grundlagen der Programmiersprachen, BI-Verlag, Mannheim

MEDIONI, G.G., 1982.
Matching of a map with an aerial image, Proc. 6th ICPR, Munich, 517-519

MERO, L./ VASSY, Z., 1975.
A simplified and fast version of the Hueckel operator for finding optimal edges in pictures, Proc. 4th IJCAI, Tiblis, 650-655

MILGRAM, D.L., 1981.
Region extraction using convergent evidence, Comp. Graphics and Im. Proc. 17, 362-374

MILGRAM, D.L./ ROSENFELD, A., 1971.
Array automata and array grammars, Proc. of the IFIP Congr., 166-173

MILGRAM, D.L./ ROSENFELD, A., 1972.
A note on "Grammars with Coordinates", in NAKE, F./ ROSENFELD, A. (Hrsg.): Graphic Languages, North-Holland Publ. Co., Amsterdam, 187-194

MILLER, R.E., 1973.
A comparision of some theoretical models of parallel computation, IEEE Trans. C-22, 710-717

MINSKY, M., 1975.
A framework for representing knowledge, in [WINSTON 1975], 211-277

MITCHELL, O.R./ MYERS, C.R./ BOYNE, W., 1977.
A mini-max measure for image texture analysis, IEEE Trans. C-26, 408-414

MOAYER, B./ FU, K.S., 1977.
Fingerprint classification, in [FU 1977], 179-214

MONTANARI, U., 1970.
Heuristically guided search and chromosome matching, Art. Intell. 1, 227-245

MONTANARI, U., 1971.
On the optimal detection of curves in noisy pictures, CACM 14, 335-345

MORAVEC, H.P., 1981.
Robot rover visual navigation, UMI Research Press, Ann Arbor, Michigan

MUERLE, J.L./ ALLEN, D.C., 1968.
Experimental evaluation of techniques for automatic segmentation of objects in a complex scene, in CHENG, G.C. et al. (Hrsg.): Pictorial Pattern Recognition, 3-13

MYLOPOULOS, J./ SHIBAHARA, T./ TSOTSOS, J.K., 1983.
Building knowledge-based systems: The PSN experience, Computer 16, 83-89

NAGAO, M., 1982.
Control strategies in pattern analysis, Proc.6th ICPR, Munich, 996-1006

NAGAO, M./ MATSUYAMA, T., 1978.
Edge preserving smoothing, Proc. 4th ICPR, Kyoto, Japan, 518-520

NAGAO, M./ MATSUYAMA, T., 1980.
A structural analysis of complex aerial photograph, Plenum Press, New York

NAGEL, H.H., 1978.
Analysis techniques for image sequences, Proc. 4th ICPR, Kyoto, Japan, 186-211

NAGEL, H.H., 1981.
Image sequence analysis: what can we learn from applications?, in [HUANG 1981], 19-228

NAGEL, H.H., 1981, a.
Representation of moving rigid objects based on visual observations, in [SNYDER 1981], 29-39

NAGEL, H.H., 1983.
Overview on image sequence analysis, in [HUANG 1983], 2-39

NAGEL, H.H., 1983, a.
Displacement vectors derived from second-order intensity variation in image sequences, Comp. Vision, Graphics and Im. Proc. 21, 85-117

NAGL, M., 1979.
Graph-Grammatiken: Theorie, Anwendungen, Implementierung, Vieweg-Verlag, Wiesbaden

NAKAGAWA, Y., ROSENFELD, A., 1979.
Some experiments on variable thresholding, Pattern Recognition 11, 191-204

NAZIF, A./ LEVINE, M.D., 1983.
Low level image segmentation: An expert system, Technical Report TR-83-4, Comp. Vision and Robotics Lab., Dept. of El. Eng., Mc Gill University

NEUMANN, B., 1979.
Raeumliche Analyse von Bildsequenzen mithilfe korrespondierender Kanten, in [FOITH 1979], 216-221

NEUMANN, B., 1981.
3D-Information aus mehrfachen Ansichten, in [RADIG 1981a], 93-111

NEUMANN, B. (Hrsg.), 1983.
GWAI-83, 7th German Workshop on Art. Intell., Dassel/Solling, Informatik Fachberichte 76, Springer Verlag, Berlin

NEVATIA, R., 1976.
A color edge detector, Proc. 3rd IJCPR, Coronado, Ca., 829-832

NEVATIA, R., 1976, a.
Computer analysis of scenes of 3-dimensional curved objects, Birkhaeuser-Verlag, Basel

NEVATIA, R., 1976, b.
Depth measurement by motion stereo, Comp. Graphics and Im. Proc. 5, 203-214

NEVATIA, R./ BABU, F.R., 1980.
Linear feature extraction and description, Comp. Graphics and Im. Proc. 13, 257-269

NEVATIA, R./BINFORD, T.O., 1977.
Description and recognition of curved objects, Art. Intell. 8, 77-98

NEWELL, A., 1973.
Production systems: models of control structures, in CHASE, W.C. (Hrsg.): Visual Information Processing, Academic Press, New York, 463-526

NEWELL, A./ SIMON, H.A., 1972.
Human problem solving, Prentice Hall, Englewood Cliffs, N.J.

NEY, H., 1981.
Konturbestimmung in Bildern mit dynamischer Programmierung, in [RADIG 1981a], 319-326

NGUYEN HUU, C.T./ ROTHEMUND, M./ TERNIG, G., 1983.
Bibliographie: Expertensysteme und Medizin, in Rundbrief des Fachausschusses 1.2 Kuenstl. Intelligenze und Mustererkennung i.d. Gesellschaft fuer Informatik, Nr. 32, 9-17

NIEMANN, H., 1974.
Methoden der Mustererkennung, Akademische Verlagsgesellschaft, Frankfurt

NIEMANN, H., 1980.
Hierarchical graphs in pattern analysis, Proc. 5th ICPR, Miami Beach, Fl., 213-216

NIEMANN, H., 1981.
Pattern analysis, Springer Verlag, Berlin

NIEMANN, H., 1983.
Klassifikation von Mustern, Springer Verlag, Berlin

NIEMANN, H., 1983, a.
Control strategies in image and speech understanding, in [NEUMANN 1983], 31-49

NIEMANN, H./ BUNKE, H./ HOFMANN, I./ SAGERER, G, 1984.
Diagnostic inferences from image sequences - a knowledge based approach, Proc. 1st Conf. on Art. Intell. Applications, Denver, Co., 1984, 610-616

NIEMANN, H./ SAGERER, G., 1982.
A model as part of a system for interpretation of gated blood pool studies of the human heart, Proc. 6th ICPR, Munich, 1982, 16-18

NILSSON, N.J., 1980.
Principles of artificial intelligence, Tioga Publ. Co., Palo Alto, Ca.

NOETH, E., 1983.
Biologisch motivierte Bildverarbeitung, Studienarbeit, Lehrstuhl fuer Informatik 5 (Mustererkennung), Universitaet Erlangen-Nuernberg

OHLANDER, R., 1975.
Analysis of natural scenes, Ph.D. Thesis, Dept. of Comp.Sci., Carnegie Mellon University, Pittsburgh, Pa.

OHLANDER, R./ PRICE, K./ REDDY, D.R., 1978.
Picture segmentation using a recursive splitting method, Comp. Graphics and Im. Proc. 8, 313-333

OHTA, Y., 1980.
A region-oriented image-analysis system by computer, Ph.D. Dissertation, Dept. of Inform. Sience, Kyoto Univ., Japan

OHTA, Y./ KANADE, T./ SAKAI, T., 1979.
A production system for region analysis, Proc. 6th IJCAI, Tokyo, Japan, 684-686

OHTA, Y./ KANADE, T./ SAKAI, T., 1980.
Color information for region segmentation, Comp. Graphics and Im. Proc. 13, 222-241

OTSU, N., 1978.
Discriminant and least-squares threshold selection, Proc. 4th ICPR, Kyoto, Japan, 592-596

PALER, K./ KITTLER, J., 1983.
Greylevel edge thinning: a new method, Pattern Recognition Letters 1, 409-416

PANDA, D.P./ ROSENFELD, A., 1978.
Image segmentation by pixel classification in (gray level, edge value) space, IEEE Trans. C-27, 875-879

PARMA, C./ HANSON, A./ RISEMAN, A., 1980.
Experiments in schema-driven interpretation of natural scenes, COINS Technical Report 80-10, University of Massachusetts, Amherst, Ma.

PAUKER, S.D./ GORRY, G.A./ KASSIRER, J.P., 1976.
Towards the simulation of clinical cognition: taking a present illness by computer, Am. J. Med. 60, 981

PAVLIDIS, T., 1972.
Segmentation of pictures and maps through functional approximation Comp. Graphics and Im. Proc. 1, 360-372

PAVLIDIS, T., 1973.
Waveform segmentation through functional approximination, IEEE Trans. C-22, 689-697

PAVLIDIS, T., 1977.
Structural pattern recognition, Springer Verlag, Berlin

PAVLIDIS, T., 1982.
Algorithms for graphics and image processing, Springer Verlag, Berlin

PAVLIDIS, T./ HOROWITZ, S.L., 1974.
Segmentation of plane curves, IEEE Trans. C-23, 860-870

PELEG, S., 1980.
A new probalistic relaxation scheme, IEEE Trans. on PAMI, Vol. PAMI-2, 362-369

PELEG, S./ ROSENFELD, A., 1978.
Determining combatibility coefficients for curve enhancement relaxation processes, IEEE Trans. SMC-8, 548-554

PERKINS, W.A., 1978.
A model-based vision system for industrial parts, IEEE Trans. C-27, 126-143

PETRI, C.A., 1962.
Kommunikation mit Automaten, Diss., Math. Inst. der Univ. Bonn

PFALTZ, J., 1972.
Web Grammars and Picture Description, Comp. Graphics and Im. Proc. 1, 193-219

PFALTZ, J.L./ ROSENFELD, A., 1969.
Web Grammars, Proc. 1st IJCAI, Washington, D.C., 609-619

PIETIKAEINEN, M,/ ROSENFELD, A./ WALTER, I., 1982.
Split-and-link algorithm for image segmentation, Pattern Recognition 15, 287-298

POEPPEL, S.J./ HERMANN, G., 1982.
Boundary detection in scintigraphic images, Comp. Graphics and Im. Proc. 19, 281-290

POHL, I., 1971.
Bi-directional search, in MELTZER, B./MICHIE,D.(Hrsg.): Machine Intelligence 6, Edingburgh University Press, 127-140

PONG, T.C./ SHAPIRO, L.G./ WATSON, L.T./ HARALICK, R.M., 1984.
Experiments in segmentation using a facet model region grower, Comp. Vision, Graphics and Im. Proc. 25, 1-23

POST, E., 1943.
Formal reductions of the general combinatorial problem, American Journal of Mathematics 65, 197-268

PRAGER, J.M., 1980.
Extracting and labeling boundary segments in natural scenes, IEEE Trans. PAMI-2, 16-27

PRATT, T.W., 1969.
A hierarchical graph model of the semantics of programs, Proc. AFIPS Summer Joint Conf., 813-825

PRATT, W.K., 1978.
Digital image processing, J. Wiley, New York

PRESTON, K., 1976.
Digital picture analysis in cytology, in [ROSENFELD 1976], 209-294

PRESTON, K./ ONOE, M., 1976
Digital processing of biomedical images, Plenum Press, New York

PUN, T., 1980.
A new method for grey-level picture thresholding using the entropy of the histogram, Signal Processing 2, 223-237

PUPPE, F./ PUPPE, B., 1983.
Overview on MED 1: A heuristic diagnostic system with an efficient control structure, in [NEUMANN 1983], 11-20

QUILLIAN, M.R., 1968.
Semantic memory, in MINSKY, M. (Hrsg.): Semantic information processing, MIT Press, Cambridge, Ma., 227-270

RADIG, B. (Hrsg.), 1981, a.
Modelle und Strukturen, Informatik Fachberichte 49, Springer Verlag, Berlin

RADIG, B., 1981.
Image region extraction of moving objects, in [HUANG 1981], 311-354

RADIG, B., 1982.
Symbolische Beschreibung von Bildfolgen I: Relationengebilde und Morphismen, Bericht IfI-HH-B-90/82, Fachbereich Informatik, Universitaet Hamburg

RADIG, B./ NAGEL, H.H., 1980.
Evaluation of image sequences: a look beyound applications, in SIMON, J.C./ HARALICK, R.M. (Hrsg.): Digital Image Processing, D. Reidel Publ. Co., Dodrecht, Holland, 371-406

RAMER, U., 1972.
An iterative procedure for the polygonal approximation of plane curves, Comp. Graphics and Im. Proc. 1, 255-256

RAMER, U., 1975.
Extraction of line structures from photographs of curved objects. Comp.Graphic and Im. Proc. 4, 81-103

RANADE, S./ ROSENFELD, A., 1980.
Point pattern matching by relaxation, Pattern Recognition 12, 269-275

RASOW, G., 1980.
Basic information on routine diagnosis in nuclear medicine, in NUDELMAN, S./ PATTON, D.D. (Hrsg.), Imaging for medicine, Vol 1, Plenum Press, New York

REINGOLD, E.M./ NIEVERGELT, J./ DEO, N., 1977.
Combiniatorial algorithms, theory and practice, Prentice Hall, Englewood Cliffs, N.J.

REQUICHA, A.A.G., 1980.
Representation of rigid solid objects, Comp. Surveys 12, 437-464

RISEMAN, E.M./ ARBIB, M.A., 1977.
Computational techniques in the visual segmentation of static scenes, Comp. Graphics and Im. Proc. 6, 221-276

ROACH, J.W./ AGGARWAL, J.K., 1980.
Determining the movement of objects from a sequence of image, IEEE Trans. PAMI-2, 534-562

ROBERTS, L.G., 1965.
Machine perception of three-dimensional solids, in TIPPETT et.al. (Hrsg.) Optical and electro-optical information processing, MIT Press, Cambridge, Ma., 159-197

ROBINSON, G., 1977.
Edge detection by compass gradient masks, Comp. Graphics and Im. Proc. 6, 492-501

ROSENFELD, A., 1970.
A non linear edge detection technique. Proc. of the IEEE 58, 814-816

ROSENFELD, A., 1971.
Isotonic grammars, parallel grammars, and picture grammars, in MELTZER, B./ MICHIE, D. (Hrsg.): Machine Intelligence 6, Edinburgh University Press, Edinburgh, 281-294

ROSENFELD, A. (Hrsg), 1976.
Digital picture analysis, Springer-Verlag, Berlin

ROSENFELD, A., 1979.
Picture languages, Academic Press, New York

ROSENFELD, A., 1980.
Quadtrees and pyramids for pattern recognition and image processing, Proc. 5th ICPR, Miami Beach, Fl., 802-811

ROSENFELD, A./ HUMMEL, R.A./ ZUCKER, S.W., 1976.
Scene labelling by relaxation operations, IEEE Trans. SMC-6, 420-443

ROSENFELD, A./ KAK, A.C., 1976.
Digital picture processing, Academic Press, New York

ROSENFELD, A./ MILGRAM, D.L., 1972.
Web automata and web grammars, in MELTZER, B./ MICHIE, D. (Hrsg.): Machine Intelligence 7, Edinburgh University Press, Edinburgh, 307-324

ROSENFELD, A./ THURSTON, M., 1971.
Edge and curve detection for visual scene analysis, IEEE Trans. C-20, 562-569

ROSENKRANTZ, D.J., 1969.
Programmed grammars and classes of formal languages, JACM 16, 107-131

ROSENTHAL, D.A., 1981.
An inquiring driven vision system based on visual and conceptual hierarchies, UMI Research Press, Ann Harbor, Michigan

RUBIN, S.M., 1980.
Natural scene recognition using locus search, Comp. Graphics and Im. Proc. 13, 298-333

RUMMEL, P./ BEUTEL, W., 1982.
A model-based image analysis system for workpiece recognition, Proc. 6th ICPR, Munich, 1014-1017

RYCHENER, M./ NEWELL, A., 1978.
An instructable production system: basic design issues, in [WATERMAN/ HAYES-ROTH 1978]

SACERDOTI, E.D., 1974.
Planing in a hierarchy of abstraction spaces, Art. Intell. 5, 115-135

SAGERER, G., 1985.
Darstellung und Nutzung von Expertenwissen fuer ein Bildanalysesystem, Dissertation, Lehrstuhl fuer Informatik 5 (Mustererkennung), Universitaet Erlangen-Nuernberg

SAMET, H./ ROSENFELD, A., 1980.
Quadtree representations of binary images, Proc. 5th ICPR, Miami Beach, Fl., 815-818.

SANFELIU, A./ FU, K.S., 1983.
A distance measure between attributed relational graphs for pattern recognition, IEEE Trans. SMC-13, 353-362

SAUER, E./ SEBENING, H., 1980.
Myocard- und Ventrikelszintigraphie, Boehringer-Verlag, Mannheim

SCHANK, R.C./ ABELSON, R.P., 1977.
Scripts, plans, goals and understanding, L. Erlbaum, Hillsdale, N.Y.

SCHICHA, H./ EMRICH, D.: 1983.
Nuklearmedizin in der kardiologischen Praxis, G.I.T.-Verlag Ernst Giebeler, Darmstadt

SCHMIDT, D.C./ DRUFFEL,L.E., 1976.
A fast backtracking algorithm to test directed graphs for isomorphism using distance matrices, JACM 23, 433-445

SCHNEIDER, H.J., 1970.
CHOMSKY-Systeme fuer partielle Ordnungen, Arbeitsberichte des IMMD, Band 3, Nr. 3, Universitaet Erlangen-Nuernberg

SCHNEIDER, H.J., 1975.
Compiler, Aufbau und Wirkungsweise, de Gruyter Verlag, Berlin

SCHUBERT, L.K., 1976.
Extending the power of semantic networks, Art. Intell. 7, 163-198

SHANMUGAN, K.S./ DICKEY, F.M./ GREEN, J.A., 1979.
An optimal frequency domain filter for edge detection in digital pictures, IEEE Trans. PAMI-1, 37-49

SHAPIRA, R., 1974.
A technique for the reconstruction of a straight-edge, wire-frame object from two or more central projections, Comp. Graphics and Im. Proc. 3, 318-326

SHAPIRO, L.G./ HARALICK, R.M., 1980.
Structural descriptions ans inexact matching, IEEE Trans. PAMI-3, 504-519

SHAPIRO, L.G./ HARALICK, R.M., 1981.
Structural description and inexact matching, IEEE Trans. PAMI-3, 501-519

SHAW, A.C., 1969.
A formal picture description scheme as a basis for picture processing systems, Inf. Contr. 14, 9-52

SHAW, A.C., 1970.
Parsing of graph-representable pictures, JACM 17, 453-487

SHI, Q.Y./ FU, K.S., 1981.
Efficient error-correcting parsing for attributed and stochactic tree grammars, Technical Report TR-EE 81-32, Purdue University, West Lafayette,Ind.

SHI, Q.Y./ FU, K.S., 1982.
Parsing and translation of (attributed) expansive graph languages for scene analysis, Technical Report TR-EE 82-1, Purdue University, West Lafayette, Ind.

SHIRAI, Y., 1975.
Analysing intensity arrays using knowledge about scenes, in [WINSTON 1975], 93-113

SHIRAI, Y., 1978.
Recognition of man-made objects using edge cues, in [HANSON/ RISEMAN 1978], 353-362

SHORTLIFFE, E.A., 1976.
Computer-based medical consultations: MYCIN, American Elsevier, New York

SILBER, S./ SCHWAIGER, M./ KLEIN, U./ RUDOLPH, W., 1980.
Quantitative Beurteilung der linksventrikulaeren Funktion mit der Radionuklid-Ventrikulographie, Herz 5, 146-158

SLOAN, K.R., 1977.
World model driven recognition of natural scenes, Ph.D. Dissertation, Moore School of Electrical Engineering, Univ. Pennsylvania

SLOAN, K.R./ BAJCSY, R., 1979.
World model driven recognition of outdoor scenes, Technical Report TR 40, Comp. Science Dept. Univ. Rochester, N.Y.

SNYDER, W.E. (Hrsg.), 1981.
Computer analysis of time-varying images, Special issue, Computer 14

SOBEL, I., 1974.
On calibrating computer controlled cameras for perceiving 3-D scenes, Art. Intell. 5, 185-198

SPIESBERGER, W./ TASTO, M., 1981
Processing and analysis of radiographic image sequences, in [HUANG 1983], 381-428

STEVENS, K.A., 1981.
The visual interpretation of surface contours, Art. Intell. 17, 47-73

STINY, G., 1975.
Pictorial and formal aspects of shape and shape grammars, Birkhaeuser Verlag, Basel

STOCKMAN, G./ KANAL, L., 1983.
Problem-reduction representation for the linguistic analysis of waveforms, IEEE Trans. PAMI-5, 287-298

SUK, M./ CHUNG, S.M., 1983.
A new image segmentation technique based on partition mode test, Pattern Recognition 16, 469-480

SUN, C./ WEE, W.G., 1983.
Neighboring gray level dependence matrix for texture classification, Comp. Vision, Graphics and Im. Proc. 23, 341-352

SWAIN, P.H./ FU, K.S., 1972.
Stochastic programmed grammars for syntactic pattern recognition, Pattern Recognition 4, 83-110

TAI, J.W./ FU, K.S., 1982.
Semantic syntax-directed translation for pictorial pattern recognition, Proc. 6th ICPR, Munich, 169-171

TAMURA, H./ MORI, S./ YAMAWAKI, T., 1977.
Effectiveness of textural features for classification of areal multispectral images, Proc. IEEE Conf. on Pattern Recognition and Image Processing, Troy, N.Y., 289-298

TANIMOTO, S.L., 1978.
An optimal algorithm for computing fourier texture descriptors, IEEE Trans. C-27, 81-84

TANIMOTO, S.L./ PAVLIDIS, T., 1975.
A hierarchical data structure for picture processing, Comp. Graphics and Im. Proc. 4, 104-119

TANG, G.Y., 1978.
Application of semantic grammar to image understanding, Techn. Report TR-EE 78-23, Purdue University, West Lafayette, Ind.

TANG, G.Y., 1979.
A syntactic-semantic approach to image understanding and creation, IEEE Trans. PAMI-1, 135-144

TASTO, M., 1973.
Guided boundary detection for left ventricular volume measurements, Proc. 1st IJCPR, 119-124

TASTO, M./ FELGENDREHER, M./ SPIESBERGER, W./ SPILLER, P., 1978
Comparision of manual versus computer determination of left ventricular boundaries from X-ray cineangiograms, in HEINTZEN, P.H./ BUERSCH, J.H. (Hrsg): Roentgen-Video-Techniques, Thieme Verlag, Stuttgart, 168-183

TENENBAUM, J.M./ BARROW, H.G., 1976.
Experiments in interpretation-guided-segmentation, Technical Note 123, Stanford Research Institute, Menlo Park, Ca.,

TENENBAUM, J.M./ FISCHLER, M.A./ BARROW, H.G., 1980.
Scene modeling: a structural basis for image description, Comp. Graphics and Im. Proc. 12, 407-425

TRIENDL, E., 1981.
Lokalisierung von durch Zeichnungen beschriebenen Strukturen in Bildern, in [RADIG 1981a], 174-178

TRIENDL, E./ HENDERSON, T., 1980.
A model for texture edges, Proc. 5th ICPR, Miami Beach, Fl., 1100-1102

TRIGOBOFF, M./ KULIKOWSKY, C.D., 1977.
IRIS: A system for the propagation of inference in a semantic net, Proc. 5th IJCAI, Cambridge, Ma., 274-280

TROPF, H., 1980.
Analysis-by-synthesis search for semantic segmentation - applied to workpiece recognition, Proc. 5th ICPR, Miami Beach, Fl., 241-244

TROPF, H./ WALTER, I., 1983.
An ATN model for 3-D recognition of solids in single images, Proc. 8th IJCAI, Karlsruhe, 1094-1098

TSAI, W.H./ FU, K.S., 1979.
Error-correcting isomorphisms of attributed relational graphs for pattern analysis, IEEE Trans. SMC-9, 757-768

TSAI, W.H./ FU, K.S., 1980.
A syntactic-statistical approach to recognition of industrial objects, Proc. 5th ICPR, Miami Beach, Fl., 251-259

TSAI, W.H./ FU, K.S., 1980, a.
Attributed grammar - a tool for combining syntactic and statistical approaches to pattern recognition, IEEE Trans. SMC-10. 873-885

TSAI, W.H./ FU, K.S., 1983.
Subgraph error-correcting isomorphisms for syntactic pattern recognition, IEEE Trans. SMC-13, 48-62

TSOTSOS, J.K., 1980.
A framework for visual motion understanding, Ph.D. Thesis, TR CSRG-114, Dept. Comp. Sci., University of Toronto

TSOTSOS, J.K., 1982.
Knowledge of the visual process: content, form and use, Proc. 6th ICPR, Munich, 654-699

TSOTSOS, J.K./ MYLOPOULOS, J./ COVVEY, H.D./ ZUCKER, S.W., 1980
A framework for visual motion understanding, IEEE Trans. PAMI-2, 563-573

ULLMAN, J.R., 1976.
An algorithm for subgraph isomorphism, JACM 23, 31-42

ULLMAN, S., 1979.
The interpretation of visual motion, MIT Press, Cambridge, Ma.

VAMOS, T., 1977.
Industrial objects and machine parts recognition, in [FU 1977], 243-267

VAN DER WAALT, A.P.J., 1971.
Random context languages, Proc. IFIP

WALTER, I./ TROPF, H., 1983.
Erweiterte Uebergangsnetze als Modell zur 3-D Erkennung von Werkstuecken in Einzelbildern, in Mustererkennung 1983,5. DAGM-Symposium, VDE-Fachberichte 35, VDE-Verlag, Berlin, 325-330

WALTZ, D., 1975.
Understanding line drawings of scenes with shadows, in [WINSTON 1975], 19-91

WANG, D.C.C./ VAGNUCCI, A.H./ LI, C.C., 1983.
Digital image enhancement: a survey, Comp. Vision, Graphics and Im. Proc. 24, 363-381

WANG, K.R./ ZHUANG, C.S., 1982.
On compatibility coefficients of probability relaxation labeling, Proc. 6th ICPR, Munich, 402-404

WANG, P.S., 1980.
Hierarchical structures and complexities of parallel isometric patterns, Proc. 5th ICPR, Miami Beach, Fl., 819-821

WANG, P.S., 1981.
An application of array grammars to clustering analysis, Proc. IEEE Conf. on Pattern Recognition and Image Processing, Dallas, Tx., 27-30

WANG, S./ HARALICK, A., 1984.
Automatic multithreshold selection, Comp. Vision, Graphics and Im. Proc. 25, 46-67

WATERMAN, D.A./ HAYES-ROTH, F. (Hrsg.), 1978
Pattern directed inference systems, Academic Press, New York

WATERMAN, D.A./ HAYES-ROTH,F., 1978, a.
An overview of pattern-directed inference systems, in [WATERMANN/ HAYES-ROTH 1978], 3-24

WECHSLER, H./ SKLANSKY, J., 1977.
Finding the rib cage in chest radiographs, Pattern Recognition 9, 21-30

WESZKA, J.S., 1978.
A survey of threshold selection techniques, Comp. Graphics and Im. Proc. 7, 259-265

WESZKA, J.S./ DYER, C.R./ ROSENFELD, A., 1976.
A comparative study of texture measures for terrain classification, IEEE Trans. SMC-4, 269-285

WESZKA, J.S./ NAGEL, R.N./ ROSENFELD, A., 1974.
A threshold selection technique, IEEE Trans. C-23, 1322-1326

WESZKA, J.S./ ROSENFELD, A., 1979.
Histogram modification for threshold selection, IEEE Trans. SMC-9, 38-52

WIDROW, B., 1973.
The rubber mask technique, Part I+II, Pattern Recognition 1, 175-211

WINOGRAD, T., 1975.
Frame representation and the declarative/procedural controversy, in BOBROW,D.G./ COLLINS, A.M. (Hrsg.): Representation and understanding: Studies in cognitive science, Academic Press, New York, 185-210

WINSTON, P.H. (Hrsg.), 1975
The psychology of computer vision, Mc Graw Hill, New York

WINSTON, P.H., 1975, a.
Learning structural descriptions from examples. In [WINSTON 1975], 157-209

WINSTON, P.H., 1977.
Artificial intelligence, Addison-Wesley. Reading, Ma.

WITKIN, A.P., 1981.
Recovering surface shape and orientation from texture, Art. Intell. 17, 17-45

WOO, T.C., 1977.
Progress in shape modelling, Computer 10, 40-46

WOODHAM, R.J., 1981.
Analyzing images of curved surfaces, Art. Intell. 17, 117-140

WOODS, W.A., 1970.
Transition network grammars for natural language analysis, CACM 13, 591-606

WOODS, W.A., 1970, a.
Context-sensitive parsing, CACM 13, 437-445

WOODS, W.A., 1973.
An experimental parsing system for transition network grammars, in RUSTIN,R. (Hrsg.): Natural language processing, Algorithmics Pr New York, 111-154

WOODS, W.A., 1975.
What's in a link: Foundations for semantic networks, in BOBROW,D.G./ COLLINS, A.M. (Hrsg.): Representation and understanding: Studies in cognitive science, Academic Press, New York, 35-82

YACHIDA, M./ IKEDA, M./ TSUJI, S., 1980.
A plan guided analysis of cineangiograms for measurement of dynamic behaviour of heart wall, IEEE Trans. PAMI-2, 537-543

YACHIDA, M./ TSUJI, S., 1977.
A versatile machine vision system for complex industrial parts, IEEE Trans. C-26, 882-894

YAKIMOVSKY, Y., 1976.
Boundary and object detection in real world images, JACM 23, 599-618

YAKIMOVSKY, Y./ CUNNINGHAM, R.T., 1978.
A system for extracting three-dimensional measurements from a stereo-pair of tv-cameras, Comp. Graphics and Im. Proc. 7, 195-210

YAMAMOTO, H., 1979.
A method of deriving compatibility coefficients for relaxation operators, Comp. Graphics and Im. Proc.10, 256-271

YOU, K.C./ FU, K.S., 1979.
A syntactic approach to shape recognition using attributed grammars, IEEE Trans. SMC-9, 334-344

YOU, K.C./ FU, K.S., 1980.
Distorted shape recognition using attributed grammars and error-correcting techniques, Comp. Graphics and Im. Proc. 13, 1-16

YOUNGER, D.H., 1967.
Recognition and parsing of context-free languages in time n , Inf. Contr. 10, 189-208

ZADEH, L.A., 1965.
Fuzzy sets, Inf. Contr. 8, 338-353

ZISMAN, M.O., 1978.
Use of production systems for modeling asynchronous, concurrent processes, in [WATERMAN/ HAYES-ROTH 1978]

ZUCKER, S.W., 1976.
Region growning, childhood and adolescene, Comp. Graphics and Im. Proc. 5, 382-399

ZUCKER, S.W., 1978.
Production systems with feedback, in [WATERMANN/ HAYES-ROTH 1978], 539-556

ZUCKER,S.W./ HUMMEL, R.A./ ROSENFELD, A., 1977.
An application of relaxation labeling to line and curve enhancement, IEEE Trans. C-26, 394-403

ZUCKER, S.W./ KRISHNAMURTHY, E.V./ HAAR, R.L., 1978.
Relaxation processes for scene labeling: Convergence speed and stability, IEEE Trans. SMC-8, 41-48

Sachregister

Berichte des German Chapter of the ACM

Band 1: **Wippermann, PASCAL** 2. Tagung in Kaiserslautern
Tagung I/1979 am 16./17. 2. 1979 in Kaiserslautern. 204 Seiten, DM 32,–

Band 2: **Niedereichholz, Datenbanktechnologie**
Einsatz großer, verteilter und intelligenter Datenbanken
Tagung II/1979 am 21./22. 9. 1979 in Bad Nauheim. 240 Seiten, DM 36,–

Band 3: **Remmele/Schecher, Microcomputing**
Tagung III/1979 am 24./25. 10. 1979 in München. 280 Seiten, DM 40,–

Band 4: **Schneider, Portable Software**
Tagung I/1980 am 18. 1. 1980 in Erlangen. 176 Seiten, DM 34,–

Band 5: **Floyd/Kopetz, Software Engineering – Entwurf und Spezifikation**
Tagung II/1980 mit Workshop vom 12.–16. 9. 1980 in Berlin, 368 Seiten, DM 62,–

Band 6: **Hauer/Seeger, Hardware für Software**
Tagung III/1980 am 10./11. 10. 1980 in Konstanz. 303 Seiten, DM 52,–

Band 7: **Nehmer, Implementierungssprachen für nichtsequentielle Programmsysteme**
Tagung I/1981 am 20. 2. 1981 in Kaiserslautern. 208 Seiten, DM 36,–

Band 8: **Schlier, Personal Computing**
Tagung II/1981 am 12. 10. 1981 in Freiburg i. Br. 195 Seiten, DM 38,–

Band 9: **Sneed/Wiehle, Software-Qualitätssicherung** vergriffen

Band 10: **Kulisch/Ullrich, Wissenschaftliches Rechnen und Programmiersprachen**
Fachseminar am 2./3. 4. 1982 in Karlsruhe. 231 Seiten, DM 52,–

Band 11: **Langmaack/Schlender/Schmidt, Implementierung PASCAL-artiger Programmiersprachen**
Tagung II/1982 am 12. 7. 1982 in Kiel. 221 Seiten, DM 44,–

Band 12: **Kreifelts/Schnupp, UNIX** Konzepte und Anwendungen vergriffen

Band 13: **Schneider, Proceedings of the International Computing Symposium 1983 on Application Systems Development**
March 22–24, 1983 Nürnberg 528 Seiten, DM 88,–

Band 14: **Balzert, Software-Ergonomie**
Tagung I/1983 am 28./29. 4. 1983 in Nürnberg. 422 Seiten, DM 72,–

Band 15: **Stoyan/Wedekind, Objektorientierte Software- und Hardwarearchitekturen**
Tagung II/1983 am 5./6. Mai 1983 in Berlin. 386 Seiten, DM 66,–

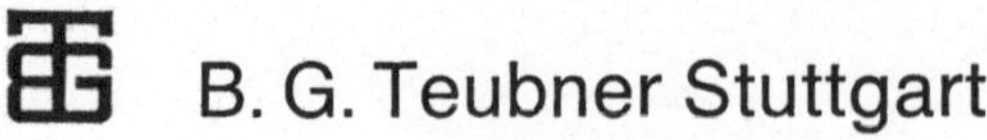

Berichte des German Chapter of the ACM

Fortsetzung

Band 16: **Giloi/Schulze-Vorberg jr., Intelligenztechnologie**
Konzepte, Sprachen, Praktische Anwendungsmöglichkeiten
Fachseminar am 3./4. 5. 1983 in Berlin. 184 Seiten, DM 42,–

Band 17: **Remmele/Schecher, Microcomputing II**
Tagung III/1983 vom 25. bis 27. 10. 1983 in München. 358 Seiten, DM 62,–

Band 18: **Morgenbrod/Sammer, Programmierumgebungen und Compiler**
Tagung I/1984 vom 2. bis 4. 4. 1984 in München. 293 Seiten, DM 54,–

Band 19: **Morgenbrod/Remmele, Entwurf großer Software-Systeme**
Workshop des German Chapter of the ACM vom 8. bis 11. 5. 1984 in Grassau. 464 Seiten, DM 82,–

Band 20: **Gorny/Kilian, Computer-Software und Sachmängelhaftung**
Workshop des German Chapter of the ACM und der Gesellschaft für Rechts- und Verwaltungsinformatik e. V. am 29./30. 11. 1984 in Hannover. 208 Seiten, DM 48,–

Band 21: **Kölsch/Schmidt/Schweiggert, Wirtschaftsgut Software**
Qualitätssicherung und Qualitätsprüfung als Grundlage für die Auswahl und Beurteilung
Tagung I/1985 des German Chapter of the ACM in Kooperation mit Softwaretest e. V. am 26./27. 3. 1985 in Ulm 318 Seiten, DM 58,–

Band 22: **Molzberger/Zemanek, Software-Entwicklung: Kreativer Prozeß oder formales Problem?**
Seminar des German Chapter of the ACM am 20. 3. 1985 in Neubiberg. 176 Seiten. DM 42,–

Band 23: **Klopcic/Marty/Rothauser, Arbeitsplatzrechner in der Unternehmung**
Aspekte des Arbeitsplatzrechner-Einsatzes in Handel, Industrie und Verwaltung
Tagung II/1985 des German Chapter of the ACM und der Schweizer Informatiker Gesellschaft am 12./13. 9. 1985 in Zürich. 355 Seiten. DM 66,–

Band 24: **Bullinger, Software-Ergonomie '85 Mensch-Computer-Interaktion**
Tagung III/1985 des German Chapter of the ACM am 24./25. 9. 1985 in Stuttgart. 482 Seiten. DM 78,–

Band 25: **Wedekind/Kratzer, Büroautomation '85**
Tagung IV/1985 des German Chapter of the ACM vom 2. bis 4. 10. 1985 in Erlangen. 280 Seiten. DM 56,–

Preisänderungen vorbehalten

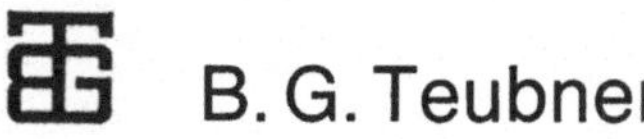

B. G. Teubner Stuttgart